清华开发者书库

Microelectronic Circuit Design
Principles and Applications of Electronic Components (5th edition of the original book)

深入理解微电子电路设计

电子元器件原理及应用

（原书第5版）

［美］ 理查德·C. 耶格（Richard C. Jaeger）
特拉维斯·N. 布莱洛克（Travis N. Blalock）　著

宋廷强　译

清华大学出版社

北京

北京市版权局著作权合同登记号：01-2018-1015

Richard C. Jaeger，Travis N. Blalock
Microelectronic Circuit Design，5th Edition
ISBN：978-0-07-352960-8
Copyright © 2015 by McGraw-Hill Education.

图书在版编目(CIP)数据

深入理解微电子电路设计：电子元器件原理及应用：原书第 5 版/(美)理查德·C.耶格(Richard C. Jaeger)，(美)特拉维斯·N.布莱洛克(Travis N. Blalock)著；宋廷强译.—北京：清华大学出版社，2020.8(2023.3 重印)
(清华开发者书库)
书名原文：Microelectronic Circuit Design，5th Edition
ISBN 978-7-302-55523-0

Ⅰ.①深…　Ⅱ.①理…②特…③宋…　Ⅲ.①超大规模集成电路—电路设计　Ⅳ.①TN470.2

中国版本图书馆 CIP 数据核字(2020)第 085756 号

责任编辑：赵佳霓
封面设计：李召霞
责任校对：焦丽丽
责任印制：朱雨萌

出版发行：清华大学出版社
　　　　网　　　址：http://www.tup.com.cn，http://www.wqbook.com
　　　　地　　　址：北京清华大学学研大厦 A 座　　　　　　　　　邮　　编：100084
　　　　社 总 机：010-83470000　　　　　　　　　　　　　　　　邮　　购：010-62786544
　　　　投稿与读者服务：010-62776969，c-service@tup.tsinghua.edu.cn
　　　　质量反馈：010-62772015，zhiliang@tup.tsinghua.edu.cn
　　　　课件下载：http://www.tup.com.cn，010-83470236
印 装 者：三河市铭诚印务有限公司
经　　销：全国新华书店
开　　本：203mm×260mm　　印　张：18.5　　　　　　　　字　　数：508 千字
版　　次：2020 年 10 月第 1 版　　　　　　　　　　　　　　　印　　次：2023 年 3 月第 3 次印刷
印　　数：4001～5000
定　　价：89.00 元

产品编号：079338-01

译者序

TRANSLATOR'S PREFACE

随着集成电路工艺的不断发展,微电子电路性能及设计与分析方法都在发生着变化。目前,集成电路制造工艺的特征尺寸越来越小,使得集成电路的集成度越来越高,其趋势正朝着小型化、低功耗、系统集成方向发展。本书系统论述了微电子电路的基本知识及其应用,涵盖了固态电子学与器件、数字电路和模拟电路3部分知识体系,通过本书的学习,读者可以对现代电子设计的基本技术、模拟电路和数字电路,以及分立电路和集成电路进行全面了解。

本书是微电子电路设计领域的一部大作,作者具有丰富的业界设计经验,经过连续5版的不断改进,已经成为微电子电路设计领域中的权威教材及工具书。书中涉及范围广泛,将数字电路或者模拟电路部分单独拿出来都可以自成体系,单独学习。为了方便国内读者学习,翻译时拆分成3卷,分别是《深入理解微电子电路设计——电子元器件原理及应用(原书第5版)》《深入理解微电子电路设计——数字电子技术及应用(原书第5版)》和《深入理解微电子电路设计——模拟电子技术及应用(原书第5版)》。

本书全面讲述了微电子电路的基础知识及其应用技术,书中没有简单罗列各种元器件或者电路,而是关注于让读者理解元器件或电路背后的基本概念、设计方法和仿真验证手段,从全局上把握微电子电路的发展、现状及主要技术等内容。全书内容覆盖了固态电子学、半导体器件、数字电路及模拟电路领域的主要内容,读者可以更好地理解和把握微电子电路的设计方法和设计理念。本书强调微电子电路的设计与分析,使其更适合用作高校电子信息、电气工程、计算机及工程技术类相关专业的教材,还可用作工程技术设计人员的参考书。本书的最大特色在于:

- **覆盖面广** 本书内容涵盖了固态电子学、半导体器件、数字电路及模拟电路的几乎所有内容,深入浅出,原理与实践搭配得当,易学易懂。

- **方法性强** 本书从工程求解角度定义了一种9步问题求解方法,书中提供的大量设计实例都是采用该方法进行求解的,掌握该方法对于解决电子电路问题及工程问题都会受益匪浅。

- **注重实践** 本书注重理论与实践相结合,每一章都提供了大量的设计实例及课后练习,并具有在线的习题解答。

- **注重仿真** 本书全部采用计算机作为辅助工具,包括利用MATLAB、电子表格或者利用高级语言来开发设计选项,许多电路设计都提供了SPICE仿真模型,便于对所设计电路进行性能上的模拟验证,便于读者的理解和掌握。

本书由宋廷强翻译,周艳协助完成了审校,刘亚林、张敏、宗达、刘童心、许玲、刘志远、李继旭、张信耶、卢梦瑶、肖帅等参与了录入及校验工作。对于本书的出版我们首先要感谢清华大学出版社的老师们,是他们的努力促成了本书的顺利翻译与出版,同时也要感谢第 4 版译者。

在本书的翻译过程中,我们力求忠实于原著,但由于译者技术和翻译水平有限,书中难免存在疏漏,敬请读者批评指正。

译 者

2019 年 11 月于青岛

原书前言

FORWARD

本书全面讲解了现代电子电路设计中的基本技术,通过学习,读者可以对模拟电路、数字电路及分立元件与集成技术进行深入的理解。尽管大多数读者可能不会从事集成电路设计相关工作,但对于集成电路结构的深入理解,有助于我们从系统设计的角度深刻认识,从而消除系统设计中的隐患,增强集成电路使用的可靠性。

数字电路是电路设计中的重要领域,但许多电子学入门书籍仅将这部分内容列为补充知识,本书对数字电路和模拟电路部分做了均衡的介绍。本书的创作完成得益于作者在精密数字设计领域多年丰富的工作经历及多年的教学总结。书中涉及范围广泛,读者可以根据需要选择适当的内容作为两个学期或者连续 3 个学期的电子学教材。

本版说明

本版继续对书中相关资料进行了更新,更利于读者学习和掌握。除了常规的资料更新外,书中强化了一些概念的讲解和改进。

第 2 章强化了速度饱和的概念。在场效应晶体管章节中增加了 Rabaey 和 Chandrakasan 的统一 MOS 模型的方式,在本书的第 2 部分和第 3 部分的讨论、实例和新设问题中,多次给出速度限制对数字电路和模拟电路的影响分析。

第 7 章在 CMOS 逻辑电路设计中介绍了触发器和锁存器等基本逻辑电路。近年来,闪存技术发展迅速,第 8 章重点补充了闪存相关的存储技术、主要电路及存在的问题等内容。当前,TTL 电路已经被逐步取代,因此在第 9 章中相应减少了对该电路的介绍,增加了对正射极耦合逻辑电平(PECL)电路的简短讨论,但网上仍可查到书中删除的电路介绍。

第 15 章新增了达林顿对的相关内容。第 16 章改进了偏移电压计算的方法,修正了带隙材料的基准。在第 17 章对 FET 栅极电阻的讨论则映射了在 BJT 中对基极电阻的讨论,同时增加了对互补射极跟随器频率响应的扩展讨论,也增加了 FET 频率相关的电流增益影响的讨论,包括其对源极跟随器配置的输入和输出阻抗的影响。最后,更新了经典和普适的琼斯混音器讨论方法。第 18 章用实例讲解了新的偏移电压计算方法,同时增加了对 MOS 运算放大器补偿的讨论。[①]

本版增加的主要内容还包括:

- 至少增加了 35% 的习题。

---

① 由于翻译时将本书拆分成 3 卷,第 1 卷《深入理解微电子电路设计——电子元器件原理及应用(原书第 5 版)》为原书第 1~5 章,第 2 卷《深入理解微电子电路设计——数字电子技术及应用(原书第 5 版)》为原书第 6~9 章,第 3 卷《深入理解微电子电路设计——模拟电子技术及应用(原书第 5 版)》为原书第 10~18 章。参考文献和扩展阅读影印自原书。

- 可以从 McGraw-Hill 获得最新的 PowerPoint 幻灯片。
- 具有流行的自适应学习工具:Connet、LearnSmart 及 SmartBook。
- 所有示例采用结构化的问题解决方法。
- 修订和扩展了流行的 Electronice-in-Action 功能,包括 IEEE 社团、SPICE 的历史发展、身体传感器网络、琼斯混音器、高级 CMOS 技术、闪存增长、低压差分信号(LVDS)和全差动放大器。

每一章的开头都给出了本章内容相关的电子学发展历史,能够加深读者对该技术发展进程的了解。重点的设计方法采用高亮显示,以便让电路设计者重点记忆。万维网可以看作本书的扩展。

本书具有鲜明的特点,可以归纳如下:

- 所有实例均采用了结构性问题求解方法。
- 每一章都提供了相关的电子应用案例。
- 每章开头都给出了与本章内容相关的电子学领域重要发展历程。
- 重点强调设计要点,给出了大量的实际电路设计案例。
- 本书正文及设计实例中充分利用了 SPICE 仿真软件。
- 在 SPICE 中整合了器件模型。
- 书中给出了大量的练习、例子及设计实例。
- 增加了大量新的习题。
- 整合了网站素材。

书中首先介绍了数字电路的部分内容,便于非电子工程专业的学生学习,尤其是计算机工程或计算机科学专业的学生,他们往往只学习电子学系列课程中的第一门课程。

第 6 章和第 7 章对 NMOS 和 PMOS 逻辑设计进行了全面介绍,第 8 章介绍了存储器单元及其周边电路。第 9 章给出了有关双极型逻辑设计的介绍,包含对 ECL、CML 和 TTL 的讨论。由于 MOS 工艺的重要性,书中对双极型逻辑相关内容做了删减。本书中没有涉及任何有关逻辑模块层次的设计,因为在数字设计课程中会对此进行全面介绍。

第 1~9 章仅仅关注的是晶体管的大信号特征,这样可以让读者在学会将电路拆分成不同模块(可能是不同结构)进行直流和交流小信号分析之前,对器件特性和电流-电压特性进行深入了解(小信号概念在第 13 章中正式给出)。

尽管本书涉及数字电路的篇幅比大多数书籍要多,但仍有超过 50% 的篇幅介绍的是传统的模拟电路。从第 10 章开始介绍模拟电路内容。第 10 章中介绍了放大器概念和经典的理想运算放大器电路。第 11 章对非理想运算放大器进行了详细讨论。第 12 章给出了大量运算放大器应用实例。第 13 章全面介绍了二极管、BJT 晶体管和 FET(场效应管)的小信号模型的研究方法,其中 BJT 晶体管和 FET 采用的是混合 π 模型和 π 模型。

第 14 章对单级放大器设计和多级交流耦合放大器进行了深入讨论,对耦合电容和旁路电容设计进行了介绍。第 15 章讨论了直流耦合多级放大器,并介绍了运算放大器的原型电路。第 16 章继续介绍集成电路设计中的重要结论,并研究了经典 741 运算放大器。

第 17 章研究了晶体管的高频模型,讨论了高频电路特性的分析,并详细介绍了用于估算低频和高频主极点的重要短路和开路时间常数技术。第 18 章给出了晶体管反馈放大器的实例,并探讨了它们的稳定性和补偿,同时在第 18 章中还总结了关于高频 LC、负 g_m 和晶体振荡器的相关讨论结果。

设计

在工程师培训中设计仍然是一个较难的课题。本书定义了非常清晰的问题求解方法,利用该方法可以加深学生对于设计相关问题的理解能力。书中提供的设计实例有助于建立对设计流程的了解。

本书第 6 章直接切入到与 NMOS 和 CMOS 逻辑门设计相关的问题。在整本书中都讨论了器件的影响和无源元件的容限问题。当前,由于电池供电的低功耗、低电压设计变得越来越重要,逻辑设计实例的电源电压关注更低的电源电压。同时,本书中一直贯穿着计算机技术的使用,包括利用 MATLAB、电子表格或者高级语言来开发设计选项。

在本书的模拟部分一直强调采用设计模拟决策的方法。在任何适合的情况下,都在标准混合 π 模型表示的基础上将放大器特性表达式进行了简化。例如,在绝大多数书籍中放大器的电压增益表达式只能写为:$|A_v| = g_m R_L$,而隐藏了电源电压作为基本设计变量这一事实。本书中对此表达式进行了改进,将双极型晶体管的电压增益近似为 $g_m R_L \approx 10V_{CC}$,或将 FET 的电压增益近似为 $g_m R_L \approx V_{DD}$,明确地揭示了放大器设计与电源供电电压选择的关系,为共发射极放大器和共源极放大器的电压增益提供了一种简单的一阶设计估算方法。双极型放大器的增益优势也显而易见。只要有可能,书中经常会给出此类性能估算的近似技巧和方法。

第 1 章结尾处介绍了最差情况分析和蒙特卡洛分析技术。传统上在本科生课程中并不会包含这些内容,然而,在面临较多的元器件容限和差异情况下进行电路设计是电子电路设计中需要具备的一项重要技能,在书中给出的例子中对采用标准元器件和给定元器件容限的电路都利用该技术进行了讨论,在众多习题中也包含这一内容。

McGraw-Hill 链接

本版的在线资源包括 McGraw-Hill Connect,这是一个基于网络的作业和测试平台,可以帮助学生更好地完成课程作业并掌握重要概念。通过链接,教师可以轻松地在线提供作业、测验和测试,学生可以按照自己的进度和时间表练习重要技能。请向您的 McGraw-Hill 代表咨询更多详细信息。

McGraw-Hill SmartBook

SmartBook 由智能和自适应 LearnSmart 引擎提供支持,是目前第一个也是唯一一个提供持续自适应阅读体验的平台。通过区分学生所知道的内容和他们最容易忘记的概念,SmartBook 为每个学生提供个性化内容。阅读不再是一种被动和线性的体验,而是一种引人入胜且充满活力的体验,学生更有可能掌握并保留重要的概念,为课堂做好准备。SmartBook 包含功能强大的报告,可识别学生需要学习的特定主题和学习目标。这些有价值的报告还可以让教师深入了解学生如何通过教材内容进行学习,并有助于掌握课堂趋势,从而集中宝贵的课堂时间为学生提供个性化的反馈及定制评估。

SmartBook 如何运作?每个 SmartBook 包含 4 个组件:预习、阅读、练习和复习。从每章的初步预习和关键目标学习开始,学生阅读材料,并根据他们对练习不断适应的反应,引导他们实践最需要的主题,继续阅读和练习。SmartBook 指导学生复习他们最有可能忘记的内容,以确保学生掌握概念,并记住重要的内容。

电子版教材

教师和学生都可以从 CourseSmart 购得此书。CourseSmart 是一个在线资源,学生可以从中购买完整的电子版在线教材,而花费几乎是传统教材的一半。购买电子教材可以让学生充分利用 CourseSmart 网络工具的优势进行学习,这些工具包括全文搜索、做笔记和高亮,以及便于同班同学之间分享笔记的 E-mail 工具。

COSMOS

COSMOS 是完整的在线解决方案指导系统,教师可以从 McGraw-Hill 的 COSMOS 电子解决方案手册中获益。COSMOS 可为任课教师生成多项习题布置给学生,同时还可将教师自己设计的习题传输到软件中,更多信息请联系 McGraw-Hill 的销售代理。

计算机利用和 SPICE

本书全部采用计算机作为辅助工具,作者坚信这样做绝对比只采用 SPICE 电路分析软件要好。如今的计算机世界中,相比费力地将复杂的方程组简化成某种易于处理的分析形式,大家通常更愿意利用计算机来研究复杂设计问题。书中多处给出了利用计算机,采用电子表格、MATLAB 和(或)高级语言程序来建立迭代估算方程的实例。MATLAB 还可用于生成奈奎斯特图和伯德图,对于蒙特卡洛分析而言非常有用。

另外,书中通篇都有 SPICE 的使用,SPICE 仿真结果全都给出,在习题集中也包含了大量 SPICE 习题。只要有所帮助,在绝大多数实例中采用了 SPICE 分析。这一版本仍然强调了 SPICE 中直流分析、交流分析、瞬态分析及传输函数分析模式的区别与使用。在每种半导体器件的介绍之后都对其 SPICE 模型进行了讨论,每种模型都给出了典型的 SPICE 模型参数。使用 SPICE 可以轻松检查本文中的绝大多数问题,并建议学生能够自己寻找答案。

致谢

感谢对本书编写及筹备做出贡献的工作者。我们的学生在对原稿的润色上提供了极大的帮助,并尽力完成了原稿的多次修订。一直以来,我们的系领导(奥本大学的 J. D. Irwin 和弗吉尼亚大学的 L. R. Harriott),高度支持员工努力写出更高水平的教材。

感谢所有的审阅和审查人员:

David Borkholder,罗切斯特理工学院

Dimitri Donetski,布法罗大学

Barton Jay Greene,北卡罗来纳州立大学

Marian Kazimierczuk,莱特州立大学

Jih-Sheng Lai,弗吉尼亚理工学院和州立大学

Dennis Lovely,新不伦瑞克大学

Kenneth Noren,爱达荷大学

Marius Orlowski,弗吉尼亚理工大学

还要感谢 J. F. Pierce 和 T. J. Paulus 的课堂练习"电子应用"给我们带来的灵感。Blalock 教授多年前就跟随 Pierce 教授学习有关电子学内容,至今仍盛赞他们早已绝版的教材中所采用的诸多分析技术。

在 Jaeger 教授成为佛罗里达大学 Art Brodersen 教授的学生之后不久,他很幸运地获得了 Pederson 的书籍,从头到尾进行了仔细研究。

我们要感谢罗马尼亚 Cluj-Napoca 技术大学的 Gabril Chindris 帮助创建 NI Multisim 示例的模拟。

　　最后,感谢 McGraw-Hill 团队的支持,包括环球出版社的 Raghothaman Strinivasam,产品开发员 Vincent Bradshaw,市场经理 Nick McFadden,项目经理 Jane Mohr。

　　在本书的写作过程中,我们尽力将自身在模拟和数字设计领域的业界背景与多年的课堂经验融合在一起,希望能获得一定程度的成功。欢迎大家提出建设性意见和建议。

Richard C. Jaeger

奥本大学

Travis N. Blalock

弗吉尼亚大学

目 录
CONTENTS

电子学简介

本章目标

- 介绍电子学的发展简史
- 集成电路技术的开拓性进展
- 讨论电学信号的分类
- 回顾电路理论中重要的符号约定及主要概念
- 介绍电路分析中的容差分析方法
- 介绍本书中解决问题的方法

2017 年 11 月双极型晶体管发明 70 周年。1947 年 11 月 John Bardeen 和 Walter Brattain 在贝尔实验室发明了晶体管,这标志着半导体时代的开始(如图 1.1 和图 1.2 所示)。晶体管的发明及后续微电子的发展给现代社会带来了巨大的影响,这些影响超越了其他事件带来的变化,重塑了商业交易、机械设计、信息流通、战争及人类交流的方式,影响着人们生活的方方面面。

图 1.1 1948 年 John Bardeen 和 Walter Brattain 在 Brattain 的实验室(图片由阿尔卡特-朗讯提供)

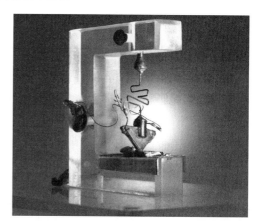

图 1.2 第一个锗双极型晶体管(图片由阿尔卡特-朗讯提供)

在现代社会,电路与元器件是绝大多数设备的主要构成部件。本书将详细阐述这些电路与元器件的工作原理与设计方法。对有志于投身于下一代技术革命的学生而言,这些知识可以为他们从事高级设计工作打下坚实的基础。而对于那些希望在其他技术领域工作的学生来说,本书的知识内容将帮助他们理解微电子学。本书所涉及的技术知识将对他们选择研究领域产生持久影响,并让他们在各自所研究的技术领域充分利用微电子学技术知识。下面介绍晶体管的发展历史。

在发明晶体管数个月之后,William Shockley 就提出了双极结型晶体管的工作原理。10 年后的 1956 年,Bardeen、Brattain 和 Shockley 3 人因发明晶体管而获得了诺贝尔物理学奖。

1948 年 6 月,贝尔实验室举行了一场隆重的新闻发布会,宣布了这一发明。1952 年,依据当时的法律,贝尔实验室将晶体管发明专利进行授权,使用该专利的公司需要支付 25 000 美元获得该专利的未来使用权。当时,固态组的另一名成员 Gordon Teal 离开了贝尔实验室,转到 Geophysical Services 公司从事晶体管研究工作,这就是后来的德州仪器(TI)。Gordon Teal 在 TI 开发出了第一个硅晶体管,随后 TI 推出了第一台全晶体管收音机。另一家早期获得晶体管授权的公司是 Tokyo Tsushin Kogyo,1955 年更名为索尼(Sony)。Sony 随后推出了一台晶体管收音机,并提出了营销策略,要让人们都拥有一台自己的收音机,从而打开了晶体管的消费市场。读者可以在参考文献[1,2]及其参考文献中找到以上史实,以及关于晶体管的其他报道。

在 1895 年,Marconi 进行了第一次无线传输,揭开了人类社会无线通信的序幕。几年后,人们发明了第一个电子放大器件——真空三极管。当时,电子学被简单地定义为电子器件的设计与应用,而如今,电子学深深地影响着人们的生活,已经渗透到人们生活的方方面面。从电子产品产值占世界上的国内生产总值(GDP)的比重上可以看出其影响之大,2012 年全球 GDP 大约为 72 万亿美元,其中 10% 直接来自于电子产品产值,见表 1.1[3-5]。

表 1.1　世界电子市场规模

类　　别	份额/%	类　　别	份额/%
数据处理硬件	22	无源器件	7
数据处理软件与服务	17	计算机集成制造	5
专业电子产品	10	仪器	5
电信业	9	办公电子	3
消费电子	9	医疗电子	2
有源器件	9	汽车电子	2

人们通常认为电子设备就是电话、收音机、电视及音响设备等产品,但是在其他很多设备里面也会用到电子设备,比如真空吸尘器、洗衣机、冰箱等。在工业中电子设备也是无处不在的,世界强烈依赖数据处理系统维持运转。实际上,计算机工业的发展离不开计算机相关产品作为支撑,设计过程依赖于计算机辅助设计(CAD)系统,而制造业依赖于电子系统进行工艺控制,比如石油分馏、汽车轮胎生产、食品加工、发电等。

1.1　电子学发展简史:从真空管到巨大规模集成电路

大多数人的成长离不开电子产品,但人们常常熟视无睹,往往会忽视其在工业上短期内的飞速发展。20 世纪初,商业电子器件还未出现,直到 20 世纪 40 年代末期才发明了晶体管。20 世纪 50 年代末期,第一个双极型晶体管的商业应用激发了电子产业的飞速发展,1961 年便出现了集成电路(IC)。从那时开始,采用电子器件和电子技术的信号处理开始进入人们的生活,并交织在人们的日常生活中。

表 1.2 列出了电子学领域发展过程中的一些里程碑事件。20 世纪初,人们发明了第一个电子双端器件——二极管,标志着电子时代的到来。紧接着,1904 年 Fleming 发明了真空二极管,1906 年 Pickard 通过与硅晶体形成点接触制作出了二极管(从第 3 章的固态二极管介绍开始学习电子器件)。

表 1.2　电子学里程碑事件

年　　份	事　　件
1874	Ferdinand 发明了固态整流器
1884	美国电子工程师学会（AIEE）成立
1895	Marconi 成功实现了第一次无线电发射
1904	Fleming 发明了真空二极管——标志着电子时代的到来
1906	Pickard 发明固态点接触式二极管（硅）
1906	Deforest 发明真空三极管
1910—1911	"可靠"管问世
1912	无线电工程师学会（IRE）成立
1907—1927	第一个用二极管和三极管构成的无线电电路问世
1920	Armstrong 发明超外差接收机
1925	电视出现
1925	Lilienfeld 提交场效应器件专利申请书
1927—1936	多栅管问世
1933	Armstrong 发明了频率调制（FM）
1935	Heil 获得场效应器件英国专利
1940	第二次世界大战期间雷达得到发展；电视小规模投入使用
1947	Bardeen、Brattain 和 Shockley 在贝尔实验室发明了双极型晶体管
1950	彩色电视问世
1952	Shockley 提出了单极场效应晶体管
1952	德州仪器开始商业生产硅双极型晶体管
1952	Ian Ross 和 George Dacey 实现结型场效应晶体管
1956	Bardeen、Brattain 和 Shockley 因发明双极型晶体管获得诺贝尔物理学奖
1958	德州仪器的 Kilby 和仙童半导体的 Noyce 与 Moore 同时发明集成电路
1961	仙童半导体研制成功第一个商用数字集成电路
1963	AIEE 和 IRE 合并成立电气电子工程师学会（IEEE）
1967	IEEE 国际固态电路会议（ISSCC）讨论了第一个 64 比特半导体随机存储器
1968	仙童半导体推出第一个商用 IC 运算放大器——μA709
1970	IBM 公司的 Dennard 发明单晶体管动态存储器单元
1970	低损耗光纤问世
1971	4004 微处理器在 Intel 研制成功
1972	Intel 研制成功第一个 8 位微处理器——8008 微处理器
1974	第一款 1KB 储器芯片投入商业使用
1974	8080 微处理器问世
1978	第一款 16 位微处理器推出
1984	MB 级别存储器芯片问世
1985	ISSCC 推出 Flash 存储器
1987	激光泵浦掺铒光纤放大器获得验证
1995	GB 容量存储器芯片研制成果在 ISSCC 会议上展示
2000	Alferov、Kilby 和 Kromer 共同获得诺贝尔物理学奖，以表彰他们分别在光电子学、集成电路和异质结器件所做的贡献
2009	Kao、Boyle 和 Smith 共同获得了 2009 年诺贝尔物理学奖，Boyle 和 Smith 发明了电荷耦合器件（CCD），Kao 因其在光纤通信所做的贡献获得了 1/2 奖金

Deforest 发明的真空三极管是电子学发展史上重要的里程碑。在真空二极管结构上增加第三端,可以使器件的输入端与输出端之间实现电学放大,并能保持良好的隔离性能。现在,硅基三极管已经成了电子系统的基础。真空管制造过程中电路可靠性的提升,在随后几年迎来了基于三极管的众多发明,推进了电路的快速发展。放大器和振荡器的发明在很大程度上改善了无线电的发射与接收。Armstrong公司在 1920 年发明了超外差接收机,在 1933 年发明了频率调制(FM)。第二次世界大战期间,得益于无线通信和雷达领域取得的突破,电子学得到了飞速发展。1930 年电视技术便得到验证,但直到 20 世纪 50 年代才开始普及。

1947 年,贝尔实验室的 Bardeen、Brattain 和 Shockley 发明了双极型晶体管[①],这是电子学历史上的重大事件。对于场效应器件,尽管 Lilienfeld 于 1925 年、Heil 于 1935 年、Shockley 于 1952 年分别提出自己的设想[2],但限于当时的技术水平,并未实现商业化,但双极型晶体管快速实现了商业化。

到了 1958 年,德州仪器的 Kilby 和仙童半导体的 Noyce 与 Moore 几乎同时发明了集成电路,该发明带来的新技术已极大地改变了人们的生活。利用 IC 技术实现微型化,可以将功能复杂的电子电路小型化,从而获得高性能,并降低成本。集成电路技术具有许多优点,如可靠性更高、功耗更低、尺寸更小、质量更轻等。

2000 年,Jack St. Clair Kilby 分享了诺贝尔物理学奖,以表彰其发明的集成电路。笔者认为这件事情意义重大,因为他代表了电子工作者所获得的最高奖励。

我们大部分人用过个人计算机,其中包含了大量的集成电路,集成电路的影响在数字电路中最为突出,不同封装的集成电路如图 1.3(c) 和(d)所示。例如,4GB 动态存储器芯片所含晶体管数量超过 40 亿个。128GB 的 Flash 存储器芯片使用多层存储技术在每个存储单元储存 2~3 位,单在存储器阵列中就具有超过 170 亿个晶体管,这还不包括地址译码及检测电路。如果采用分立的真空管(如图 1.3(a)所示)或者晶体管(如图 1.3(b)所示)实现这种存储器,这是不可能实现的(参见习题 9)。

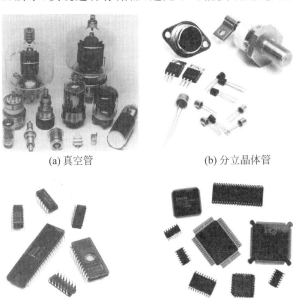

(a) 真空管　　　　　　　　　　(b) 分立晶体管

(c) 双列直插封装(DIP)的集成电路　　　(d) 贴片封装的集成电路

图 1.3　电路比较(图片源自 1992 年 ARRL 的《无线电爱好者手册》)

---

① 晶体管(transistor)一词据说源于"transfer resistor"的缩写,是基于 MOS 晶体管的压控电阻特性。

图 1.4 和图 1.5 采用图示法展示了集成电路小型化的显著进展。储存器芯片及微处理器的复杂度随着时间呈指数增长。1970 年以来的 40 年间,微处理器芯片的晶体管数增长了 100 万倍,如图 1.4 所示。同样地,存储器密度也增长了超过 1000 万倍,从 1968 年的 64B 存储器芯片发展到 2009 年底的 4GB 存储器芯片。

集成电路商业化以来,其最小线宽或特征尺寸的持续降低使得集成电路的集成度不断增加,最小特征尺寸可以从集成电路的最小线宽进行定义,如图 1.5 所示。目前,世界上绝大多数的半导体实验室在研发深亚微米工艺,其特征尺寸都小于 25nm,不足人类头发直径的 1/5000。

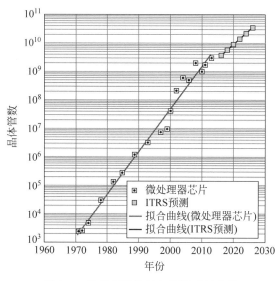

图 1.4 微处理器的复杂度随时间变化

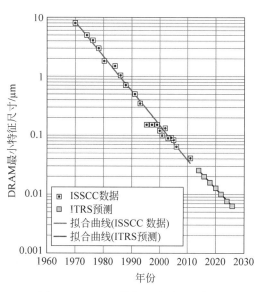

图 1.5 DRAM 特征尺寸随时间变化

随着特征尺寸的不断减小,形成了许多用以描述不同集成度的缩写词汇。集成电路出现之前,电子系统采用分立元件实现。在早期的集成电路中,器件数量小于 100 个的都称为小规模集成电路(SSI, Small-Scale Integration)。随着集成度的增加,逐渐发展成中规模集成电路(MSI, Medium-Scale Integration,每个芯片包含 $100\sim1000$ 个器件)、大规模集成电路(LSI, Large-Scale Integration,每个芯片包含 $10^3\sim10^4$ 个器件)、超大规模集成电路(VLSI, Very-Large-Scale Integration,每个芯片包含 $10^4\sim10^9$ 个器件)。现在人们的研究重点已经转移到巨大规模集成电路(GSI, Giga-Scale Integration,每个芯片包含的器件超过 10^9 个)。

电 子 应 用

手机的演变

集成电路工艺尺寸的等比例缩小改变着我们的日常生活。以手机为例,下图中描述了手机的发展演变。早期的移动电话体积庞大,人们只得使用一个很大的手机袋携带(因此形成了术语"bag phone")。下一代是模拟电话,体积缩小很多,可以方便地拿在手里,但由于采用的是模拟通信技术,其电池使用时间较短。第三代和第四代采用了数字电话技术,手机体积得以大幅缩小,电池寿命显著提高。随着集成度的持续增长,手机上逐渐集成了许多附加功能,如相机、GPS、WiFi 等。

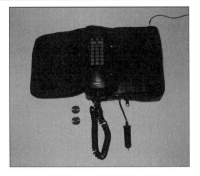

(a) 早期Uniden的"布袋"电话

(b) 诺基亚模拟手机

(c) 苹果iPhone手机

十年来手机的发展变化(图片源自 George Frey 及 Getty Image 图片库)

手机是混合信号集成电路应用的典型示例,这种电路将模拟信号电路和数字电路集成在同一个芯片中。在手机内部的集成电路芯片中,包含了模拟射频接收和发射电路、模数转换及数模转换器、CMOS 逻辑电路、存储器及电源变换电路。

1.2 电子学信号分类

电子器件处理的信号主要分成两大类,模拟信号(Analog signal)和数字信号(Digital signal)。模拟信号可以连续取值,用来表示连续变化的量,而单纯的数字信号只能取某些离散的值。接下来的两节将给出描述这两种信号类型的实例,同时介绍数/模和模/数转换的概念,这两种转换将架起数字和模拟信号系统交互的接口。

1.2.1 数字信号

数字电子通常处理的是二进制信号(Binary digital signal),或者说信号只能取两个分立电平值中的一个,如图 1.6 所示。二进制系统的状态可以用两个符号表示:逻辑 1 和逻辑 0。逻辑 1 对应一种电平,逻辑 0 对应另一种电平[①]。这两个逻辑状态通常对应两个分立的电压值,使用 V_H 和 V_L 分别代表高低电平值,并对应于几个常用的电压范围。最初人们定义 $V_H=5V$ 及 $V_L=0V$ 作为标准,并延续了很多年,但由于功耗及半导体器件的限制,后来由低电压所取代。在现代许多类型的电子系统中,$V_H=3.3V$、1V 或者更低,$V_L=0V$。

然而,二进制电压可以为负值,甚至正负两种电压都存在。ECL 是一种高性能数字逻辑,ECL 中 $V_H=-0.8V$,$V_L=-2.0V$。在早期计算机与外围设备通信连接采用的 RS-422 和 RS-232 标准中,$V_H=+12V$,$V_L=-12V$。此外,图 1.6 所示的时变二进制信号也可以很好地表示电流值或者光学数字通信系统中沿光纤传输的光信号值。最新的 USB 及 Firewire 标准中又重新采用单一的电源正电压。

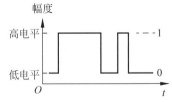

图 1.6 时变二进制信号

---

① 这种设定有利于使用布尔代数。

《深入理解微电子电路设计——数字电子技术及应用》一书中讨论了采用不同半导体工艺设计一系列的数字电路,包括采用场效应管的 CMOS、NMOS 及 PMOS 逻辑,以及采用双极型晶体管的 TTL 和 ECL 系列电路。

1.2.2 模拟信号

尽管诸如电荷、电子自旋等许多量都是离散的,但从本质上来说物理世界是模拟的。人们视觉、听觉、嗅觉、味觉及触觉的感知都是模拟过程。模拟信号可以直接表示温度、湿度、压力、光照度及声音等信号,所有这些信号都可以取任意有限值。事实上,模拟信号与数字信号的分类很大程度上只是一种看法,如果我们将图 1.6 所示的数字信号用示波器去观察,可以发现信号在高电平与低电平之间是连续变化的,信号并不能在两种电平之间真正跳变。图 1.7(a)所示的时变电压或电流信号可以代表温度、流速、压力或者话筒连续的声频输出信号随时间的变化。一些模拟传感器输出电压信号的范围是 $0\sim5\mathrm{V}$ 或 $0\sim10\mathrm{V}$,其他一些传感器被设计成输出电流信号,电流信号的输出范围是 $4\sim20\mathrm{mA}$。在某些极端情况下信号传输借助于射频天线,传输的信号可以小到不足 $1\mu\mathrm{V}$。

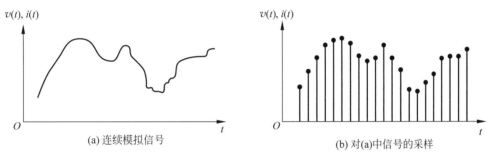

图 1.7 模拟信号

为了处理模拟信号中所携带的信息,需要用电路对信号的幅度、相位及频率进行有选择的调整。实际上,经常需要大幅增加信号的电压、电流及功率值。实现这些信号参数的调整需要借助不同形式的放大器来实现。

1.2.3 A/D 和 D/A 转换器——连接模拟与数字信号的桥梁

为了实现模拟系统与数字系统协同工作,需要实现模拟信号与数字信号之间的相互转换。要将模拟信号转换成数字信号,需要在不同时间点对模拟信号进行采样,将其幅度值量化成数字形式,如图 1.7(b)所示。量化值可以用二进制表示,也可以像数字万用表一样用十进制表示,实现这一转换的电路称为模/数(A/D)转换器,而实现将数字信号向模拟信号转换的电路称为数/模(D/A)转换器。

1. 数/模转换器

数/模转换器(Digital-to-Analog Converter)常称作 D/A 转换器,也称作 DAC,实现计算机系统的数字信号与现实世界的模拟信号之间的连接。D/A 转换器的输入为数字信号,一般为二进制形式,而输出为电压信号或电流信号,用于连续信号控制或模拟信息的显示。在图 1.8(a)所示的 D/A 转换器中,其输入是来自现实世界的 n 位二进制数$(b_1,b_2,\cdots,b_n)$,输出可以看成该二进制数的分式形式乘以满量程的参考电压 V_{FS}。因此,D/A 转换的数学运算式可以表示为

$$v_{\mathrm{o}} = (b_1 2^{-1} + b_2 2^{-2} + \cdots + b_n 2^{-n})V_{\mathrm{FS}}, \quad b_i \in [1,0] \tag{1.1}$$

参考电压 V_{FS} 的取值一般为 $1\mathrm{V}$、$2\mathrm{V}$、$5\mathrm{V}$、$5.12\mathrm{V}$ 和 $10.24\mathrm{V}$。输出端电压的最小变化出现在最低有效位

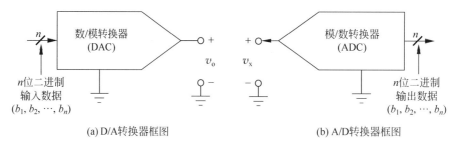

(a) D/A转换器框图   (b) A/D转换器框图

图 1.8   D/A 及 A/D 转换器的框图表示

(LSB)b_n 从 0 变化成 1 时,该最小分辨电压的取值可以表示为

$$V_{LSB} = 2^{-n}V_{FS} \tag{1.2}$$

式子另一端的 b_1 称作最高有效位(MSB),具有的权重为 V_{FS} 的一半。

转换器的分辨率一般定义为输入二进制数的有效位数(例如,分辨率为 8 位、10 位、12 位、14 位或 16 位等)。

练习:已知一个 10 位 D/A 转换器的 $V_{FS} = 5.12V$,当输入二进制数为 1100010001 时,输出电压是多少? 最小分辨电压 V_{LSB} 是多少? 最高有效位(MSB)对应的电压权重是多少?

答案:3.925V;5mV;2.56V。

2. 模/数转换器

模/数转换器(Analog-to-Digital Converter,也称作 A/D 转换器或 ADC)用于把电路的模拟信号转换成数字信号。在图 1.8(b)中,A/D 转换器的输入信号是一个未知的连续模拟信号,该输入信号通常是一个输入电压 v_x,A/D 转换器将该信号转化为计算机易于处理的 n 位二进制信号。该 n 位二进制数是表示未知输入电压与转换器满量程电压 V_{FS} 比值的二进制分式。

例如,理想 3 位 A/D 转换器的输入输出关系可以如图 1.9(a)所示。随着输入从 0 变化到满量程,输出编码从 000 逐级增加到 111[①]。当输入电压变化小于 A/D 转换器的 1LSB 时,输出编码保持不变。

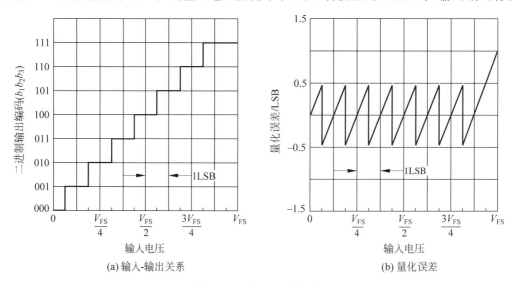

(a) 输入-输出关系   (b) 量化误差

图 1.9   3 位 A/D 转换器

①   可以这样理解,二进制小数点在数字编码的左侧,随着输出编码从 000 逐级变化到 111,二进制小数从 0.000 变化到 0.111。

因此，当输入电压增加时，输出编码与实际值相比会出现低估与高估现象，这一误差称为量化误差（Quantization error），该误差随输入信号的变化如图1.9(b)所示。

对于给定的输出编码，我们仅能确定输入电压值是在1LSB量化区间的某处。例如，如果3位A/D转换器的输出编码为100，该编码所对应的电压为$\dfrac{V_{FS}}{2}$，而输入电压可以介于$\dfrac{7V_{FS}}{16}$和$\dfrac{9V_{FS}}{16}$之间，其变化范围为$\dfrac{V_{FS}}{8}$或1LSB。从数学角度来看，图1.8(b)所示的A/D转换器电路选取二进制编码中各位的数值使得未知输入电压v_x与最相近的量化电压之间的量化误差v_ε最小：

$$v_\varepsilon = | v_x - (b_1 2^{-1} + b_2 2^{-2} + \cdots + b_n 2^{-n})V_{FS} | \tag{1.3}$$

练习：已知8位A/D转换器的$V_{FS}=5$V，当输入电压为1.2V时，该A/D转换器的输出编码是多少？计算该A/D转换器1LSB所对应的电压范围。

答案：00111101；19.5mV。

1.3　符号约定

在许多电路中都需要处理电压和电流信号，既有直流形式，也有时变信号，为此需要定义系列标准符号来表示电路信号的不同部分。总量用小写字母和大写下标表示，如式(1.4)中的v_T和i_T。直流部分用大写字母和大写下标进行表示，如式(1.4)中的V_{DC}和I_{DC}。直流量的变化部分用小写字母和小写下标进行表示，如式(1.4)中的v_{sig}和i_{sig}。

$$v_T = V_{DC} + v_{sig} \quad \text{或} \quad i_T = I_{DC} + i_{sig} \tag{1.4}$$

例如，晶体管基极发射极的总电压v_{BE}和场效应管总的漏电流i_D可以写为

$$v_{BE} = V_{BE} + v_{be} \quad \text{和} \quad i_D = I_D + i_d \tag{1.5}$$

如果没有特别说明，描述给定电路的等式均采用固定单位，电压为伏特(V)、电流为安培(A)、电阻为欧姆(Ω)。例如，等式$5V = (10\,000\Omega)I_1 + 0.6V$可以直接写为$5 = (10\,000)I_1 + 0.6$。

保留第4种大/小写的组合，即大写字母和小写下标，如V_{be}和I_d，用于表示1.5节中定义的正弦信号向量幅值。

练习：假定一个电路节点的电压可以表示为$v_A = (5\sin 2000\pi t + 4 + 3\cos 1000\pi t)$V，请写出$V_A$和$v_a$。

答案：$v_A = 4$V；$v_a = (5\sin 2000\pi t + 3\cos 1000\pi t)$V

1. 电阻和电导表示

本书所有的电路中，电阻的符号均使用R_x或r_x表示，电阻的单位用Ω、kΩ或MΩ等表示。然而在做电路分析时，有时使用电导更为方便。电导与电阻的关系如下

$$G_x = \frac{1}{R_x} \quad \text{和} \quad g_\pi = \frac{1}{r_\pi} \tag{1.6}$$

电导与电阻为倒数关系，电导G_x是电阻R_x的倒数，电导g_π是电阻r_π的倒数。电阻的单位使用Ω、kΩ或MΩ等表示，而电导的单位为西门子(S)。

2. 受控源

在电子学中，受控源(Dependent source或Controlled source)使用十分广泛。图1.10中列出了4种受控源类型，图中用标准的菱形符号表示受控源。在本书中，压控电流源(Voltage-Controlled Current Source，VCCS)、流控电流源(Current-Controlled Current Source，CCCS)和压控电压源(Voltage-

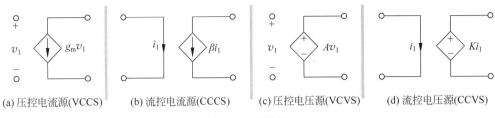

(a) 压控电流源(VCCS)　　(b) 流控电流源(CCCS)　　(c) 压控电压源(VCVS)　　(d) 流控电压源(CCVS)

图1.10　受控源

Controlled Voltage Source,VCVS) 常用于建模晶体管或放大器以及简化复杂电路,而流控电压源(Current-Controlled Voltage Source,CCVS)则很少使用。

1.4　解决问题的方法

工程师最关心的就是如何解决实际的问题。工程师需要创造性地发现所面临问题的新的解决方法,好的解决方案能够极大地促进问题的解决。下述示例中采用加粗字体给出的策略适用于从学生到企业工程师等职业生涯的所有阶段,该方法可描述为下述的 9 个步骤:

① 尽可能清晰地将问题描述出来。

② 列出已知信息和数据。

③ 找出解决问题所必需的未知条件。

④ 列出自己的假设。在分析过程中还可能发现新的假设。

⑤ 在许多可能的备选方案中寻找问题的解决方案。

⑥ 为找到问题的解决方案进行详细分析。需要绘制电路图并标注变量作为分析的一部分。

⑦ 结果检验。问题是否得到解决?数学分析是否正确?是否找到了所有的未知条件?所提假设是否成立?所得的结果是否能通过简单的一致性检查?

⑧ 结果评价。方案是否现实?是否成立?如果不成立,重复步骤④～⑦,直至获得满意的解决方案。

⑨ 计算机辅助分析。对于结果分析来说,SPICE 及其他计算机分析工具十分有用。借助于这些工具可以验证所得到的结果是否满足问题需求。检查计算机结果与手工计算结果是否一致。

要想解决问题就必须了解问题的详细细节。前 4 个步骤都是为了将问题表述清楚,也是解决问题过程中最重要的部分。在解决问题之前要尽力去理解、澄清和确定问题,可以节省时间并少走弯路。

一开始,问题的描述可能非常模糊,需要尽可能理解问题的本质,或者了解出题者的意图。为了更好地理解所提出的问题,需要首先将已知或未知的信息都列出来。解决问题过程中的偏差通常是由于不能清楚地理解未知量。例如,在电路分析中正确地绘制电路图及在电路图上明确标注电压和电流是十分重要的。

通常来说,未知量会多于约束条件,这就需要我们利用工程判断找到问题的解决方法。学习电子学的任务之一是能够利用所学知识在不同方案中进行选择,为此,通常需要通过近似或假设的方法来简化问题或者构建解决问题的基础条件。对于这些假设的陈述十分重要,在后面需要检查这些假设的有效性。通过本书的学习,读者有机会进行问题假设的实践。通常情况下,读者可以通过假设来简化计算复杂度,同时取得有用的结果。

精确理解题目中的已知信息、未知量,并做出合理的假设,不仅有助于更好地理解问题,还能有助于思考不同的解决方案。问题的解决方案看起来会有多种,需要从中选取最优的解决方案。人们看待问题的视角存在差异,很明显适用于某个人的方法对于另外一个人却不一定是最佳方案。选择最适合自己的解题方法。确定解决方案的时候,一定要考虑什么样的计算工具能够辅助问题的解决,包括MATLAB、Mathcad、Spreadsheet、SPICE 及计算器等。

一旦搞清了问题、确定了解决方案,就可以进行所需的问题分析,进行问题的求解。在完成问题分析之后,需要对求解结果进行检查。还要解决以下这些问题,首先,所有未知量都找到了吗?结果有意义吗?结果是否一致?所得结果是否与求解问题时所做的假设一致?

接下来需要对结果进行评价。结果是否切实可行?例如,电压、电流及功率值是否合理?电路能否用真实的部件搭建获取合理的输出?当元器件有很大差异时,电路是否能完成规定的功能?电路的成本是否在规定之内?如果对结果不满意,需要对假设、解决方法进行修改,并尝试找到新的解决方案。在实际的电路设计中通常需要反复实验才能找到所需的最佳解决方案。在结果检查及问题验证中,SPICE 及其他计算工具是十分有用的。

本书对例题的求解过程将依据本节介绍的问题求解策略步骤讲解。尽管有些例题看起来非常简单,使用问题求解策略意义不大,但是随着问题越来越复杂,本节所介绍的问题求解策略的作用会越发强大。

什么是合理数值?检查结果的主要目的是要判断结果是否合理,是否有意义。我们需要搞清楚什么样的数值是合理的。平时遇到的大多数固态元器件的工作电压范围是从小于 1V 的电池电压到 $40 \sim 50\text{V}$[1]的高电压。典型的电源供电电压是 $10 \sim 20\text{V}$,常用的电阻值的范围是几欧姆(Ω)到数吉欧姆($\text{G}\Omega$)。

按照现有的支流电路常识,电路电压一般不会超过供电电压。例如,如果一个电路的供电电压是 $+8 \sim -5\text{V}$,则所有直流电压的计算都是在 $+8 \sim -5\text{V}$。另外,交流信号的最大值与最小值之差,也即交流信号的峰峰值[2]不会超过 13V。对于 10V 的供电电压,通过一个 100Ω 的电阻的最大电流是 100mA,通过一个 $10\text{M}\Omega$ 电阻的电流不超过 $1\mu\text{A}$。因此,在检查结果时要牢记以下原则:

① 通常情况下,电路的支流电压不能超过电源的供电电压。交流信号的峰峰值不能超过供电电压的最大值与最小值之差。

② 电路中的电流范围通常在微安(μA)到 100 毫安(mA)之间。

1.5　电路理论的主要概念

电路的分析与设计需要用到很多基础电路理论的重要技术。在电路分析中,经常会用到基尔霍夫电压定律(KVL)和基尔霍夫电流定律(KCL)。有些情况下,电路的求解需要系统应用节点分析法(Nodal analysis)或网孔分析法(Mesh analysis)。分压与分流概念十分重要,在电路化简中经常会用到戴维南定理和诺顿定理。有源器件模型必然包含上节提到的受控源,我们需要熟练掌握受控源的各种形式。放大器电路分析通常使用双端口电路理论。第 10 章介绍完有关放大器知识之后将对双端口理论进行介绍。如果读者对刚才提到的概念不熟悉,则需要进行回顾。为了帮助大家回顾这些概念,下面将简要介绍这些重要的电路技术。

---

① 主要的例外出现在电力电子学领域,电压和电流要远超本文讨论的范围。

② 峰峰值指一个周期内信号最高值和最低值之间差的值,就是最大和最小之间的范围,它描述了信号值变化范围的大小。

1.5.1 分压和分流

分压(Voltage division)和分流(Current division)是非常重要的电路分析技术,可以直接从基本电路理论推导而来。这两种技术一直贯穿本书,理解它们各自的使用条件十分重要。接下来将给出两者的一些使用实例。

图 1.11(a)所示的是分压情况,电压 v_1 和电压 v_2 可以表示为

$$v_1 = i_i R_1 \quad 和 \quad v_2 = i_i R_2 \tag{1.7}$$

对单个环路应用 KVL,则有

$$v_i = v_1 + v_2 = i_i(R_1 + R_2) \quad 和 \quad i_i = \frac{v_i}{R_1 + R_2} \tag{1.8}$$

由式(1.7)和式(1.8)可以得到基本分压公式为

$$v_1 = v_i \frac{R_1}{R_1 + R_2} \quad 和 \quad v_2 = v_i \frac{R_2}{R_1 + R_2} \tag{1.9}$$

代入图 1.11(a)中的电阻和电压值,则有

$$v_1 = 10V \frac{8k\Omega}{8k\Omega + 2k\Omega} = 8.00V \quad 和 \quad v_2 = 10V \frac{2k\Omega}{8k\Omega + 2k\Omega} = 2.00V \tag{1.10}$$

设计提示:分压使用条件

注意,式(1.9)中的分压关系只能应用在流过两个电阻支路的电流相同的情况下。另外,如果将电阻替换为复数阻抗,并且电压表示为向量形式,上述公式依然正确。

$$V_1 = V_i \frac{Z_1}{Z_1 + Z_2} \quad 和 \quad V_2 = V_i \frac{Z_2}{Z_1 + Z_2}$$

分流公式也十分有用。在图 1.11(b)所示电路中,找到电流 i_1 和电流 i_2,在单节点应用 KCL 定律,则有

$$i_i = i_1 + i_2, \quad 其中 \quad i_1 = \frac{v_i}{R_1} \quad 和 \quad i_2 = \frac{v_i}{R_2} \tag{1.11}$$

求解可得

$$v_i = i_i \frac{1}{\dfrac{1}{R_1} + \dfrac{1}{R_2}} = i_i \frac{R_1 R_2}{R_1 + R_2} = i_i(R_1 \parallel R_2) \tag{1.12}$$

其中,$R_1 \parallel R_2$ 表示电阻 R_1 和 R_2 的并联,由式(1.11)和式(1.12)可以推导出分流公式

$$i_1 = i_i \frac{R_2}{R_1 + R_2} \quad 和 \quad i_2 = i_i \frac{R_1}{R_1 + R_2} \tag{1.13}$$

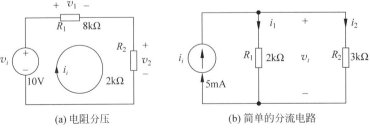

(a) 电阻分压   (b) 简单的分流电路

图 1.11 分压与分流电路

代入图 1.11(b)中的电阻和电流值，则有

$$i_1 = 5\text{mA} \frac{3\text{k}\Omega}{2\text{k}\Omega + 3\text{k}\Omega} = 3.00\text{mA} \quad \text{和} \quad i_2 = 5\text{mA} \frac{2\text{k}\Omega}{2\text{k}\Omega + 3\text{k}\Omega} = 2.00\text{mA}$$

设计提示：分流使用条件

需要注意，式(1.9)中的分流关系只能应用在加在两个电阻上的电压值相同的情况下。另外，如果将电阻替换为复数阻抗并且电流表示为向量形式，上述公式依然正确。

$$I_1 = I_S \frac{Z_2}{Z_1 + Z_2} \quad \text{和} \quad I_2 = I_S \frac{Z_1}{Z_1 + Z_2}$$

1.5.2　戴维南定理和诺顿定理

在这里，我们将回顾得出戴维南(Thévenin)和诺顿等效电路(Norton equivalent circuit)的方法，该等效电路包含一个受控源，如图 1.12(a)所示。由于虚线框内的线性电路只有两个端口，所以可以用戴维南等效电路或诺顿等效电路进行表示，如图 1.12(b)和图 1.12(c)所示。借助于戴维南和诺顿等效电路，可以将复杂电路化简成一个单源和等效电阻。我们用接下来的 4 个例子展示这两个重要的技术应用。

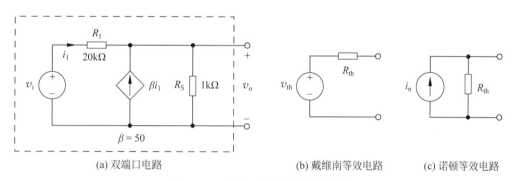

(a) 双端口电路　　　　　　(b) 戴维南等效电路　　　(c) 诺顿等效电路

图 1.12　双端口电路及其等效电路

例 1.1　戴维南和诺顿等效电路

对于图 1.12(a)所示的电路，接下来练习找出戴维南和诺顿等效电路的方法。

问题： 找出图 1.12(a)所示电路的戴维南和诺顿等效表达式。

解：

已知量： 图 1.12(a)中的电路拓扑和电路数值。

未知量： 戴维南等效电压 v_{th}、戴维南等效电阻 R_{th} 及诺顿等效电流 i_n。

求解方法： 电压源 v_{th} 定义为电路端口的开路电压。R_{th} 是将电路中所有独立源设为 0 时的端口等效电阻。电流源 i_n 表示输出端的短路电流，等于 V_{th}/R_{th}。

假设： 无

分析： 首先需要计算出 v_{th} 的值，接着计算出 R_{th} 的值，最后再求取 i_n 的值。开路电压 v_{th} 可以在输出端应用 KCL 定理求得。

$$\beta i_1 = \frac{v_o - v_i}{R_1} + \frac{v_o}{R_S} = G_1(v_o - v_i) + G_S v_o \tag{1.14}$$

其中,根据 1.3 节关于电导的命名规则 $G_s = 1/R_s$,电流 i_1 可表示为

$$i_1 = G_1(v_i - v_o) \tag{1.15}$$

将式(1.15)代入式(1.14),合并同类项可得

$$G_1(\beta + 1)v_i = [G_1(\beta + 1) + G_s]v_o \tag{1.16}$$

因此,戴维南等效输出电压为

$$v_o = \frac{G_1(\beta + 1)}{[G_1(\beta + 1) + G_s]}v_i = \frac{(\beta + 1)R_s}{[(\beta + 1)R_s + R_1]}v_i \tag{1.17}$$

其中,第二个公式可以通过第一个公式的分子和分母同时乘以 $(R_1 R_s)$ 获得。代入本例中的变量数值可得

$$v_o = \frac{(50 + 1)1\text{k}\Omega}{[(50 + 1)1\text{k}\Omega + 20\text{k}\Omega]}v_i = 0.718v_i \quad \text{和} \quad v_{th} = 0.718v_i \tag{1.18}$$

v_{th} 表示所有独立源设为 0 时输出端的等效电阻。为了求取戴维南等效电阻(Thévenin equivalent resistance)R_{th},首先要将电路中的独立源设置为 0,同时保持所有受控源不变,然后在电路端口上施加测试电压或电流源,计算出相应的电流或电压。如图 1.13 所示,将 v_i 设为 0(将电路短路),将电压源 v_x 施加到电路上,则可以计算出 i_x,因此可以计算出

$$R_{th} = \frac{v_x}{i_x} \tag{1.19}$$

$$i_x = -i_1 - \beta i_1 + G_s v_x, \quad \text{其中} \quad i_1 = -G_1 v_x \tag{1.20}$$

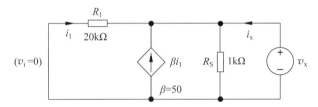

图 1.13   对电路施加测试源 v_x,计算 R_{th}

化简及合并这两个表达式,可得

$$i_x = [(\beta + 1)G_1 + G_s]v_x \quad \text{和} \quad R_{th} = \frac{v_x}{i_x} = \frac{1}{(\beta + 1)G_1 + G_s} \tag{1.21}$$

式(1.21)的分母是两个电导之和,对应于两电阻并联情况。因此,式(1.21)可以重新表示为

$$R_{th} = \frac{1}{(\beta + 1)G_1 + G_s} = \frac{R_s \dfrac{R_1}{(\beta + 1)}}{R_s + \dfrac{R_1}{(\beta + 1)}} = R_s \parallel \frac{R_1}{(\beta + 1)} \tag{1.22}$$

将本例中的数据代入式(1.22),可得

$$R_{th} = R_s \parallel \frac{R_1}{(\beta + 1)} = 1\text{k}\Omega \parallel \frac{20\text{k}\Omega}{(50 + 1)} = 1\text{k}\Omega \parallel 392\Omega = 282\Omega \tag{1.23}$$

诺顿源 i_n 表示原始电路的短路电流。既然已经有了戴维南等效电路,可以利用它来计算 i_n。

$$i_n = \frac{v_{th}}{R_{th}} = \frac{0.718v_i}{282\Omega} = 2.55 \times 10^{-3}v_i$$

图 1.14 为例 1.1 根据图 1.12 所示电路计算出的戴维南和诺顿等效电路。

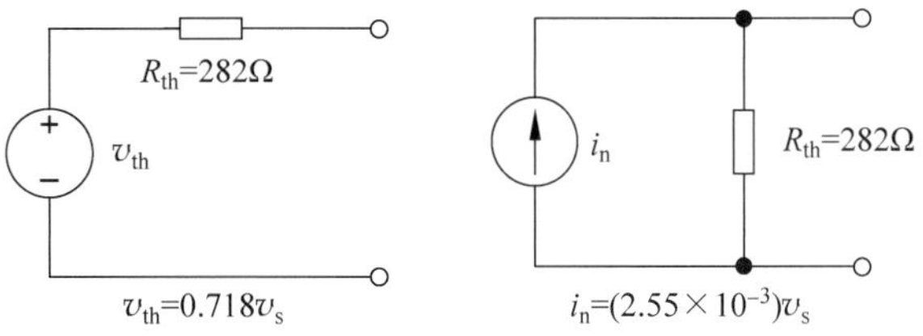

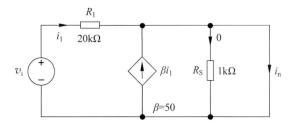

（a）戴维南等效电路　　　　　　（b）诺顿等效电路

图 1.14　图 1.12(a)所示双端口电路的戴维南等效电路(a)和诺顿等效电路(b)

结果检查：本例中计算了 3 个未知量,重新检查计算并验证结果的正确性。v_{th} 的数量级与 v_i 相同,因此其结果不会异常的大,也不会异常的小。R_{th} 的值不应出现大于输出端并联电阻 R_s 的情况,本例中 R_{th} 的值小于 $1k\Omega$,看起来比较合理。可以直接从原始电路计算 i_n 来进行二次检查,如果在图 1.12中直接短路输出端,可以计算短路电流(参见例 1.2)为 $i_n=(\beta+1)v_i/R_i=2.55\times10^{-3}v_i$,与其他方法计算的结果相同。

例 1.2　诺顿等效电路

对包含一个受控源的电路练习找出的诺顿等效电路。

问题：对图 1.12(a)所示的电路找出图 1.12(c)所示的诺顿等效电路。

解：

已知量：图 1.12(a)中的电路拓扑和电路数值。

未知量：诺顿等效电流 i_n。

求解方法：将电路输出短路,流出电路的电流即为诺顿等效电流。

假设：无

分析：图 1.15 所示的电路,输出电流为

$$i_n=i_1+\beta i_1 \quad 和 \quad i_1=v_i/R_1 \tag{1.24}$$

输出端短路使得流过电阻 R_s 的电流为 0。将式(1.24)中的两个式子合并,则有

$$i_n=(\beta+1)G_1v_i=\frac{(\beta+1)}{R_1}v_i \tag{1.25}$$

或者

$$i_n=\frac{(50+1)}{20k\Omega}v_i=\frac{v_i}{392\Omega}=(2.55mS)v_i \tag{1.26}$$

诺顿等效电路中的电阻在式(1.23)中已经求出,也等于 R_{th}。

图 1.15　用于确定短路输出电流的电路

结果检查：现在已经求解了诺顿等效电流。需要注意的是,$v_{th}=i_nR_{th}$ 这一结论可以用来检查计算。$i_nR_{th}=(2.55mS)v_s(282\Omega)=0.719v_s$,这一结果在本例的舍入误差之内。

电 子 应 用

播放器特性

耳机播放器是一种个人音乐播放器,是声频放大器的典型代表。传统的声频波段从 20Hz 到 20kHz,这是人耳能够听到的声音频率的上下限。

iPod

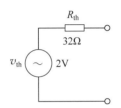

输出级戴维南等效电路

在 MP3 播放器或者计算机声卡中,Apple iPod 的伴音特性是高质量声频输出的代表,其声频输出可以用戴维南等效电路表示,其中 $v_{th}=2V$,$R_{th}=32\Omega$,同时向耳机的每个通道传递大约 15mW 的功率,并与 32Ω 的电阻匹配。在 20Hz~20kHz 的频率范围内,输出功率近似为常数。在下限截止频率(f_L)和上限截止频率(f_H)处,输出功率减少 3dB,在数值上减少一半。

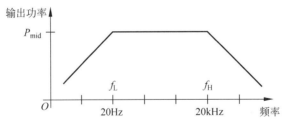

声频放大器功率输出与频率之间的关系

放大器的失真特性也很重要,这通常是区分优劣声卡或 MP3 播放器的主要指标。优质的声频系统在全功率情况下,其全总谐波失真(THD)要小于 0.1%。

1.6 电子学信号的频谱

在电子工程中,傅里叶分析及傅里叶级数是非常强大的工具。根据傅里叶理论可知复杂信号实际上是由连续的正弦信号组成的,每一个正弦信号具有不同的幅度、频率和相位。信号的频谱代表了各频率信号的幅度和相位相对于频率的响应特性。

非周期性信号具有连续的频谱,其频谱范围十分广泛。例如,在一个很短时间内测量的电视信号的幅值如图 1.16 所示。电视信号的频率范围是 0～4.5MHz[①],其他类型的信号占据频谱的不同区域。表 1.3 列出了一些常用信号的频率范围。

与图 1.16 所示的联系信号相反,傅里叶级数分析表明,任意周期的信号存在与信号周期直接相关的分立的频点[②],如图 1.17 所示的方波信号。例如,图 1.17 中方波的幅度为 V_O,周期为 T,用傅里叶级数可表示为

$$v(t) = V_{DC} + \frac{2V_O}{\pi}\left(\sin\omega_O t + \frac{1}{3}\sin 3\omega_O t + \frac{1}{5}\sin 5\omega_O t + \cdots\right) \tag{1.27}$$

其中,$\omega_o = 2\pi/T(\text{rad/s})$ 是方波的一次谐波或基波频率(Fundamental radian frequency),$f_o = 1/T(\text{Hz})$ 称为信号的基频(Fundamental frequency),$2f_o$、$3f_o$、$4f_o$、$\cdots$处的频率称为二次、三次、四次、$\cdots\cdots$谐波(Harmonic frequency)。

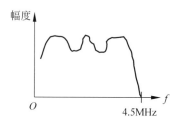

图 1.16　电视信号的频谱

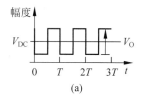
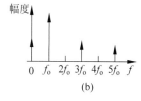

图 1.17　周期信号(a)和幅度谱(b)

表 1.3　常见信号的频率

类　　别	频率范围	类　　别	频率范围
声音	20Hz～20kHz	商业通信	450～470MHz
基带电视信号	0～4.5MHz	UHF 电视(14～69 频道)	470～806MHz
AM 声频广播	540～1600kHz	固定通信和移动通信	806～902MHz
高频通信	1.6～54MHz	模拟和数字蜂窝电话	928～960MHz
VHF 电视(2～6 频道)	54～88MHz	电话、个人通信及其他	1710～1990MHz
FM 无线电广播	88～108MHz	无线设备	2310～2690MHz
VHF 无线通信	108～174MHz	卫星电视	3.7～4.2GHz
VHF 电视(7～13 频道)	174～216MHz	无线设备	5.0～5.5GHz
海事及政府通信	216～450MHz		

1.7　放大器

线性放大器能够调节模拟信号的幅度和(或)相位特性,不改变信号的频率。虽然复杂信号有许多独立成分,但是正如 1.6 节中所讲到的那样,线性使我们可以根据叠加原理(Superposition principle)单独处理每个成分。

例如,假设图 1.18(a)中的放大器电压增益为 A,输入正弦信号 v_i 的幅度、频率和相位分别为 V_i、ω_i

---

① 在信号传输之前,该信号与更高载波频率的信号结合。

② 实际上会有无限多这样的频点。

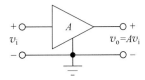

(a) 单端输入电压增益为A的放大器

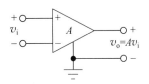

(b) 双端输入电压增益为A的差分放大器

图 1.18 放大器示例

和 ϕ：

$$v_i = V_i \sin(\omega_i t + \phi) \tag{1.28}$$

对于线性放大器来说，对应的输出仍然是同频的正弦信号，但将具有不同的幅度和相位：

$$v_o = V_o \sin(\omega_i t + \phi + \theta) \tag{1.29}$$

采用相量(Phasor)表示，输入输出信号可以表示为

$$V_i = V_i \angle \phi \quad \text{和} \quad V_o = V_o \angle (\phi + \theta) \tag{1.30}$$

放大器的电压增益(Voltage gain)则可以用这些相量定义为

$$A = \frac{V_o}{V_i} = \frac{V_o \angle (\phi + \theta)}{V_i \angle \phi} = \frac{V_o}{V_i} \angle \theta \tag{1.31}$$

放大器的电压增益幅值等于 v_o/v_i，相移为 θ。通常情况下，电压增益的幅度和相位是频率的函数。除电压增益外，放大器还具有电流增益和功率增益，在第 10 章将对这些概念做进一步研究。

图 1.19 所示的曲线给出了增益 $A_v = -5$，输入电压 $v_i = 1\sin 2000\pi t$ 的放大器的输入输出电压波形。在图中信号的增益及相移都能明显看出，信号的幅度增加了 5 倍，信号的相移为 $180°$(反相)。

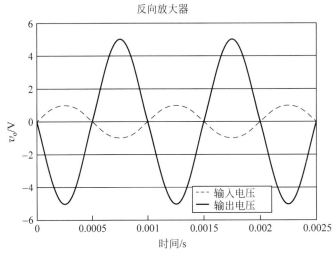

图 1.19 增益 $A_v = -5$，输入电压 $v_i = 1\sin 2000\pi t$ 的放大器的输入输出电压波形

需要注意信号的相角，在式(1.28)和式(1.29)中，ωt、ϕ、θ 的单位要求相同。ωt 的单位为弧度时，ϕ 的单位也必须是弧度。然而，在电气工程类的图书中，ϕ 常常用角度表示，此时就需要读者分清变量的单位体系，并在进行数学计算前将角度转换为弧度。

练习：已知放大器的输入输出电压可以表示为 $v_i = 0.001\sin(2000\pi t)\,\mathrm{V}$ 和 $v_o = -5\cos(2000\pi + 25°)\,\mathrm{V}$，其中，$v_i$ 和 v_o 的单位是伏特，t 的单位是秒。求该放大器的 v_i、v_o 和电压增益。

答案：$0.001\angle 0°$；$5\angle -65°$；$5000\angle -65°$。

1.7.1 理想运算放大器

运算放大器(Operational amplifier)，是电路设计中的基本单元，在大多数电路入门课程中会介绍。本节将对理想运算放大器进行简单介绍，尽管不可能实现理想运算放大器，但它有助于我们快速理解给

定电路的基本行为,此外还可以在电路设计中用作基本电路模型。

在电路基础课程中讲过,运算放大器实际上是一个差分放大器,有正负两个信号电压输入端,如图 1.18(b)所示。假定理想运算放大器的电压增益和输入阻抗为无穷大,由此可以得到用于分析包含理想运算放大器电路的两个特定假设:

① 输入端电压差为零,即 $v_- = v_+$。
② 输入端电流均为零。

假设应用——反相放大器

经典反相放大器(Inverting amplifier)电路将用于帮助我们重新分析采用运算放大器的电路。如图 1.20 所示,反相放大器电路中,运算放大器的正输入端接地,电阻 R_1 和 R_2 构成了反馈电路(Feedback network)的电阻,分别接在了运算放大器的信号源、反向输入端和放大器输出端之间的节点上。理想运算放大器用三角形符号表示,图中不标注增益 A。

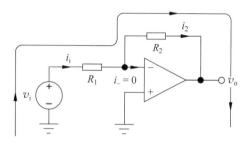

图 1.20　采用运算放大器的反相放大器

我们的目标是求出整个放大器的电压增益 A_v。为了确定 A_v,首先要找出 v_i 和 v_o 的关系。一种方法是写出图 1.20 所示的单回路的方程。

$$v_i - i_i R_1 - i_2 R_2 - v_o = 0 \tag{1.32}$$

需要用 v_i 和 v_o 来表示 i_1 和 i_2。在放大器的反相输入端应用 KCL,由假设②反相器输入端 i_- 电流为零,可知 i_2 一定与 i_i 相等,即

$$i_i = i_2 \tag{1.33}$$

而电流 i_i 可以用 v_i 表示为

$$i_i = \frac{v_i - v_-}{R_1} \tag{1.34}$$

其中 v_- 是运算放大器的反相输入端电压。假设①表明运算放大器两个输入端之间的电压差为零,因为正输入端接地,所以 v_- 等于 0。因此

$$i_i = \frac{v_i}{R_1} \tag{1.35}$$

由式(1.32)~式(1.35)可得电压增益为

$$A_v = \frac{v_o}{v_i} = -\frac{R_2}{R_1} \tag{1.36}$$

对于式(1.36)有以下几点需要注意。电压增益为负,表明反相放大器输入信号和输出信号之间的相移为 180°。此外,如果 $R_2 \geqslant R_1$(绝大多数情况下),则增益值大于等于 1;但是如果 $R_2 < R_1$,则增益值小于 1。

图 1.20 所示的放大器电路,运算放大器的反相输入端具有与地相等的电势,电势为 0V,称为"虚

地"(Virtual ground)。理想运算放大器可调整输出电压,使 $v_- = 0$。

设计提示:运算放大器电路的虚地

在上述电路中,尽管反相输入端呈现虚地,但它并没有与地直接相连(不存在对地的直接通路)。为了分析该电路而将反相输入端与地短路是一种常见的错误,必须加以避免。

练习: 假定在图 1.20 中放大器的增益为 -5,$R_2 = 100\text{k}\Omega$,求 R_1。

答案: $20\text{k}\Omega$。

电 子 应 用

常见电子系统中的放大器——调频立体声收音机

调频收音机接收电路是电子系统中放大器应用的常见例子,下图给出了该接收电路的框图,里面包含多个放大器。天线信号极其微弱,通常为毫伏量级。信号幅度和能量经过射频(RF)放大器、中频(IF)放大器和声频放大器等 3 组放大器进行连续放大,在输出端可以驱动扬声器输出 100W 的声频信号,而天线段接收到的原始信号功率仅仅为皮瓦量级。

本机振荡器是另一种特殊的放大器,它可以调节收音机接收器选择所需的电台,在第 12 章和第 15 章将对此进行详细介绍。混频器电路改变输入信号的频率,是线性时变电路的一个例子,在电路设计上十分依赖于线性放大器电路知识。FM 检波器可以由线性放大器或非线性放大器构成。第 10 章~第 17 章将详细说明线性放大器和振荡器的设计方法,以及所需的电路基础知识,便于读者理解更复杂的电路,如混频器、调幅器及检波器等。

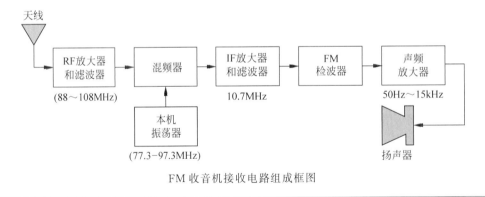

FM 收音机接收电路组成框图

1.7.2 放大器频率响应

放大器除了调节给定信号的电压、电流及功率外,还可以对不同频率范围的信号进行有选择性地处理。根据频率响应特性,放大器被分为不同的类型,图 1.21 给出了 5 种可能的类型:图 1.21(a)所示的是低通放大器(Low-pass amplifier),允许低于某一截止频率 f_H 的所有信号通过;图 1.21(b)所示的为高通放大器(High-pass amplifier),允许高于某一截止频率 f_L 的信号通过;图 1.21(c)所示的为带通放大器(Band-pass amplifier),它允许两个截止频率 f_H 和 f_L 之间的所有信号通过;图 1.21(d)所示的为带阻放大器(Band-reject amplifier),该放大器会阻止 f_H 和 f_L 之间的所有信号;最后,图 1.21(e)所示

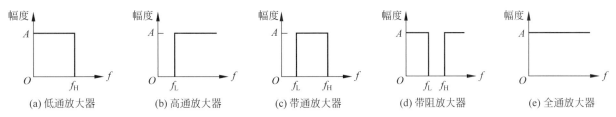

图 1.21 理想放大器频率响应特性

的是全通放大器(All-pass amplifier),它可放大所有频率的信号。实际上,全通放大器用来调节信号的相角而非幅度。用于放大特定频率范围内信号的电路称为滤波器(Filter)。

练习:(a) 图 1.21(c)所示的带通放大器,已知 $f_L = 1.5 \text{kHz}, f_H = 2.5 \text{kHz}, A = 10$。假设输入电压为

$$v_i = [0.5\sin(2000\pi t) + \sin(4000\pi t) + 1.5\sin(6000\pi t)]\text{V}$$

求放大器的输出电压。

(b) 假设对图 1.21(a)所示的低通放大器施加同样的信号,已知 $A = 5, f_H = 1.75 \text{kHz}$,求输出电压。

答案:$(10.0\sin4000\pi t)\text{V}$;$(2.50\sin2000\pi t)\text{V}$。

1.8 电路设计中元器件参数值的变化

无论电路是采用分立元器件还是集成电路构建,无源器件和半导体器件的参数都有一定的容差范围。市购分立电阻的容差(Tolerance)可以为 $\pm 10\%$、$\pm 5\%$、$\pm 1\%$ 或更高精度。而集成电路中电阻的容差范围更大($\pm 30\%$)。电容具有不对称的容差值,如 $+20\%/-50\%$。电源电压的容差一般在 $1\% \sim 10\%$。在第 3 章~第 5 章中将学习的半导体器件的参数偏差可能达到 30% 或者更大。

除了因为存在容差而使器件参数值存在不确定性外,电路中各元器件的数值及参数还会随着温度和电路的老化而改变。理解电路中元器件参数变化对电路的影响十分重要,在设计电路时应该保证在参数发生变化的情况下电路仍能正确工作。本书将采取两种分析方法,即最差情况分析(Worst-case analysis)和蒙特卡洛分析(Monte Carlo analysis),帮助量化容差的存在对电路性能的影响。

1.8.1 容差的数学模型

对称参数变化的数学模型为

$$P_{\text{nom}}(1-\varepsilon) \leqslant P \leqslant P_{\text{nom}}(1+\varepsilon) \tag{1.37}$$

其中,P_{nom} 是参数的标称值,如电阻值或独立源电压;ε 是器件参数的微小变化。例如,标称值为 $10 \text{k}\Omega$ 的电阻,允许存在 5% 的误差,则在任何情况下电阻值的变化范围是

$$10\,000\Omega(1-0.05) \leqslant R \leqslant 10\,000\Omega(1+0.05)$$

或者

$$9500\Omega \leqslant R \leqslant 10\,500\Omega$$

练习:已知一个电阻的阻值为 $39 \text{k}\Omega$,其容差为 10%,则该电阻的取值范围是多少?当电阻的阻值为 $3.6 \text{k}\Omega$,容限误差为 1% 时,其取值范围又是多少?

答案:$35.1 \leqslant R \leqslant 42.9 \text{k}\Omega$;$3.56 \leqslant R \leqslant 3.64 \text{k}\Omega$。

1.8.2 最差情况分析

最差情况分析常用来确保在元器件系列参数值发生变化的情况下,电路仍可以正常工作。最差情况分析通过选择电路中不同元器件的参数值使期望获得的变量(如电压、电流、功率、增益或带宽)的值最大或最小。这里的最大值和最小值通常可以通过分析电路中不同电路单元的极限值来获得。虽然基于最差情况分析的设计一般过于保守,但理解这种方法及其局限性是非常重要的。下面针对最差情况分析进行举例说明。

例 1.3 最差情况分析
这里对一个简单的分压电路采用最差情况分析。

问题:图 1.22 所示的是一个分压电路,分别求在正常情况下和最差情况下(最高和最低)的输出电压 V_O 和源电流 I_1。

解:

已知量:在图 1.22 所示的分压电路中,已知电压源 $V_1 = 15\text{V}$,容差为 10%;电阻 $R_1 = 18\text{k}\Omega$,容差为 5%;电阻 $R_2 = 36\text{k}\Omega$,容差为 5%。V_O 和 I_1 的表达式为

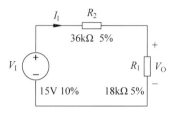

图 1.22 具有容差的电阻分压电路

$$V_O = V_1 \frac{R_1}{R_1 + R_2} \quad \text{和} \quad I_1 = \frac{V_1}{R_1 + R_2} \tag{1.38}$$

未知量:$V_O^{\text{nom}}, V_O^{\text{max}}, V_O^{\text{min}}, I_1^{\text{nom}}, I_1^{\text{max}}, I_1^{\text{min}}$。

求解方法:将电路中所有的电路元器件取其标称(理想)值时,可以得到 V_O 和 I_1 的额定值(理想值)。选择不同的电压值和电阻值使得 V_O 和 I_1 达到极限值,从而获得最差情况的变量取值。这里需要注意的是在求取 V_O^{max} 和 I_1^{max} 时,各电路元器件的取值不同。

假设:无

分析:

(a) 额定值

电压 V_O 的额定值可以由电路中所有元器件的额定值来求得。

$$V_O^{\text{nom}} = V_1^{\text{nom}} \frac{R_1^{\text{nom}}}{R_1^{\text{nom}} + R_2^{\text{nom}}} = 15\text{V} \frac{18\text{k}\Omega}{18\text{k}\Omega + 36\text{k}\Omega} = 5\text{V} \tag{1.39}$$

同样地,电流 I_1 的额定值为

$$I_1^{\text{nom}} = \frac{V_S^{\text{nom}}}{R_1^{\text{nom}} + R_2^{\text{nom}}} = \frac{15\text{V}}{18\text{k}\Omega + 36\text{k}\Omega} = 278\mu\text{A} \tag{1.40}$$

(b) 最差情况取值

当给定了元器件的容差,便可以求取电压 V_O 和电流 I_1 在最差情况下的取值(最大值和最小值)。首先,选择元器件的值使 V_O 尽可能大。然而,在开始时并不能轻易确定哪个元器件值可以确定极值。将式(1.38)重新改写,可以得到 V_O 的表达式为

$$V_O = V_1 \frac{R_1}{R_1 + R_2} = \frac{V_1}{1 + R_2/R_1} \tag{1.41}$$

为了使 V_O 取最大值,式(1.41)的分子应该尽可能大,而分母应尽可能小。因此,R_1 和 V_1 的值应尽可能大,R_2 的值应尽可能小。相反,为了使 V_O 取最小值,R_1 和 V_1 的值应尽可能小,R_2 的值应尽可能大。采用上述方法,V_O 的最大值和最小值分别是

$$V_{\text{O}}^{\max} = \frac{15\text{V}(1.1)}{1 + \dfrac{36\text{k}\Omega(0.95)}{18\text{k}\Omega(1.05)}} = 5.87\text{V} \quad \text{和} \quad V_{\text{O}}^{\min} = \frac{15\text{V}(0.90)}{1 + \dfrac{36\text{k}\Omega(1.05)}{18\text{k}\Omega(0.95)}} = 4.20\text{V} \tag{1.42}$$

V_{O} 的最大值为 5.87V，比额定值 5V 大了约 17%；V_{O} 的最小值为 4.20V，比额定值 5V 小了 16%。用同样的方法可以求得 I_1 的最差情况取值，但是需要选取不同的电阻值

$$I_1^{\max} = \frac{V_1^{\max}}{R_1^{\min} + R_2^{\min}} = \frac{15\text{V}(1.1)}{18\text{k}\Omega(0.95) + 36\text{k}\Omega(0.95)} = 322\mu\text{A}$$

$$I_1^{\min} = \frac{V_1^{\min}}{R_1^{\max} + R_2^{\max}} = \frac{15\text{V}(0.9)}{18\text{k}\Omega(1.05) + 36\text{k}\Omega(1.05)} = 238\mu\text{A} \tag{1.43}$$

I_1 的最大值比额定值大了约 16%，最小值比额定值小了约 14%。

结果检查：确定了额定值和最差情况的取值范围。最差情况的取值范围最大超出额定值约 17%，最小超出额定值 16%。电路中有 3 个变量的取值可变，容差之和为 20%。最差情况与额定值之差小于该值，因此结果是合理的。

练习：在图 1.22 所示的电路中，找出电源 V_1 在正常情况下和最差情况下的功率值。

答案：4.17mW，3.21mW，5.31mW。

设计提示：最差情况设计注意事项

在实际电路中，元器件的参数值在最大值和最小值之间随机分布，不同元器件的参数取值不可能同时达到极限值，因此，实际电路的极限性能（通常较差）往往要好于最差情况分析得到的结果。基于最差情况分析设计出的电路往往因为要求过于严苛，使得设计电路的成本远超实际需要，显得没有必要。更好的方法是利用统计理论解决问题的蒙特卡洛分析法，但该方法相对复杂。当然，如果要保证电路必须正常工作，采用最差情况分析更为合适。

1.8.3　蒙特卡洛分析

蒙特卡洛分析是一种统计分析方法，对于给定电路该方法通过随机选择电路元器件参数来预测电路的行为。对于蒙特卡洛分析来说，电路中每个元器件在其参数的取值范围内随机取值，然后根据这些随机确定的元器件的值来分析电路。据此可以得到该电路的许多实现方案，根据丰富的测试样例，可以建立该电路的统计模型。在继续讲述之前，下面先回顾一下关于概率和随机变量的一些知识。

参数的均匀分布

本节假设所有可变参数在两个极值之间均匀分布，即参数在两个极值之间取任何值的可能性是相同的。实际上，在式(1.37)中最初引入参数容差概念时，我们通常会将其看作是均匀分布。图 1.23(a)用图形表示了均匀分布电阻的概率密度函数 $p(r)$。电阻值落在 r 与 $(r+\text{d}r)$ 区间的概率为 $p(r)\text{d}r$。而总概率等于常数 1，即

$$P = \int_{-\infty}^{+\infty} p(r)\text{d}r = 1 \tag{1.44}$$

再根据图 1.23(a)给出的均匀概率密度，可以求得 $p(r) = \dfrac{1}{2\varepsilon R_{\text{nom}}}$，与图示一致。

蒙特卡洛分析有多种实现方法，可以使用 Spreadsheet（电子表格）、MATLAB、Mathcad 及其他具有均匀随机函数生成器的计算机程序进行分析。连续调用这些随机函数生成器可以产生一系列 0~1 均匀分布的伪随机数，如图 1.23(b)所示。

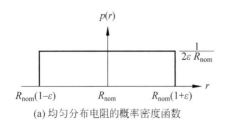

(a) 均匀分布电阻的概率密度函数

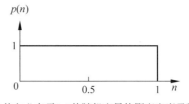

(b) 均匀分布于0~1的随机变量的概率密度函数

图 1.23　概率密度函数

例如,Excel 电子表格软件使用 RAND( )函数(参数为空),MATLAB 使用 rand( )函数[①],而 Mathcad 使用 rnd(1)函数。这些函数产生的随机数分布如图 1.23(b)所示,其他软件中的随机数生成函数名称大体相同。为了使用 RAND( )产生如图 1.23(a)所示的分布,平均值必须设为 R_{nom},随机数的分布宽度设为 $(2\varepsilon)\times R_{nom}$:

$$R = R_{nom}(1 + 2\varepsilon(\mathrm{RAND}() - 0.5)) \tag{1.45}$$

下面看一下怎样利用式(1.45)来实现蒙特卡洛分析。

例 1.4　蒙特卡洛分析

本例将对分压电路进行蒙特卡洛分析。

问题:对图 1.22 所示的电路进行蒙特卡洛分析。确定 V_O 和 I_1 的平均值、标准偏差、最大值、最小值,并计算电源功率。

解:

已知量:已知如图 1.22 所示的分压电路。电压源 $V_1 = 15\mathrm{V}$,容差为 10%;电阻 $R_1 = 18\mathrm{k}\Omega$,容差为 5%;电阻 $R_2 = 36\mathrm{k}\Omega$,容差为 5%。V_O、I_1 和 P_1 的表达式为

$$V_O = V_1\frac{R_1}{R_1 + R_2} \quad I_1 = \frac{V_1}{R_1 + R_2} \quad P_1 = V_1 I_1$$

未知量:V_O、I_1 和 P_1 的平均值、标准偏差、最大值和最小值。

求解方法:为了对图 1.22 所示的电路进行蒙特卡洛分析,首先需对 V_1、R_1 和 R_2 进行随机赋值,并确定 V_O 和 I_1 的值,然后根据图 1.22 所示的容差数值代入式(1.45),电压和电阻可以表示为

$$
\begin{align}
&1.\ V_1 = 15(1 + 0.2(\mathrm{RAND}() - 0.5)) \notag\\
&2.\ R_1 = 18\,000(1 + 0.1(\mathrm{RAND}() - 0.5)) \tag{1.46}\\
&3.\ R_2 = 36\,000(1 + 0.1(\mathrm{RAND}() - 0.5)) \notag
\end{align}
$$

需要注意的是,每个变量必须单独调用 RAND( ),这样每一个值才能独立随机产生。将在式(1.46)中生成的随机值代入包括计算电源功率在内的描述电路特性的方程。

$$
\begin{align}
&4.\ V_O = V_1\frac{R_1}{R_1 + R_2} \notag\\
&5.\ I_1 = \frac{V_s}{R_1 + R_2} \tag{1.47}\\
&6.\ P_1 = V_1 I_1 \notag
\end{align}
$$

本例会使用一种电子表格软件,像 MATLAB、Mathcad、C++、SPICE 之类的计算机工具软件都可

[①]　在 MATLAB 中,rand 生成一个随机数,rand(n)产生一个 $n\times n$ 的随机数矩阵,rand($n.m$)生成一个 $n\times m$ 的随机数矩阵。在 Mathcad 中,rnd(x)返回一个均匀分布于 $0\sim x$ 的数。

以使用。

假设：参数均匀分布于平均值两侧。执行100种情况分析。

分析：

表1.4给出了本例分析的表格。表的第一行输入式(1.46)和式(1.47)的值,可以根据期望的统计事件记录在新增的行中,每一行都代表了电路的一个分析,根据随机生成的统计分布自动重复进行分析。在每一列的底部采用表格自带的函数计算平均值、标准偏差、最大值和最小值,整个表格的数据可以用于构建该电路性能的柱状图。表1.4列出了图1.22所示电路的100种情况的数据表格。

表1.4 例1.4分析表格

容 差	V_1/V 10.00%	R_1/Ω 5.00%	R_2/Ω 5.00%	V_O/V	I_1/A	P/W
情况1	15.94	17 248	35 542	5.21	3.02E−04	4.81E−03
2	14.90	18 791	35 981	5.11	2.72E−04	4.05E−03
3	14.69	18 300	36 725	4.89	2.67E−04	3.92E−03
4	16.34	18 149	36 394	5.44	3.00E−04	4.90E−03
5	14.31	17 436	37 409	4.55	2.61E−04	3.74E−03
...						
95	16.34	17 323	36 722	5.24	3.02E−04	4.94E−03
96	16.38	17 800	35 455	5.47	3.08E−04	5.04E−03
97	15.99	17 102	35 208	5.23	3.06E−04	4.89E−03
98	14.06	18 277	35 655	4.76	2.61E−04	3.66E−03
99	13.87	17 392	37 778	4.37	2.51E−04	3.49E−03
情况100	15.52	18 401	34 780	5.37	2.92E−04	4.53E−03
Avg	14.88	17 998	36 004	4.96	2.76E−04	4.12E−03
Nom.	15.00	18 000	36 000	5.00	2.78E−04	4.17E−03
Stdev	0.86	476	976	0.30	1.73E−05	4.90E−04
Max	16.46	18 881	37 778	5.70	3.10E−04	5.04E−03
WC-Max	16.50	18 900	37 800	5.87	3.22E−04	—
Min	13.52	17 102	34 201	4.37	2.42E−04	3.29E−03
WC-Min	13.50	17 100	34 200	4.20	2.38E−04	—

结果检查：V_O 和 I_1 的平均值分别是4.96V和276μA,接近采用电路元器件额定值进行的初始估计。随着分析的次数增加,平均值将更接近于额定值。V_O 和 I_1 的标准偏差分别是0.30V和17.3μA。

针对该问题,图1.24给出了输出电压1000种情况的仿真值的柱状图,整个柱状图在形状上呈现为高斯分布,峰值出现在中间平均值附近。在本例的1000种情况下的蒙特卡洛分析中,提前计算出的最差情况值偏离平均值有几个标准偏差,出现在最小值和最大值的外侧。

SPICE电路分析程序的某些实现方法,如PSPICE,实际上带有蒙特卡洛分析选项,针对任意数量随机测试情况能够自动执行全电路仿真。对于复杂的电路统计分析,这些程序所提供的强大的功能是手工无法完成的。

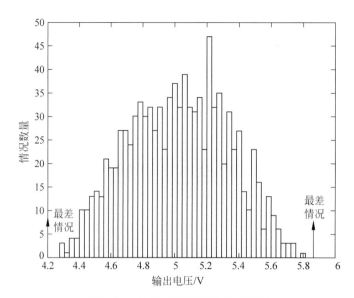

图 1.24　1000 种情况模拟的柱状图

1.8.4　温度系数

在实际电路中,所有元器件的值都会随温度的变化而改变,这就要求所设计电路在温度变化时仍能正常工作。例如,商用产品的工作温度范围是 $0\sim70℃$,而标准军用产品的工作温度范围是 $-55\sim85℃$。其他一些环境,如在汽车发动机中,元器件工作的温度范围将更大。

1. 数学模型

元器件值随温度变化的基本数学模型可以表示为

$$P = P_{\text{nom}}(1 + \alpha_1 \Delta T + \alpha_2 \Delta T^2) \quad \text{和} \quad \Delta T = T - T_{\text{nom}} \tag{1.48}$$

其中,α_1 和 α_2 分别表示一阶和二阶[①]温度系数,ΔT 表示实际温度与额定温度之差。

$$P = P_{\text{nom}} \quad (T = T_{\text{nom}}) \tag{1.49}$$

α_1 的数值范围从 0 到正或负几千。例如,镍铬电阻十分稳定,其具有的电阻温度系数(Temperature Coefficient of Resistor,TCR,即 α_1)仅为 50ppm/℃($1\text{ppm}=10^{-6}$)。与之相对,集成电路中的扩散电阻的温度系数 α_1 很大,大约为几千 ppm/℃。多数元器件的特性是温度函数的曲线,此时 α_2 尽管很小,但是非零,本书除非特殊说明,否则 α_2 忽略不计。

2. SPICE 模型

许多 SPICE 程序带有分析电路元器件温度特性的数学模型。例如,电阻的温度相关性 SPICE 模型与式(1.48)相同

$$R(T) = R(TNOM) \times [1 + TC1 \times (T - TNOM) + TC2 \times (T - TNOM)^2] \tag{1.50}$$

其中的 SPICE 参数定义为

TNOM:电阻额定值测量时的温度

T:进行模拟仿真时的温度

TC1:一阶温度系数

---

① 也包含更高阶的温度系数。

TC2：二阶温度系数

例 1.5 TCR 分析

确定不同温度下的电阻值。

问题：已知扩散电阻在 25℃时的额定电阻值为 10kΩ，TCR 为＋2000ppm/℃。求 40℃和 75℃时的电阻值。

解：

已知量：当 $T=25℃$ 时，电阻的额定值为 10kΩ，TCR＝100ppm/℃。

未知量：在 40℃和 75℃下的阻值。

求解方法：将已知值代入式(1.48)进行求解。

假设：根据 TCR 定义，$\alpha_1=2000$ppm/℃，$\alpha_2=0$。

分析：TCR＝＋2000ppm/℃对应

$$\alpha_1 = \frac{2 \times 10^3}{10^6} \frac{1}{℃} = 2 \times 10^{-3}/℃$$

40℃时的电阻值为

$$R = 10\text{k}\Omega \left[1 + \frac{2 \times 10^{-3}}{℃}(40-25)℃ \right] = 10.3\text{k}\Omega$$

70℃时的电阻值为

$$R = 10\text{k}\Omega \left[1 + \frac{2 \times 10^{-3}}{℃}(75-25)℃ \right] = 11.0\text{k}\Omega$$

结果检查：1000ppm/℃对应 0.1％/℃，对于 10kΩ 的电阻为 10Ω/℃。温度变化 15℃将改变电阻 150Ω，而温度变化 50℃将改变电阻 500Ω，结果合理。

练习：在例 1.5 中，当 $T=-55℃$ 和 $T=+85℃$ 时，电阻值分别是多少？

答案：9.2kΩ；10.6kΩ。

1.9 数值精度

书中涉及的数值计算很多。电路设计既可以采用实验室常见的分立元器件形式，也可以采用集成电路方式实现。在电路设计中，元器件的容差范围有的低于±1％，有的可能超过±50％。一般情况下，计算结果超过 3 位有效数字毫无意义。因此，本书中的结果均用 3 位有效数字表示，如 2.30mA、5.72V、0.0436μA 等。可参考式(1.18)及式(1.23)等的答案。

小结

- 电子时代开始于 20 世纪中期，标志性事件是 Pickard 发明了晶体二极管探测器，Fleming 发明了真空二极管，Deforest 发明了真空三极管。从那时起至今，电子工业总产值已经达到世界国内生产总值(GDP)的 10％。

- 第二次世界大战后电子学飞速发展。继 Bardeen、Brattain 和 Shockley 在 1947 年发明双极型晶体管以后，Kilby 和 Noyce、Moore 几乎同时发明了集成电路。

- 集成电路很快实现了产业化，自 20 世纪 60 年代中期以来，无论是以储存器密度(比特/芯片)、微处理器晶体管数量还是最小特征尺寸衡量,集成电路的复杂度都呈指数式发展。现已进入巨大规模集成电路(Giga-Scale Integration,GSI)时代,低集成度时代(SSI、MSI、LSI、VLSI 和 ULSI)已经成为历史。

- 电路设计主要处理两类信号。模拟信号可以在有限的电压电流范围内任意取值。而数字信号只能取有限个分立值。最常见的数字信号是二进制信号,用两个分立值来表示。
- 模拟和数字世界联系的桥梁是数/模转换电路(DAC)和模/数转换电路(ADC)。DAC 把数字信息换成模拟电压或电流,而 ADC 把输入的模拟电压或电流转换成数字输出。
- 傅里叶证明了复杂信号可以用正弦信号的线性组合表示。用线性放大器对这些信号进行模拟信号处理,可以改变信号的幅值和相位。线性放大器只能改变各频率成分的相位幅值和相位,而不改变信号的频率组成。
- 根据频率响应特性,可将放大器分为低通、高通、带通、带阻、全通 5 种类型。常把设计用于放大某一频率范围内信号的放大器称为滤波器。
- 工程师工作的一个主要方面就是解决问题。好的方法可以在很大程度上促进问题的解决,本章已系统介绍了解决问题的 9 个步骤,本书余下内容中的例题都将采用这种解决问题的方法。
  ① 尽可能清晰地将问题描述出来。
  ② 列出已知信息和数据。
  ③ 找出解决问题所必需的未知条件。
  ④ 列出自己的假设。在分析过程中还可能发现新的假设。
  ⑤ 在许多可能的备选方案中寻找问题的解决方案。
  ⑥ 为找到问题的解决方案进行详细分析。
  ⑦ 结果检验。问题是否得到解决?数学分析是否正确?是否找到了所有的未知条件?所提假设是否成立?所得的结果是否能通过简单的一致性检查?
  ⑧ 结果评价。方案是否现实?是否成立?如果不成立,重复步骤④~⑦,直至获得满意的解决方案。
  ⑨ 计算机辅助分析。验证所得到的结果是否满足问题需求。
- 电路设计使用的实际元器件,其初值与设计值存在差别,并且会随着时间和温度变化而发生变化。分析元器件容差对电路性能影响的方法包括最差情况分析法和统计学的蒙特卡洛分析法。大部分电路分析程序能够确定温度对绝大多数元器件的影响。
- 最差情况分析令所有元器件同时取极限值,所得到的结果对于电路行为的预测往往过于悲观。
- 蒙特卡洛分析法分析电路大量的随机情况,以形成对电路性能统计分布的实际估测。可使用高级计算机语言、表格、Mathcad 或 MATLAB 中的随机数生成函数随机选择用于蒙特卡洛分析的元器件值。某些电路分析包提供蒙特卡洛分析选项作为程序的一部分,如 PSPICE。

关 键 词

All-pass amplifier	全通放大器
Analog signal	模拟信号
Analog-to-Digital Converter(A/D Converter 或 ADC)	模/数转换器(ADC)
Band-pass amplifier	带通放大器

Band-reject amplifier	带阻放大器
Binary digital signal	二进制数字信号
Bipolar transistor	双极型晶体管
Current-Controlled Current Source(CCCS)	电流控制电流源(CCCS)
Current-Controlled Voltage Source(CCVS)	电流控制电压源(CCVS)
Current division	分流
Dependent(或 Controlled) source	受控源
Digital signal	数字信号
Digital-to-Analog Converter(D/A Converter 或 DAC)	数/模转换器(DAC)
Diode	二极管
Distortion characteristics	失真特性
Feedback network	反馈网络
Filters	滤波器
Fourier analysis	傅里叶分析
Fourier series	傅里叶级数
Frequency spectrum	频谱
Fundamental frequency	基频
Fundamental radian frequency	基本角频率
Giga-Scale Integration(GSI)	巨大规模集成电路
Harmonic frequency	谐波频率
High-pass amplifier	高通放大器
Ideal operational amplifier	理想运算放大器
Independent source	独立源
Integrated Circuit(IC)	集成电路
Input resistance	输入电阻
Inverting amplifier	反相放大器
Kirchhoff's Current Law(KCL)	基尔霍夫电流定律
Kirchhoff's Voltage Law(KVL)	基尔霍夫电压定律
Large-Scale Integration(LSI)	大规模集成电路
Least Significant Bit(LSB)	最低有效位
Low-pass amplifier	低通放大器
Medium-Scale Integration(MSI)	中规模集成电路
Mesh analysis	网孔分析法
Minimum feature size	最小特征尺寸
Monte Carlo analysis	蒙特卡洛分析
Most Significant Bit(MSB)	最高有效位
Nodal analysis	节点分析
Nominal value	额定值
Nominal resistor value	额定电阻值

Norton circuit transformation	诺顿电路变换
Norton equivalent circuit	诺顿等效电路
Operational amplifier	运算放大器
Phasor	相量
Problem-solving approach	解题方法
Quantization error	量化误差
Random numbers	随机数
Resolution of the converter	转换器分辨率
Small-Scale Integration(SSI)	小规模集成电路
Superposition principle	叠加原理
Temperature coefficient	温度系数
Temperature Coefficient of Resistance（TCR）	电阻温度系数
Temperature dependent SPICE model	温度相关性 SPICE 模型
Thévenin circuit transformation	戴维南电路变换
Thévenin equivalent circuit	戴维南等效电路
Thévenin equivalent resistance	戴维南等效电阻
Tolerance	容差
Total harmonic distortion	总谐波失真
Transistor	晶体管
Triode	三极管
Ultra-Large-Scale Integration(ULSI)	甚大规模集成电路
Uniform random number generator	均匀随机数生成器
Vacuum diode	真空二极管
Vacuum tube	真空管
Very-Large-Scale Integration(VLSI)	超大规模集成电路
Virtual ground	虚地
Voltage-Controlled Current Source(VCCS)	电压控电流源
Voltage-Controlled Voltage Source(VCVS)	电压控电压源
Voltage division	分压
Voltage gain	电压增益
Worst-case analysis	最差情况分析

参考文献

1. W. F. Brinkman, D. E. Haggan, and W. W. Troutman, "A History of the Invention of the Transistor and Where It Will Lead Us," *IEEE Journal of Solid-State Circuits,* vol. 32, no. 12, pp. 1858–65, December 1997.
2. www.pbs.org/transistor/sitemap.html.

注：本书参考文献和扩展阅读影印自原书。

3. *CIA Factbook,* www.cia.gov.

4. *Fortune* Global 500, www.fortune.com.

5. *Fortune* 500, www.fortune.com.

6. J. T. Wallmark, "The Field-Effect Transistor—An Old Device with New Promise," *IEEE Spectrum,* March 1964.

7. IEEE: www.ieee.org.

8. ISSCC: www.isscc.org/.

9. IEDM: www.his.com/~iedm/.

10. International Technology Roadmap for Semiconductors: public.itrs.net.

11. Frequency allocations: www.fcc.gov.

12. IEEE Solid-State Circuits Society: www.sscs.org.

扩展阅读

Commemorative Supplement to the Digest of Technical Papers, 1993 IEEE International Solid-State Circuits Conference Digest, vol. 36, February 1993.

Digest of Technical Papers of the IEEE Custom Integrated International Circuits Conference, September of each year.

Digest of Technical Papers of the IEEE International Electronic Devices Meeting, December of each year.

Digest of Technical Papers of the IEEE International Solid-State Circuits Conference, February of each year.

Digest of Technical Papers of the IEEE International Symposia on VLSI Technology and Circuits, June of each year.

Electronics, Special Commemorative Issue, April 17, 1980.

Garratt, G. R. M. *The Early History of Radio from Faraday to Marconi.* London: Institution of Electrical Engineers (IEE), 1994.

"200 Years of Progress." *Electronic Design*, vol. 24, no. 4, February 16, 1976.

习题

§1.1 电子学历史简介：真空管到巨大规模集成电路

1.1 请列出日常生活中常见的 20 种电子产品,计算机及其外设视为一种,不要将电子机械结构的定时器与电子电路相混淆,这类定时器常见于服装干洗或者简单的温控器开关。

1.2 图 1.4 所示的微处理器芯片曲线可以用方程 $N = 1610 \times 10^{0.1548(\text{Year}-1970)}$ 描述。按此规律,到 2020 年微处理器中的晶体管数量将达到多少?

1.3 图 1.4 所示的 ITRS 预测曲线可以用方程 $N = (2.233 \times 10^9) \times 10^{(\text{Year}-2014)/10.1}$ 描述。基于曲线投影方法,估算到 2021 年复杂 IC 芯片的晶体管数量能达到多少。

1.4 存储器密度随时间变化的规律可以用方程 $B = 19.97 \times 10^{0.1977(\text{Year}-1960)}$ 描述。按照这一规律估计,到 2020 年单片存储器芯片的存储量将达到多少?

1.5 (a)依据习题 1.4 中的公式,存储器的芯片密度增长 2 倍需要多少年? (b)如果增长 10 倍,则需要多少年?

1.6 (a)根据习题 1.2 中的公式,微处理器芯片中晶体管数量增长 2 倍需要多少年? (b)如果增长 10 倍,则需要多少年?

1.7 如果采用习题 1.3 中的公式,习题 1.6 的结果应该是多少?

1.8 图 1.5 所示的直线,如果采用曲线投影方式发展,到 2025 年集成电路的最小特征尺寸可以达到多少? 假设图中曲线的方程为 $F=8.00\times10^{-0.05806(Year-1970)}\mu m$,你认为可能吗? 为什么?

1.9 小型真空管的灯丝功率约为 1.5W。假设一个 256MB 的存储器需要 2.68 亿个这样的真空管。(a)存储器的功耗是多少? (b)如果使用 220V 交流电源供电,需要多大的电流? (c)如果一个这样的真空管的体积是 80cm³,则 256MB 存储器中真空管占用的体积是多少?

§1.2 电子学信号的分类

1.10 对下列变量进行分类,哪些是模拟量,哪些是数字量? (a)灯的开关状态;(b)温控器开关状态;(c)水压;(d)气罐液位;(e)银行透支状态;(f) 电灯亮度;(g)音量;(h)杯子空还是满;(i)房间温度;(j)电视频道选择;(k)轮胎气压。

1.11 一个 8 位 A/D 转换器,$V_{FS}=5V$,LSB 对应的电压是多少? 如果输入电压为 3.06V,则 A/D 转换器的二进制输出码是多少?

1.12 一个 10 位 D/A 转换器的满量程电压为 2.5V,LSB 对应的电压为多少? 当输入二进制码为 0101100110 时,输出电压为多少?

1.13 一个 12 位 D/A 转换器满量程电压为 10.00V,则 LSB 对应的电压为多少? MSB 对应的电压为多少? 当输入二进制码为 100100100101 时,输出电压是多少?

1.14 一个 15 位 A/D 转换器,$V_{FS}=10V$,其 LSB 对应的电压是多少? 如果输入电压为 6.89V,则转换器的二进制输出码是多少?

1.15 (a)数字万用表设计的读数范围是 0~2000,需要使用多少位的 A/D 转换器? (b)如果显示的是 6 位十进制数呢?

1.16 一个 14 位 A/D 转换器,当 $V_{FS}=5.12V$ 时,输出码为 10110111010。与 A/D 转换器输出编码相对应的输入电压范围是多少?

§1.3 符号约定

1.17 如果 $i_B=0.003(2.5+\cos1000t)$A,则 I_B 和 i_b 分别为多少?

1.18 如果 $v_{GS}=(2.5+0.5u(t-1)+0.1\cos2000\pi t)$V,则 V_{GS} 和 v_{gs} 分别为多少? 其中 $u(t)$ 是单位阶跃函数。

1.19 如果 $V_{CE}=5V$,$v_{ce}=(2\cos5000t)$V,请写出 v_{CE} 的表达式。

1.20 如果 $V_{DS}=5V$,$v_{ds}=(2\sin2500t+4\sin1000t)$V,请写出 v_{DS} 的表达式。

§1.5 电路理论的主要概念

1.21 在图 P1.1 所示电路中,已知 $V=1V$,$R_1=24k\Omega$,$R_2=30k\Omega$,$R_3=11k\Omega$,利用分压和分流计算电路中的 V_1、V_2、I_2 和 I_3。

1.22 在图 P1.1 所示电路中,已知 $V=8V$,$R_1=30k\Omega$,$R_2=24k\Omega$,$R_3=15k\Omega$,利用分压和分流计算电路中的 V_1、V_2、I_2 和 I_3。

1.23 在图 P1.2 所示电路中,已知 $I=200\mu A$,$R_1=150k\Omega$,$R_2=68k\Omega$,$R_3=82k\Omega$,利用分压和分流计算电路中的 I_1、I_2 和 V_3。

1.24 在图 P1.2 所示电路中,已知 $I=4mA$,$R_1=2.4k\Omega$,$R_2=3.9k\Omega$,$R_3=5.6k\Omega$,利用分压和分流计算电路中的 I_1、I_2 和 V_3。

1.25 在图 P1.3 所示电路中,已知 $g_m=0.025S$,$R_1=10k\Omega$,求其戴维南等效电路。

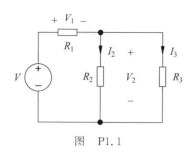

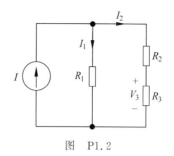

图 P1.1　　　　　　　　　　　　　　图 P1.2

1.26　在图 P1.3 所示电路中,已知 $g_m=0.002\mathrm{S}$,$R_1=75\mathrm{k\Omega}$,求其诺顿等效电路。

1.27　(a)在图 P1.4(a)所示电路中,已知 $\beta=150$,$R_1=39\mathrm{k\Omega}$,$R_2=100\mathrm{k\Omega}$,求其诺顿等效电路;
(b)对于图 P1.4(b)所示电路,已知条件不变,求其诺顿等效电路。

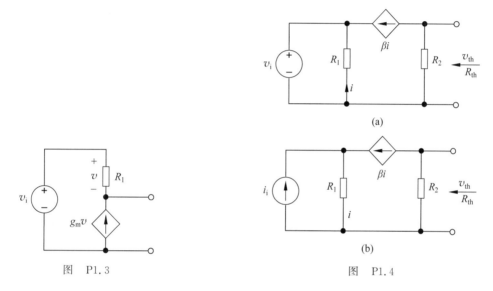

图 P1.3　　　　　　　　　　　　　　图 P1.4

1.28　(a)在图 P1.4(a)所示电路中,已知 $\beta=120$,$R_1=56\mathrm{k\Omega}$,$R_2=75\mathrm{k\Omega}$,求其戴维南等效电路;
(b)对于图 P1.4(b)所示电路,已知条件不变,求其戴维南等效电路。

1.29　(a)在图 P1.4(a)所示电路中,已知 $\beta=75$,$R_1=100\mathrm{k\Omega}$,$R_2=39\mathrm{k\Omega}$,电源 v_i 外接的等效电阻是多少?(b)对于图 P1.4(b)所示电路,已知条件不变,电流源 i_i 外接的等效电阻是多少?

1.30　在图 P1.5 所示电路中,已知 $g_m=0.0025\mathrm{S}$,$R_1=200\mathrm{k\Omega}$,$R_2=2\mathrm{M\Omega}$,求其戴维南等效电路。

1.31　在图 P1.6 所示电路中,AB 之间的等效电阻是多少?(b)CD 之间的等效电阻是多少?(c)EF 之间的等效电阻是多少?(d)BD 之间的等效电阻是多少?

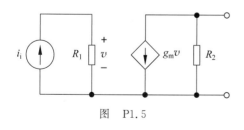

图 P1.5

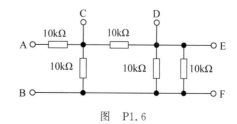

图 P1.6

1.32　(a)在图 P1.7 所示电路中,求该电路图的戴维南等效电路;(b)求该电路图的诺顿等效电路。

1.33　(a)在图 P1.8 所示电路中,求该电路图的戴维南等效电路;(b)求该电路图的诺顿等效电路。

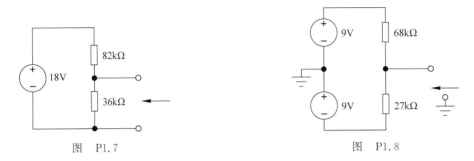

图　P1.7　　　　　　　　　　图　P1.8

1.34　(a)在图 P1.7 所示电路中,假设电压源的数值是正确的,但是电路其他部分的电路连接有些问题,在电路输出端电压可能的最大值和最小值是多少? (b)对于图 P1.8 中的电路呢?

§1.6　电子学信号的频谱

1.35　电压信号可以表示为 $v(t)=5\sin(4000\pi t+3\cos2000\pi t)$ V。依照图 1.17(b)所示的幅度谱图绘制 $v(t)$ 的幅度谱图。

1.36　已知电压 $v_1=2\sin20\,000\pi t$,$v_2=2\sin2000\pi t$,请参照图 1.17(b)所示的形式绘制 $v=v_1\times v_2$ 的幅度谱图。(注:在电子学中,乘法通常称作混频,其输出信号的频率取决于输入信号的频率)

§1.7　放大器

1.37　放大器的输入电压和输出电压方程分别为 $v_i=10^{-4}\sin(2\times10^7\pi t)$ V,$v_o=4\sin(2\times10^7\pi t+56°)$ V,则放大器电压增益的幅度和相位分别是多少?

1.38　已知放大器的输入和输出电压分别为:$v_i=[10^{-3}\sin(3000\pi t)+2\times10^{-3}\sin(5000\pi t)]$ V,$v_o=[10^{-2}\sin(3000\pi t-45°)+10^{-1}\sin(5000\pi t-12°)]$ V。(a)当频率为 2500 Hz 时,放大器电压增益的幅度和相位是多少? (b)如果频率为 1500 Hz 呢?

1.39　对于图 1.20 所示的电路,针对下列情况放大器的电压增益分别是多少? (a)$R_1=12$ kΩ,$R_2=560$ kΩ;(b)$R_1=18$ kΩ,$R_2=360$ kΩ;(c)$R_1=2$ kΩ,$R_2=62$ kΩ。

1.40　对于图 1.20 所示的电路,写出电路输出电压 $v_o(t)$ 和电流 $i_s(t)$ 的表达式,其中 $R_1=910$ kΩ,$R_2=7.5$ kΩ,$v_i(t)=(0.01\sin750\pi t)$ V。

1.41　写出图 P1.9 中放大器电压增益 $A_v=v_o/v_i$ 的表达式。

1.42　写出图 P1.10 中放大器电压增益 $A_v=v_o/v_i$ 的表达式。

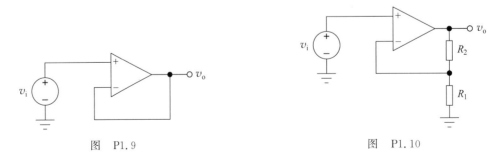

图　P1.9　　　　　　　　　　图　P1.10

1.43 写出图 P1.11 所示电路的输出电压 $v_o(t)$ 及放大器反向输入端 (V_-) 电压的表达式,已知 $R_1 = 2\text{k}\Omega, R_2 = 10\text{k}\Omega, R_3 = 51\text{k}\Omega, v_1(t) = (0.01\sin 3770\pi t)\text{V}, v_2(t) = (0.05\sin 10\,000t)\text{V}$。

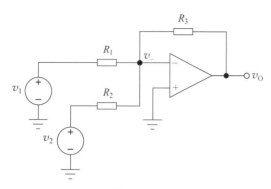

图 P1.11

1.44 图 P1.12 所示的电路可以用作一个简单的 3 位数/模转换器(DAC)。二进制输入字 $(b_1 b_2 b_3)$ 的每一位用于控制对应开关的位置。如果 $b_i = 0$,则电阻接 0V;如果 $b_i = 1$,则电阻通过开关接到 V_{REF}。(a)如果 $V_{\text{REF}} = 5.0\text{V}$,输入数据为 011 时,DAC 的输出电压是多少?(b)当输入数据变为 100 时,输出电压是多少?(c)将 8 种输入数据与对应的输出电压列表说明。

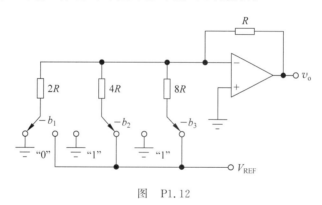

图 P1.12

1.45 当放大器工作频率在 6000Hz 以下时,电压增益为 10;当放大器工作频率在 6000Hz 以上时,电压增益为 0,试确定放大器的类型。

1.46 当放大器工作频率低于 1000Hz 或者高于 5000Hz 时,放大器的电压增益为 0;当放大器工作频率介于这两个频率之间时,放大器的增益为 20,试确定该放大器的类型。

1.47 当放大器工作频率大于 10kHz 时,放大器的电压增益为 16;当放大器工作频率低于 10kHz 时,增益为 0,试确定该放大器的类型。

1.48 如果习题 1.45 中的放大器的输入信号为 $v_s(t) = (5\sin 2000\pi t + 3\cos 8000\pi t + 2\cos 15\,000\pi t)\text{V}$,请写出放大器输出电压表达式。

1.49 如果习题 1.46 中放大器输入信号为 $v_s(t) = (0.5\sin 2500\pi t + 0.75\cos 8000\pi t + 0.6\cos 12\,000\pi t)\text{V}$,请写出放大器输出电压的表达式。

1.50 如果习题 1.47 中放大器的输入信号为 $v_s(t) = (0.5\sin 2500\pi t + 0.75\cos 8000\pi t + 0.8\cos 12\,000\pi t)\text{V}$,请写出放大器输出电压的表达式。

1.51　放大器输入电压可以表示为 $v(t) = \dfrac{\pi}{4}\left(\sin\omega_0 t + \dfrac{1}{3}\sin 3\omega_0 t + \dfrac{1}{5}\sin 5\omega_0 t\right)$ V,其中 $f_0 = 1000\text{Hz}$,(a)用 MATLAB 绘制 $0 \leqslant t \leqslant 5\text{ms}$ 时的信号;(b)信号 $v(t)$ 经过一个在全频率下电压增益为 5 的放大器放大,绘制 $0 \leqslant t \leqslant 5\text{ms}$ 时该放大器的输出电压;(c)当另一放大器工作频率在 2000Hz 以下时,电压增益为 5;当其工作频率在 2000Hz 以上时,电压增益为 0。绘制 $0 \leqslant t \leqslant 5\text{ms}$ 时该放大器的输出电压;(d)当第 3 个放大器工作频率为 1000Hz 时,电压增益为 5;当其工作频率为 3000Hz 时,电压增益为 3;当其工作频率为 5000Hz 时,电压增益为 1,请绘制当 $0 \leqslant t \leqslant 5\text{ms}$ 时该放大器的输出电压。

§1.8　电路设计中元器件参数值的变化

1.52　(a)4.7kΩ 电阻的容差为 1%。该电阻的阻值范围是多少?(b)当容差为 5% 时,该电阻的阻值范围是多少?(c)当容差为 10% 时,该电阻的阻值范围是多少?

1.53　一个 10 000μF 电容具有非对称的容差范围+20%/−50%。该电容的电容值范围是多少?

1.54　电路电源的额定电压为 1.8V,其规定电路的电源电压偏差不能超过 50mV,则该电源电压的容差是多少?

1.55　阻值为 8200Ω 的电阻,容差为 10%,用欧姆表测得其电阻值为 7905Ω,该电阻在规定的容差范围之内吗?为什么?

1.56　(a)测得 5V 电压源的输出电压为 5.30V,该电压源的容差为 5%,该电压源是否在允许的范围内工作?解释原因。(b)如果测量中使用的电压表的容差为 1.5%,是否会对上述的结果产生影响?为什么?

1.57　电阻在 0℃ 时的测量值为 6066Ω,在 100℃ 时的测量值为 6562Ω。该电阻的温度系数和额定值分别为多少?假设 TNOM＝27℃。

1.58　电阻在 30℃ 时的阻值为 7.5kΩ,容差为 5%,TCR＝2200ppm/℃。当温度为 75℃ 时该电阻的阻值范围是多少?

1.59　在习题 1.24 中,如果电阻的容差为 10%,电流源的容差为 2%,计算最差情况下的 I_1、I_2 和 V_3。

1.60　在习题 1.22 中,如果电阻的容差为 10%,电压源的容差为 5%,计算最差情况下的 I_1、I_2 和 V_3。

1.61　在习题 1.26 中,电阻容差为 20%,g_m 容差为 10%,计算最差情况下的戴维南等效电阻。

1.62　对习题 1.59 中的电路进行 200 种情况的蒙特卡洛分析,与最差情况计算得到的结果进行比较。

1.63　对习题 1.60 中的电路进行 200 种情况的蒙特卡洛分析,与最差情况计算得到的结果进行比较。

§1.9　数值精度

1.64　(a)将下列的数字表示为 3 位有效数字:3.2947、0.995 171 和−6.1551;(b)将这些数字表示为 4 位有效数字;(c)用计算器对结果进行检验。

1.65　(a)当阻值为 20.70kΩ 的电阻流过 1.763mA 的电流时,产生的电压降是多少?将结果表示为 3 位有效数字;(b)将结果表示为两位有效数字;(c)如果 $I=102.1\mu A$,$R=97.80\text{kΩ}$,重新进行上述计算。

第2章

CHAPTER 2

固态电子学

本章目标

- 研究半导体特性,探索通过控制半导体特性来制造电子器件的方法
- 半导体及导体的电阻率、绝缘特性
- 建立半导体的共价键模型和能带模型
- 理解带隙能量和本征载流子浓度的概念
- 研究半导体中的两种带电载流子——电子和空穴
- 讨论半导体中的受主杂质和施主杂质
- 掌握杂质掺杂法,以控制电子数量和空穴数量
- 理解半导体中的漂移电流和扩散电流的含义
- 研究弱电场下的迁移率和速度饱和概念
- 探讨迁移率与掺杂水平的无关性
- 探索基本 IC 的制造工艺

20 世纪 50 年代后期,德州仪器设备公司的 Jack Kilby 及飞兆半导体公司的 Gordon Moore 及 Robert Noyce 几乎同时率先发明了集成电路。经过多年诉讼,1994 年,Jack Kilby 及德州仪器设备公司对集成电路的专利权要求得到了日本法庭的认可。1968 年 Gordon Moore、Robert Noyce 和 Andy Grove 成立英特尔公司。而 Kilby 获得了 2000 年诺贝尔物理学奖,以表彰他发明了集成电路。

Jack St. Clair Kilby(德州仪器授权)

Kilby 集成电路(德州仪器授权)

1978 年，Andy Grove、Robert Noyce 和 Gordon Moore 3 人与
Intel 8080 处理器掩膜版(Intel 公司授权)

正如第 1 章所述，集成电路制造技术的发展及固态材料的革新，促进了电子技术的飞速发展，也让现代信息技术革命成为可能。用硅和其他半导体材料，可以把超过 10 亿个电子元器件集成在一个 2cm×2cm 的芯片上。比如，超高速微处理器和存储元器件都是个人计算机和工作站的组件，这些都为我们所熟知。对于一个 4GB 的存储器芯片，仅仅存储器阵列就含有超过 4×10^9 个晶体管和 4×10^9 个电容器，即一个芯片上就有超过 80 亿个电子元器件。

现在，我们之所以能够制造如此复杂的电子系统器件，一方面基于对固态物理学的深刻理解，另一方面由于制造工艺的迅猛发展，可以将理论转化为生产实践。集成电路的制造技术就是一个很好的实例，它以多个学科的知识作为支撑，例如物理、化学、电气工程、机械工程、材料工程、冶金学等。这是一项非常具有挑战性的工作，同时也使固态电子学变得更加生动有趣。

我们可以利用"黑匣子"方法来研究电路特性，利用建立简单的数学模型的方法来模拟每个电学系统的端电压-电流特性。但是，要理解系统的内在行为，设计者就要突破黑匣子建立简单模型的方式，进行更深入的研究。从基本特性出发建立模型，有助于了解每个模型的局限性及适用范围，特别是在实验中，当实验结果与观测值出现偏差时，这一原则变得更为重要。本章目标之一就是要了解半导体元器件的基本操作原则，以便后续采用合适的方法来简化模型。

本章内容是理解后续章节中关于固态器件行为的基础。学习固体电子学，首先要研究晶体材料的特性，重点是硅材料，因为硅是最重要的工业用半导体材料；其次要研究电导率、电阻率及导电机理；另外，还要研究纯净半导体的掺杂技术，以及掺杂技术在控制电导率和电阻率时的应用。

2.1 固态电子材料

根据电阻率 ρ(单位为 $\Omega\cdot cm$)的不同，电子材料一般分为 3 类：绝缘体(Insulator)、导体(Conductor)和半导体(Semiconductor)。如表 2.1 所示，绝缘体的电阻率大于 $10^5\,\Omega\cdot cm$，导体的电阻率低于 $10^{-3}\,\Omega\cdot cm$。

例如,金刚石是最好的绝缘体之一,其电阻率非常大,达到 $10^{16}\Omega\cdot cm$。纯铜是良好的导体,电阻率仅为 $3\times10^{-6}\Omega\cdot cm$。半导体占据了绝缘体和导体之间的区域,其电阻率可以通过在半导体晶体中掺入杂质原子进行调节。

半导体元素(Elemental semiconductor)是由单一类型的原子组成的(元素周期表中第Ⅳ列,如表 2.2 所示)。复合半导体则是由元素周期表中的第Ⅲ列和第Ⅴ列或第Ⅱ列和第Ⅵ列组成的化合物,这种半导体材料被称为Ⅲ-Ⅴ(3-5)或Ⅱ-Ⅵ(2-6)复合半导体(Compound semiconductor)。表 2.3 给出了一些常用半导体材料,这些半导体材料中一部分还是 3 种元素组成的化合物,如碲化镉汞、砷化镓铝、砷化镓铟、磷化镓铟等。

表 2.1　固体材料的电学分类

材　　料	电阻率/$\Omega\cdot cm$
绝缘体	$10^5 < \rho$
半导体	$10^{-3} < \rho < 10^5$
导体	$\rho < 10^{-3}$

表 2.2　含部分重要半导体元素的元素周期表节选

IIIA	IVA	VA	VIA
5　10.811 **B** Boron	6　12.01115 **C** Carbon	7　14.0067 **N** Nitrogen	8　15.9994 **O** Oxygen
13　26.9815 **Al** Aluminum	14　28.086 **Si** Silicon	15　30.9738 **P** Phosphorus	16　32.064 **S** Sulfur
IIB			
30　65.37 **Zn** Zinc	31　69.72 **Ga** Gallium	32　72.59 **Ge** Germanium	33　74.922 **As** Arsenic	34　78.96 **Se** Selenium
48　112.40 **Cd** Cadmium	49　114.82 **In** Indium	50　118.69 **Sn** Tin	51　121.75 **Sb** Antimony	52　127.60 **Te** Tellurium
80　200.59 **Hg** Mercury	81　204.37 **Tl** Thallium	82　207.19 **Pb** Lead	83　208.980 **Bi** Bismuth	84　(210) **Po** Polonium

表 2.3　半导体材料

半　导　体	带隙能量 E_G/eV	半　导　体	带隙能量 E_G/eV
碳(金刚石)	5.47	磷化铟	1.35
硅	1.12	氮化硼	7.50
锗	0.66	碳化硅	3.26
锡	0.082	硅锗	1.10
砷化镓	1.42	硫化硒	1.70
氮化镓	3.49		

锗是人类历史上使用最早的半导体材料,但很快被硅取代,直到今天硅已经成为最重要的半导体材料。与锗相比,硅具有更大的优势:首先,硅的带隙能量大[①],因而可以在更高温度下使用;其次,硅的氧化物在硅表面形成稳定的绝缘层,使其在集成电路制造中更具优势。除了硅,砷化镓、磷化铟、碳化硅也是目前常用的半导体材料,有时也使用锗。在过去的十几年中,硅、锗成为半导体工业中最重要的原材料,基于这种材料,目前已经成功制造出了现阶段频率最高的硅基双极型晶体管。

复合半导体材料砷化镓(GaAs)和磷化铟(InP)是光电应用领域最为重要的半导体材料,特别是在

---

① 有关带隙能量的含义将在 2.2 节和 2.10 节进行详细介绍。

发光二极管(LED)、激光器和光探测器中得到广泛应用。

许多实验室都在致力于开发金刚石、氮化硼、碳化硅及硅锗等新半导体材料。金刚石和氮化硼在室温下是良好的绝缘体,但与碳化硅相似,这两种材料在高温(600℃)时可用作半导体材料。最近一项研究显示[1],在硅中加入少量锗(小于10%),可以在与普通硅工艺兼容的情况下,改进器件性能,因此这种硅锗工艺迅速在射频领域,特别是远程通信中得到广泛应用。

练习:写出锑、砷、铝、硼、镓、锗、铟、磷、硅几种化学元素的符号。

答案:Sb、As、Al、B、Ga、Ge、ln、P、Si。

2.2 共价键模型

原子一般以非晶(Amorphous)、多晶(Polycrystalline)或单晶(Single-crystal)形式结合在一起。非晶体物质的结构是无序的,而多晶物质由大量单晶体组成。但是,半导体大多数有用的特性只有在高纯单晶材料中才会显现出来。硅元素位于元素周期表中第Ⅳ列,其最外层有 4 个电子(Electron),在单晶硅材料中,每个硅原子和最邻近的 4 个硅原子以共价键相互连接,形成有规律的三维原子阵列,如图 2.1 所示,而本书讨论的很多问题可以用图 2.2 所示的简化二维共价键模型(Covalent bond model)来表示。

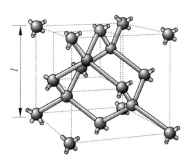

(a) 金刚石晶格单元,
晶格边长 $l=0.543$nm

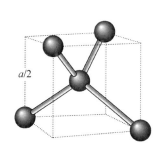

(b) 金刚石晶格顶部放大
图中的4个共价键结构

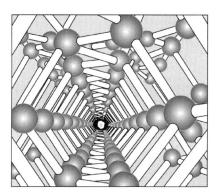

(c) 来自S.M.Sze的图片,半导体器件:
物理与科技,1985,John Wiley & Sons
版权所有,授权引用

图 2.1 硅晶格结构

当温度接近热力学温标零度时,共价键中的所有电子全部位于原子阵列之间,没有导电的自由电子。这时所有硅的最外层电子都是满的,材料表现出绝缘体性质。随着温度的升高,硅晶体的热能增加,导致某些键断裂,少部分电子被释放出来参与导电,如图 2.3 所示。自由电子的密度等于本征载流子密度(Intrinsic carrier density)n_i(单位为 cm^{-3}),而此时材料的密度与材料性质和温度之间的关系如式(2.1)所示

$$n_i^2 = BT^3 \exp\left(-\frac{E_G}{kT}\right) \quad \text{单位:cm}^{-6} \tag{2.1}$$

其中,E_G 是半导体带隙能量,单位为 eV;k 是玻耳兹曼常数,值为 8.62×10^{-5} eV/K;T 是热力学温度,单位为 K;B 是常数,由材料本身决定。Si 的 B 值为 1.08×10^{31} K$^{-3} \cdot$ cm^{-6}。带隙能量 E_G 是断开半导体晶格中一个共价键所需的最小能量,即释放一个自由电子所需的最小能量。表 2.3 给出了不同半导体材料的带隙能量值。

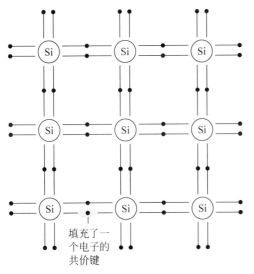

图 2.2　带有共价键的硅晶格二维视图。当温度接近绝对零度 0K 时,所有共价键都被填满,硅原子的最外层电子都是满的

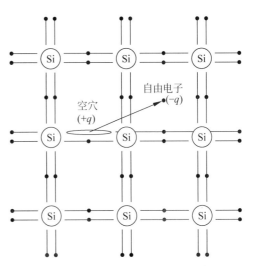

图 2.3　共价键断裂形成的电子空穴对

　　导电电子(自由电子)密度用符号 n 表示,n 表示每立方厘米(cm^{-3})晶体中的电子数,本征半导体有 $n = n_i$,本征表示纯净物质的属性。n_i 是半导体的本质属性,也与温度密切相关。Ge、Si、As、Ga 几种元素的本征载流子密度随温度变化的关系,如图 2.4 所示。

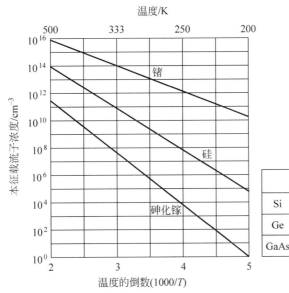

	$B/\text{K}^{-3}\cdot\text{cm}^{-6}$	E_G/eV
Si	1.08×10^{31}	1.12
Ge	2.31×10^{30}	0.66
GaAs	1.27×10^{29}	1.42

图 2.4　根据式(2.1)得到的本征载流子浓度与温度的关系

例 2.1　本征载流子浓度

计算室温下硅材料本征载流子浓度的理论值。

问题: 计算室温下硅的 n_i 值(300K)。

解：

已知量： n_i、B、k 之间存在式(2.1)所示的关系，由表 2.3 可得到硅材料的 $E_G = 1.12\mathrm{eV}$。

未知量： 本征载流子浓度 n_i。

求解方法： 通过式(2.1)进行计算。

假设： 室温时 $T = 300\mathrm{K}$。

分析：

$$n_i^2 = 1.08 \times 10^{31}(\mathrm{K^{-3} \cdot cm^{-6}})(300\mathrm{K})^3 \exp\left[\frac{-1.12\mathrm{eV}}{(8.62 \times 10^{-5}\mathrm{eV/K})(300\mathrm{K})}\right]$$

$$n_i^2 = 4.52 \times 10^{19}/\mathrm{cm}^6 \quad \text{或} \quad n_i = 6.73 \times 10^9/\mathrm{cm}^3$$

检查结果： 所得结果与图 2.4 所示的结果一致。

讨论： 为了简便起见，在随后的计算中规定，室温时硅的 $n_i = 10^{10}/\mathrm{cm}^3$，晶格中硅的原子密度约为 $5 \times 10^{22}/\mathrm{cm}^3$，从例题中可以看出，室温时在 10^{13} 个键中大约有一个键断裂。

练习： 计算温度为 300K 时锗的 n_i 值。

答案： $2.27 \times 10^{13}/\mathrm{cm}^3$。

如图 2.3 所示，当共价键断开时，还会形成第二个电荷载流子。一个电量值为 $-1.66 \times 10^{19}\mathrm{C}$ 的电子 $-q$，当其远离共价键时，在其母硅原子中与之配对的共价键处就会留下一个空位，这个空位的有效电量为 $+q$。当邻近共价键的电子填补这个空位时，就会形成另一个空位，这样就形成了空位在晶体中的运动。运动的空位称为空穴(Hole)，其性质类似于带有 $+q$ 电量的粒子。空穴密度(Hole density)用符号 ρ 表示，其意义为晶体中每立方厘米(cm^3)的空穴数。

如前所述，每个共价键断开时会产生两个带电粒子——电子和空穴。对于本征硅，$n = n_i = \rho$，且存在如下乘积关系

$$pn = n_i^2 \tag{2.2}$$

当半导体处于热平衡状态时，pn 乘积(pn product)始终由式(2.2)给出(这个重要结论会在后面用到)。在热平衡状态下，当其他外界因素不改变时，则材料的性质只与温度 T 有关。当存在外界激励时，如对半导体外加电压、电流或者光照，式(2.2)就不再适用。

练习： 当温度分别为 50K 和 325K 时，计算硅的本征载流子浓度。当温度 $T = 50\mathrm{K}$ 时，计算带一个电子-空穴对的硅立方体边长的平均值。

答案： $4.34 \times 10^{-39}/\mathrm{cm}^3$；$4.01 \times 10^{10}/\mathrm{cm}^3$；$6.13 \times 10^{10}\mathrm{m}$。

2.3　半导体中的漂移电流和迁移率

2.3.1　漂移电流

对半导体施加一定的电场，半导体中就有电流流过，一般用电阻率 ρ 和其倒数电导率(Conductivity)σ 描述。带电粒子在电场作用下做漂移运动，由此产生的电流称为漂移电流。漂移电流密度(Drift current desity)j 定义为

$$j = Qv \quad \text{单位为}(\mathrm{C/cm}^3)(\mathrm{cm/s}) = \mathrm{A/cm}^2 \tag{2.3}$$

其中，j 为电流密度[①]，表示通过单位横截面积的电荷；Q 为电荷密度，表示单位体积的电荷；v 为电场

[①]　注意，"密度"根据上下文具有不同的含义。电流密度涉及一个横截面积，而电荷密度是一个体积量。

中的电荷运动速率。

为了求得电荷密度,首先要利用半导体的共价键模型和能带模型研究硅的结构,然后找出带电载流子的速度和外加电场的关系。

2.3.2 迁移率

从电磁学相关知识可知,带电粒子在电场中发生运动称为漂移(Drift),由此产生的电流称为漂移电流。正电荷的运动方向与电场方向相同,负电荷的运动方向与电场方向相反。电场强度较低时,载流子的漂移速度 v(单位为 cm/s)与电场强度 E(单位为 V/cm)成正比,比例常数称为迁移率(Mobility) μ,电子和空穴的速率可表示为

$$v_n = -\mu_n E \quad \text{而} \quad v_p = \mu_p E \tag{2.4}$$

其中,v_n 为电子速率,单位为 cm/s;v_p 为空穴速率,单位为 cm/s;μ_n 为电子迁移率,本征硅的电子迁移率为 $1420 \text{cm}^2/\text{V} \cdot \text{s}$;$\mu_p$ 为空穴迁移率,本征硅的空穴迁移率为 $470 \text{cm}^2/\text{V} \cdot \text{s}$。

由定义可知,空穴只能在共价键结构中运动,而电子可以在整个晶体中自由运动。因此空穴的迁移率比电子的迁移率小。

练习:计算在 10V/cm 电场下的空穴速率及在 1000V/cm 电场下的电子速率。已知电阻两端电压为 1V,电阻长度为 $2\mu\text{m}$,求电阻中的电场强度。

答案:$4.70 \times 10^3 \text{cm/s}$;$-1.42 \times 10^6 \text{cm/s}$;$5.00 \times 10^3 \text{V/cm}$。

2.3.3 速率饱和

由物理学可知,载流子的速率不能无限增加,不可能超过光速。例如在硅中,式(2.4)给出的速率与电场的线性关系只适用于电场强度低于 5000V/cm 或 $0.5\text{V}/\mu\text{m}$ 的情况。当电场强度超过 5000V/cm 时,电子和空穴的速率均达到饱和,如图 2.5 所示。从式(2.4)可知,当电场强度较低时,曲线的斜率表示迁移率。对于硅来说,当场强超过 $3 \times 10^4 \text{V/cm}$ 时,载流子速率达到饱和速率(Saturated drift velocity)v_{sat},此时电子和空穴的速率接近 10^7cm/s。速率饱和现象为固态器件的频率响应设定了上限。

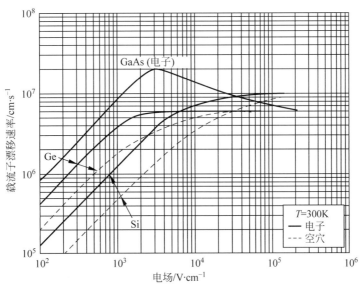

图 2.5 温度为 300K 时,半导体中载流子速度与电场的关系

(图片来源:S. M. Sze 编著的 *Semiconductor Devices*:*Physics and Technology*,

1985 John Wiley & Sons 版权所有,经授权引用)

练习：(a)求 Ge 中电子和空穴的最大漂移速率及低电场迁移率；(b)求 GaAs 中电子最大漂移速度及电子迁移率。

答案：$6 \times 10^6 \mathrm{cm/s}$；$4300 \mathrm{cm^2/V \cdot s}$；$2100 \mathrm{cm^2/V \cdot s}$；$2 \times 10^7 \mathrm{cm/s}$；$8500 \mathrm{cm^2/V \cdot s}$。

2.4 本征硅的电阻率

现在我们来计算电子的漂移电流密度 j_n^{drift} 和空穴的漂移电流密度 j_p^{drift}。为简化起见，仅考虑一维电流，忽略式(2.3)和式(2.4)中的向量概念，可得

$$
\begin{aligned}
j_n^{\mathrm{drift}} &= Q_n v_n = (-qn)(-\mu_n E) = qn\mu_n E \\
j_p^{\mathrm{drift}} &= Q_p v_n = (+qp)(+\mu_p E) = qp\mu_p E
\end{aligned}
\tag{2.5}
$$

其中 $Q_n = (-qn)$ 及 $Q_p = (+qp)$ 分别表示电子和空穴的电荷密度(C/cm³)。而总漂移电流密度为

$$
j_T^{\mathrm{drift}} = j_n + j_p = q(n\mu_n + p\mu_p)E = \sigma E
\tag{2.6}
$$

在式(2.6)中，σ 为电导率，可用式(2.7)表示

$$
\sigma = q(n\mu_n + p\mu_p) \quad 单位为(\Omega \cdot \mathrm{cm})^{-1}
\tag{2.7}
$$

电阻率 ρ 是电导率 σ 的倒数，可表示为

$$
\rho = \frac{1}{\sigma} \quad 单位为 \Omega \cdot \mathrm{cm}
\tag{2.8}
$$

电阻率的单位为 $\Omega \cdot \mathrm{cm}$，看起来有些奇怪，但从式(2.6)可以看出 ρ 表示电场强度和漂移电流密度的比值，即

$$
\rho = \frac{E}{j_T^{\mathrm{drift}}} \quad 单位为 \frac{\mathrm{V/cm}}{\mathrm{A/cm^2}} = \Omega \cdot \mathrm{cm}
\tag{2.9}
$$

例 2.2 本征硅的电阻率

接下来，利用上述计算公式来确定室温时本征硅是绝缘体、半导体还是导体。

问题：计算室温时本征硅的电阻率，并确定它是绝缘体、半导体还是导体。

解：

已知量：式(2.4)给出了室温时本征硅的迁移率，且本征硅的电子-空穴密度均等于 n_i。

未知量：本征硅的电阻率 ρ 及其分类。

求解方法：利用式(2.7)和式(2.8)分别计算本征硅的电导率和电阻率，并将此计算值与表 2.1 中给出的数据进行对比，最终确定室温时本征硅的属性。

假设：假设室温时 $n_i = 10^{10}/\mathrm{cm^3}$。

分析：本征硅中电子的电荷密度为 $Q_n = (-qn_i)$，空穴电荷密度为 $Q_p = (+qn_i)$，代入式(2.7)得

$$
\begin{aligned}
\sigma &= (1.60 \times 10^{-19})[(10^{10})(1420) + (10^{10})(470)] \\
&= 3.02 \times 10^{-6} (\Omega \cdot \mathrm{cm})^{-1}
\end{aligned}
$$

电阻率 ρ 等于电导率 σ 的倒数，因此本征硅的电阻率为

$$
\rho = \frac{1}{\sigma} = 3.38 \times 10^5 \Omega \cdot \mathrm{cm}
$$

由表 2.1 可见，室温时，本征硅属于绝缘体，其数值接近绝缘体电阻率范围的最小值。

结果检查：通过计算得出了本征硅的电阻率，并可以看出在室温时本征硅是一种绝缘性能较差的绝缘体。

　　练习：试计算 400K 时本征硅的电阻率,并判断该温度下本征硅是绝缘体、半导体还是导体。利用例 2.2 中的相关数据。

　　答案：$1420\Omega \cdot cm$,半导体。

　　练习：计算 50K 时本征硅的电阻率,并判断它是绝缘体、半导体还是导体,假设 50K 时本征硅的电子迁移率为 $6500cm^2/V \cdot s$,空穴迁移率为 $2000cm^2/V \cdot s$。

　　答案：$1.69 \times 10^{53}\Omega \cdot cm$,绝缘体。

2.5　半导体中的杂质

　　向半导体中掺入少量的杂质后,半导体会表现出许多优秀的性质,这一过程称为掺杂,得到的半导体称为掺杂半导体。掺杂可以在很大范围内改变半导体的电阻率,并可确定材料的电阻率到底是由电子群还是由空穴群所决定的。掺杂理论适用于所有半导体材料,因此接下来以硅作为例子来分析掺杂理论,所用的杂质为元素周期表中的第Ⅲ列和第Ⅴ列元素。

2.5.1　硅中的施主杂质

　　硅中的施主杂质为元素周期表中的第 V 列元素,该列元素最外层有 5 价电子,在该列元素中,磷、砷和锑是硅中最常用的施主杂质。如图 2.6 所示,当施主原子替代硅原子在晶格中的位置时,最外层 5 个电子中的 4 个电子组成共价键结构,剩余的电子只需很少能量就可以脱离原子束缚变成自由电子。室温时,每个施主元素的原子电离出一个自由电子参与导电,同时自身变成一个带有 $+q$ 电量的电荷,并固定在晶格中某一位置不能移动。

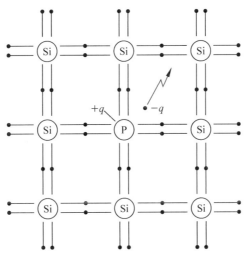

图 2.6　从磷掺杂中获得的一个额外电子

2.5.2　硅中的受主杂质

　　硅中的受主杂质为元素周期表中的第Ⅲ列元素,该列元素原子的最外层比硅少一个电子,最常用的受主杂质是硼(B)。硼原子替代晶格中的硅原子的过程如图 2.7 所示。由于硼原子的最外层只有 3 个电子,因此共价键结构中存在一个空穴,此时邻近的电子很容易转移过来填补这一空穴,这时就会形成

另一个空穴,如此就在晶格中形成移动的空穴,如图 2.7(a)和图 2.7(b)所示。若将空位看作带有$+q$
电荷的粒子,当杂质原子接受一个电子发生电离后,就变成一个带有$-q$电荷的粒子,而被固定在晶格
中某一位置不能移动,如图 2.7 所示。

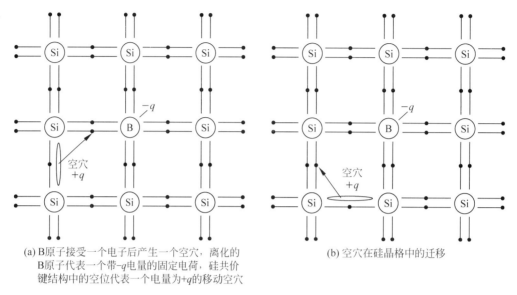

(a) B原子接受一个电子后产生一个空穴,离化的
　　B原子代表一个带-q电量的固定电荷,硅共价
　　键结构中的空位代表一个电量为+q的移动空穴

(b) 空穴在硅晶格中的迁移

图 2.7　硼原子替代晶格中的硅原子

2.6　掺杂半导体中的电子和空穴浓度

有些半导体中同时掺有施主杂质和受主杂质,下面将讨论如何计算这种掺杂半导体中的电子浓度
和空穴浓度。在掺杂半导体中,电子浓度不再等于空穴浓度,如果$n > p$,就称半导体为 n 型半导体;如
果$n < p$,就称为 p 型半导体,且数量较多的载流子称为多数载流子,而数量较少的载流子称为少数载
流子。

为了详细计算电子和空穴密度,需要获得施主和受主杂质的浓度,并定义为

$$N_D = 施主杂质的浓度,单位为原子数 /cm^3$$
$$N_A = 受主杂质的浓度,单位为原子数 /cm^3$$

在计算前还需要确定以下两点:首先,半导体材料必须保持电荷中性,这要求总正电荷和负电荷之
和为零。电离的施主和空穴带正电,电离的受主和电子带负电。因此电中性方程可表示为

$$q(N_D + p - N_A - n) = 0 \tag{2.10}$$

其次,本征半导体中电子和空穴浓度的乘积为常数,如式(2.2)所示,即$pn = n_i^2$,对于热平衡状态的
掺杂半导体该式也成立,同时在掺杂浓度较大时该式也适用。

2.6.1　n 型材料

由式(2.2)解出 p 值,代入式(2.10),得到一个关于 n 的二次方程,如下所示

$$n^2 - (N_D - N_A)n - n_i^2 = 0$$

则可解得 n 值为

$$n = \frac{(N_D - N_A) + \sqrt{(N_D - N_A)^2 - 4n_i^2}}{2} \quad \text{且} \quad p = \frac{n_i^2}{n} \tag{2.11}$$

上式适用于 $N_D > N_A$ 的情况。实际掺杂中，一般 $(N_D - N_A) \gg 2n_i$，因此 n 值可以近似为 $n \approx (N_D - N_A)$。

2.6.2 p型材料

当 $N_A > N_D$ 时，由式(2.2)解出 n，代入式(2.10)得到关于 p 的二次方程

$$p = \frac{(N_A - N_D) + \sqrt{(N_A - N_D)^2 - 4n_i^2}}{2} \quad \text{且} \quad n = \frac{n_i^2}{p} \tag{2.12}$$

上式适用于 $N_A > N_D$ 的情况。一般情况下，$(N_A - N_D) \gg 2n_i$，因此 p 值可以近似为 $p \approx (N_A - N_D)$。

受实际工艺控制的限制，硅晶格中的杂质浓度变化范围一般在 $10^{14}/\text{cm}^3 \sim 10^{21}/\text{cm}^3$，因此 N_A 和 N_D 都要比处于室温下的本征载流子的浓度大很多。由前面的分析可以看出，多数载流子密度直接由净杂质的浓度决定：当 $N_A > N_D$ 时，$p \approx (N_A - N_D)$；当 $N_D - N_A$ 时，$n \approx (N_D - N_A)$。

设计提示：实际应用中的掺杂

在 n 型和 p 型半导体中，多数载流子的浓度分别由 N_A 和 N_D 决定，而 N_A 及 N_D 的值由工程师来确定。多数载流子的浓度在很大范围内都与温度无关，相反，少数载流子虽然数量很少，但是与 n_i^2 成正比，而且温度对其有较大的影响。对于实际的掺杂，则有

$$n \text{型}(N_D > N_A), n \approx N_D - N_A, p = \frac{n_i^2}{N_D - N_A}$$

$$p \text{型}(N_A > N_D), p \approx N_A - N_D, n = \frac{n_i^2}{N_A - N_D}$$

掺杂的典型范围为

$$10^{14}/\text{cm}^3 \leqslant N_A - N_D \leqslant 10^{21}/\text{cm}^3$$

例 2.3 电子和空穴浓度

样品硅中同时掺杂有施主杂质和受主杂质，计算其中的电子和空穴浓度。

问题：样品硅中掺杂有 $10^{16}/\text{cm}^3$ 的硼及 $2 \times 10^{15}/\text{cm}^3$ 的磷，计算室温时的电子和空穴浓度并确定半导体的导电类型。

解：

已知信息和给定数据：硼和磷的掺杂浓度(室温条件下)。

未知量：电子和空穴浓度(n 值和 p 值)。

求解方法：首先计算施主和受主杂质的浓度，然后代入式(2.11)和式(2.12)求出 n 值和 p 值。

假设：室温时 $n_i = 10^{10}/\text{cm}^3$。

分析：由表 2.2 可知，硼是受主杂质，磷是施主杂质，因此有

$$N_A = 10^{16}/\text{cm}^3 \quad \text{和} \quad N_D = 2 \times 10^{15}/\text{cm}^3$$

由于 $N_A > N_D$，材料为 p 型，且 $N_A - N_D = 8 \times 10^{15}/\text{cm}^3$。对于 $n_i = 10^{10}/\text{cm}^3$，$N_A - N_D \gg 2n_i$，利用式(2.12)的简化形式，因此有

$$p \approx (N_A - N_D) = 8.00 \times 10^{15} \text{ 空穴}/\text{cm}^3$$

$$n = \frac{n_i^2}{p} = \frac{10^{20}/cm^6}{8.00 \times 10^{15}/cm^3} = 1.25 \times 10^4 \text{ 电子 }/cm^3$$

结果检查：得到了电子和空穴浓度后，检查 p 与 n 乘积 $pn = 10^{20}/cm^6$，结果正确。

练习：样品硅中掺杂有 $10^{16}/cm^3$ 的硼及 $2 \times 10^{15}/cm^3$ 的磷，试计算 400K 时掺杂半导体的电子浓度和空穴浓度，并确定半导体的导电类型。

答案：$8.00 \times 10^{15}/cm^3$；$6.75 \times 10^8/cm^3$；n 型。

练习：样品硅中掺杂有 $2 \times 10^{16}/cm^3$ 的锑，锑是施主杂质还是受主杂质？试计算 300K 时掺杂半导体的电子浓度和空穴浓度，并确定掺杂半导体是 n 型还是 p 型。

答案：施主杂质；$2 \times 10^{16}/cm^3$；$5 \times 10^3/cm^3$；n 型。

读者也许会疑惑，既然少数载流子(少子)在数量上远远小于多数载流子(多子)，为什么还要研究少子呢？实际上，就像前面阐述的一样，半导体的电阻率由多数载流子的浓度决定，第 4 章中的场效应晶体管也是多子器件，但是少子的作用也不容忽视，例如本书中第 3 章和第 5 章中研究的二极管和三极管，这两种器件的性质主要由少数载流子的浓度决定。因此，我们必须理解并掌握多子浓度和少子浓度的概念，以满足不同固态器件的设计需求。

2.7　掺杂半导体的迁移率和电阻率

在类似于硅的这类半导体中掺入杂质，会降低载流子的迁移率。首先，杂质原子替代晶格中的硅原子后，由于两者大小不等，导致晶格的周期性受到破坏；其次，杂质原子电离后带有一定量的束缚电荷，而原来的晶体中是不存在束缚电荷的。正是基于以上两个原因，导致电子和空穴在半导体中运动时发生散射，从而导致晶体中的载流子迁移率减小。

硅中载流子迁移率随总杂质浓度 $N_T = (N_A + N_D)$ 的变化如图 2.8 所示。从图 2.8 中可以看出，迁移率随掺杂浓度的增加急剧减小，重掺杂材料中载流子的迁移率甚至比轻掺杂的迁移率小一个数量级。另外，掺杂使半导体中的多子浓度急剧增加，因此对电阻率的影响很大，一定程度上抵消了迁移率降低的效应。

练习：样品硅中掺杂有 $10^{16}/cm^3$ 的施主杂质，试计算其中的电子迁移率和空穴迁移率各为多少？当施主杂质的密度变为 $3 \times 10^{17}/cm^3$ 后又怎样？

答案：$1180cm^2/V \cdot s$；$318cm^2/V \cdot s$；$484cm^2/V \cdot s$；$102cm^2/V \cdot s$。

练习：样品硅中掺杂有 $4 \times 10^{16}/cm^3$ 的受主杂质和浓度为 $6 \times 10^{16}/cm^3$ 的施主杂质，试计算该掺杂半导体中的电子迁移率和空穴迁移率。

答案：$727cm^2/V \cdot s$；$153cm^2/V \cdot s$。

需要注意的是，杂质掺杂也决定了半导体的类型，即 n 型半导体或 p 型半导体。简化公式也可以用于计算非本征半导体的电率。注意在例 2.4 中，σ 的表达式中存在 $\mu_n n \gg \mu_p p$ 的关系，对于普通掺杂范围，在 n 型材料中这一不等式是成立的，而在 p 型材料中，则 $\mu_p p \gg \mu_n n$。由于掺杂半导体的导电性是由多数载流子的浓度所决定，因此有

$$\sigma \approx q\mu_n n \approx q\mu_n(N_D - N_A) \text{ 适用于 n 型材料}$$
$$\sigma \approx q\mu_p p \approx q\mu_p(N_A - N_D) \text{ 适用于 p 型材料}$$

$$(2.13)$$

下面用一个例子来说明杂质与电阻率之间的关系。

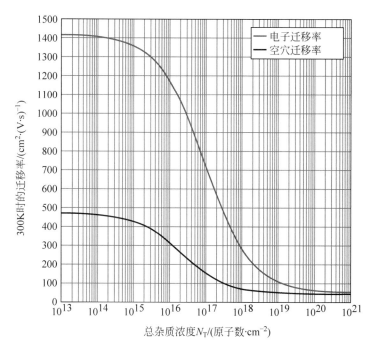

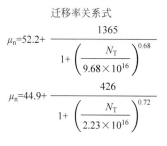

迁移率关系式

$$\mu_n = 52.2 + \frac{1365}{1 + \left(\dfrac{N_T}{9.68 \times 10^{16}}\right)^{0.68}}$$

$$\mu_n = 44.9 + \frac{426}{1 + \left(\dfrac{N_T}{2.23 \times 10^{16}}\right)^{0.72}}$$

图 2.8　300K 时硅中电子及空穴迁移率与总杂质浓度的关系

例 2.4　计算掺杂硅的电阻率

本题对掺杂硅和纯净的电阻率进行比较。

问题：已知硅中的施主杂质浓度 $N_D = 2 \times 10^{15}/\mathrm{cm}^3$。

解：

已知信息和给定数据：$N_D = 4 \times 10^{15}/\mathrm{cm}^3$。

未知量：电阻率 ρ，当然为求得电导率还需要首先获得空穴浓度和电子浓度（p 和 n），以及其迁移率（μ_p 和 μ_n）和材料类型。

求解方法：由掺杂浓度来确定 n、p、μ_n、μ_p，并将这几个值代入表达式中求取 σ。

假设：由于题目未给出 N_A 的值，因此假设 $N_A = 0$，并设室温时 $n_i = 10^{10}/\mathrm{cm}^3$。

分析：当 $N_D > N_A$，且远大于 n_i 时，此时有

$$n = N_D = 4 \times 10^{15} \text{ 电子}/\mathrm{cm}^3$$

$$p = \frac{n_i^2}{n} = 10^{20}/4 \times 10^{15} = 2.5 \times 10^4 \text{ 空穴}/\mathrm{cm}^3$$

由于 $n > p$，因此该掺杂硅为 n 型材料。由图 2.8 给出的公式可得，当掺杂浓度为 $2 \times 10^{15}/\mathrm{cm}^3$ 时，该材料的电子迁移率及空穴迁移率分别为

$$\mu_n = 1280\mathrm{cm}^2/\mathrm{V} \cdot \mathrm{s}, \quad \mu_p = 375\mathrm{cm}^2/\mathrm{V} \cdot \mathrm{s}$$

此时材料的电导率和电阻率分别为

$$\sigma = 1.6 \times 10^{19} \left[(1280)(4 \times 10^{15}) + (375)(2.5 \times 10^4) \right] = 0.817(\Omega \cdot \mathrm{cm})^{-1}$$

$$\rho = 1/\sigma = 1.22\Omega \cdot \mathrm{cm}$$

因此该样品硅为半导体。

结果检查：得到了所求的未知量。

讨论：将所得结果与本征硅进行比较可见，在硅晶格中掺入微量杂质，就能将本征硅的电阻率改变 5 个数量级，使材料从绝缘体变为半导体。因此可以预计，如果掺入更多的杂质，可以将本征硅变成导体。需要注意的是，该实例中的掺杂水平表示硅晶体中有不到 $10^{-5}\%$ 比例的原子被杂质原子所替代。

例 2.5　晶圆掺杂——迭代计算方法

问题：已知 n 型硅的电阻率为 $0.025\Omega\cdot cm$，试计算其施主的浓度 N_D。

解：

已知量：n 型晶圆的电阻率为 $0.025\Omega\cdot cm$。

未知量：达到要求电阻率所需的施主浓度 N_D。

求解方法：对于这种问题，需要采用反复迭代的方法。由于电阻率很低，因此可以假设

$$\sigma = q\mu_n n = q\mu_n N_D \quad 且 \quad \mu_n N_D = \frac{\sigma}{q}$$

μ_n 是掺杂浓度 N_D 的函数，但这一函数关系只能用图像表示，这是工程经常遇到的情况。本题所采用的解决方法是综合了数学计算和查图表法的反复迭代方法。迭代前，首先建立逻辑计算步骤，求出一个参数值，进而利用已求得参数再去求其他的参数值，最终得到结论。具体步骤如下：

① 选择一个 N_D 的值。

② 利用图 2.8 中所给的公式计算 μ_n。

③ 计算 μ_n 及 N_D。

④ 当获得的 μ_n 及 N_D 不正确时，重复步骤①～③。

很明显，我们希望能够做出合适的选择，以保证在经过几次计算后能得到收敛的结果。

假设：晶圆中只有施主杂质。

分析：对于本题有

$$\frac{\sigma}{q} = (0.025\times1.60\times10^{-19})^{-1} = 2.50\times10^{20}\,(V\cdot s\cdot cm)^{-1}$$

假设 $N_D = 1\times10^{18}\,cm^3$。

迭代次数	N_D/cm^{-3}	$\mu_n/(cm^2/V\cdot s)$	$\mu_n N_D/(V\cdot s\cdot cm)^{-1}$
1	1.00E+18	2.84E+02	2.84E+20
2	8.81E+17	3.01E+02	2.65E+20
3	8.31E+17	3.09E+02	2.57E+20
4	8.09E+17	3.13E+02	2.53E+20
5	7.99E+17	3.15E+02	2.51E+20
6	7.95E+17	3.15E+02	2.51E+20
7	7.92E+17	3.16E+02	2.50E+20

经过 6 次计算后，可得 $N_D = 7.92\times10^{17}$ 施主原子数/cm^3。

结果检查：获得了我们需要的结果。$N_D = 7.92\times10^{17}/cm^3$ 正好处于实际可达到的掺杂范围内。根据 2.6 节中所给的设计准则，再次检查设计结果，当 $N_D = 7.92\times10^{17}/cm^3$ 时，可计算出迁移率为 $316cm^2/V\cdot s$，这与采用迭代法得出的结果是一致的。

练习：室温时将硅变为导体所需的最小施主掺杂是多少？此时材料的电阻率是多少？

答案：$9.68 \times 10^{19}/\mathrm{cm}^3$；$\mu_{\mathrm{n}} = 64.5\mathrm{cm}^2/\mathrm{V} \cdot \mathrm{s}$；$0.001\Omega \cdot \mathrm{cm}$。

练习：硅中掺有浓度为 $2 \times 10^{16}/\mathrm{cm}^3$ 的杂质磷。此时材料的 N_{A} 和 N_{D} 值各为多少？材料的电子迁移率及空穴迁移率又为多少？如果硅中继续掺杂浓度为 $3 \times 10^{16}/\mathrm{cm}^3$ 的硼,此时材料的电子迁移率及空穴迁移率又是多少？电阻率是多少？

答案：$N_{\mathrm{A}} = 0/\mathrm{cm}^3$；$N_{\mathrm{D}} = 2 \times 10^{16}/\mathrm{cm}^3$；$\mu_{\mathrm{n}} = 1070\mathrm{cm}^2/\mathrm{V} \cdot \mathrm{s}$；$\mu_{\mathrm{P}} = 266\mathrm{cm}^2/\mathrm{V} \cdot \mathrm{s}$；$\mu_{\mathrm{n}} = 886\mathrm{cm}^2/\mathrm{V} \cdot \mathrm{s}$；$\mu_{\mathrm{P}} = 198\mathrm{cm}^2/\mathrm{V} \cdot \mathrm{s}$；$0.292\Omega \cdot \mathrm{cm}$；$3.16\Omega \cdot \mathrm{cm}$。

练习：硅中掺杂有浓度为 $4 \times 10^{18}/\mathrm{cm}^3$ 的硼。硼是施主杂质还是受主杂质？计算 300K 时此材料的电子浓度及空穴浓度,并确定半导体的导电类型是 n 型还是 p 型。计算材料的电子迁移率及空穴迁移率。材料的电阻率为多少？

答案：受主杂质；$n = 25/\mathrm{cm}^3$；$p = 4 \times 10^{18}/\mathrm{cm}^3$；p 型；$\mu_{\mathrm{n}} = 153\mathrm{cm}^2/\mathrm{V} \cdot \mathrm{s}$；$\mu_{\mathrm{P}} = 54.8\mathrm{cm}^2/\mathrm{V} \cdot \mathrm{s}$；$0.0285\Omega \cdot \mathrm{cm}$。

练习：硅中掺杂有浓度为 $7 \times 10^{19}/\mathrm{cm}^2$ 的铟,铟是施主杂质还是受主杂质？试计算 300K 时该材料的电子浓度、空穴浓度、电子迁移率、空穴迁移率和电阻率。确定该半导体材料的导电类型是 n 型还是 p 型。

答案：受主杂质；$n = 1.4/\mathrm{cm}^3$；$p = 7 \times 10^{19}/\mathrm{cm}^3$；$\mu_{\mathrm{n}} = 67.5\mathrm{cm}^2/\mathrm{V} \cdot \mathrm{s}$；$\mu_{\mathrm{P}} = 46.2\mathrm{cm}^2/\mathrm{V} \cdot \mathrm{s}$；$\rho = 0.001\,93\Omega \cdot \mathrm{cm}$；p 型。

2.8　扩散电流

如前所述,在热平衡状态下,半导体中的电子浓度和空穴浓度由掺杂浓度 N_{A} 和 N_{D} 决定。到目前为止,我们均假设杂质在半导体中均匀分布,但实际情况不完全如此。由于杂质浓度的变化,引起了电子和空穴产生浓度梯度,形成了半导体中的另一种电流——扩散电流。载流子从高浓度区向低浓度区扩散,就像烟雾从房间的一角迅速蔓延到整个房间一样。

简单一维情形下电子或空穴的浓度梯度如图 2.9 所示。在 $+x$ 方向,梯度为正,由于载流子沿 $-x$ 方向从高浓度向低浓度扩散,因此扩散电流密度与载流子浓度梯度的相反数成正比

$$j_{\mathrm{p}}^{\mathrm{diff}} = (+q)D_{\mathrm{p}}\left(-\frac{\partial p}{\partial x}\right) = -qD_{\mathrm{p}}\frac{\partial p}{\partial x}$$

$$j_{\mathrm{n}}^{\mathrm{diff}} = (-q)D_{\mathrm{n}}\left(-\frac{\partial n}{\partial x}\right) = +qD_{\mathrm{n}}\frac{\partial n}{\partial x}$$
　　　单位为 $\mathrm{A/cm}^2$ 　　(2.14)

比例常数 D_{p} 和 D_{n} 分别称为空穴扩散系数和电子扩散系数,单位为 cm^2/s。扩散系数和迁移率的关系称为爱因斯坦关系式

$$\frac{D_{\mathrm{n}}}{\mu_{\mathrm{n}}} = \frac{kT}{q} = \frac{D_{\mathrm{p}}}{\mu_{\mathrm{p}}} \qquad (2.15)$$

$\frac{kT}{q}$ 称为热电压 V_{T},室温时热电压约为 $0.026\mathrm{V}$。本书中将会多次提及该物理量。室温时,硅的电子扩散系数一般在 $2 \sim 35\mathrm{cm}^2/\mathrm{s}$ 范围内,而空穴扩散系数则处于 $1 \sim 15\mathrm{cm}^2/\mathrm{s}$。

练习：分别求出 $T = 50\mathrm{K}$、300K 和 400K 时热电压的值。

答案：$4.3\mathrm{mV}$；$6.63\mathrm{mV}$；$34.5\mathrm{mV}$。

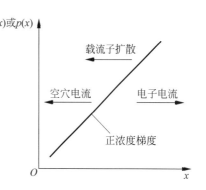

图 2.9　存在浓度梯度时的载流子扩散

设计提示：热电压 V_T

300K 时，$V_T = \dfrac{kT}{q} = 0.0258V$。

练习：根据图 2.8 中的公式，试计算室温(300K)下硅最大的电子扩散系数和空穴扩散系数。

答案：$V_T = 25.8\text{mV}$；$36.6\text{cm}^2/\text{s}$；$12.1\text{cm}^2/\text{s}$。

练习：已知半导体的电子浓度梯度为 $+10^{16}(\text{cm}^3 \cdot \mu m)$，当其扩散率 $D_n = 20\text{cm}^2/\text{s}$ 时，求室温时该材料的电子扩散电流密度。当空穴浓度梯度为 $+10^{20}(\text{cm}^3 \cdot \mu m)$，空穴扩散率 $D_p = 4\text{cm}^2/\text{s}$ 时，求室温时该材料的空穴扩散电流密度。

答案：$+320\text{A}/\text{cm}^2$；$-64\text{A}/\text{cm}^2$。

2.9 总电流

一般而言，半导体中既有扩散电流，又有漂移电流。将式(2.5)所示的漂移电流和式(2.14)所示的扩散电流相加，就得到总电子电流密度 j_n^T 和总空穴电流密度 j_p^T。

$$j_n^T = q\mu_n nE + qD_n \frac{\partial n}{\partial x} \quad \text{和} \quad j_p^T = q\mu_p pE - qD_p \frac{\partial p}{\partial x} \tag{2.16}$$

由式(2.15)所示的爱因斯坦关系，式(2.16)可以改写成

$$j_n^T = q\mu_n n \left(E + V_T \frac{1}{n} \frac{\partial n}{\partial x} \right) \quad \text{和} \quad j_p^T = q\mu_p p \left(E - V_T \frac{1}{p} \frac{\partial p}{\partial x} \right) \tag{2.17}$$

上述两式合在一起称为高斯定律，即

$$\nabla \cdot (\varepsilon E) = Q \tag{2.18}$$

其中，ε 称为介电常数，单位为 F/cm；E 为电场强度，单位为 V/cm；Q 为电荷密度，单位为 C/cm^3。式(2.18)为我们提供了一个强有力的分析半导体性质的数学方法，同时也为后续章节的学习打下了基础。

2.10 能带模型

本节研究半导体的能带模型(Energy band model)，这有助于我们分析电子空穴产生的过程，并理解利用掺杂来控制载流子浓度的原理。半导体的晶格是高度规则的结构，量子力学表明，电子围绕原子核运动时，在一定范围内存在一系列允许能量状态和禁止能量状态，形成了周期性量化的能量区间。半导体中的能带结构如图 2.10 所示，图中标记的导带(Conduction band)和价带(Valence band)是电子的允许能量状态。E_V 对应价带顶的能量状态，表示价带电子的最高允许能量。E_C 对应导带底的能量状态，表示导带电子的最低允许能量。尽管在图 2.10 中这些能量看似连续，而实际上导带和价带都是由大量密集的、离散的能级组成的。

电子的储量不能落在 E_C 和 E_V 之间，E_C 和 E_V 之间的差值称为带隙能量 E_G

$$E_G = E_C - E_V \tag{2.19}$$

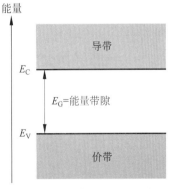

图 2.10 带隙能量为 E_G 的半导体能带模型

表 2.3 列出了几种半导体的带隙能量值。

2.10.1 本征半导体中电子空穴对的产生

如图 2.11 所示,硅处于低温(≈ 0K)时,价带状态完全被电子占据,导带完全是空的。在这种情况下,当施加电场时,半导体是不导电的。此时在导带中没有自由电子,在完全充满的价带中也没有空穴来支持电流流动。因此,图 2.11 所示的带模型就与图 2.2 中被完全填充的价键模型直接对应。

如图 2.12 所示,当温度高于 0K 后,晶体从外界吸收热量,一些电子获得超越能量带隙所需的能量后,从价带跃迁到导带,就会相应地产生电子空穴对,电子空穴对的产生正好与图 2.3 中的价键模型相对应。

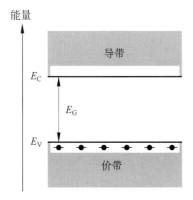

图 2.11 0K 满价带、空导带时的半导体,本图与图 2.2 中的价键模型对应

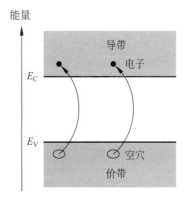

图 2.12 通过能量带隙的热激发产生电子空穴对。本图与图 2.3 中的价键模型对应

2.10.2 掺杂半导体的能带模型

图 2.13～图 2.15 是含有施主或受主杂质原子的非本征半导体的能带模型。在图 2.13 中,半导体中掺入浓度为 N_D 的施主杂质,施主原子就会在靠近导带边缘的施主能级为 E_D 处的带隙中引入一个新的局域能级。例如磷的($E_C - E_D$)值约为 0.045eV,因此电子只需从外界获得很少的热能,就能从价带跃迁到导带。导带状态时材料的密度很高,因此除了重掺杂材料(大 N_D 值)或在非常低的温度下,一般情况下在施主状态下发现电子的概率几乎为零。因此,在室温下,基本上所有可用的施主电子可进行自由传导。因此图 2.13 所示的情况就对应了图 2.6 所示的价键模型。

在图 2.14 中,半导体中掺入浓度为 N_A 的受主杂质,受主原子就会在靠近价带边缘的受主能级为 E_A 处的带隙中引入能级。例如硼的($E_A - E_V$)值约为 0.044eV,因此电子只需从外界获得很少能量就能从价带跃迁到受主能级。在室温下,受主能级全部被占据,每一个能级跃升的电子就会相应产生一个

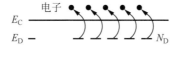

图 2.13 激活能级为($E_C - E_D$)的施主能级。此图对应图 2.6 中的价键模型

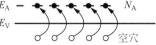

图 2.14　激活能级为 (E_A-E_V) 的受主能级。此图对应图 2.7(b)中的价键模型

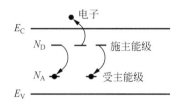

图 2.15　同时包含了施主和受主原子的补偿半导体,其中 $N_D > N_A$

可用于导电的空穴。图 2.14 所示的情况就与图 2.7(b)所示的价键模型相对应。

2.10.3　补偿半导体

补偿半导体中同时含有受主杂质和施主杂质。图 2.15 所示的是施主原子多于受主原子的情况,当电子寻找到可用的最低能量状态后,它们从施主位置落下,填满所有可用的受主位置,而剩余的自由电子数由公式 $n = N_D - N_A$ 计算得到。

能带模型是 2.2 节中共价键模型的补充,利用这两个模型,我们就可以理解掺杂半导体中空穴和电子的产生过程。

电 子 应 用

CCD 相机

现代天文学在收集和分析天文数据方面高度依赖微电子技术,电子图像采集与计算机分析相结合,使天文学取得了巨大的进步。

光学望远镜工作时,光电耦合器件(CCD)的照相机将光子转换成电信号,然后形成计算机图像。与其他光电探测器电路类似,CCD 捕获的入射光子与半导体材料相互作用时产生的电子空穴对,如图 2.12 所示,然后可以在单个芯片中集成数百万个 CCD 单元组成的二维阵列,如下图中(4)所示。由于 CCD 图像具有很高的灵敏度和较低的电子噪声,因此对天文学家来说尤为重要。

图(5)是 CCD 单元的简化示意图。由于中间电极的电压比两边的电压高,因此在中间电极处就形成了电子聚集。在绝缘二氧化硅层和电极产生的电场的综合作用下,电子被束缚在半导体内部。光照越强,收集到的电子就越多。为了读取电极中的电荷,操纵电极电压将电荷从一个电极移动到另一个电极,直到它转换为成像阵列边缘的电压,这样就可以利用哈勃太空望远镜上的 CCD 相机拍摄天文图像了。

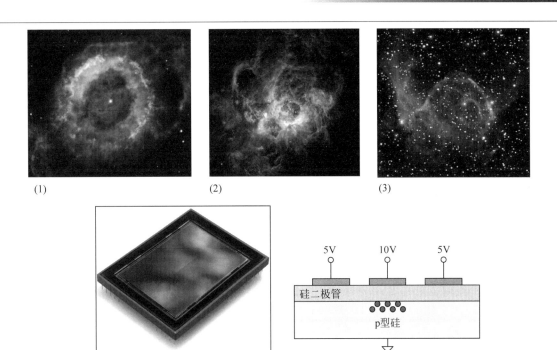

图片来源：（1）NGC6369：小幽灵星云（Hubble Heritage Team，NASA 拍摄）；（2）NGC604：日期巨型恒星（H. Yang(UIUC)，HST，NASA 拍摄）；（3）雷神的头盔（Christine 和 David Smith，Steve Mandel，AdamBlock(KPNO Vistor Program)，NOAO，AURA，NSF 拍摄）；（4）330 万像素 Dalsa CCD 图像传感器芯片图（Dalsa 公司提供）。

2.11　集成电路制造概述

在本章最后，我们再来探讨一下工程师如何利用半导体掺杂的选择性控制来制作一个简单的电子器件。我们通过研究用于制造固态二极管的基本制造步骤来说明这一点，这些想法有助于深入理解许多依赖于物理结构的电子器件特性。

复杂的固态器件电路是通过重复运用一些基本的 IC 工艺步骤来制造的，这些基本的 IC 工艺步骤包括氧化（Oxidation）、光刻、蚀刻、离子注入、扩散、蒸发（Evaporation）、溅射（Sputtering）、化学气相沉积和外延生长。二氧化硅（SiO_2）层是在纯氧或水蒸气存在的环境下，将硅片加热到高温（1000～1200℃）而形成的，这个过程叫作氧化。蒸发是在真空环境下将金属加热到其熔点，通过沉积形成金属膜，而导电金属膜和绝缘体都可以通过一种叫作溅射的工艺进行沉积获得，这种工艺使用物理离子轰击来使原子从源目标转移到硅片表面。

化学气相沉积（Chemical Vapor Deposition，CVD）是将化学物质以气体混合物的形式沉积到晶圆表面，利用这种方法可以制得多晶硅层、氧化硅层和氮化硅层。用高压粒子加热器加热受主或施主杂质原子，形成高能（50keV～1MeV）粒子，轰击晶圆，这一过程称为离子注入，浅扩散 n 层和 p 层就是采用这种方法形成的。深扩散杂质层的形成则需要在高温条件下扩散杂质，一般为 1000～1200℃，惰性或氧化环境均可。与某些 CMOS 工艺一样，双极工艺也使用外延生长技术在晶圆表面产生高质量的晶体硅层，而所产生的外延层与衬底硅的晶格结构是一样的。

在集成电路制造过程中,需要有选择性地在硅表面制成 n 型区和 p 型区。扩散过程中,需要用氧化硅、氮化硅、多晶硅、光刻胶(Photoresist)和其他材料覆盖到硅表面的某些区域,以防止杂质原子植入或扩散到硅中去。掩模板(Mask)将计算机辅助设计系统和照相还原技术相结合,制作出保护层上所开窗口区的图案,这些图案通过高分辨率光学照相技术(光刻工艺)从掩模板转移到晶片表面,再通过湿化学腐蚀技术或干等离子蚀刻技术将保护层上的图案腐蚀到掩模板窗口。

上面介绍的集成电路制造技术有很多种组合方法。在 n 型晶圆表面形成局部 p 型区的工艺流程如图 2.16 和图 2.17 所示,因此 n 型区域和 p 型区域都需要添加金属成分。在图 2.17(a)中,在 $500\mu m$ 晶圆表面生长氧化硅薄层,厚度一般约为 $1\mu m$,并在二氧化硅表面涂上光刻胶通过掩模板对光刻胶曝光,模板上的图形就转移到晶圆表面,显影去掉曝光区的光刻胶,如图 2.17(b)所示,然后在光刻胶阻挡层的作用下除去氧化层,如图 2.17(c)所示,窗口区域由光刻胶和氧化层围成。受主杂质由于受到光刻胶和氧化层的阻挡作用,只能通过窗口进入硅中。除去光刻胶,就在硅中形成了 p 型区,如图 2.17(d)所示。形成的 p 型区位于二氧化硅窗口下,从硅表面向内延伸,深度从几百纳米到几微米不等。

如图 2.17(e)所示,在晶圆表面再生长氧化层,并在上面涂上一层新的光刻胶,用第二个掩模板曝光出接触孔窗口。光刻工艺完成后,在氧化层中腐蚀出接触窗口,就形成了图 2.17(f)所示的图形,通过

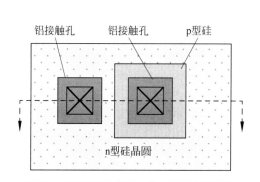
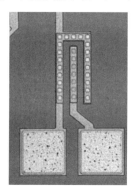

(a) 按图2.17所示步骤制成的pn结二极管的俯视图

(b) 实际二极管的显微照片,该二极管与p型区域有多个接触孔,在p扩散周围有一个n型环

图 2.16 pn 结二极管的俯视图与实际图

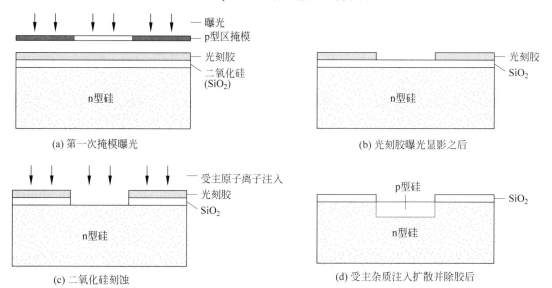

(a) 第一次掩模曝光

(b) 光刻胶曝光显影之后

(c) 二氧化硅刻蚀

(d) 受主杂质注入扩散并除胶后

图 2.17 不同加工步骤下的晶圆

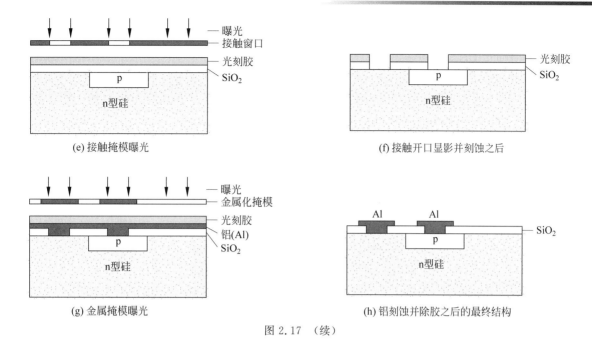

(e) 接触掩模曝光

(f) 接触开口显影并刻蚀之后

(g) 金属掩模曝光

(h) 铝刻蚀并除胶之后的最终结构

图 2.17　(续)

这些窗口,可将 n 型基板和 p 型区域进行连接。接下来,去除光刻胶,并将铝层蒸发到晶圆上,晶圆再次被如图 2.17(g)所示的光刻胶所覆盖。第三次使用掩模板和光刻工艺,把金属图形转移到晶圆表面,然后在没有使用光刻胶的区域将铝蚀刻掉,其最终结构的剖面图如图 2.17(h)所示,其俯视图如图 2.16(a)所示。在 n 型衬底和 p 型区中都有铝接触孔。以上就是 pn 结二极管的工艺流程,在第 3 章中,我们将学到 pn 结二极管的特性、工作原理和应用。图 2.16(b)所示是实际二极管的显微照片。

电 子 应 用

片上实验室(Lab-on-a-chip)

下图是一个将硅微电子电路、微流体和印制电路板集成在一起的纳米级 DNA 分析装置。当将 DNA 流体样品引入装置的一端后,计量成纳米大小的液滴,并沿流体通道推进,在该通道中,样品与

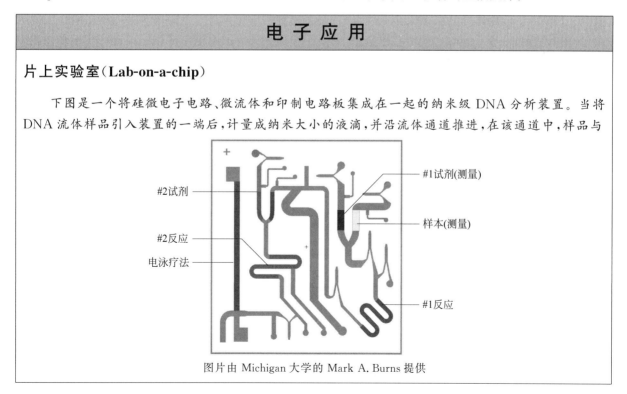

图片由 Michigan 大学的 Mark A. Burns 提供

其他材料混合,并利用加热和光学进行刺激,然后利用集成光学探测器测量产生的荧光,最后对目标基因生物材料进行 DNA 检测。

　　像下面给出的这类设备,正在通过提高人们对疾病及其机制的理解,从而实现快速诊断,并以较低成本进行治疗,从而彻底改变卫生保健。生物工程,特别是微电子在医疗保健和生命科学中的应用,使该领域发展迅速,发展前景令人振奋。

图片由 Michigan 大学的 Mark A. Burns 提供

小结

- 物质主要以 3 种形式存在:非结晶体、多晶体和单晶体。非结晶体的原子排列是随机的,没有规则的;多晶材料由小晶体组成,晶体材料在整个宏观晶体中呈现出原子间高度规则的导电结构。
- 根据电阻率的大小,电子材料可以分为 3 类:绝缘体、导体和半导体。绝缘体的电阻率大于 $10^5 \Omega \cdot cm$,导体的电阻率低于 $10^{-3} \Omega \cdot cm$,半导体的电阻率位于绝缘体和半导体之间。
- 硅是现代工业中最重要的半导体材料,主要用于超大规模集成电路的制造。复合半导体材料一般由砷化镓和磷化铟两种材料组成,是光电应用中最重要的材料,如发光二极管、激光器和光电探测器等。
- 半导体的实用性主要来自其晶体的周期性,并引入了半导体中两个重要概念模型:共价键模型和能带模型。
- 温度低至接近 0 K 时,半导体中的所有共价键都是完好的,半导体不导电。温度升高时,半导体吸收能量,使得一部分共价键断开。断开共价键所需能量称为带隙能量 E_G。
- 共价键断开时,产生两个带电载流子:电子和空穴。电子的电量为 $-q$,可以在导带自由移动;空穴的电量为 $+q$,可以在价带自由移动。
- 纯净物质指的是本征材料,电子密度 n 和空穴密度 p 均等于本征载流子密度 n_i,室温时硅的 n_i 约为 $10^{10}/cm^3$。物质处于热平衡状态时,电子空穴浓度的乘积为常数 $pn = n_i^2$。
- 用杂质原子替换少量晶体中的原子,就可以大大改变空穴电子浓度。硅是第 IV 列元素,最外层有 4 个电子,与最邻近的 4 个原子形成共价键,而杂质元素的原子(元素周期表中 III 族或 V 族的元素)最外层电子数为 3 个或 5 个。
- 第 V 列元素如 P、As、Sb 最外层电子数比硅多一个,在硅中起到施主元素的作用,可以直接增加导电带电子。第 III 列元素,例如 B,最外层只有 3 个电子,在价带上产生一个自由空穴。
- 通常用 N_D 和 N_A 分别表示施主和受主杂质的浓度。

- 如果 n 大于 p，则称半导体是 n 型半导体，电子是多数载流子，空穴是少数载流子。如果 p 大于 n，则称半导体是 p 型半导体，此时空穴是多数载流子，电子是少数载流子。
- 电子电流和空穴电流均由漂移电流和扩散电流两部分组成。
- 漂移电流是载流子在外加电场下运动产生的；漂移电流与电子迁移率和空穴迁移率（分别用 μ_n 和 μ_p 表示）成正比。
- 扩散电流产生的原因是存在电子或空穴浓度梯度，其大小正比于电子和空穴的扩散系数（分别用 D_n 和 D_p 表示）。
- 扩散系数和迁移率的关系可以用爱因斯坦关系式来表示：$D/\mu = kT/q$，掺杂半导体会破坏晶体晶格的周期性，并且随着杂质掺杂浓度的增加，迁移率和扩散率都会单调降低。
- 比值 kT/q 为热电压 V_T，具有电压单位。在室温下，V_T 的值约为 26mV。
- 制造高性能固态器件和高集成度电路的核心是通过掺入杂质改变导电类型，以及控制空穴和电子的浓度。在接下来的几章中，我们会将这一理论应用到二极管、场效应管（FET）和双极型晶体管（BJT）中。
- 制造复杂固态器件和电路，需要反复使用一系列基本 IC 工艺，这些工艺包括氧化、光刻、刻蚀、离子注入、扩散、蒸发、溅射、化学气相沉积（CVD）和外延层生长等。
- 制造集成电路，需要在硅表面有选择性地形成局部 n 型区和 p 型区。在注入扩散过程中，用二氧化硅、氮化硅、多晶硅、光刻胶和其他材料覆盖晶圆表面的某些区域，防止杂质原子沾污原材料。掩模板是利用计算机辅助设计和光摄影递减技术制作出来的，其上有保护层上所开窗口区域的图形。使用高分辨率的光刻技术，可将掩模板上的图形转移到晶圆表面。

关键词

Acceptor energy level	受主能级
Acceptor impurities	受主杂质
Acceptor impurity concentration	受主掺杂浓度
Amorphous material	非晶材料
Bandgap energy	带隙能量
Charge neutrality	电中性
Chemical vapor deposition	化学气相沉积
Compensated semiconductor	补偿半导体
Compound semiconductor	化合物半导体
Conduction band	导带
Conductivity	电导率
Conductor	导体
Covalent bond model	共价键模型
Diffusion	扩散
Diffusion coefficients	扩散系数
Diffusion current	扩散电流
Donor energy level	施主能级

Donor impurities	施主杂质
Donor impurity concentration	施主掺杂浓度
Doped semiconductor	掺杂半导体
Doping	掺杂
Drift current	漂移电流
Einstein's relationship	爱因斯坦关系式
Electricat conductivity	电导率
Electron	电子
Electron concentration	电子浓度
Electron diffusivity	电子扩散
Electron-hole pair generation	电子空穴对的产生
Electron mobility	电子迁移率
Elemental semiconductor	元素半导体
Energy band model	能带模型
Epitaxial growth	外延生长
Etching	刻蚀
Evaporation	蒸发
Extrinsic material	非本征半导体材料
Hole	空穴
Hole concentration	空穴浓度
Hole density	空穴密度
Hole diffusivity	空穴扩散
Hole mobility	空穴迁移率
Impurities	杂质
Impurity doping	杂质掺杂
Insulator	绝缘体
Intrinsic carrier density	本征载流子密度
Intrinsic material	本征材料
Ion implantation	离子注入
Majority carrier	多数载流子
Mask	掩模板
Minority carrier	少数载流子
Mobility	迁移率
n-type material	n 型材料
Oxidation	氧化
p-type material	p 型材料
Photolithography	光刻
Photoresist	光刻胶
pn product	pn 结

Polycrystalline material	多晶材料
Polysilicon	多晶硅
Resistivity	电阻率
Saturated drift velocity	饱和漂移速度
Semiconductor	半导体
Silicon dioxide	二氧化硅
Silicon nitride	氮化硅
Single-crystal material	单晶材料
Sputtering	溅射
Thermal equilibrium	热平衡
Thermal voltage	热电压
Vacancy	真空
Valence band	价带

参考文献

1. J. D. Cressler. Re-Engineering Silicon: SiGe Heterojunction Bipolar Technology . IEEE Spectrum, 1995: 49–55.

扩展阅读

Campbell, S. A. *Fabrication Engineering at the Micro- and Nanoscale,* 4th ed. Oxford University Press, New York: 2012.

Jaeger, R. C. *Introduction to Microelectronic Fabrication,* 2d ed. Prentice-Hall, Reading, MA: 2001.

Pierret, R. F. *Semiconductor Fundamentals,* 2d ed. Prentice-Hall, Reading, MA: 1988.

Sze, S. M. and Ng, K. K. *Physics of Semiconductor Devices,* Wiley, New York: 2006.

Yang, E. S. *Microelectronic Devices.* McGraw-Hill, New York: 1988.

习题

§2.1 固态电子材料

2.1 纯铝的电阻率为 $2.82\mu\Omega\cdot cm$，试根据其电阻率的大小判断铝是属于绝缘体、半导体还是导体？

2.2 二氧化硅的电阻率为 $10^{15}\Omega\cdot cm$，试根据其电阻率的大小判断二氧化硅属于绝缘体、半导体还是导体？

2.3 集成电路中铝互连线中的电流密度最高可达 $10MA/cm^2$。如果铝线宽 $5\mu m$，高 $1\mu m$，则铝互连线中允许流过的最大电流是多少？

§2.2 共价键模型

2.4 集成电路中，铝互连线从 $18mm\times18mm$ 晶圆的一角斜向延伸到相对的另一角。(a)如果铝线高 $1\mu m$，宽 $5\mu m$，则其电阻为多少？(b)如果铝线高 $0.5\mu m$ 呢？已知铝的电阻率为 $2.82\mu\Omega\cdot cm$。

2.5　铜以其较低的电阻率应用于高端集成电路中。已知铜的电阻率为 $1.66\mu\Omega \cdot cm$,重新计算习题 2.4。

2.6　当 $n_i = 10^{10}/cm^3$,利用式(2.1)计算硅的实际温度。

2.7　当温度分别为(a)77K;(b)300K;(c)450K 时,试计算硅和锗中的本征载流子密度。参考图 2.4 的表格中提供的信息。

2.8　(a)当硅的本征载流子密度为 $n_i = 10^{13}/cm^3$ 时,硅的温度为多少?(b)在(a)的温度下,当施主掺杂浓度为 $n_i = 10^{15}/cm^3$ 时,电子和空穴浓度分别为多少?(c)室温时,本征电子浓度和空穴浓度分别为多少?

2.9　当温度分别为(a)300K;(b)100K;(c)450K 时,试计算砷化镓(GaAs)中的本征载流子密度。参考图 2.4 的表格中提供的信息。

§2.3　半导体的漂移电流和迁移率

2.10　电子和空穴在均匀一维电场 $E = -2000V/cm$ 中运动,其迁移率分别为 $700cm^2/V \cdot s$ 和 $250cm^2/V \cdot s$,则电子和空穴的速度分别为多少?如果 $n = 10^{17}/cm^3$,$p = 10^3/cm^3$,则电子和空穴电流密度分别为多少?

2.11　硅中电子和空穴的最大漂移速度约为 $10^7/cm^3$,当 $n = 10^{18}/cm^3$,$p = 10^2/cm^3$ 时,电子和空穴电流密度分别为多少?总电流密度为多少?如果样本的横截面为 $1\mu m \times 25\mu m$,其最大的电流为多少?

2.12　硅中电子最大漂移速度为 $10^7 cm/s$,如果硅的电荷密度为 $0.4C/cm^3$,该材料最大的电流密度是多少?

2.13　半导体的电流密度为 $+2500A/cm^2$,电荷密度为 $0.01C/cm^3$,其载流子速度是多少?

2.14　样本硅的电场为 $-1500V/cm$,其电子和空穴的迁移率分别为 $1000cm^2/V$ 和 $400cm^2/V$,则电子和空穴的速度分别为多少?如果 $p = 10^{17}/cm^3$,$n = 10^{10}/cm^3$,则电子和空穴的电流密度分别为多少?

2.15　(a)在 $10\mu m$ 长的硅区域上施加 5V 电压,则硅中的电场为多少?(b)假设硅中能够承受的最大电场为 $10^5 V/cm$,则对 $10\mu m$ 的硅区域上施加的最大电压为多少?

§2.4　本征硅的电阻率

2.16　根据表 2.1 的定义,本征硅在温度为多少时可变成绝缘体?假设 $\mu_n = 1800cm^2/V \cdot s$,$\mu_p = 700cm^2/V \cdot s$。

2.17　已知硅的熔点为 1430K,根据表 2.1 的定义,本征硅在什么温度下可变成导体?假设 $\mu_n = 120cm^2/V \cdot s$,$\mu_p = 60cm^2/V \cdot s$。

§2.5　半导体中的杂质

2.18　参考图 2.6 所示的硅晶格二维示意图,相邻晶格位置上有一个施主原子和一个受主原子。在该晶格中是否有自由电子或空穴?

2.19　晶体锗的晶格与硅类似。(a)根据表 2.2,Ge 中的施主原子可能为多少?(b)根据表 2.2,Ge 中的受主原子可能为多少?

2.20　GaAs 晶格由等数量的 Ga 和 As 原子组成,类似 Si。(a)假设晶格中一个 Ga 原子由 Si 原子替代,则硅原子表现为施主杂质还是受主杂质?并给出其原因;(b)假设晶格中一个 As 原子由 Si 原子替代,则 Si 原子表现为施主杂质还是受主杂质?给出其原因。

2.21　InP 晶格由等数量的 In 和 P 原子组成,类似 Si。(a)假设晶格中一个 In 原子由一个 Ge 原子替代,则 Ge 原子表现为施主杂质还是受主杂质? 给出其原因;(b)假设晶格中一个 P 原子由一个 Ge 原子替代,则 Ge 原子表现为施主杂质还是受主杂质? 给出其原因。

2.22　$0.02\Omega \cdot cm$ 的 n 型硅样本中存在 $5000A/cm^2$ 的电场,则支持这种漂移电流密度需要什么电场?

2.23　现有每立方厘米掺杂 10^{16} 个 B 原子的硅,则在 $18\mu m \times 2\mu m \times 0.5\mu m$ 的区域中有多少个 B 原子?

§2.6　掺杂半导体中的电子和空穴浓度

2.24　每立方厘米硅中掺杂了 7×10^{18} 个 B 原子。(a)该材料是 n 型还是 p 型? (b)在室温时,该材料的空穴浓度和电子浓度分别为多少? (c)当温度为 200K 时,该材料的空穴浓度和电子浓度分别为多少?

2.25　每立方厘米硅中掺杂了 3×10^{17} 个 As 原子。(a)该材料是 n 型还是 p 型? (b)在室温时,该材料的空穴浓度和电子浓度分别为多少? (c)当温度为 250K 时,该材料的空穴浓度和电子浓度分别为多少?

2.26　每立方厘米硅中掺杂了 3×10^{18} 个 As 原子及 8×10^{18} 个 B 原子。(a)该材料是 n 型还是 p 型? (b)在室温时,该材料的空穴浓度和电子浓度分别为多少?

2.27　每立方厘米硅中掺杂了 6×10^{17} 个 B 原子及 2×10^{17} 个 P 原子。(a)该材料是 n 型还是 p 型? (b)在室温时,该材料的空穴浓度和电子浓度分别为多少?

2.28　假设半导体的 $N_A = 2\times 10^{17}/cm^3$,$N_D = 3\times 10^{17}/cm^3$,$n_i = 10^{17}/cm^3$,其电子浓度和空穴浓度分别为多少?

2.29　假设半导体的 $N_D = 10^{16}/cm^3$,$N_A = 5\times 10^{16}/cm^3$,$n_i = 10^{11}/cm^3$,其电子浓度和空穴浓度分别为多少?

§2.7　掺杂半导体的迁移率和电阻率

2.30　硅中施主杂质浓度为 $5\times 10^{16}/cm^3$,计算硅材料在 300K 时的电子浓度、空穴浓度、电子迁移率、空穴迁移率和材料的电阻率,并判断该材料属于 n 型还是 p 型?

2.31　硅中受主杂质浓度为 $2.5\times 10^{18}/cm^3$,计算硅材料在 300K 时的电子浓度、空穴浓度、电子迁移率、空穴迁移率和材料的电阻率,并判断该材料属于 n 型还是 p 型?

2.32　硅中掺杂了浓度为 $8\times 10^{19}/cm^3$ 的 In。请问 In 是施主杂质还是受主杂质? 计算硅材料在 300K 时的电子浓度、空穴浓度、电子迁移率、空穴迁移率和该材料的电阻率,并判断该材料属于 n 型还是 p 型?

2.33　晶圆中均匀掺杂了浓度为 $4.5\times 10^{16}/cm^3$ 的 P 及浓度为 $5.5\times 10^{16}/cm^3$ 的 B,计算硅材料在 300K 时的电子浓度、空穴浓度、电子迁移率、空穴迁移率和该材料的电阻率,并判断该材料属于 n 型还是 p 型?

2.34　利用例 2.5 的方法及数据计算 p 型硅材料的相关参数。假设硅中只含有受主杂质,其受主浓度 N_A 为多少?

2.35　一个 p 型晶圆的电阻率为 $0.5\Omega \cdot cm$,已知该硅材料中只含有受主杂质,其受主浓度 N_A 为多少?

2.36　理论上来说可以制得电阻率高于本征硅的非本征硅,请说明其生产条件。

2.37 集成电路中需要电阻率为 $3.0\Omega \cdot cm$ 的 n 型晶圆,假设其受主杂质的浓度 $N_A = 0$,试求其施主杂质的浓度 N_D。

2.38 晶圆中均匀掺杂了浓度均为 $5 \times 10^{19}/cm^3$ 的施主及受主杂质。(a)该材料的电阻率是多少?(b)该材料为绝缘体、导体还是半导体?(c)该材料是本征材料吗?给出理由。

2.39 根据表 2.1 中的定义,将硅转化为导体所需的最低施主掺杂量是多少?把硅转换成导体所需的最低受主掺杂量是多少?

2.40 现有 p 型晶圆,其电阻率为 $1\Omega \cdot cm$,并且所含的杂质只有 B。(a)如果将其电阻率变为 $0.25\Omega \cdot cm$,需要再加入的受主杂质浓度为多少?(b)如果将其电阻率变为 $0.25\Omega \cdot cm$,需要再加入的施主杂质浓度为多少?所得材料为 n 型还是 p 型?

2.41 晶圆中 B 的掺杂浓度为 $1 \times 10^{16}/cm^3$。(a)试确定晶圆的电导率;(b)如果将其电导率变为 $4.5(\Omega \cdot cm)^{-1}$,需要再往晶圆中加入浓度为多少的 P 原子?

2.42 晶圆中 P 的掺杂浓度为 $1 \times 10^{16}/cm^3$。(a)试确定晶圆的电导率;(b)如果将其电导率变为 $5.0(\Omega \cdot cm)^{-1}$,需要再往晶圆中加入浓度为多少的 B 原子?

§2.8 扩散电流

2.43 计算以下温度时的热电压 V_T,$T = 50K$、$75K$、$100K$、$150K$、$200K$、$250K$、$300K$、$350K$ 和 $400K$,并用表格列出。

2.44 硅中电子浓度如图 P2.1 所示,(a)如果材料的电子迁移率为 $350cm^2/V \cdot s$,宽度 $W_B = 0.5\mu m$,求室温时该材料的电子扩散电流密度;(b)画出 $0 \leqslant x \leqslant W_B$ 时电子的密度。

2.45 假设硅中的空穴浓度可以表示为

$$p(x) = 10^5 + 10^{19} \exp\left(-\frac{x}{L_p}\right) \text{空穴} /cm^3, \quad x \geqslant 0$$

其中 L_p 为空穴的扩散长度,且 $L_p = 2.0\mu m$。如果 $D_p = 15cm^2/s$,将 $x \geqslant 0$ 时的空穴扩散电流密度表示为距离的函数。当截面积为 $10\mu m^2$、$x = 0$ 时的扩散电流是多少?

§2.9 总电流

2.46 现有 $5\mu m$ 长的 p 型硅,受主掺杂分布为 $N_A(x) = 10^{14} + 10^{18} \exp(-10^4 x)$,其中 x 的单位为厘米。利用式(2.17)证明该材料一定存在一个非零的内电场 E。当 $x = 0$ 及 $x = 5\mu m$ 时,其电场 E 的值为多少?(提示:热平衡状态下,总电子电流和总空穴电流均为零)

2.47 在 $2\mu m$ 宽的硅中电子浓度和空穴浓度如图 P2.2 所示,并且硅材料上有一强度为 25V/cm 的均匀电场。试求 $x = 0$ 处的总电流密度为多少?在 $x = 1.0\mu m$ 处,该材料空穴电流密度和电子电流密度中的漂移及扩散成分各为多少?设电子迁移率和空穴迁移率分别为 $350cm^2/V \cdot s$ 和 $150cm^2/V \cdot s$。

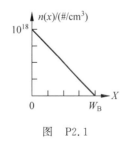

图 P2.1

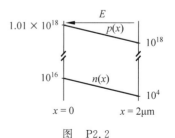

图 P2.2

§2.10　能带模型

2.48　如果 N_A : N_D = 2 : 1，参照图 2.15，画出其能带图。

*2.49　除热激发外，电子空穴对也可由其他方式产生，如图 2.3 和图 2.12 所示。例如，当对样品进行光照时，电子可以获得能量。当电子吸收足够大的光能后，可以越过禁带产生电子空穴对。试计算硅能够吸收的最大波长是多少？（提示：根据物理学，能量 E 与波长 λ 之间的关系可用 $E = hc/\lambda$ 表示，其中普朗克常量 $h = 6.626 \times 10^{-34}$ J·s，光速 $c = 3 \times 10^{10}$ cm/s）

§2.11　集成电路制造概述

2.50　将图 2.17(h) 中的 n 型衬底换成 p 型衬底，重新画出 pn 二极管的截面图。

2.51　为保证 Al 和 n 型硅之间形成良好的欧姆接触，需要在图 2.17(h) 所示的二极管上额外增加一个掺杂区，并在图 P2.3 所示的左侧接触点下方放置一个 n^+ 区域。试问这一步骤位于工艺流程的第几步？画出此工艺流程所用掩模板的俯视图和侧视图。

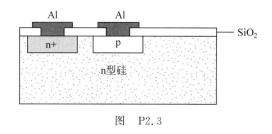

图　P2.3

综合题

*2.52　单晶硅由基本单元的三维阵列组成，如图 2.1(a) 所示。(a) 每个单元阵列中有多少个原子？(b) 每个单元的体积是多少立方厘米？(c) 证明硅的原子密度是 5×10^{22} 原子/cm³；(d) 硅的密度是 2.33g/cm³，计算每个单元的质量；(e) 根据以上计算，计算质子的质量。假设质子和中子质量相等，且比电子重得多，并阐述结果的合理性。

第 3 章

固态二极管和二极管电路

本章目标

- 理解二极管结构及基本版图
- 介绍 pn 结二极管的电学特性
- 研究各种二极管模型,包括数学模型、理想模型及恒定压降模型
- 理解二极管的 SPICE 描述及二极管的模型参数
- 定义二极管的工作区,包括正向偏置、反向偏置及反向击穿
- 在电路分析中应用不同模型
- 研究不同类型二极管,包括齐纳二极管、变容二极管、肖特基势垒二极管、太阳能电池和发光二极管
- 讨论 pn 结二极管的动态开关行为
- 介绍二极管整流器
- 二极管电路 SPICE 模拟练习

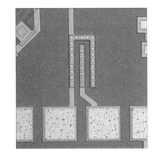

二极管分类图   二极管的制造

　　固态 pn 结二极管是首先需要研究的电子器件。二极管是一种非常重要的器件,用途广泛,可以实现交流直流转换(整流)、太阳能发电及射频中的高频混频器通信等功能。此外,pn 结二极管是构建其他固态器件的基础。在后面几章我们将学到,利用两个紧密耦合的二极管可以形成双极结型晶体管(BJT)。另外,利用两个晶体管还可以作为构成金属氧化物半导体场效应晶体管(MOSFET)或结型场效应晶体管(JFET)的主要部分。只有理解了二极管的特性,才能更好地理解场效应晶体管和双极型晶体管,进而利用它们设计数字逻辑电路和模拟放大器。

　　pn 结二极管通过 p 型半导体材料和 n 型半导体材料在交界面附近的过渡区制成。肖特基二极管是另一种形式的二极管,通过在金属(如铝、钯、铂等)和 n 型或 p 型半导体之间形成非欧姆接触而形成。

本章主要对这两种二极管进行研究。真空二极管是早期出现的二极管,出现在半导体二极管以前,现在很少使用,但在有些高压环境中仍在使用。

pn 结二极管是一种非线性器件,也是多数人学习电子学时接触的第一种非线性器件。二极管是一种双端电子器件,类似于电阻,但描述通过二极管的电流与其两端电压关系的 I-V 特性不是直线关系。利用二极管的这一非线性特性可以实现许多用途,如整流、混频及波形整理等。二极管还用于实现逻辑与(AND)和逻辑或(OR)等基本逻辑操作。

本章从 pn 结二极管的基本结构、工作原理及端口特性展开讨论,进而引入晶体管建模的概念。本章介绍了几种不同的二极管模型,用以分析二极管电路的工作原理。本章开始阶段的内容,旨在培养读者对于二极管的一些感性认识,使读者能够在二极管众多的复杂特性中简化电子电路的分析与设计。接下来的内容是对二极管电路知识的扩展,包括对二极管在整流器中的具体应用。另外,齐纳二极管、光电二极管、太阳能电池及发光二极管的特性在本章中都有介绍。

3.1 pn 结二极管

在制造过程中,将 p 型半导体与 n 型半导体区域紧密接触,就得到 pn 结二极管(pn junction diode),如图 3.1 所示。二极管采用的掺杂工艺在第 2 章最后一节中已经讲解。

在掺杂浓度为 N_D 的 n 型硅片上选择某一区域渗入浓度为 N_A 的受主杂质,并且 $N_A > N_D$,使之转化成 p 型半导体,这样该硅片就形成了实际的二极管。其中,p 型区与 n 型区的交界点称为冶金结,p 型区称作二极管的阳极(Anode),n 型区称作二极管的阴极(Cathode)。

二极管的电路符号如图 3.2 所示,左端为二极管的 p 型区,右端为二极管的 n 型区,箭头指向二极管中正电流的方向。

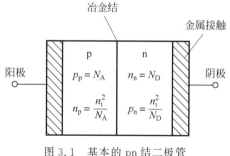

图 3.1 基本的 pn 结二极管

图 3.2 二极管电路符号

3.1.1 pn 结静电学

对于图 3.1 所示的 pn 结二极管,假设 p 型区掺杂浓度 $N_A = 10^{17}/cm^3$,n 型区掺杂浓度 $N_D = 10^{16}/cm^3$。pn 结两侧的空穴和电子浓度分别为

$$p \text{ 型区:} p_p = 10^{17} \text{ 空穴}/cm^3 \quad n_p = 10^3 \text{ 电子}/cm^3$$
$$n \text{ 型区:} p_n = 10^4 \text{ 空穴}/cm^3 \quad n_n = 10^{16} \text{ 电子}/cm^3$$

$$(3.1)$$

如图 3.3(a)所示,冶金结的 p 型区空穴浓度非常大,而 n 型区空穴浓度非常小。同样,冶金结的 n 型区电子浓度很大,而 p 型区电子浓度很小。

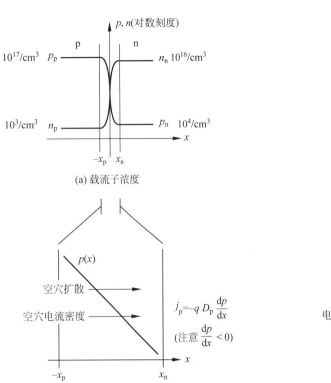

(a) 载流子浓度

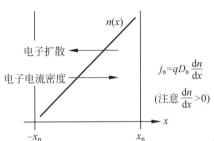

(b) 空间电荷区中的空穴扩散电流　　　　　　(c) 空间电荷区的电子扩散电流

图 3.3　空穴与电子扩散电流

　　根据第 2 章扩散的相关知识可知,空穴从高浓度的 p 型区向低浓度的 n 型区扩散,电子从高浓度的 n 型区向低浓度的 p 型区扩散,如图 3.3(b)和(c)所示。如果扩散过程持续进行,半导体中最终会达到电子和空穴浓度的平衡。注意,空穴和电子两种扩散引发的电流都是朝着 x 轴的正向方向,但这与二极管开路时端电流为零相矛盾。

　　因此,半导体中必将建立起另一种竞争机制以平衡扩散电流。第 2 章所提到的漂移电流正是平衡扩散电流的另一种竞争机制。如图 3.4 所示,由于冶金结的存在,运动的空穴离开 p 型区,留下不可动的带负电的受主原子。同时,运动的电子离开 n 型区,留下不可动的带正电的离化受主原子。这样可动载流子在冶金结两侧耗尽,就形成了空间电荷区(Space Charge Region,SCR)。空间电荷区也称作耗尽区(Depletion region)或耗尽层(Depletion layer)。

　　在电磁学中,空间电荷密度为 ρ_c(单位为 C/cm^3)的区域存在的电场强度为 E(单位为 V/cm),运用高斯定理可得

$$\nabla \cdot E = \frac{\rho_c}{\varepsilon_s} \tag{3.2}$$

其中,ε_s(单位为 F/cm)是常数,代表半导体的介电常数。式(3.2)在一维的情况下可以写为

$$E(x) = \frac{1}{\varepsilon_s} \left| \rho_c(x) \mathrm{d}x \right. \tag{3.3}$$

　　当 pn 结两侧掺杂均匀时二极管空间电荷和电场的分布情况如图 3.5 所示。在图 3.5(a)中,p 型区位于从冶金结的 $x=0$ 一直到 $x=-x_p$ 处,空间电荷密度为 $-qN_A$。n 型区位于从冶金结的 $x=0$ 一直

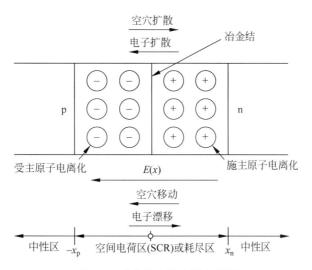

图 3.4 冶金结中的空间电荷区

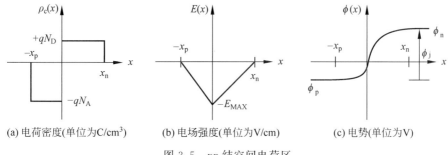

(a) 电荷密度(单位为C/cm³)　(b) 电场强度(单位为V/cm)　(c) 电势(单位为V)

图 3.5 pn 结空间电荷区

到 $x=+x_n$ 处,空间电荷密度为 $+qN_D$。由于二极管在总体上呈现电中性,则有

$$qN_A x_p = qN_D x_n \tag{3.4}$$

在耗尽区内部,电场强度与空间电荷密度的积分成正比,在耗尽区外的电中性区,电场强度为零。利用电场强度为零的边界条件,得到如图 3.5(b)所示的电场三角形分布。

电场的积分期限如图 3.5(c)所示,pn 结空间电荷区两侧存在的内建电势(Built-in potential)或结电势(Junction potential) ϕ_j 等于电场强度的积分,其关系为

$$\phi_j = -\int E(x)\mathrm{d}x \quad \text{单位为 V} \tag{3.5}$$

其中,ϕ_j 表示二极管 n 型区和 p 型区的内部化学势之差[1],可以表示为

$$\phi_j = V_T \ln\left(\frac{N_A N_D}{n_i^2}\right) \tag{3.6}$$

其中 $V_T = kT/q$ 为热电压(Thermal voltage),在第 2 章已经给出定义。

利用内建电势由式(3.3)~式(3.6)可以确定耗尽区总宽度 w_{do}

$$w_{do} = (x_n + x_p) = \sqrt{\frac{2\varepsilon_s}{q}\left(\frac{1}{N_A} + \frac{1}{N_D}\right)\phi_j} \quad \text{单位为 m} \tag{3.7}$$

从式(3.7)可以看出,耗尽层宽度(Depletion-layer width)主要由轻掺杂一侧的掺杂浓度决定。

例 3.1 二极管空间电荷区宽度

在二极管的制作过程中,pn 结两侧区域的掺杂浓度往往是不对称的,使得耗尽层主要位于 pn 结的一侧,被称为单侧阶跃结(One sided step junction)或者单侧突变结(One sided abrupt junction)。下面的例子主要针对这种 pn 结的空间电荷区宽度进行分析。

问题:已知硅二极管的 p 型侧的杂质浓度为 $N_A = 10^{17}/cm^3$,n 型侧的杂质浓度为 $N_D = 10^{20}/cm^3$,计算该二极管的内建电势和耗尽区宽度。

解:

已知量:p 型侧的杂质浓度 $N_A = 10^{17}/cm^3$;n 型侧的杂质浓度 $N_D = 10^{20}/cm^3$;式(3.4)~式(3.7)的 pn 结相关理论公式。

未知量:内建电势 ϕ_j 和耗尽区宽度 w_{do}。

求解方法:根据式(3.6)计算内建电势 ϕ_j,然后将 ϕ_j 代入式(3.7)求出耗尽宽度 w_{do}。

假设:工作在室温状态下,$V_T = 0.025V$。n 型侧只有施主杂质,p 型侧只有受主杂质,pn 结两侧都均匀掺杂。

分析:根据公式,内建电势可以求出为

$$\phi_j = V_T \ln\left(\frac{N_A N_D}{n_i^2}\right) = (0.025V) \ln\left[\frac{(10^{17}/cm^3)(10^{20}/cm^3)}{(10^{20}/cm^6)}\right] = 0.979V$$

对于硅半导体而言,$\varepsilon_s = 11.7\varepsilon_0$,其中 $\varepsilon_0 = 8.85 \times 10^{-14} F/cm$,表示真空介电常数。

$$w_{do} = \sqrt{\frac{2\varepsilon_s}{q}\left(\frac{1}{N_A} + \frac{1}{N_D}\right)\phi_j}$$

$$w_{do} = \sqrt{\frac{2 \times 11.7 \times (8.85 \times 10^{-14} F/cm)}{1.60 \times 10^{-9} C}\left(\frac{1}{10^{17}/cm^3} + \frac{1}{10^{20}/cm^3}\right)0.979V} = 0.113\mu m$$

结果检查:内建电势应当小于材料的禁带宽度(Band gap)。硅的禁带宽度约为 1.12V(参见表 2.3),因此计算的内建电势数值合理。耗尽层宽度看起来很小,但经重复验证后证明计算正确。

讨论:本例中给出的数值在 pn 结中具有一定的代表性。对一般固态二极管的掺杂水平而言,内建电势的范围一般在 0.5~1.0V,总耗尽层宽度 w_{do} 变化很大,重掺杂时可以为 $1\mu m$,轻掺杂时可以达到几十微米。

练习:已知硅二极管 p 型侧的掺杂浓度增加到 $N_A = 2 \times 10^{18}/cm^3$,而 n 型侧的掺杂浓度为 $N_D = 10^{20}/cm^3$;计算内建电势和耗尽区宽度。

答案:1.05V;$0.0263\mu m$。

3.1.2 二极管内部电流

电场方向与正电荷受力方向相同,电子漂移沿 $+x$ 方向,而空穴漂移沿 $-x$ 方向,如图 3.4 所示。由于二极管端电流为零,因此载流子的漂移和扩散在空间电荷区达到动态平衡,空穴扩散和漂移平衡,电子扩散和漂移平衡,式(3.8)已经给出了平衡的机理,对于平衡 pn 结电子电流密度和空穴电流密度均为 0。

$$j_n^T = qn\mu_n E + qD_n\frac{\partial n}{\partial x} = 0 \quad 和 \quad j_p^T = qp\mu_p E - qD_p\frac{\partial p}{\partial x} = 0 \quad 单位为 A/cm^2 \quad (3.8)$$

图 3.5(c)中的电势差是结两侧空穴流和电子流的势垒。当在二极管两端施加电压时,势垒发生变化,打破了式(3.8)中的平衡状态,会在二极管端点产生电流。

例 3.2 二极管的电场和空间电荷区

本例将计算二极管中电场的大小及 pn 结每一侧耗尽层的尺寸。

问题：计算例 3.1 中二极管的 x_n、x_p 和 E_{MAX}。

解：

已知量：在 p 型侧 $N_A = 10^{17}/cm^3$；在 n 型侧 $N_D = 10^{20}/cm^3$。描述 pn 结的理论方程已经在式(3.4)~式(3.7)给出。从例 3.1 已知 $\phi_j = 0.979V$ 和 $w_{do} = 0.113\mu m$。

未知量：x_n、x_p 和 E_{MAX}

求解方法：使用式(3.4)和式(3.7)计算求 x_n 和 x_p；利用式(3.5)求 E_{MAX}。

假设：工作在室温条件下。

分析：由式(3.4)可以写出

$$w_{do} = x_n + x_p = x_n\left(1 + \frac{N_D}{N_A}\right) \quad \text{和} \quad w_{do} = x_n + x_p = x_p\left(1 + \frac{N_A}{N_D}\right)$$

求解方程，可解得 x_n 和 x_p 分别为

$$x_n = \frac{w_{do}}{\left(1 + \frac{N_D}{N_A}\right)} = \frac{0.113\mu m}{\left(1 + \frac{10^{20}/cm^3}{10^{17}/cm^3}\right)} = 1.13 \times 10^{-4}\mu m$$

和

$$x_p = \frac{w_{do}}{\left(1 + \frac{N_A}{N_D}\right)} = \frac{0.113\mu m}{\left(1 + \frac{10^{17}/cm^3}{10^{20}/cm^3}\right)} = 0.113\mu m$$

式(3.5)表明内建电势等于图 3.5(b)中三角形下面的面积。三角形的高为 $-E_{MAX}$，底边为 $x_n + x_p = w_{do}$：

$$\phi_j = \frac{1}{2}E_{MAX}w_{do} \quad \text{和} \quad E_{MAX} = \frac{2\phi_j}{w_{do}} = \frac{2(0.979V)}{0.113\mu m} = 173kV/cm$$

结果检查：根据式(3.3)和式(3.4)可知，E_{MAX} 也可以由掺杂水平和 pn 结两侧的耗尽层宽度求得。下面练习中给出的等式可以作为对本题结果的检验。

练习：由式(3.3)、图 3.5(a)及图 3.5(b)，可得最大电场为

$$E_{MAX} = \frac{qN_A x_p}{\varepsilon_s} = \frac{qN_D x_n}{\varepsilon_s}$$

用此公式求 E_{MAX}

答案：175kV/cm。

练习：已知硅二极管的 p 型区 $N_A = 2 \times 10^{18}/cm^3$；n 型区 $N_D = 10^{20}/cm^3$。内建电势 $\phi = 1.05V$，$w_{do} = 0.0263\mu m$。求 E_{max}、x_P、x_n。

答案：798kV/cm；$5.16 \times 10^{-4}\mu m$；$0.0258\mu m$。

3.2 二极管的 *I-V* 特性

二极管的作用等效于机械阀门，只允许电路中的电流朝一个方向流动，阻止电流朝相反的方向流动。在电子电路设计中，二极管的这一非线性特性用途十分广泛。为了理解这种现象，需要了解二极管中的电流和外加电压之间的关系，这种关系称为二极管的 *I-V* 特性，将在本节及 3.3 节中先后给出示意

图和数学表达式。

二极管中的电流由加在二极管两端的电压决定。二极管外加电压的情况如图 3.6 所示,电压 v_D 表示施加在二极管两端的电压,i_D 表示流过二极管的电流。二极管的中性区相当于阻值较低的电阻,实际上外加电压几乎全部加载在 SCR 空间电荷区。

外加电压打破了式(3.8)所示的 pn 结上扩散电流和漂移电流的平衡,正向偏压使电子和空穴的势垒降低,如图 3.7 所示,使得电流能轻易穿过 pn 结。负向偏压使电子空穴势垒升高,也使得式(3.8)所示的扩散漂移平衡受到破坏,电流变得非常小。

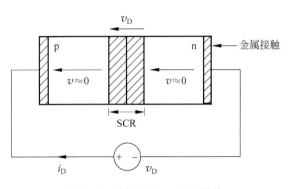

图 3.6　外加电压 v_D 的二极管

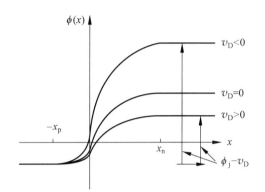

图 3.7　不同偏压下的 pn 结静电势

二极管 $I\text{-}V$ 特性曲线表现出明显的非线性特点,如图 3.8 所示,当电压小于 0V 时,二极管完全不导通,此时 $i_D \approx 0\text{A}$。随着电压增大到零以上,电流仍然接近零,直到电压 v_D 增大到超过 $0.5 \sim 0.7\text{V}$ 时,电流才开始急剧增大,此时二极管两端的电压几乎与电流无关。使二极管显著导通需要的电压通常称为二极管的导通（Turn-on 或 Cut-in voltage）电压。

图 3.9 是图 3.8 中原点处特性曲线的放大图,可以看出特性曲线穿过原点,电压为零时,电流也为零。电压为负时,电流并非真为零。当电压小于 -0.1V 时,电流达到极值 $-I_s$。I_s 称为反向饱和电流（Reverse saturation current）,也称二极管的饱和电流。

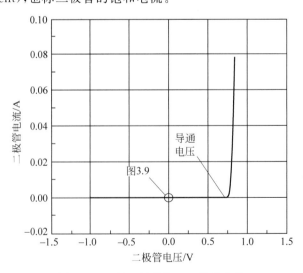

图 3.8　pn 结二极管的 $I\text{-}V$ 特性曲线

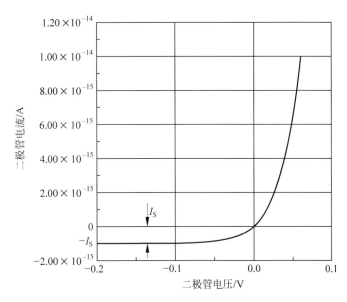

图 3.9 原点附近的二极管工作特性,其中 $I_S = 10^{-15}$ A, $n = 1$(n 为非理想因数)

3.3 二极管方程:二极管的数学模型

在对含有二极管的电路进行手工计算和计算机分析时,利用对应的数学表达式或数学模型是非常有帮助的。图 3.8 和图 3.9 给出了 pn 结二极管的 I-V 特性。实际上,利用固态器件理论推导出的数学表达式与测量所得 pn 二极管的 I-V 特性高度一致。在本节,我们将学习这一非常重要的表达式,称为二极管方程(Diode equation)。

在图 3.10 中,对二极管施加正向电压 v_D,二极管用图 3.2 所示的电路符号表示。利用式(3.8)可解得作为电子空穴浓度及结电压 v_D 函数的端电流,这里不做具体推导,所得二极管方程如式(3.9)所示,它是二极管 I-V 特性的数学模型:

$$i_D = I_S \left[\exp\left(\frac{q v_D}{nkT} \right) - 1 \right] = I_S \left[\exp\left(\frac{v_D}{n V_T} \right) - 1 \right] \tag{3.9}$$

其中,I_S 是二极管的反向饱和电流(单位为 A);T 是热力学绝对温度(单位为 K);v_D 是二极管的外加电压(单位为 V);n 是非理想因数;q 是电子电荷量(1.60×10^{-19} C);$V_T = kT/q$ 是热电压(单位为 V);k 是玻耳兹曼常数(1.38×10^{-23} J/K)。

流经二极管的总电流为 i_D,二极管两端的电压降为 v_D。图 3.10 中标出了端电压和电流的正方向。V_T 是热电压,在第 2 章中已经学过,室温为 0.025V 时,I_S 是二极管的反向饱和电流,在图 3.9 中已经给出了说明。n 是一个无量纲的常数,稍后详细介绍。通常来说,饱和电流的范围如下

$$10^{-18} \text{A} \leqslant I_S \leqslant 10^{-9} \text{A} \tag{3.10}$$

由器件物理相关知识可知,二极管电流正比于 n_i^2,其中 n_i 是本征半导体材料中的电子和空穴密度。第 2 章的式(2.1)表明 I_S 受温度影响很大,在 3.5 节中还会详细讲述。

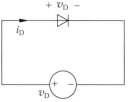

图 3.10 外加电压 v_D 的二极管

参数 n 称作非理想因数(Nonideality factor)。对于大多数硅二极管来说,n 在 $1.0 \sim 1.1$,但当二极管工作在大电流密度时,n 值接近 2。后面除非特别说明,否则默认 $n=1$,因此二极管方程可以改写为

$$i_D = I_S \left[\exp\left(\frac{v_D}{V_T}\right) - 1 \right] \qquad (3.11)$$

在热力学绝对温度下,很难辨别 n 的微小变化,这也是本书假设 $n=1$ 的原因之一。下面的练习可以使读者对这一问题有更深的理解。

练习:已知当 $n=1$、$T=300\text{K}$ 时,$n(kT/q)=25.9\text{mV}$。证明该计算结果。现假设 $n=1.03$,求温度为多少时可以使 nV_T 达到同样的值?

答案:291K。

式(3.11)中的数学模型精确描述了 pn 结二极管的 I-V 特性,对于深入理解二极管工作特性十分有用。该模型也是理解第 5 章中双极型晶体管 I-V 特性的基础。

设计提示

二极管的静态 I-V 特性可以通过 3 个参数很好地进行表示:饱和电流 I_S,由热电压 V_T 表征的温度及非理想因数 n。

$$i_D = I_S \left[\exp\left(\frac{v_D}{nV_T}\right) - 1 \right]$$

例 3.3 计算二极管的电压和电流

在本例中,将计算不同二极管类型及不同电流值下的二极管典型电压。

问题:(a) 在室温条件下,已知 $I_S=0.1\text{fA}$,二极管电流为 $300\mu\text{A}$,求二极管电压。如果 $I_S=10\text{fA}$ 呢?如果电流增大到 1mA,电压又是多少?

(b) 在室温条件下,已知 $I_S=10\text{mA}$,$n=2$,工作电流为 10A,求硅功率二极管的电压。

(c) 当二极管工作温度为 50℃,且电流为 2.50mA 时,电压为 0.736V,求二极管的饱和电流。

解(a):

已知量:二极管工作电流和饱和电流 I_S。

未知量:二极管在工作电流下的电压。

求解方法:解式(3.9)得出二极管电压表达式,然后分别求出各工作电流下的电压值。

假设:室温时,$V_T=0.025\text{V}$,$n=1$;直流条件下:$i_D=I_D$,$v_D=V_D$。

分析:将 $I_D=0.1\text{fA}$ 代入式(3.9)得

$$v_D = nV_T \ln\left(1 + \frac{I_D}{I_S}\right) = 1(0.025\text{V})\ln\left(1 + \frac{3 \times 10^{-4}\text{A}}{10^{-16}\text{A}}\right) = 0.718\text{V}$$

当 $I_S=10\text{fA}$ 时

$$V_D = nV_T \ln\left(1 + \frac{I_D}{I_S}\right) = 1(0.025\text{V})\ln\left(1 + \frac{3 \times 10^{-4}\text{A}}{10^{-14}\text{A}}\right) = 0.603\text{V}$$

当 $I_D=1\text{mA}$,$I_S=0.1\text{fA}$ 时

$$V_D = nV_T \ln\left(1 + \frac{I_D}{I_S}\right) = 1(0.025\text{V})\ln\left(1 + \frac{10^{-3}\text{A}}{10^{-16}\text{A}}\right) = 0.748\text{V}$$

结果检查:二极管电压位于 $0.5 \sim 1.0\text{V}$,小于 $n=1$ 时的禁带宽度,结果合理。

解(b):

已知量:二极管电流、饱和电流 I_S 和 n 的值。

未知量：二极管在工作电流下的电压。

求解方法：由式(3.9)求解二极管电压,再分析计算的结果。

假设：室温时,$V_T = 0.025\text{V} = 1/40\text{V}$。

分析：二极管电压为

$$V_D = nV_T\ln\left(1 + \frac{I_D}{I_S}\right) = 2(0.025\text{V})\ln\left(1 + \frac{10\text{A}}{10^{-8}\text{A}}\right) = 1.04\text{V}$$

检查结果：当 $n = 2$ 时,二极管电压介于 $1\sim2\text{V}$,对于工作在大电流下的功率二极管这个结果合理。

解(c)：

已知量：二极管的电流为 2.50mA,电压为 0.736V,二极管工作温度为 $50℃$。

未知量：二极管饱和电流 I_S。

求解方法：求解式(3.9),计算二极管饱和电流,然后求出相应的表达式。需要求出 $50℃$ 时的热电压 V_T。

假设：由于 n 未给出,此处假设 $n = 1$。

分析：将 $T = 50℃$ 转化为热力学温度 $T = (273 + 50)\text{K} = 323\text{K}$

$$V_T = \frac{kT}{q} = \frac{(1.38 \times 10^{-23}\text{J/K})(323\text{K})}{(1.60 \times 10^{-19})℃} = 27.9\text{mV}$$

解式(3.9)得 I_S

$$I_S = \frac{I_D}{\exp\left(\dfrac{V_D}{nV_T}\right) - 1} = \frac{2.5\text{mA}}{\exp\left(\dfrac{0.736\text{V}}{0.0279\text{V}}\right) - 1} = 8.74 \times 10^{-15}\text{A} = 8.74\text{fA}$$

结果检查：所得饱和电流数值在式(3.10)所示的典型范围内,结果合理。

练习：已知二极管反向饱和电流为 40fA。当二极管电压分别为 0.55V 和 0.7V 时,i_D 分别为多少? 如果 $i_D = 6\text{mA}$ 时,计算二极管电压是多少?

答案：$143\mu\text{A}$；57.9mA；0.643V。

3.4　反偏、零偏、正偏下的二极管特性

对电子器件施加直流电压或电流,称为器件提供直流偏置,简称偏置。偏置决定器件的特性、功耗、电压和电流极限及其他重要的电路参数,因此选择偏置对分析电路和设计电路都非常重要。对于二极管,有 3 个重要的偏置条件,即反向偏置(Reverse bias)、正向偏置(Forward bias)和零偏置(Zero bias),简称反偏、正偏和零偏。反向偏置和正向偏置,分到对应 $v_D < 0\text{V}$ 和 $v_D > 0\text{V}$。零偏置是反向偏置和正向偏置的分界线,$v_D = 0\text{V}$。二极管反偏时,电流非常小,可认为此时的二极管处于断开状态(OFF),是不导通的。二极管正偏时,电流很大,称此时的二极管处于导通状态(ON)。

3.4.1　反偏

当 $v_D < 0$ 时,二极管工作在反偏条件下,此时会有很小的反向漏电流流过二极管,约为 I_S。因此通常认为反偏下的二极管处于不导通或断开状态。例如,对二极管两端施加直流电压 $V = -4V_T = -0.1\text{V}$,则 $V_D = -0.1\text{V}$,代入式(3.11),得

$$i_{\mathrm{D}} = I_{\mathrm{S}}\left[\exp\left(\frac{v_{\mathrm{O}}}{v_{\mathrm{T}}}\right) - 1\right] = I_{\mathrm{S}}[\exp(-4) - 1] \approx - I_{\mathrm{S}} \qquad (3.12)$$

其中 $\exp(-4) = 0.018$。反偏电压大于 $4V_{\mathrm{T}}$,即 $v_{\mathrm{D}} \leqslant -4V_{\mathrm{T}} = -0.1\mathrm{V}$ 时,指数 $\exp(v_{\mathrm{D}}/V_{\mathrm{T}})$ 比 1 小得多,二极管电流很小,约等于 $-I_{\mathrm{s}}$。I_{s} 在图 3.9 中已经给出定义。

练习:已知二极管反向饱和电流为 5fA。当二极管电压分别为 $-0.04\mathrm{V}$ 和 $-2\mathrm{V}$ 时,i_{D} 分别为多少?(参见 3.6 节)

答案:$-3.99\mathrm{fA}$;$-5\mathrm{fA}$。

图 3.9 和式(3.12)代表了理想二极管的情况。在实际二极管中,由于在耗尽区产生电子-空穴对,二极管的反向漏电流比 I_{s} 大几个数量级。另外,i_{D} 不会饱和,但会随着反向偏压的升高而缓慢增加,因为耗尽层宽度随反向偏压的升高而增大。(参见 3.6.1 节)

3.4.2 零偏

二极管的 I-V 特性曲线穿过原点。零偏时,$v_{\mathrm{D}} = 0$,$i_{\mathrm{D}} = 0$。和电阻情况类似,当存在不为零的电流时,二极管两端一定存在电压。

3.4.3 正偏

当 $v_{\mathrm{D}} > 0$ 时,二极管工作在正向偏置,流过二极管的电流很大。假设二极管两端电压 $v_{\mathrm{D}} \geqslant +4V_{\mathrm{T}} = +0.1\mathrm{V}$,此时指数 $\exp(V_{\mathrm{D}}/V_{\mathrm{T}})$ 的值比 1 大得多,式(3.9)可以变成

$$i_{\mathrm{D}} = I_{\mathrm{S}}\left[\exp\left(\frac{v_{\mathrm{D}}}{v_{\mathrm{T}}}\right) - 1\right] \approx I_{\mathrm{s}}\exp\left(\frac{v_{\mathrm{O}}}{V_{\mathrm{T}}}\right) \qquad (3.13)$$

当正偏电压大于 $4V_{\mathrm{T}}$ 时,二极管电流随外加正偏电压指数式增长。

在半对数坐标下,二极管正偏时的 I-V 特性如图 3.11 所示。显然,当 $v_{\mathrm{D}} \geqslant 4V_{\mathrm{T}}$ 时,按照式(3.13),图形为直线。图形在原点处略微弯曲,此时式(3.13)中的 -1 项不可忽略。图形指数区的斜率很重要,正向电压只需要增加 60mV,二极管电流就可以增大 10 倍。这就是图 3.8 中电压几乎垂直增加的原因,导通电压以上的电流几乎呈垂直趋势增长。

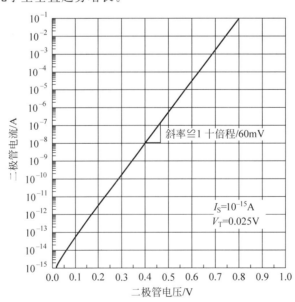

图 3.11 半对数坐标下的二极管 I-V 特性曲线

例 3.4　二极管电压随电流的变化

对设计人员来说,二极管 *I-V* 特性曲线的斜率是一项十分重要的参数。

问题:使用式(3.13)精确计算将二极管电流增加 10 倍所需的电压变化。

解:

已知量:电流变化 10 倍。

未知量:电流变化 10 倍时相应的二极管电压变化量和饱和电流。

求解方法:由二极管方程得出二极管电流比值的表达式,表达式中饱和电流可消去,没有饱和电流也可以计算结果。

假设:室温时,$V_T = 25.0\text{mV}$,$I_D \gg I_S$。

分析:令

$$i_{D1} = I_s \exp\left(\frac{v_{D1}}{V_T}\right) \quad \text{和} \quad i_{D2} = I_s \exp\left(\frac{v_{D2}}{V_T}\right)$$

将两式相比,令结果等于 10,得

$$\frac{i_{D2}}{i_{D1}} = \exp\left(\frac{v_{D2}-v_{D1}}{V_T}\right) = \exp\left(\frac{\Delta v_D}{V_T}\right) = 10 \quad \text{和} \quad \Delta v_D = v_T \ln 10 = 2.3 V_T$$

因此,在室温下 $\Delta v_D = 2.3 V_T = 57.5\text{mV}$(约等于 60mV)。

结果检查:所得结果与图 3.11 中的对数曲线一致。正向电流变化 10 倍,电压变化约 60mV。

练习:已知二极管的饱和电流为 2fA。(a)假定 $V_T = 25\text{mV}$,计算二极管电流分别为 $40\mu\text{A}$ 和 $400\mu\text{A}$ 时的二极管电压;(b)当 $V_T = 25.8\text{mV}$ 时,计算(a)中问题的答案。

答案:0.593V,0.651V,57.6mV;0.612V,0.671V,59.4mV。

设计提示

二极管电流每变化 10 倍,二极管电压变化 60mV。记住 60mV/10 倍的规律,对于设计含有二极管和双极型晶体管电路很有帮助。

具有不同饱和电流值的 3 个二极管的特性比较如图 3.12 所示。二极管 A 的饱和电流是 B 的 10 倍,

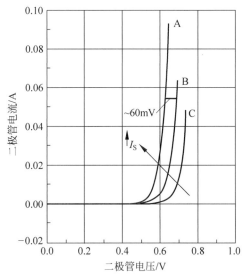

图 3.12　3 种不同反向饱和电流下的二极管特性
A 为 10^{-12}A;B 为 10^{-13}A;C 为 10^{-14}A

B 的饱和电流是 C 的 10 倍。每对曲线之间的电压差约为 60mV。如果二极管的饱和电流减少 10 倍,要达到相同的工作电流值,二极管的电压需要增加大约 60mV。从图 3.12 中还可以看出,二极管正向电压随参数 I_S 的变化不明显。当电流一定时,I_S 变化两个数量级,二极管电压只变化 120mV。

3.5 二极管的温度系数

另一个重要的参数是与二极管电压 v_D 密切相关的二极管温度系数。正偏时解式(3.11),得二极管电压

$$v_D = v_T \ln\left(\frac{i_D}{I_S}+1\right) = \frac{kT}{q}\ln\left(\frac{i_D}{I_S}+1\right) \approx \frac{kT}{q}\ln\left(\frac{i_D}{I_S}\right) \quad 单位为 V \tag{3.14}$$

对温度求导,得

$$\frac{dv_D}{dT} = \frac{k}{q}\ln\left(\frac{i_D}{I_S}\right) - \frac{kT}{q}\frac{1}{I_S}\frac{dI_S}{dT} = \frac{v_D}{T} - V_T\frac{1}{I_S}\frac{dI_S}{dT} = \frac{v_D - V_{GO} - 3V_T}{T} \quad 单位为 V/K \tag{3.15}$$

其中,$i_D \gg I_S$,$I_S \propto n_i^2$。在式(3.15)的分子中,v_D 表示二极管电压,V_{GO} 是温度为 0K 时硅的带隙能量($V_{GO} = E_G/q$),V_T 是热电压。最后两项的定义由式(2.2)给出:主要源于 n_i^2 对温度的依赖。已知硅二极管的 $v_D = 0.65V$,$E_G = 1.12eV$,$V_T = 0.025V$,由式(3.15)得

$$\frac{dv_D}{dT} = \frac{(0.65 - 1.12 - 0.075)V}{300K} = -1.82mV/K \tag{3.16}$$

设计提示

二极管的正向电压随温度的升高而降低,其室温下的温度系数约为 $-1.8mV/K$。

练习:(a)利用式(2.1)中 n_i^2 的表达式验证式(3.15);(b)已知 $T = 300K$ 时,硅二极管的 $I_D = 1mA$,$v_D = 0.680V$。当温度分别为 275K 和 350K 时,利用式(3.16)的结果估算二极管的电压。

答案:0.726V;0.589V。

3.6 二极管反偏

我们必须意识到在反向偏压下工作的二极管中会出现的其他几种现象。如图 3.13 所示,对二极管施加反偏电压 v_R,反偏电压施加在空间电荷区,使 pn 结的内建电势增大:

$$v_j = \phi_j + v_R, \quad v_R > 0 \tag{3.17}$$

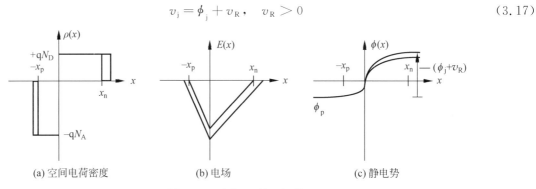

(a) 空间电荷密度   (b) 电场   (c) 静电势

图 3.13 反偏 pn 结二极管

由式(3.2)～式(3.5)可知,电压增大使得内建电场增强,因此耗尽层电荷增多。由式(3.7)和式(3.17)可得外加反偏电压为 v_R 时耗尽层宽度的一般表达式为

$$w_d = (x_n + x_p) = \sqrt{\frac{2\varepsilon_s}{q}\left(\frac{1}{N_A} + \frac{1}{N_D}\right)(\phi_j + v_R)} \quad \text{或}$$

$$w_d = w_{do}\sqrt{1 + \frac{v_R}{\phi_j}}, \quad \text{其中} \ w_{do} = \sqrt{\frac{2\varepsilon_s}{q}\left(\frac{1}{N_A} + \frac{1}{N_D}\right)\phi_j} \tag{3.18}$$

空间电荷区宽度的增量大致与外加电压的平方根成正比。

练习: 例 3.1 中的二极管,零偏置时耗尽层宽度为 $0.113\mu m$,内建电势为 $0.979V$。求反向偏置电压为 10V 时的耗尽层宽度和 E_{MAX}。

答案: $0.378\mu m$; $581kV/cm$。

3.6.1 实际二极管的饱和电流

反向饱和电流实际上来源于 pn 结耗尽区中产生的电子空穴对,因此它与耗尽区的体积成正比。由于耗尽层宽度随反偏电压增加而增大,如式(3.18)所示,反向电流实际上并未达到饱和,如图 3.9 和式(3.9)所示,相反,随着反偏电压的增加,反向电流逐渐增大。

$$I_S = I_{SO}\sqrt{1 + \frac{v_R}{\phi_j}} \tag{3.19}$$

当二极管正偏时,耗尽层宽度变化很小,此时 $I_S = I_{SO}$。

练习: 已知二极管的 $I_{SO} = 10fA$,内建电势为 $0.8V$。求反向偏置电压为 10V 时的 I_S 值。

答案: $36.7fA$。

电 子 应 用

PTAT 电压和电子温度计

3.3 节～3.5 节中讲到,二极管电压和温度有确定的函数关系,这是电子温度计的工作原理。我们可以以下图所示电路为基础制作一个简单的电子温度计,图中两个相同的二极管偏置电流分别为 I_1 和 I_2。

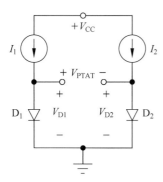

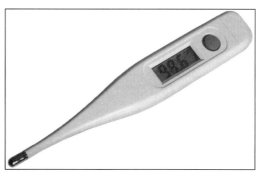

电子温度计: ©D.Hurst/AlamyRF.

由式(3.14),计算两个二极管的电压差,可以得到一个与热力学温度成正比的电压,称为 PTAT 电压或 V_{PTAT}:

$$V_{\text{PTAT}} = V_{\text{D1}} - V_{\text{D2}} = V_{\text{T}} \ln\left(\frac{I_{\text{D1}}}{I_{\text{S}}}\right) - V_{\text{T}} \ln\left(\frac{I_{\text{D2}}}{I_{\text{S}}}\right) = V_{\text{T}} \ln\left(\frac{I_{\text{D1}}}{I_{\text{D2}}}\right) = \frac{kT}{q} \ln\left(\frac{I_{\text{D1}}}{I_{\text{D2}}}\right)$$

PTAT 电压具有一个温度系数,可由下式得出

$$\frac{dV_{\text{PTAT}}}{dT} = \frac{k}{q} \ln\left(\frac{I_{\text{D1}}}{I_{\text{D2}}}\right) = \frac{V_{\text{PTAT}}}{T}$$

式中通过两个二极管的使用消除了对温度的敏感性。例如,假设 $T = 259\text{K}$,$I_{\text{D1}} = 250\mu\text{A}$,$I_{\text{D2}} = 50\mu\text{A}$。则 $V_{\text{PTAT}} = 40.9\text{mV}$,温度系数为 $+0.139\text{mV/K}$。

PTAT 电压电路简单而实用,是当今许多高精度电子温度计的核心,其电路框图如下图所示。模拟 PTAT 电压被放大,然后经 A/D 转换器转换成数字信号。数字输出经过换算,转换成华氏度或者摄氏度的形式显示出来。换算也可以在 A/D 转换前进行,以模拟信号形式完成。

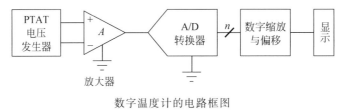

数字温度计的电路框图

3.6.2 反向击穿

随着反向电压增大,器件内电场增强,二极管最终进入击穿区域(Breakdown region)。二极管突然发生击穿时,对于施加电压任何细微的增加,电流都会迅速增加,如图 3.14 中的 $I\text{-}V$ 特性所示。

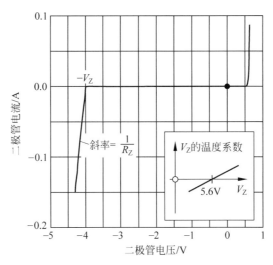

图 3.14　包括了反向击穿区的二极管 $I\text{-}V$ 特性曲线。插图给出了 V_Z 的温度系数(TC)

二极管发生击穿时的电压值称为击穿电压(Breakdown voltage)V_Z,一般有 $2\text{V} \leqslant V_Z \leqslant 2000\text{V}$。$V_Z$ 主要由 pn 结轻掺杂一侧的掺杂水平决定,掺杂浓度越大,二极管击穿电压越小。

目前主要存在两种击穿机制:雪崩击穿(Avalanche breakdown)和齐纳击穿(Zener breakdown),下面将分别给予介绍。

雪崩击穿

硅二极管雪崩击穿机制下的击穿电压约为 5.6V。反偏下耗尽层宽度增大,电场增强,如图 3.13 所示。耗尽区的自由载流子在电场作用下加速,通过耗尽区时与固定原子发生碰撞。此时,电场和空间电荷区的宽度变得足够大,使得一些载流子获得的能量足够破坏固定原子的共价键,从而产生了电子空穴对。新产生的载流子通过碰撞电离过程加速并产生第二代电子空穴对,如图 3.15 所示。

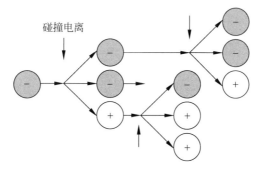

图 3.15　雪崩击穿过程(注意耗尽区中正负电荷载流子
在电场的作用下是朝着相反的方向运动的)

齐纳击穿

齐纳击穿发生在重掺杂二极管中。在二极管中掺杂时,耗尽区宽度窄,载流子在反偏电压作用下可在导带和价带之间直接穿通,引起二极管反偏电流急剧增长。

击穿电压温度系数

雪崩击穿和齐纳击穿的击穿电压的温度系数相反,由此可以区分这两种击穿机制。雪崩击穿的 V_Z 随温度升高而增大,齐纳击穿的 V_Z 随温度升高而减小。硅二极管在 5.6V 时温度系数为零。当二极管击穿电压大于 5.6V 时,击穿机制主要为雪崩击穿,反之则为齐纳击穿。

3.6.3　击穿区的二极管模型

当二极管处于击穿区时,可以表示为电压 V_Z 和电阻 R_Z 的串联,R_Z 确定了击穿区 I-V 特性曲线的斜率,如图 3.14 所示。R_Z 的阻值通常很小($R_Z \leqslant 100\Omega$),流过二极管的反向电流必须受到外部电路的限制,否则就会损坏二极管。

从图 3.14 所示的 I-V 特性及图 3.16 中的模型可以看出,在反向击穿区域(Reverse breakdown),二极管两端的电压几乎与电流无关,基本保持不变。利用这一特性,人们设计出一种工作在反向击穿区的二极管,称为齐纳二极管(Zener diode),其符号如图 3.16(b)所示,在 MCD 网站上可以找到一系列齐纳二极管的数据手册。

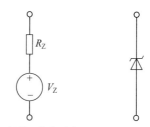

(a) 二极管工作在反向　　(b) 齐纳二极管符号
击穿区的模型

图 3.16　击穿区二极管模型

3.7　pn 结电容

二极管在正偏和反偏情况下均存在 pn 结电容。在动态信号的条件下,pn 结电容阻止二极管两端电压发生瞬间变化,这十分重要。这一电容是指 pn 结电容或耗尽层电容(Depletion-layer capacitance)。

3.7.1　反偏

反偏时,w_d 远大于零偏时的耗尽区宽度,如式(3.18)所示,导致耗尽区的电荷增加。二极管的电荷随电压发生变化,由此产生了电容的变化。由式(3.4)和式(3.7)可知,二极管的 n 型区总空间电荷为

$$Q_n = qN_D x_n A = q\left(\frac{N_A N_D}{N_A + N_D}\right)w_d A \quad \text{单位为 C} \tag{3.20}$$

其中 A 为二极管的横截面积,w_d 由式(3.18)给出。反偏 pn 结的电容为

$$C_j = \frac{dQ_n}{dv_R} = \frac{C_{jo} A}{\sqrt{1 + \dfrac{v_R}{\phi_j}}} \quad \text{此 } C_{jo} = \frac{\varepsilon_s}{w_{do}} \quad \text{单位为 F/cm}^2 \tag{3.21}$$

其中 C_{jo} 表示二极管单位面积的零偏结电容(Zero-bias junction capacitance)。

由式(3.21)可以看出,二极管的电容随外加电压变化,反偏电压增大时,电容减小,与电压的平方根成反比。这种电压控制的电容在某些电路中起到很大作用。变容二极管一般设计成超突变杂质分布。齐纳二极管用作变容二极管时,其符号如图 3.17 所示。注意,这 3 类二极管工作在反偏电压下,在正偏时它是导通的。在 MCD 网站上给出了一系列变容二极管的数据手册。

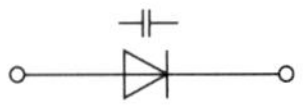

图 3.17　变容二极管(Varactor)的电路符号

练习:求例 3.1 中二极管的 C_{jo}。若二极管结面积为 $100\mu m \times 125\mu m$,求零偏时的 C_j。求反偏电压为 5V 时的电容。

答案:91.7nF/cm^2;11.5pF;4.64pF。

3.7.2　正偏

当二极管在正向偏压下工作时,中性区靠近空间电荷区边界处储存了多余的电荷,电荷电量 Q_D 与二极管电流成正比

$$Q_D = i_D \tau_T \quad \text{单位为 C} \tag{3.22}$$

比例常数 τ_T,称为二极管的传输时间(Transit time),按照二极管的尺寸和类型不同,τ_T 在 $10^{-15} \sim 10^{-16}$s 范围内变动。由二极管方程可知,i_D 取决于二极管电压,因此电荷随电压变化,这样就产生了正向工作区的扩散电容(diffusion capacitance)C_D

$$C_D = \frac{dQ_D}{dv_D} = \frac{(i_D + I_S)\tau_T}{V_T} \approx \frac{i_D \tau_T}{V_T} \quad \text{单位为 F} \tag{3.23}$$

其中 V_T 是热电压。扩散电容与电流成正比,在大电流时,扩散电容变得非常大。

练习:已知二极管的传输时间为 10ns。在室温下,当电流为 $10\mu A$、0.8mA 和 50mA 时,二极管的扩散电容分别为多少?

答案:4pF;320pF;20nF。

3.8　肖特基二极管

在 p^+n 结二极管中,p 型区重掺杂,相当于导体,可以想象为用金属层代替。事实上,在肖特基二极管(Schottky barrier diode)中,可以用非欧姆整流金属触点代替 pn 结二极管的一个半导体区,如图 3.18

所示。最简单的是与 n 型硅接触形成肖特基接触,这时金属区成为二极管的阳极。另一侧为 n^+ 区,以保证阴极接触是欧姆接触。肖特基二极管的符号如图 3.18(b) 所示。

与普通 pn 结二极管相比,肖特基二极管具有更低的导通电压,正偏时存储电荷也远少于普通二极管,如图 3.19 所示。此外,肖特基二极管在高功耗整流电路和高速开关中也有重要的应用。

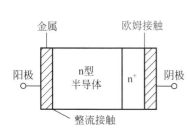

(a) 肖特基二极管的结构

(b) 肖特基二极管的符号

图 3.18　肖特基二极管

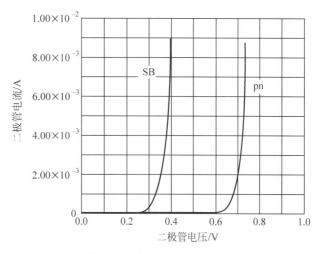

图 3.19　pn 结二极管与肖特基二极管的 *I*-*V* 特性比较

电 子 应 用

SPICE 电路仿真程序,IEEE global 历史上的里程碑

SPICE 是 Simulation Program with Integrated Circuits Emphasis 的缩写,意为电路模拟仿真软件,最初是美国加利福尼亚大学伯克利(Berkeley)分校的一个开发项目,于 1969 年至 1970 年完成,目前发展成为集成电路仿真标准。SPICE 软件已经广泛用于培训学生进行复杂电路的模拟。SPICE 及其衍生工具已经成为所有集成电路设计人员必不可少的工具。

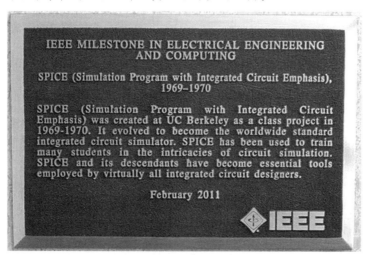

感谢 David Hodges 提供配图

　　SPICE 是第一款用于集成电路性能仿真的计算机软件,对于集成电路设计的学生来说十分有用。20 世纪 70 年代,美国加利福尼亚大学伯克利分校及其他大学数以百计的学生成为中坚力量,成为美国微电子领域的领导者。伯克利大学的毕业生有的已成为当今最大的微电子公司的领导者,为先进微电子技术提供设计自动化功能。

　　上图是 SPICE 的纪念牌匾,存放在美国加利福尼亚大学伯克利分校电子工程专业 Cory Hall 教学楼的主入口处,Cory Hall 便是 SPICE 的诞生地。

　　Donald O. Pederson 教授指导学生开发了 SPICE 程序,并因此获得了 1998 年 IEEE 的荣誉奖牌,以奖励他创建了适用于计算机进行电路辅助设计的 SPICE 程序。在 *IEEE Solid Circuits Magazine*、*SPICE Commemorative Issue* vol. 3,no. 2,Spring 2011 及 IEEE Global History Network 网页上都可以找到更详细的信息。

Donald O. Pederson 教授,“SPICE 之父”,IEEE 荣誉勋章获得者。感谢 David Hodges 提供配图

3.9　二极管的 SPICE 模型及版图

　　图 3.20 所示的电路是 SPICE 程序中的二极管模型。电阻 R_S 代表实际器件制作和互连过程中必然存在的串联电阻。电流源表示二极管的电流,遵循理想指数规律,如式(3.12)所示,IS、N 和 V_T 为二极管的 SPICE 参数。i_D 表达式还包括一项,描述空间电荷区载流子产生的影响,与式(3.19)类似,这里没有给出具体表达式。

　　电容有两种类型,即反偏时的耗尽电容和正偏时的扩散电容。反偏时的耗尽电容由 SPICE 参数 CJO、VJ 和 M 决定,正偏时的扩散电容由 N 和传输时间参数 TT 决定。SPICE 中,结梯度系数是可以调节的参数。式(3.21)中一般取 M=0.5。

　　练习:找出表 3.1 中 SPICE 程序 7 个参数的默认值,比较表中各值。

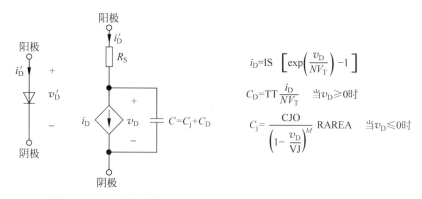

$$i_D = IS \left[\exp\left(\frac{v_D}{NV_T}\right) - 1 \right]$$

$$C_D = TT \frac{i_D}{NV_T} \quad 当 v_D \geqslant 0 时$$

$$C_j = \frac{CJO}{\left(1 - \dfrac{v_D}{VJ}\right)^M} RAREA \quad 当 v_D \leqslant 0 时$$

图 3.20 二极管的等效电路及用于 SPICE 程序的简化模型表达式

表 3.1 SPICE 二极管的等效参数

参 数	本书	SPICE	典型默认值
饱和电流	I_S	IS	10fA
欧姆串联电阻	R_S	RS	0Ω
理想发散系数	n	N	1
传输时间	τ_T	TT	0see
单位面积二极管零偏置结电容 RAREA=1	C_{jo}	CJO	0F
内建电势	—	VJ	1V
结梯度系数	—	M	0.5
二极管版图	—	RAREA	1

如第 2 章所述，在 n 型硅片上形成 p 型扩散区可制成简单二极管，其版图如图 3.21(a)所示。由于 I_S 与结面积成正比，将二极管的 p 型扩散区做成长矩形，可以增大 I_S 的值。p 型阳极上具有多个触点，并且 p 型区被 n 型区的环形接触区包围。如图 3.20 所示，二极管存在外部串联电阻，为使串联电阻 R_S

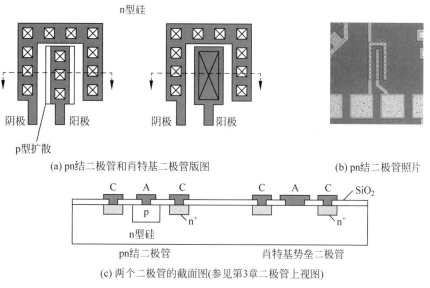

(a) pn结二极管和肖特基二极管版图

(b) pn结二极管照片

(c) 两个二极管的截面图(参见第3章二极管上视图)

图 3.21 简单二极管制作示意图

减至最小,接触区采用如图 3.21 所示的排列方式。设计中将所有的触点做得完全一样,可以使所有的接触孔在制造过程中同时被刻蚀出来,还可以方便计算总接触电阻。在 n 型接触区下面扩散重掺杂 n 型区,以确保形成欧姆接触式,并防止形成肖特基二极管。

图 3.21(b)中给出了金属半导体或肖特基二极管的概念示意图,图中铝金属充当二极管的阳极,n 型半导体为二极管的阴极。需要注意的是,相比欧姆接触二极管而言,肖特基二极管的制作在工艺细节上需要更加注意。

3.10　二极管电路分析

现在开始学习含有二极管的电路分析,并介绍二极管简化电路模型。一个包含电压源、电阻和二极管的串联电路如图 3.22 所示。需要注意的是,其中的 V 和 R 可以看作某一复杂二端网络的戴维南等效电路,在接下来几节的电路分析中,外加电压、二极管电压和电流均为直流量(总电流 i_D 和总电压 v_D 的直流分量分别用 I_D 和 V_D 来表示)。

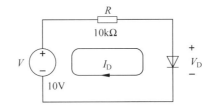

图 3.22　含有电压源和电阻的二极管电路

二极管电路分析的主要目的是找到二极管的静态工作点(Quiescent operating point,Q 点)或偏置点(Bias point)。Q 点由直流电流 I_D 和直流电压 V_D 组成,定义了二极管 $I\text{-}V$ 特性的工作点。要对图 3.22 所示的电路进行分析,首先需写出该电路的回路方程

$$V = I_D R + V_D \tag{3.24}$$

式(3.24)表示电路元件对二极管工作点的约束。图 3.8 所示的二极管 $I\text{-}V$ 特性表示允许取得的 I_D 和 V_D,由固态二极管本身决定。解这两个限制条件的公共解,就可以确定 Q 点。

求解式(3.24)可以采用多种方法,包括图解分析法和二极管模型分析法。具体方法如下:

- 负载线图像分析法
- 二极管的数学模型分析法
- 理想二极管模型简化分析法
- 恒压降模型简化分析法

3.10.1　负载线分析法

在某些情况下,一些固态器件的 $I\text{-}V$ 特性只能用图形表示,如图 3.23 所示,这时就需要用图解分析法(负载线分析)找到式(3.24)在图形中的解。式(3.24)所描绘的直线称为二极管的负载线,将负载线画在二极管伏安特性曲线上,它们的交点就是二极管的静态工作点或 Q 点。

例 3.5　负载线分析法

负载线分析法可以对二极管电路行为进行可视化分析,是确定二极管 Q 点的重要方法。

问题:参照图 3.23 所示的 $I\text{-}V$ 特性,用负载线分析法确定图 3.22 中二极管电路的 Q 点。

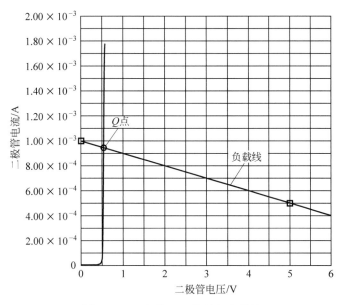

图 3.23 二极管 I-V 特性与负载线

解：

已知量： 图 3.23 所示的二极管 I-V 特性曲线，图 3.22 所示的二极管电路，$V=10\text{V}$，$R=10\text{k}\Omega$。

未知量： 二极管的 Q 点（I_D，V_D）。

求解方法： 写出负载线方程，在图 3.23 中绘制负载线，找出两个点的坐标。Q 点位于负载线与二极管 I-V 特性的交叉点。

假设： 二极管温度与图 3.23 中曲线绘制的温度相同。

分析： 将图 3.22 所给数据代入式（3.24），得

$$10 = 10^4 I_D + V_D \tag{3.25}$$

找出线上的两个点的坐标。为了简单起见，两个点分别取为

$$I_D = (10\text{V}/10\text{k}\Omega) = 1\text{mA}, \quad V_D = 0\text{V} \quad \text{和} \quad V_D = 10\text{V}, I_D = 0\text{A}$$

由于第二个点不在图 3.23 所示的范围之内，所以重新取值 $V_D=5\text{V}$

$$I_D = (10-5)\text{V}/10^4\Omega = 0.5\text{mA}, \quad V_D = 5\text{V}$$

在图 3.23 中画出负载线，则负载线与特性的交点即为 Q 点

$$Q \text{ 点} = (0.95\text{mA}, 0.6\text{V})$$

结果检查： 可以采用两种方法验证结果，第一种方法是将图中二极管电压代入式（3.25），计算 I_D。$V_D=0.6\text{V}$ 得 Q 点 $=(0.94\text{mA}, 0.6\text{V})$；第二种方法可以将 0.95mA 代入到式（3.25）中来计算 V_D 进行验证。

讨论： 请注意，图中负载线上的点并不一定准确地满足负载线方程，这是由我们读图的准确度决定的。

练习： 如果 $V=5\text{V}$，$R=5\text{k}\Omega$，采用负载线分析法求此时的 Q 点。

答案： $(0.88\text{mA}, 0.6\text{V})$。

练习： 用 SPICE 找出图 3.22 所示电路的 Q 点。利用程序中参数的默认值。

答案： 当 $I_S=10\text{fA}$ 和 $T=300\text{K}$ 时，Q 点为 $(935\mu\text{A}, 0.653\text{V})$。

3.10.2 二极管数学模型分析法

使用二极管的数学模型,可以更方便地计算出式(3.25)的解。用式(3.11)可以较为精确地表示图3.23中二极管的特性,令 $I_S = 10^{-13}\text{A}, n = 1, V_T = 0.025\text{V}$

$$I_D = I_S\left[\exp\left(\frac{V_D}{V_T}\right) - 1\right] = 10^{-13}[\exp(40V_D) - 1] \tag{3.26}$$

将式(3.26)代入式(3.25),消去 I_D,得

$$10 = 10^4 \cdot 10^{-13}[\exp(40V_D) - 1] + V_D \tag{3.27}$$

式(3.27)称为超越方程,没有闭合形式的解析解,只能通过试验的方法,寻找问题的数值解。

例如选取一个 V_D,看是否符合式(3.27),然后根据试验的结果,再选取一个新 V_D,直到找到合适的解。

除了简单的试验外,还可以借助计算机更快地找到式(3.27)的解,尤其是存在多个方程-参数对时。与手工计算不同,计算机需要采用更精确的迭代法,而不是反复试验。

下面,图3.22所示的二极管电路采用数值迭代法,在二极管 Q 点附近创建二极管方程的线性模型,如图3.24(a)所示。首先,计算静态工作点处二极管特性的斜率为

$$g_D = \frac{\partial i_D}{\partial v_D}\bigg|_{Q-Pt} = \frac{I_S}{V_T}\exp\left(\frac{V_D}{V_T}\right) = \frac{I_D + I_S}{V_T} \approx \frac{I_D}{V_T} \quad \text{和} \quad r_D = \frac{1}{g_D} = \frac{V_T}{I_D} \tag{3.28}$$

斜率 g_D 称为二极管电导,其导数 r_D 为二极管电阻。外延 Q 点沿切线至 x 轴,得到交点 V_{D0} 为

$$V_{D0} = V_D - I_D r_D = V_D - V_T \tag{3.29}$$

图3.24中的 V_{D0} 和 r_D 代表了二极管的二元线性电路模型,用该模型直接替代图3.25所示的单回路电路中的二极管。

利用数值迭代法寻找电路中二极管 Q 点的步骤:

① 估计一个起始电流 I_D。

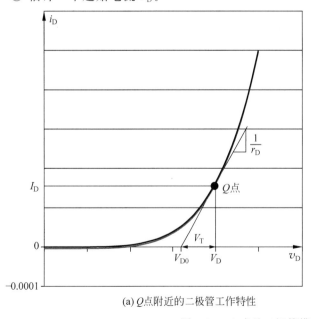

(a) Q点附近的二极管工作特性

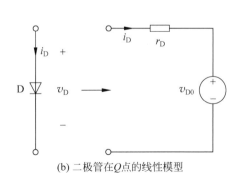

(b) 二极管在Q点的线性模型

图3.24 Q 点处二极管模型与工作特性

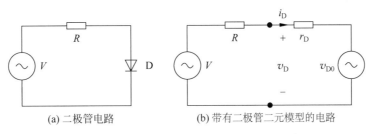

(a) 二极管电路   (b) 带有二极管二元模型的电路

图 3.25 二极管用线性模型替换之后的电路

② 利用 $V_D = V_T \ln\left(1 + \dfrac{I_D}{I_S}\right)$ 计算二极管电压。

③ 计算 V_{D0} 和 r_D 的值。

④ 利用图 3.25(b)重新分析 I_D: $I_D = \dfrac{(V - V_{D0})}{(R + r_D)}$。

⑤ 重复步骤②~④,直到获得收敛。

表 3.2 给出了上述迭代计算的结果。二极管电流和电压仅经过 3 次迭代就可以快速收敛。

表 3.2 迭代法分析示例

I_D/A	V_D/V	R_D/Ω	V_{D0}/V
1.0000E−03	0.5756	25.80	0.5498
9.4258E−04	0.5742	27.37	0.5484
9.4258E−04	0.5742	27.37	0.5484

请注意,使用该方法可以得到几乎任意精度的解。然而,在大多数实际电路中很难获得二极管饱和电流的精确值,因此电路元器件一般在允许的公差范围内取值,公差范围的大小与电路中的电源和无源器件有关。例如,一种二极管的饱和电流标准变化范围可能从 10:1 变化到 100:1。而电阻值的容差范围一般为 ±5%~±10%。由于不知道二极管的工作温度(温度系数 −1.8mV/K)及参数 n 的精确值,尝试获得精度超过几位有效数字的答案是没有意义的。

除了数据表的方法之外,还可以使用高级语言编写一个简单程序进行求解。求解式(3.28)时还可以使用计算器中的"solver"方程计算工具,这些例程使用比刚刚描述的迭代过程更加复杂。MATLAB 中的公式 fzero 也能用于计算方程的零点,如例 3.6 所示。

练习:可以利用式(3.14)来消去式(3.25)中的 V_D,得到基本二极管电路的替代表达式(另一个超越方程),如下所示

$$10 = 10^4 I_D + 0.025\ln(1 + i_D/I_S)$$

例 3.6 用 MATLAB 求解二极管方程

MATLAB 是一种能够用来求解超越方程的计算机工具软件。

问题:用 MATLAB 求式(3.27)的解。

解:

已知量:图 3.22 所示的二极管电路,$V = 10\text{V}$,$R = 10\text{k}\Omega$,$I_S = 10^{-13}\text{A}$,$n = 1$,$V_T = 0.025\text{V}$。

未知量:二极管电压 V_D。

求解方法:创建描述式(3.27)的 MATLAB 程序 m 文件,执行程序计算二极管电压。

假设:室温时,$V_T = 1/40$V。

分析:首先,创建二极管方程的 m 文件

```
function xd = diode(vd)
xd = 10 - (10^(-9)) * (exp(40 * vd) - 1) - vd;
```

然后,求出在 1V 附近的解为

```
fzero('diode',1)
Answer: 0.5742V
```

结果检查:通常认为二极管电压为正,且在 0.5~0.8V。将该电压值代入到二极管方程中得到导通电流为 0.944mA。二极管电流不能超过该电路的最大电流 10V/10kΩ = 1.0mA,因此上面所解出的答案是合理的。

练习:利用 MATLAB 求解

$$10 = 10^4 I_D + 0.025\ln(1 + i_D/I_S), \quad I_S = 10^{-13}A$$

答案:942.6μA。

例 3.7 器件容差对二极管 Q 点的影响

本例将研究 Q 点对二极管饱和电流灵敏度的影响。

问题:假设二极管饱和电流存在一个容差,因此其值可表示为

$$I_S^{nom} = 10^{-15}A \quad 和 \quad 2 \times 10^{-16}A \leqslant I_S \leqslant 5 \times 10^{-15}A$$

请计算图 3.22 中二极管电压和电流的典型值、最小值和最大值。

已知量:饱和电流的典型值和最差值;图 3.22 所示的电路参数。

未知量:二极管 Q 点(I_D, V_D)的典型值和最差值

求解方法:利用 MATLAB 或计算器上的 solver 方程计算工具计算出典型情况和最坏情况下的二极管电压和电流 I_S。需要注意的是,由式(3.24)可知,二极管的最大电压与最小电流相对应,反之亦然。

假设:室温下,$V_T = 0.025$V;电路中的电压和电阻不存在容差。

分析:正常情况下,式(3.28)可写为

$$f = 10 - 10^4(10^{-15})[\exp(40 V_D) - 1] - V_D$$

利用 solver 方程计算工具,可得

$$V_D^{Dom} = 0.689V \quad 和 \quad I_D^{Dom} = \frac{(10 - 0.689)V}{10^4 \Omega} = 0.931mA$$

对于最小 I_S 的情况,式(3.28)表示为

$$f = 10 - 10^4(2 \times 10^{-16})[\exp(40 V_D) - 1] - V_D$$

利用 slover 可得

$$V_D^{max} = 0.729V \quad 和 \quad I_D^{min} = \frac{(10 - 0.729)V}{10^4 \Omega} = 0.927mA$$

对于最大 I_S 的情况,式(3.28)表示为

$$f = 10 - 10^4(5 \times 10^{-15})[\exp(40 V_D) - 1] - V_D$$

利用 solver 可得

$$V_D^{min} = 0.649V \quad 和 \quad I_D^{max} = \frac{(10 - 0.649)V}{10^4 \Omega} = 0.935mA$$

结果检查：二极管电压为正，数值在 0.5～0.8V，符合二极管特性。本例中二极管电流均小于短路电流 10V/10kΩ=1.0mA，答案合理。

讨论：需要注意，二极管饱和电流不管在哪个方向以 5∶1 变化，电路中的电流改变也不会超过 ±0.5%。只要驱动电压远大于二极管导通电压，则流经电路中的电流对二极管电压或饱和电流的改变就不会很敏感。

练习：如果二极管 I_S 的上限增加到了 10^{-14}A，求 V_D 和 I_D。

答案：0.6316V；0.9368A。

练习：对于 $I_S=10^{-15}$A 和 $I_S=10^{-15}$A 两种情况，用计算器中的 solver 函数求解

$$10 = 10^4 I_D + 0.025\ln\left(1 + \frac{I_D}{I_S}\right)$$

答案：0.9426mA；0.9311mA。

3.10.3　理想二极管模型

图形化的负载线分析方法有助于深入认识图 3.22 所示的二极管电路的运行情况，而数学模型则可以提供一个相对于负载线法更精确的解。下面讨论的方法通过引入不同复杂度的简化二极管电路模型，为图 3.22 所示的二极管电路提供了简化的解决方案。

二极管是非线性器件，图 3.8 及式(3.11)描述了它的 $I\text{-}V$ 特性，这与我们以前学过的电路分析不尽相同。以前我们分析电路时总是假设电路是由线性元器件组成的，为了借鉴线性分析经验，在此将二极管特性进行分段线性近似。

理想二极管模型是最简单的二极管模型，图 3.26 所示的 $I\text{-}V$ 特性由两个直线部分组成。电流为正向时，二极管两端电压为零；二极管反向偏置时，流过二极管的电流为零。数学表达式为

$$v_D = 0, \quad i_D > 0 \quad \text{和} \quad i_D = 0, \quad v_D \leqslant 0$$

图 3.26 所示的特殊符号用于表示电路中的理想二极管。

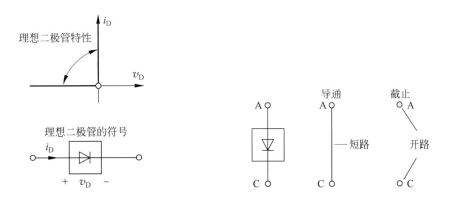

(a) 理想二极管I-V特性曲线和电路符号　　　(b) 理想二极管导通和截止时的电路模型

图 3.26　理想二极管的电路符号

二极管有导通和截止两个工作状态，如图 3.26(b)所示。进行电路分析时，可以用图 3.26(b)所示的模型来表示这两种状态，如果二极管处于导通状态，则通过"短路"电线建模，而对于截止状态，二极管由"开路"电路建模，无须连接。

用理想二极管模型分析电路

下面分析图 3.22 所示的电路,将二极管用图 3.26(b)所示的理想模型表示。二极管有两个工作状态,电路分析过程如下:

① 选择二极管模型。

② 确定二极管的阴极和阳极,标出电压 v_D 和电流 i_D。

③ 根据电路的配置猜想二极管所处的工作区。

④ 根据第③步中的假设,选择合适的模型分析电路。

⑤ 检验结果与假设是否一致。

例如,在分析中选择理想二极管模型。如图 3.27(b)所示,把图 3.27(a)所示的原始电路中的二极管用理想二极管代替。接下来猜测二极管的工作状态。该电路流经二极管的为正向电流,因此首先假设二极管处于导通状态。把图 3.27(b)中的理想二极管用其导通区域的分段线性模型代替,得到如图 3.28 所示的电路,其二极管电流为

$$I_D = \frac{(10-0)\,\mathrm{V}}{10\mathrm{k}\Omega} = 1.00\mathrm{mA}$$

电流 $I_D \geqslant 0$,符合二极管处于导通状态的假设,因此 Q 点为(1mA,0V)。由理想二极管模型可知,二极管正偏,工作电流为 1mA。

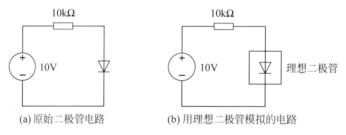

(a) 原始二极管电路   (b) 用理想二极管模拟的电路

图 3.27 将二极管替换为理想二极管

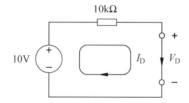

图 3.28 用导通状态模型代替理想二极管得到的电路

分析含有反偏二极管的电路

在图 3.29 所示的电路中,二极管两端加载反向电压,处于反向偏置状态,如图 3.29(a)所示。将二极管用理想模型代替,得到图 3.29(b)所示电路。此时电压源反向接在二极管两端,二极管在反方向不能导通,因此假设二极管工作在截止状态,将图 3.29(b)中的理想二极管用截止区的开路模型代替,得到图 3.30 所示电路。

该电路的回路方程为

$$10 + V_D + 10^4 I_D = 0$$

由于 $I_D = 0$,$V_D = -10\mathrm{V}$,二极管电压为负值,符合截止状态的假设。Q 点为$(0, -10\mathrm{V})$。分析表明图 3.29 中的二极管确实处于反向偏置状态。

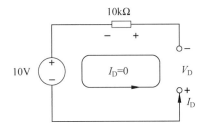

图 3.29　将反向偏置二极管替换为理想二极管

图 3.30　用截止状态模型代替理想二极管得到的电路

以上给出了两个简单例子,随着二极管数量的增多,二极管电路分析变得越来越复杂。如果电路中有 N 个二极管,则可能的状态数为 2^N。因此含有 10 个二极管的电路,就存在 1024 种可能的电路。通过练习,我们可以逐渐加强直觉判断能力,避免过多不必要的分析情况。在进行更复杂的电路分析之前,先来看看更好的一些二极管线性模型。

3.10.4　恒压降模型

由前面的分析可知,正偏二极管两端的电压降为一个很小的常数,理想二极管模型中将这一电压降忽略了。为了使分段线性模型更符合实际情况,可以增加一个与理想二极管串联的恒定电压 V_{on},如图 3.31 所示,称为恒压降(CVD)模型。V_{on} 会造成理想二极管的 $I\text{-}V$ 特性的偏移,如图 3.31(c)所示。这样二极管处于导通状态时就类似于一个电压源 V_{on},处于截止状态时就类似于开路,即

$$v_D = V_{on}, \quad i_D > 0 \quad \text{和} \quad i_D = 0, \quad v_D \leqslant V_{on}$$

理想二极管模型可以看作恒压降的特殊情况,此时 $V_{on} = 0$。由图 3.8 所示的 $I\text{-}V$ 特性可以看出,V_{on} 一般为 $0.6 \sim 0.7\text{V}$,在下面的分析中通常将导通电压 V_{on} 取为 0.6V。

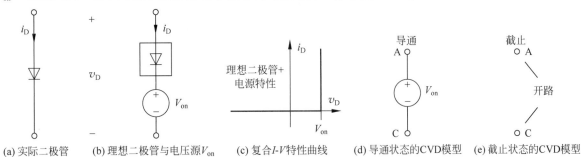

(a) 实际二极管　(b) 理想二极管与电压源 V_{on}　(c) 复合 $I\text{-}V$ 特性曲线　(d) 导通状态的CVD模型　(e) 截止状态的CVD模型

图 3.31　二极管的恒压降模型

用恒压降模型分析二极管

用二极管 CVD 模型分析图 3.22 所示的二极管电路。将图 3.32(a)中的二极管用图 3.32(b)中的 CVD 模型代替。10V 的电压源使二极管正偏,因此假设二极管导通,得到图 3.32(c)中的简化电路。二极管电流为

$$I_D = \frac{(10 - V_{on})V}{10k\Omega} = \frac{(10 - 0.6)V}{10k\Omega} = 0.940 mA \tag{3.30}$$

该值比理想二极管模型预测的结果略小,但与例 3.6 中得到的确切结果非常接近。

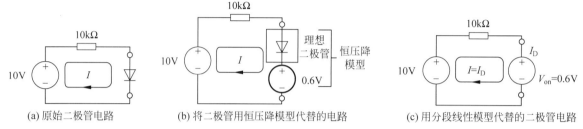

(a) 原始二极管电路　　　　　(b) 将二极管用恒压降模型代替的电路　　　　　(c) 用分段线性模型代替的二极管电路

图 3.32　用恒压降模型进行二极管电路分析

3.10.5　模型比较与讨论

我们用 4 种不同的方法分析了图 3.22 所示的电路,表 3.3 列出了对应的分析结果。4 组电压、电流彼此相差不大,即使采用简单的理想二极管模型所求得的电流与采用数学模型得到的结果之间的偏差也不到 10%。由此看出,由于二极管电流随电压指数变化,并且在电路中采用了大电压源(10V),使得二极管电流对二极管电压并不敏感。

表 3.3　二极管电路的分析结果比较

分 析 手 段	二极管电流/mA	二极管电压/V
负载线分析	0.94	0.6
数学模型	0.942	0.547
理想二极管模型	1	0
恒压降模型	0.94	0.6

将式(3.30)重新整理,可得

$$I_D = \frac{10 - V_{on}}{10k\Omega} = \frac{10V}{10k\Omega}\left(1 - \frac{V_{on}}{10}\right) = (1.00 mA)\left(1 - \frac{V_{on}}{10}\right) \tag{3.31}$$

可见当 $V \ll 10V$ 时,I_D 约为 1mA,V_{on} 的变化对结果影响很小。但是,如果电压源取为 1V,情况就会大不同(参见习题 3.62)。

3.11　多二极管电路

负载线分析法只适用于单二极管电路,而对于含有多个非线性元器件的电路,数学模型或数值迭代法将会变得十分复杂。实际上,本书中所讲到的 SPICE 电路仿真程序,就是要为这种复杂问题提供数值解的解决方案。除此之外,我们还需要采用手工分析来预测多二极管电路的工作过程,理解二极管电

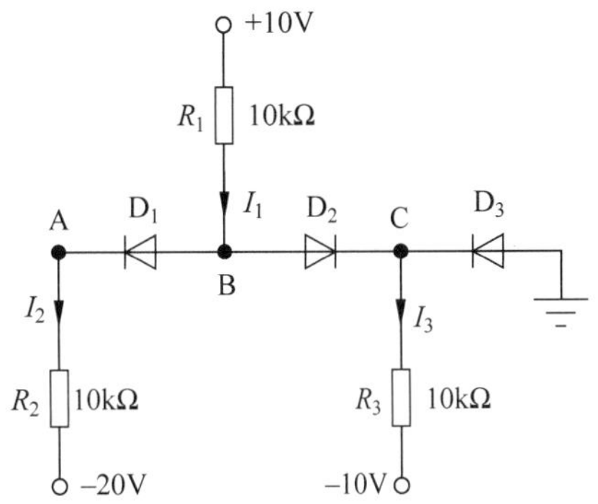

路的运行。本节学习简单二极管模型,有助于我们对更加复杂的二极管电路进行手工分析。

由于二极管电路变得越来越复杂,所以有时需要凭借直觉来做出判断,选择合适的解决方案。分析二极管电路时经常需要使用迭代法,有时需要经过多次迭代,直觉需要在解题中培养,下面我们分析一个包含 3 个二极管的电路。

图 3.33 所示的电路是含有多个二极管电路分析的例子。在该电路的分析中,需要借助 CVD 模型以提高手工计算的精确度。

图 3.33　一个包含 3 个二极管的电路实例

例 3.8　分析含有 3 个二极管的电路

本例利用 CVD 模型求解含有 3 个二极管的电路。

问题: 利用二极管的恒压降模型,确定图 3.33 中 3 个二极管的 Q 点。

解:

已知量: 电路拓扑结构和原件值。

未知量: (I_{D1}, V_{D1}),(I_{D2}, V_{D2}),(I_{D3}, V_{D3})。

求解方法: 3 个二极管有 8 个开/关组合,如表 3.4 所示。首先假设所有二极管均处于截止状态,如图 3.34(a)所示。由于二极管 D_1、D_2 和 D_3 两端电压很大,因此仅考虑所有晶体管都为导通时的情况。

表 3.4　图 3.33 中可能的二极管状态

D_1	D_2	D_3
截止	截止	截止
截止	截止	导通
截止	导通	截止
截止	导通	导通
导通	截止	截止
导通	截止	导通
导通	导通	截止
导通	导通	导通

假设: 利用恒压降模型,$V_{on} = 0.6V$。

分析: 借助 CVD 模型重新绘制电路,如图 3.34(b)所示。这里我们没有采用理想二极管模型,而是代之以分段线性模型。从右到左,节点 C、B 和 A 的电压分别为

$$V_C = -0.6V \qquad V_B = -0.6 + 0.6 = 0V \qquad V_A = 0 - 0.6V = -0.6V$$

根据电压,可以求出流经电阻的电流分别为

$$I_1 = \frac{10 - 0}{10} \frac{V}{k\Omega} = 1mA \qquad I_2 = \frac{-0.6 - (-20)}{10} \frac{V}{k\Omega} = 1.94mA$$

$$I_3 = \frac{-0.6 - (-10)}{10} \frac{V}{k\Omega} = 0.94mA \tag{3.32}$$

利用基尔霍夫电流定律,可得

$$I_2 = I_{D1} \qquad I_1 = I_{D1} + I_{D2} \qquad I_3 = I_{D2} + I_{D3} \tag{3.33}$$

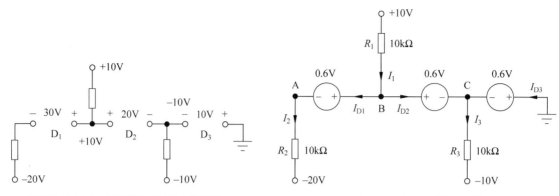

(a) 图3.33中3个二极管都截止时的电路模型   (b) 3个二极管都导通时的电路模型

图 3.34   二极管分段线性模型表示

由式(3.32)和式(3.33)可计算出 3 个二极管的电流分别为

$$I_{D1}=1.94\text{mA}>0\sqrt{} \quad I_{D2}=-0.94\text{mA}<0\times \quad I_{D3}=1.86\text{mA}>0\sqrt{} \qquad (3.34)$$

结果检查: $I_{D1}>0$, $I_{D3}>0$ 与假设一致。但是 $I_{D2}<0$ 不符合假设。需要进行二次迭代。

二次迭代:

在第二次迭代中,假设 D_1、D_3 导通, D_2 截止,如图 3.35(a)所示。则有

$$+10-10\,000I_1-0.6-10\,000I_2+20=0, \quad \text{其中} \quad I_1=I_{D1}=I_2 \qquad (3.35)$$

可以得到

$$I_{D1}=\frac{29.4}{20}\frac{\text{V}}{\text{k}\Omega}=1.47\text{mA}>0\sqrt{}$$

另外

$$I_{D3}=I_3=\frac{-0.6-(-10)}{10}\frac{\text{V}}{\text{k}\Omega}=0.940\text{mA}>0\sqrt{}$$

解得 D_2 上的降压为

$$V_{D2}=10-10\,000I_1-(-0.6)=10-14.7+0.6=-4.10\text{V}<0\sqrt{}$$

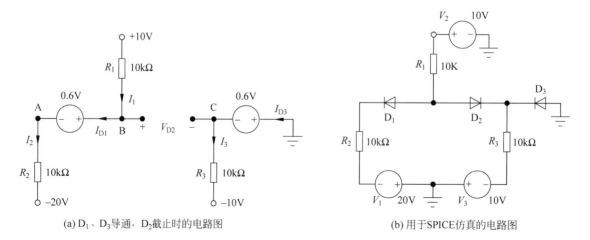

(a) D_1、D_3导通, D_2截止时的电路图   (b) 用于SPICE仿真的电路图

图 3.35   假设 D_1、D_3 导通, D_2 截止时的电路

结果检查：I_{D1}、I_{D3} 和 I_{D2} 都与假设一致,因此电路的 Q 点为

$$D_1:(1.47\text{mA},0.6\text{V}) \qquad D_2:(0\text{mA},-4.10\text{V}) \qquad D_3:(0.940\text{mA},0.6\text{V})$$

讨论：利用理想二极管模型得出的 Q 点为(参见习题 3.73)

$$D_1:(1.50\text{mA},0\text{V}) \qquad D_2:(0\text{mA},-5.00\text{V}) \qquad D_3:(1.00\text{mA},0\text{V})$$

I_{D1}、I_{D3} 与实际电路情况相差小于 60%,但是 D_2 上的偏置电压与实际电路情况相差 20%。利用 CVD 模型得出的结果比用理想二极管模型得出的结果更接近实际电路情况。然而,基于这两种方法的计算结果,也都只是实际二极管电路的近似值。

计算机辅助分析：利用 SPICE 分析图 3.35(b)所示的电路,得到以下 Q 点：$(1.47\text{mA},0.665\text{V})$,$(-4.02\text{pA},-4.10\text{V})$,$(0.935\text{mA},0.635\text{V})$。利用 SPICE 中的 SHOW 和 SHOWMOD 命令,可以直接找到器件的参数和 Q 点,或者在 SPICE 一些实现中插入伏特表和安培表。请注意,二极管 D_2 中的电流为 -4pA,远大于二极管的反向饱和电流(I_S 默认为 10fA),这是由作者 SPICE 版本中完整的 SPICE 模型产生的。

练习：将图 3.33 中 R_1 的阻值变为 $2.5\text{k}\Omega$,找出 3 个二极管的 Q 点。
答案：$(2.13\text{mA},0.6\text{V})$；$(1.13\text{mA},0.6\text{V})$；$(0\text{mA},-1.27\text{V})$。
练习：已知 $I_S=1\text{fA}$,利用 SPICE 计算上面练习中二极管的 Q 点。
答案：$(2.12\text{mA},0.734\text{V})$；$(1.12\text{mA},0.718\text{V})$；$(0\text{mA},-1.19\text{V})$。

3.12　击穿区域二极管分析

反向击穿区是二极管的一个很有用的工作区。由于反向击穿电压与电流无关,因此可以用来作稳压,也可以用作参考电压。因此有必要分析二极管工作在反向击穿区时的情况。

单回路电路如图 3.36 所示,电源电压为 20V,齐纳二极管击穿电压为 5V。二极管反向偏置,电源电压超过二极管的齐纳额定电压,$V_Z=5\text{V}$,因此二极管工作在击穿区。

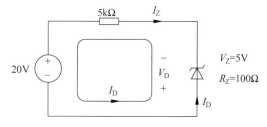

图 3.36　含有齐纳二极管的电路

3.12.1　负载线分析

图 3.37 所示的是齐纳二极管的 $I\text{-}V$ 特性曲线,利用负载线分析找出二极管的 Q 点,求出的 Q 点与工作区无关。图 3.36 中标示出了 I_D 和 V_D 的极性。回路方程为

$$-20=V_D+5000I_D \qquad\qquad (3.36)$$

为了画出负载线,在图 3.37 中选择两个值

$$V_D=0\text{V}, \quad I_D=-4\text{mA} \quad 和 \quad V_D=-5\text{V}, \quad I_D=-3\text{mA}$$

此时负载线与二极管特性曲线相交,交点即为击穿区的 Q 点 $(-2.9\text{mA},-5.2\text{V})$。

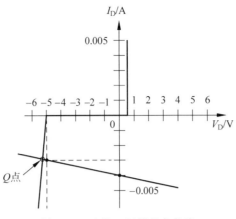

图 3.37 齐纳二极管的负载线

3.12.2 分段线性模型分析

假设二极管工作在反向击穿区,则有电流 $I_D<0$ 或者 $I_Z=-I_D>0$。接下来我们用分段线性模型对电路进行分析,并检验是否与击穿区假设一致。

在图 3.38 中,用分段线性模型代替齐纳二极管,其中 $V_Z=5V$,$R_Z=100\Omega$。在此,使用 I_Z 写出回路方程

$$20-5100I_Z-5=0 \quad 或 \quad I_Z=\frac{(20-5)V}{5100\Omega}=2.94mA \tag{3.37}$$

由于 $I_Z>0$($I_D<0$),所得结果与二极管工作在齐纳击穿区的假设一致。

如果将击穿区考虑在内,二极管将有 3 个可能的工作状态,电分析将变得更加复杂。

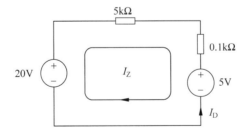

图 3.38 齐纳二极管分段线性模型电路(注意,本模型只在击穿区有效)

3.12.3 稳压器

齐纳二极管可以用作稳压器(Voltage regulator),如图 3.39 所示电路。齐纳二极管的作用是使负载电阻 R_L 两端的电压保持不变。只要二极管工作在反向击穿区,R_L 两端的电压便约等于 V_Z。为了保证二极管工作在反向击穿区,要求 $I_Z>0$。

采用齐纳二极管模型将图 3.39 所示的电路重新画为图 3.40 的形式,其中 $R_Z=0$。利用节点分析法,齐纳电流 $I_Z=I_S-I_L$。则电流 I_S 和 I_L 分别为

$$I_S=\frac{V_S-V_Z}{R}=\frac{(20-5)V}{5k\Omega}=3mA \quad 和 \quad I_L=\frac{V_L}{R_L}=\frac{5V}{5k\Omega}=1mA \tag{3.38}$$

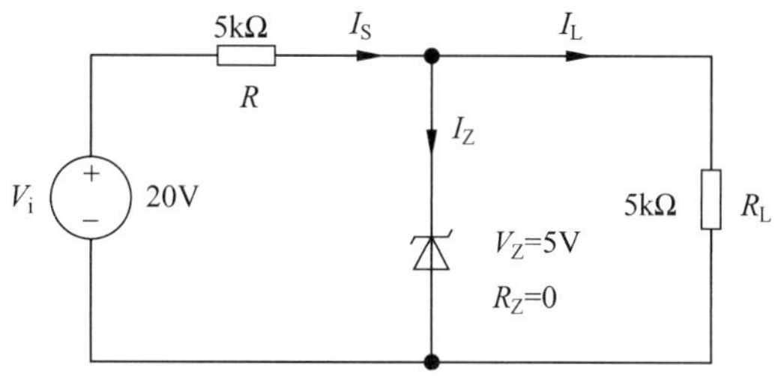

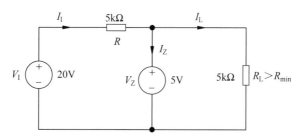

图 3.39　齐纳二极管稳压器电路

可得齐纳电流 $I_Z=2\mathrm{mA}$。$I_Z>0$，与假设一致。如果计算得出的 $I_Z<0$，那么齐纳二极管就不能控制 R_L 两端的电压。为了起到有效的稳压作用，齐纳电流必须大于零

$$I_Z=I_S-I_L=\frac{V_S}{R}=V_2\left(\frac{1}{R}+\frac{1}{R_L}\right)>0 \tag{3.39}$$

在齐纳二极管作为电压调节器的电路中，可以求得齐纳二极管用作稳压器时其负载电阻值 R_L 的下限。

$$R_L>\frac{R}{\left(\dfrac{V_S}{V_Z}-1\right)}=R_{\min} \tag{3.40}$$

练习：确定图 3.39 和图 3.40 中齐纳稳压器电路的 $R_{\min}$ 的值；已知 $R_L=1\mathrm{k\Omega}$ 及 $R_L=2\mathrm{k\Omega}$，稳压器的输出电压分别为多少？

答案：$1.67\mathrm{k\Omega}$；$3.33\mathrm{V}$；$5.00\mathrm{V}$。

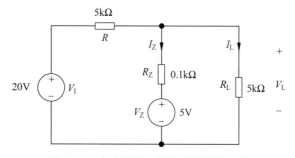

图 3.40　含齐纳二极管的稳压模型电路

3.12.4　包含齐纳电阻的电路分析

如果齐纳二极管的模型包含一个非零齐纳电阻 R_Z，可以将图 3.39 中的稳压器电路重新画为图 3.41 所示电路。此时，输出电压是齐纳二极管电流的函数。然而，当 R_Z 较小时，输出电压变化也很小。

图 3.41　含有齐纳电阻的齐纳稳压电路

例 3.9 齐纳二极管稳压电路的直流分析

确定齐纳二极管稳压器电路的工作点。

问题：在图 3.39 和图 3.41 中,已知 $R_Z = 100\Omega, V_Z = 5V$。求齐纳二极管稳压电路的输出电压和齐纳二极管的电流。

解：

已知量：在图 3.41 所示的齐纳二极管稳压电路中,已知 $V_I = 20V, R = 100\Omega, V_Z = 5V$。

未知量：V_L, I_Z。

求解方法：电路中只有一个未知节点电压 V_L,利用节点方程可以求出 V_L 的值,进而利用欧姆定律求出 I_Z。

假设：利用如图 3.41 所示的二极管分段线性模型完成本例。

分析：写出 V_L 的节点方程,可得

$$\frac{V_L - 20V}{5000\Omega} + \frac{V_L - 5V}{100\Omega} + \frac{V_L}{5000\Omega} = 0$$

等式两边同时乘以 5000Ω,整理可得

$$52V_L = 270V \quad 和 \quad V_L = 5.19V$$

齐纳二极管电流为

$$I_Z = \frac{V_L - 5V}{100\Omega} = \frac{5.19V - 5V}{100\Omega} = 1.90mA > 0$$

结果检查：$I_Z > 0$,说明二极管工作在反向击穿区,此时稳压器的输出电压略大于 $R_Z = 0$ 时的输出电压,而齐纳二极管的电流则略微有所减小,与电路中增加 R_Z 引起的变化一致。

计算机辅助分析：若用 SPICE 参数 BV、IBV、RS 设定击穿电压,就可以利用 SPICE 程序模拟齐纳二极管电路。BV 表示击穿电压,IBV 表示击穿电流。令 BV = 5V、RS = 100\Omega,IBV 默认为 1mA,得 $V_L = 5.21V$、$I_Z = 1.92mA$,与手工计算的结果基本一致。分析 V_S 到 V_L 的传输函数,得灵敏度为 21mV/V,输出电阻为 108Ω。下一节将给出这些数字的含义。

练习：在图 3.41 中,已知 $R = 1k\Omega$,求 V_L、I_Z 和齐纳功耗。

答案：6.25V;12.5mA;78.1mW。

3.12.5 线性调整率和负载调整率

电压调整电路的两个重要参数是线性调整率(Line regulation)和负载调整率(Load regulation)。线性调整率特性是输出电压对输入电压变化的敏感程度,用 V/V 或百分比表示。负载调整率特性是输出电压对从调节器中输出的负载电流的变化有多敏感,负载的单位是欧姆。

$$线性调整率 = \frac{dV_L}{dV_I} \quad 和 \quad 负载调整率 = \frac{dV_L}{dI_L} \tag{3.41}$$

对图 3.41 所示的电路进行分析,可以得到类似于例 3.9 所示的量化表达式

$$\frac{V_L - V_I}{R} + \frac{V_L - V_Z}{R_Z} + I_L = 0 \tag{3.42}$$

对于固定的负载电流,线性调整率为

$$线性调整率 = \frac{R_Z}{R + R_Z} \tag{3.43}$$

I_L 变化时

$$负载调整率 = -(R_Z \parallel R) \qquad (3.44)$$

负载调整率可以看作从负载终端看进去的戴维南等效电阻。

练习：求图 3.41 中电路的线性调整率和负载调整率的值。

答案：19.6mV/V；98Ω。与例 3.9 中用 SPICE 得出的结果一致。

3.13 半波整流电路

整流器在日常生活中随处可见，并没有引起人们的注意，却是二极管的主要应用之一。基本整流电路将交流电压转化成脉冲直流电压，然后再用 LC 或 RC 滤波器消除波形中的交流成分，输出几乎恒定的直流电压。实际上，绝大多数插在插座上的电器设备要用整流电路把 220V、50Hz 的交流电转化成各种所需的直流电压，用来为计算机、音响系统、无线电接收器和电视机等设备提供电源。所有的电池充电器及被美国称为"壁瘤"的电源适配器中都有整流器。实际上，绝大多数的电子电路是由直流电源供电，这些直流电源通常基于某种形式的整流器。

本节研究带有电容滤波器的半波整流电路，这是许多直流电源的基础电路。迄今为止，我们仅仅研究过稳态直流电路，其中的二极管处于导通、截止或者反向击穿等 3 种可能状态中的一种。接下来我们要研究的二极管状态会随时间改变，只能在一段时间间隔内可以使用电路的分段线性模型。

3.13.1 带负载电阻的半波整流器

图 3.42 所示的半波整流电路中，采用了一个二极管。电压源为正弦电压源 $v_1 = V_P \sin \omega t$，与二极管和负载电阻串联。第一个半周期，$v_1 > 0$，二极管中电流为正方向，二极管导通；第二个半周期，$v_1 < 0$，二极管截止。这两种状态下的理想二极管电路如图 3.43 所示。

二极管导通时，输出端与电压源 v_S 直接相连，$v_O = v_1$；截止时，电阻中电流为零，输出电压也为零。输入输出电压波形如图 3.44 所示，产生的电流成为直流脉冲电流。该电路二极管的导通时间和截止时间各占总时间的一半。

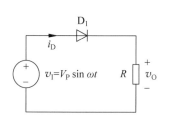

图 3.42　半波整流电路

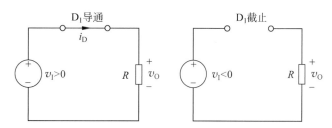

图 3.43　半波整流器工作在两种状态下的理想二极管电路

有些情况下，二极管的正向压降十分重要。整流器处于导通状态时的 CVD 模型如图 3.45 所示。在这种情况下，在二极管导通期间，输出电压比输入电压小一个二极管压降：

$$v_O = (V_P \sin \omega t) - V_{on} \qquad 其中 \quad V_P \sin \omega t \geqslant V_{on} \qquad (3.45)$$

在二极管截止期间，输出电压保持为零。半波整流器的输入和输出波形，包括 V_{on} 的影响，如图 3.46 所示，其中 $V_P = 10\text{V}$，$V_{on} = 0.7\text{V}$。

在许多应用中，变压器用于将电源线上 220V、50Hz 的交流电压转换为所需的交流电压电平，如图 3.47 所

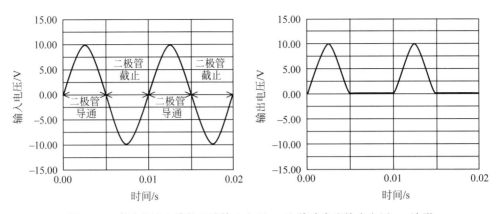

图 3.44 半波整流电路的正弦输入电压 v_S 和脉冲直流输出电压 v_O 波形

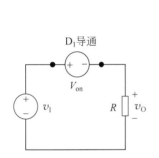

图 3.45 整流器导通状态时的 CVD 模型

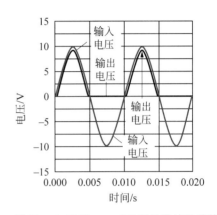

图 3.46 当 $V_p=10V,V_{on}=0.7V$ 时的半波整流输出电压

示。根据不同的应用场合,变压器可将电压升高或降低。另外,变压器通过与电源线隔离可以提高安全性。从电路知识我们知道,理想变压器的输出可以用理想电压源来表示,利用这一点可以简化后续整流电路图的表示。

由于电子设备需要恒定的电源电压,大多数电子设备不能直接使用图 3.42 或图 3.47 所示的半波整流器的未滤波输出。可以在图 3.47 中添加滤波电容器(或更复杂的滤波电路)对输出进行滤波,将波形中时变分量删除。

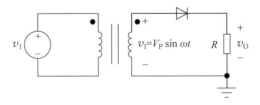

图 3.47 基于变压器的半波整流器

3.13.2 整流滤波电容

为了更好地理解整流滤波器的工作原理,首先来研究图 3.48 所示的峰值探测电路,这个电路与图 3.47 所示的电路相似,只是用电容 C 替代了源电路中的电阻,电容的初始状态为未充电,即 $v_O=0$。

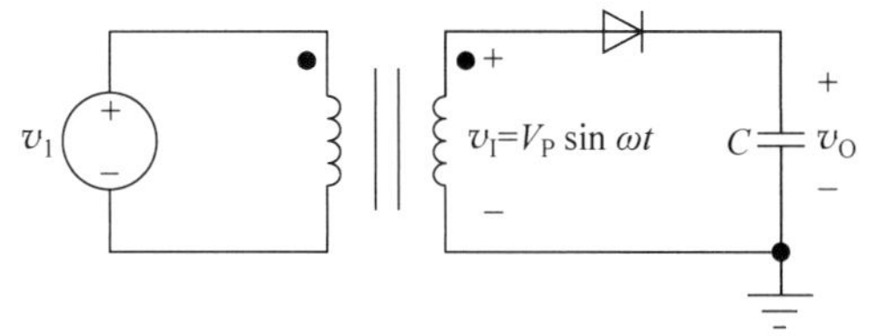

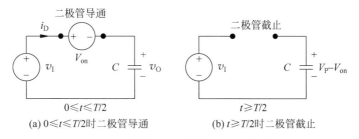

图 3.48　带电容负载的整流器(峰值检测器)

图 3.49 分别给出了二极管导通和截止时的电路模型,电路的输入输出电压波形如图 3.50 所示。随着输入电压增大,二极管导通,电容与电源相连。电容电压等于输入电压减去二极管两端的电压降。

二极管导通

二极管截止

(a) $0 \leqslant t \leqslant T/2$ 时二极管导通　　　(b) $t \geqslant T/2$ 时二极管截止

图 3.49　峰值探测电路模型(恒压降模型)

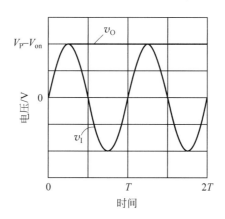

图 3.50　峰值探测电路的输入输出波形

输入电压最大时,通过二极管的电流试图反向,导致 $i_D = C[\mathrm{d}(v_I - V_{on})/\mathrm{d}t] < 0$,二极管电流反向,二极管截止,电容与电路其余部分断开。由于电容没有了放电路径,故电容上的电压保持不变。由于输入电压源的幅度 v_I 不会超过 v_P,因此在 $t > T/2$ 时,电容仍然与电源 v_I 断开。因此,图 3.48 中的电容充电达到的电压比输入波形峰值低一个二极管压降,然后保持恒定,则产生的直流输出电压为

$$V_{dc} = V_P - V_{on} \tag{3.46}$$

3.13.3　带 RC 负载的半波整流器

为了利用这个输出电压,必须在电路中连接负载电阻 R,如图 3.51 所示。二极管截止时,电容通过负载电阻放电。二极管导通和截止时的等效电路如图 3.52 所示。输入输出波形如图 3.53 所示。假设电容开始不带电,并且假设电路的时间常数 $RC \gg T$,在第一个四分之一周期内,二极管导通,电容快速充电。达到电源电压 v_I 时,二极管截止,然后电容通过电阻 R 放电,电压呈指数级减小,如图 3.52(b) 等效电路所示。放电过程持续到电压 $v_I - v_{ON}$ 超过输出电压 v_O 为止,然后每个周期重复该过程一次。

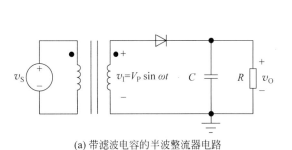 

(a) 带滤波电容的半波整流器电路　　　　　(b) 一个175 000μF的15V滤波电容,
　　　　　　　　　　　　　　　　　　　　　电容容限值为-10%, +75%

图 3.51　半波整流器电路及滤波电容

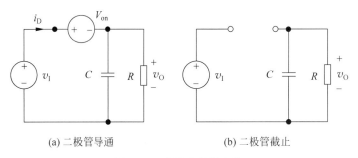

(a) 二极管导通　　　　　　　　　　(b) 二极管截止

图 3.52　半波整流器电路

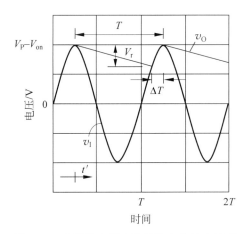

图 3.53　半波整流器电路的输入和输出波形

3.13.4　纹波电压和导通期

半波整流电路的输出电压中含有波纹电压 V_r,而不像理想峰值探测器电路那样有稳定的输出电压。此外二极管只在每个周期的一段时间 ΔT 内导通,称为导通期,相应的导通角用 $\theta_C = \omega \Delta T$ 来表示。变量 ΔT、θ_C 和 V_r 是与直流电源设计相关的重要参数,接下来将给出这些参数的表达式。

在放电期间,对于 $t' = \left(t - \dfrac{T}{4}\right) \geq 0$,电容两端的电压为

$$v_o(t') = (V_P - V_{on}) \exp\left(-\frac{t'}{RC}\right) \tag{3.47}$$

将 t' 时间轴引用到 $t = T/4$ 以简化等式,则纹波电压 V_r 为

$$V_r = (V_P - V_{on}) - v_o(t') = (V_P - V_{on})\left[1 - \exp\left(-\frac{T - \Delta T}{RC}\right)\right] \tag{3.48}$$

多数的电源设计中可以容许 V_r 为很小的数值,要求 RC 远大于 $T - \Delta T$,当 x 很小时使用 $\exp(-x) \approx 1 - x$ 来得到纹波电压的近似值

$$V_r \approx (V_P - V_{on})\frac{T}{RC}\left(1 - \frac{\Delta T}{T}\right) \tag{3.49}$$

纹波电压小也意味着 $\Delta T \ll T$,纹波电压表达式可以进一步简化为

$$V_r \approx \frac{(V_P - V_{on})}{R}\frac{T}{C} = I_{dc}\frac{T}{C} \tag{3.50}$$

其中

$$I_{dc} = \frac{V_P - V_{on}}{R} \tag{3.51}$$

式(3.49)和式(3.50)采用了指数近似,相当于假设电容以恒定电流放电,放电波形为一直线。纹波电压 V_R 可以由电容 C 在时间 T 内放电的等效直流电流确定,即 $\Delta V = (I_{dc}/C)T$。

对于导通角 θ_C 和导通期 ΔT 也可以获得近似表达式。在时间 $t = \dfrac{5}{4}T - \Delta T$ 时,输入电压刚好超过输出电压,二极管导通。因此,$\theta = \omega t = 5\pi/2 - \theta_C$ 和

$$V_P \sin\left(\frac{5}{2}\pi - \theta_C\right) - V_{on} = (V_P - V_{on}) - V_r \tag{3.52}$$

请记住,$\sin\left(\dfrac{5}{2}\pi - \theta_C\right) = \cos\theta_C$,所以可以将上式化简为

$$\cos\theta_C = 1 - \frac{V_r}{V_P} \tag{3.53}$$

对于 θ_C 较小的取值,$\cos\theta_C \approx 1 - \theta_C^2/2$。则,导通角和导通期的公式如下

$$\theta_C = \sqrt{\frac{2V_r}{V_P}} \quad \text{和} \quad \Delta T = \frac{\theta_C}{\omega} = \frac{1}{\omega}\sqrt{\frac{2V_r}{V_P}} \tag{3.54}$$

例 3.10 半波整流分析

下面给出一个带有电容滤波器半波整流器的例子,求取该半波整流器的参数数值。

问题:已知驱动半波整流器的变压器次级电压为 $12.6V_{rms}$(60Hz),并已知 $R = 15\Omega$,$C = 25\,000\mu F$,假设二极管导通电压 $V_{on} = 1V$。求半波整流器的直流输出电压、直流输出电流、纹波电压、导通期及导通角。

解:

已知量:图 3.51 所示的带有 RC 负载的半波整流器电路。变压器次级电压为 $12.6V_{rms}$,工作频率为 60Hz,$R = 15\Omega$,$C = 25\,000\mu F$。

未知量:直流输出电压 V_{dc}、输出电流 I_{dc}、纹波电压 V_r、导通期 ΔT 和导通角 θ_C。

求解方法：直接利用式(3.46)、式(3.50)、式(3.51)和式(3.54)进行数据计算。

假设：导通电压为1V。假设纹波电压远小于直流输出电压($V_r \ll V_{dc}$)，导通期远小于直流信号周期($\Delta T \ll T$)。

电路：不考虑纹波电压，理想直流输出电压由式(3.46)给出，为

$$V_{dc} = V_P - V_{on} = (12.6\sqrt{2} - 1)V = 16.8V$$

由电源提供的标称直流电流为

$$I_{dc} = \frac{V_P - V_{on}}{R} = \frac{16.8V}{15\Omega} = 1.12A$$

当放电时间$T = 1/60s$时，由式(3.50)计算得纹波电压为

$$V_r \approx I_{dc}\frac{T}{C} = 1.12A\frac{\frac{1}{60}s}{2.5 \times 10^{-2}F} = 0.747V$$

利用式(3.54)计算的导通角为

$$\theta_c = \omega\Delta T = \sqrt{\frac{2V_r}{V_P}} = \sqrt{\frac{2 \times 0.75}{17.8}} = 0.290rad \text{ 或 } 16.6°$$

导通期为

$$\Delta T = \frac{\theta_C}{\omega} = \frac{\theta_C}{2\pi f} = \frac{0.29}{120\pi} = 0.769ms$$

结果检查：纹波电压占直流输出电压的4.4%，符合电压基本稳定的假设。导通时间为0.769ms，总周期$T = 16.7ms$，符合ΔT远小于T的假设。

讨论：通过本题我们可以看出，即使供电为1A的电源也需要很大的滤波电容来保证纹波电压在总电压中占比较小。这里采用了$C = 0.025F = 25\,000\mu F$的电容。

练习：已知驱动半波整流器的变压器次级电压为$6.3V_{rms}$(60Hz)，$R = 0.5\Omega$，$C = 500\,000\mu F$。假设二极管导通电压为1V，求半波整流器的直流输出电压、直流输出电流、纹波电压、导通期及导通角。

答案：7.91V；15.8A；0.527V；0.912ms；19.7°。

练习：已知驱动半波整流器的变压器次级电压为$10V_{rms}$(60Hz)，负载电阻为2Ω。假设二极管导通电压为1V。求半波整流器的直流输出电压、直流输出电流。求纹波电压$V_r \leq 0.1V$时的滤波电容值。导通角θ_C为多少？

答案：13.1V；6.57A；1.10F；6.82°。

3.13.5　二极管电流

整流器电路中，二极管只在周期T的很短时间内存在非零电流，但是从滤波器电容向负载提供的直流电流几乎是恒定的。电容每个周期内损失的总电荷，要通过二极管导通期ΔT内流经二极管的电流来补偿，这使二极管的峰值电流很大。二极管电流的SPICE仿真结果如图3.54所示。二极管产生的周期性的电流脉冲呈三角形，可以通过高度为I_P和宽度为ΔT的三角来建模，如图3.55所示。

二极管导通时间内电源提供电荷量等于滤波器电容在一个周期内损失的电荷量，所以有

$$Q = I_P\frac{\Delta T}{2} = I_{dc}T \quad \text{或} \quad I_P = I_{dc}\frac{2T}{\Delta T} \tag{3.55}$$

由于电流对时间的积分等于电荷量Q，因此图3.55中三角形电流脉冲提供的电荷由三角形的面积

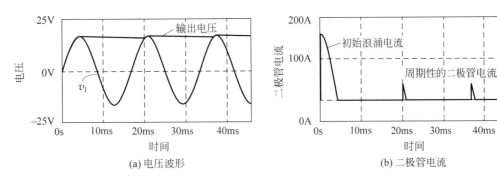

(a) 电压波形   (b) 二极管电流

图 3.54 半波整流器电路的 SPICE 仿真

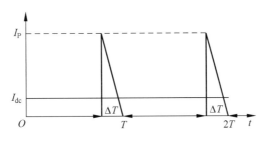

图 3.55 二极管电流脉冲的三角近似

确定,为 $I_P \Delta T/2$。

对于例 3.10 来说,二极管电流峰值为

$$I_P = 1.12 \frac{2 \times 16.7}{0.769} = 48.6A \tag{3.56}$$

该结果与图 3.55 所示的仿真结果一致。因此,所使用的二极管必须能够承受较高的峰值电流,而且这些峰值电流呈周期性的出现。二极管具有较高的峰值电流也是例 3.10 中二极管的导通电压很大的原因(参见习题 3.82)。

练习:(1)如果 $I_S = 10^{-15}$A,已知二极管工作在 300K 时的电流为 48.6A,求二极管的正向工作电压;(2)当工作温度变为 50℃ 时,求此时的正向工作电压。

答案:0.994V;1.07V。

3.13.6 浪涌电流

电源刚开始工作时,电容上没有电荷存储,二极管中会有一个非常大的电流,如图 3.54 所示。在第一个四分之一周期内,二极管的电流近似为

$$i_d(t) = i_c(t) \approx C\left[\frac{d}{dt}V_P \sin\omega t\right] = \omega C V_P \cos\omega t \tag{3.57}$$

初始浪涌电流的峰值等于浪涌电流在 $t = 0^+$ 时达到的值,为

$$I_{SC} = \omega C V_P = 2\pi(60Hz)(0.025F)(17.8V) = 168A$$

利用例 3.10 中的数据可得其初始浪涌电流接近 170A,该值与图 3.54 所示的仿真结果一致。如果电源开启时输入信号 v_I 恰好没有通过原点,这时的浪涌电流会更大,因此整流器二极管的选择必须要考虑能够承受非常大的浪涌电流及具有抗击周期型大电流脉冲的能力。

在大多数实际电路中,由于电路中存在串联电阻,由式(3.57)所得出的浪涌电流要比实际的电流大,例如整流器二极管本身内部存在串联电阻(参见 3.9 节的 SPICE 模型示例),变压器的初级线圈和次级线圈也存在电阻。次级线圈的总串联电阻达到十分之几欧姆时,就会极大地削弱电路中的浪涌电流和周期性浪涌电流。此外,串联电阻和滤波器电容使得电路的时间常数很大,整流器输出电压需要经历数个周期才能达到稳定值(参见本章结尾的 SPICE 仿真问题)。

3.13.7 额定峰值反向电压

整流器电路中二极管的额定击穿电压也是一个重要的参数,称为整流二极管的反向峰值电压(PIV)。半波整流器在最坏情况下的反向峰值电压如图 3.56 所示,图中假设纹波电压 V_r 很小。如图 3.52(b)所示,当二极管截止时,二极管的反偏电压等于 $V_{DC} - V_I$。最坏情况出现在 V_I 达到 $-V_P$ 的反向最大值时,因此,二极管至少能够承受的反向偏压为

$$\text{PIV} \geqslant V_{dc} - v_I^{\min} = V_P - V_{on} - (-V_P) = 2V_P - V_{on} \approx 2V_P \qquad (3.58)$$

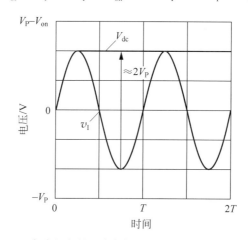

图 3.56 半波整流器电路中加在二极管上的反向峰值电压

从式(3.58)可以看出,半波整流器电路中使用的二极管 PIV 额定值必须等于电源 V_I 最大值的 2 倍。PIV 值对应于整流二极管的齐纳击穿电压的最小值。电源设计时,通常为二极管 PIV 额定值规定至少 25%~50% 的安全裕度。

3.13.8 二极管功耗

在一些大电流的应用中,整流二极管的功耗变得不容忽视。二极管的平均功耗定义为

$$P_D = \frac{1}{T}\int_0^T v_D(t) i_D(t) dt \qquad (3.59)$$

假设二极管两端的电压近似为常数 $V_D(t) = V_{on}$,二极管电流 $i_D(t)$ 近似为图 3.55 中的三角形,式(3.59)可以简化为

$$P_D = \frac{1}{T}\int_0^T V_{on} i_D(t) dt = \frac{V_{on}}{T}\int_{T-\Delta T}^T i_D(t) dt = V_{on}\frac{I_P}{2}\frac{\Delta T}{T} = V_{on} I_{dc} \qquad (3.60)$$

由式(3.60)可知,二极管功耗等于直流输出电流乘以导通电压。以半波整流器为例,$P_D = (1V)(1.1A) = 1.1W$。因此需要在整流二极管上增加散热器,以避免其温度过高。注意,流过二极管的平均电流为 I_{dc}。

二极管内部存在很小的串联电阻 R_S，这是造成功耗的另一原因，该电阻引起的平均功耗为

$$P_D = \frac{1}{T}\int_0^T i_D^2(t)R_S dt \qquad (3.61)$$

对于图 3.55 中的三角形电流，可以计算其积分值等于

$$P_D = \frac{1}{3}I_P^2 R_S \frac{\Delta T}{T} = \frac{4}{3}\frac{\Delta T}{T}I_{dc}^2 R_S \qquad (3.62)$$

利用之前整流器示例的数据，电阻 $R_S = 0.20\Omega$，计算得 $P_D = 7.3W$，这一值远大于使用式(3.60)计算的二极管导通电压引起的功耗分量。通常来说，可以采取两种途径减少式(3.62)中产生的功耗分量，使用最小尺寸的滤波电容以减小峰值电流 I_P，或者使用全波整流电路，3.14 节中将会详细讲解。

3.13.9　输出负电压的半波整流器

将图 3.57(a)所示电路中的电容上端接地，就可以利用该电路来产生负输出电压。但是，我们通常将电路画为图 3.57(b)所示的形式，实际上这两个电路是等效的。在图 3.57(b)所示的电路中，二极管在变压器电压 v_1 负半周导通，直流输出电压为 $V_{dc} = -(V_P - V_{on})$。

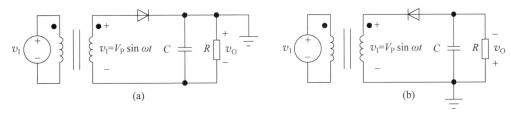

图 3.57　输出负电压的半波整流电路

电 子 应 用

AM 解调

某 100% 幅度调制(AM)信号的波形如下图所示，其数学表达式为 $v_{AM} = 2\sin\omega_c t(1 + \sin\omega_M t)\mathrm{V}$，其中 ω_c 为载波频率($f_C = 50\mathrm{kHz}$)，ω_M 为调制频率($f_M = 5\mathrm{kHz}$)。AM 信号的包络包含正在发送的信息，它可以用一个简单的半波整流器从载波信号中还原出来。

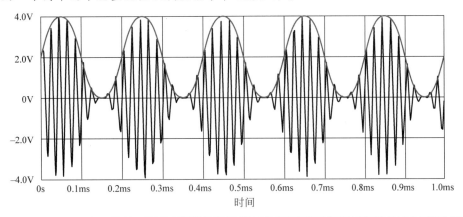

在下图所示的 SPICE 电路中,需要被解调的信号作为输入信号施加到整流器上。整流器的时间常数设为 R_2C_1,用以滤除载波而保留包络信号。用 R_3 和 C_2 构成的低通滤波器来提供附加滤波。

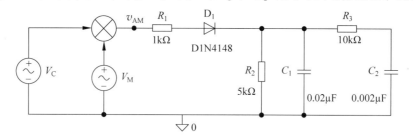

下面是 SPICE 仿真波形和对被解调信号进行傅里叶分析得到的结果。V_{C1} 和 V_{C2} 两条曲线分别代表了加在 C_1 和 C_2 两端的电压。

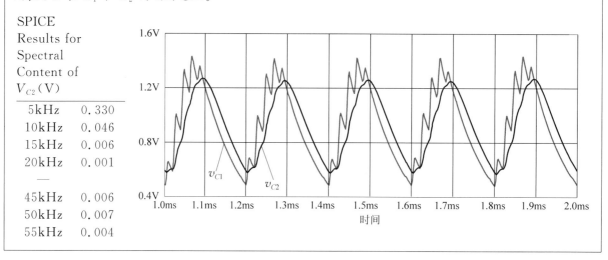

SPICE Results for Spectral Content of V_{C2} (V)	
5kHz	0.330
10kHz	0.046
15kHz	0.006
20kHz	0.001
—	
45kHz	0.006
50kHz	0.007
55kHz	0.004

3.14　全波整流电路

相对于半波整流电路来说,全波整流电路可以使电容的放电时间减少一半,且只需一半大小的滤波器电容就能达到给定纹波电压。图 3.58 所示的全波整流电路使用中心抽头变压器产生两个电压,这两个电压幅度相同,相位相差 $180°$。在二极管 D_1 上施加电压 V_1,在二极管 D_2 上施加电压 $-V_1$,两个二极管形成一对半波整流器,工作在输入波形的交替半周期。变压器次级线圈上的圆点表示出这两部分的相位组合。

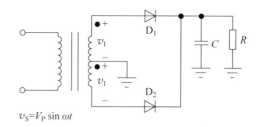

图 3.58　采用两个二极管和一个中心抽头变压器的全波整流电路,
该电路产生的输出电压为正

当 $v_1 > 0$ 时，D_1 用作半波整流器，D_2 截止，如图 3.59 所示。电流从变压器的上端流出，流经二极管 D_1 和 RC 负载，返回变压器的中心抽头。

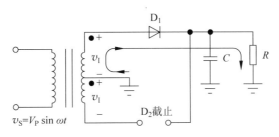

图 3.59　当 $V_1 > 0$ 时，图 3.58 所示电路的等效电路

当 $v_1 < 0$ 时，D_1 截止，D_2 用作半波整流器，如图 3.60 所示。此时电流从变压器底端流出，流经二极管 D2 和 RC 负载，返回变压器的中心抽头。两种情况中负载的电流方向相同，每个半周期分别使用变压器的一半。

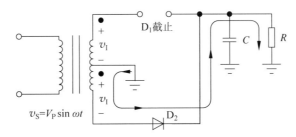

图 3.60　当 $t < 0$ 时，图 3.58 所示电路的等效电路

负载由滤波电容 C 和负载电阻 R 组成，每个周期接受两个电流脉冲，电容放电时间减少到不足 $T/2$，如图 3.61 中的曲线图所示。对半波整流器进行同样的分析，也可以得到相同的直流输出电压、纹波电压及 ΔT 的公式，但需要注意的是全波电路中放电时间是 $T/2$，而不是 T。对于给定的电容值，纹波电压的大小是原来的一半，导通时间和峰值电流减小。每个二极管的反向峰值电压波形与图 3.56 中半波整流器的波形相似，因此每个二极管的反向峰值电压与半波整流器的电压相同。

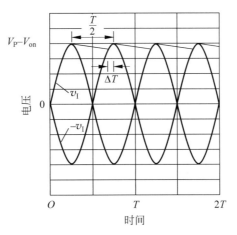

图 3.61　全波整流器的电压波形

如图 3.62 所示,将二极管的极性反转,就构成了输出电压为负的全波整流器电路。电路的其他部分与原来输出电压为正的全波整流器相同。

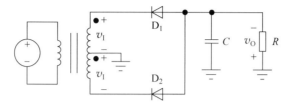

图 3.62　输出电压为负的全波整流器

3.15　全波桥式整流

如图 3.63 所示,相对于全波整流电路来说,全波桥式整流器电路增加了两个二极管,不再需要全波整流电路中的中心抽头变压器。当 $v_1 > 0$ 时,D_2、D_4 导通,D_1、D_3 截止,如图 3.64 所示,电流从变压器的上端流出,由 D_2 流入 RC 负载,最后经由 D_4 返回变压器。负载电容两端的变压器电压减去两个二极管导通电压之和,即为负载电容两端的直流输出电压

$$V_{dc} = V_P - 2V_{on} \tag{3.63}$$

节点①的峰值电压是 D_1 两端的最大反向电压,等于 $V_P - V_{on}$。同样,D_4 二极管两端的反向峰值电压为 $(V_P - 2V_{on}) - (-V_{on}) = (V_P - V_{on})$。

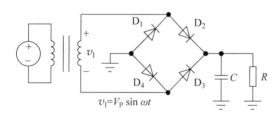

图 3.63　输出为正电压的全波桥式整流电路

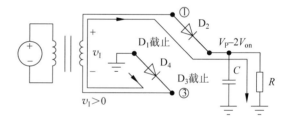

图 3.64　当 $v_1 > 0$ 时全波桥式整流电路的等效电路

当 $v_1 < 0$ 时,D_1、D_3 导通,D_2、D_4 截止,如图 3.65 所示,电流从变压器的底端流出,由 D_3 流入 RC 负载,最后由 D_1 返回变压器。与 $v_1 > 0$ 时的情况相同,节点③的峰值电压是 D_4 两端的最大反向电压,等于 $V_P - V_{on}$,二极管 D_2 两端的反向峰值电压为 $(V_P - 2V_{on}) - (-V_{on}) = (V_P - V_{on})$。

从两个半周期的分析可见,每个二极管均存在反向峰值电压 PIV 的额定值,且可表示为

$$PIV = V_P - V_{on} \approx V_P \tag{3.64}$$

和以前的整流器电路一样,将二极管反向排列可产生负的输出电压,如图 3.66 所示。

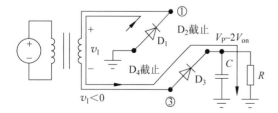

图 3.65　当 $v_1 < 0$ 时全波桥式整流电路的等效电路

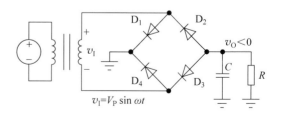

图 3.66　输出负电压的全波桥式整流电路

3.16 整流器的比较及折中设计

表 3.5 和表 3.6 总结了 3.13～3.15 节中介绍的半波、全波及全波桥式整流器的特性。在整流器的电路设计中,滤波器电容在成本、尺寸及重量方面通常是重要的经济因素。对于给定的纹波电压,全波整流器中所需的滤波电容的值是半波整流器的一半。

表 3.5 整流器的公式小结

半波整流器	全波整流器	全波桥式整流器
$V_{dc} = V_P - V_{on} \quad I_{dc} = \dfrac{(V_P - V_{on})}{R}$	$V_{dc} = V_P - V_{on} \quad I_{dc} = \dfrac{(V_P - V_{on})}{R}$	$V_{dc} = V_P - 2V_{on} \quad I_{dc} = \dfrac{(V_P - 2V_{on})}{R}$
$V_r = \dfrac{(V_P - V_{on})}{R}\dfrac{T}{C} = I_{dc}\dfrac{T}{C}$	$V_r = \dfrac{(V_P - V_{on})}{R}\dfrac{T}{2C} = I_{dc}\dfrac{T}{2C}$	$V_r = \dfrac{(V_P - 2V_{on})}{R}\dfrac{T}{2C} = I_{dc}\dfrac{T}{2C}$
$\Delta T = \dfrac{1}{\omega}\sqrt{\dfrac{2V_r}{V_P}} \quad \theta_c = \omega\Delta T$	$\Delta T = \dfrac{1}{\omega}\sqrt{\dfrac{2V_r}{V_P}} \quad \theta_c = \omega\Delta T$	$\Delta T = \dfrac{1}{\omega}\sqrt{\dfrac{2V_r}{V_P}} \quad \theta_c = \omega\Delta T$
$I_P = I_{dc}\dfrac{2T}{\Delta T} \quad PIV = 2V_P$	$I_P = I_{dc}\dfrac{T}{\Delta T} \quad PIV = 2V_P$	$I_P = I_{dc}\dfrac{T}{\Delta T} \quad PIV = V_P$

表 3.6 带电容滤波器的整流器比较

整流滤波器参数	半波整流器	全波整流器	全波桥式整流器
滤波电容	C	$\dfrac{C}{2}$	$\dfrac{C}{2}$
反向峰值电压	$2V_P$	$2V_P$	V_P
二极管的峰值电流(常数 V_r)	最高	降低	降低
	I_P	$\dfrac{I_P}{2}$	$\dfrac{I_P}{2}$
浪涌电流	最高	降低($\propto C$)	降低($\propto C$)
备注	复杂度最低	电容较小 需要中心抽头的变压器 2 个二极管	电容较小 不需要中心抽头的变压器 4 个二极管

全波整流器中峰值电流的减小会显著降低二极管的热功耗。增加第二个二极管和使用中心抽头的变压器,都会使得电路比原来变得更复杂,从而增加成本,在一定程度上抵消了一些优势。然而,全波整流的好处通常超过电路复杂性的微小增加。

桥式整流器无须中心抽头变压器,二极管的 PIV 额定值降低,这在高压电路中尤为重要。由于二极管桥式整流器可以作为单独器件购买,因此附加二极管的成本可以忽略不计。

例 3.11 整流器设计

接下来将利用前面学过的整流器知识设计一个整流器电路,提供规定的输出电压和纹波电压。

问题:设计一个整流器,要求提供 15V 直流输出电压,负载电流为 2A 时纹波电压不超过 1%。

解:

已知量:$V_{dc} = 15\text{V}, V_r < 0.15\text{V}, I_{dc} = 2\text{A}$。

未知量:电路结构,变压器电压,滤波器电容,二极管 PIV 额定值,二极管周期脉冲电流,二极管浪涌电流。

求解方法:利用已知数据估算整流器电路方程。选择全波桥式电路结构,需要较小的滤波电容,较小的二极管反向峰值电压,不需要带中心抽头的变压器。

假设:二极管导通电压为1V。纹波电压远小于直流输出电压($V_r \ll V_{dc}$),导通期 ΔT 远小于交流信号周期 T。

分析:所需变压器电压为

$$V = \frac{V_P}{\sqrt{2}} = \frac{V_{dc} + 2V_{on}}{\sqrt{2}} = \frac{15+2}{\sqrt{2}}V = 12.0V_{rms}$$

利用纹波电压、输出电流和放电时间求得滤波电容为

$$C = I_{dc}\left(\frac{T/2}{V_r}\right) = 2A\left(\frac{1}{120}s\right)\left(\frac{1}{0.15V}\right) = 0.111F$$

为了计算 I_P,先要由式(3.54)求得导通时间为

$$\Delta T = \frac{1}{\omega}\sqrt{\frac{2V_r}{V_P}} = \frac{1}{120\pi}\sqrt{\frac{2(0.15)V}{17V}} = 0.352ms$$

则,峰值重复电流为

$$I_P = I_{dc}\left(\frac{2}{\Delta T}\right)\left(\frac{T}{2}\right) = 2A\frac{(1/60)s}{0.352ms} = 94.7A$$

浪涌电流估算为

$$I_{surge} = \omega C V_P = 120\pi(0.111)(17) = 711A$$

二极管最小反向峰值电压为 $V_P = 17V$。出于安全裕度的考虑选择 PIV>20V。额定周期电流为 95A,考虑浪涌电流选择 710A。注意,由于忽视了变压器和二极管的串联电阻,这些计算中往往都高估了电流的幅度。最小滤波电容为 111 000μF,假设容差为 -30%,则可以选择的标称滤波电容为 160 000μF。

结果检查:纹波电压设计为输出电压的1%,符合电压基本为常数的假设。导通时间为 0.352ms,总周期为 $T = 16.7ms$,符合假设 ΔT 远小于 T 的假设。

计算机辅助分析:本题非常适合利用仿真来研究二极管电流的大小,并改进设计,以避免选择过高的整流二极管参数。已知条件为:$R_S = 0.1\Omega$,$n = 2$,$I_S = 1\mu A$,变压器串联电阻为 0.1Ω,SPICE 仿真结果为:$I_P = 11A$,$I_{surge} = 70A$,$V_{DC} = 13V$。与手工计算结果相比,浪涌电流和周期峰值电流均减小一个数量级。此外,输出电压也比预期的要小。11A 的峰值电流会在 0.2Ω 的总串联电阻两端形成 2.2V 峰值电压降。因此输出电压比预期的小 2V。实际上,串联电阻减小了二极管上的电压,串联电阻和滤波电容的时间常数为 0.44s,所以电路需要经历多个周期才能达到输出电压稳定。

练习:在上面例子中,假设使用半波整流器,重新设计该整流器。

答案:$V = 11.3V_{rms}$;$C = 222\ 000\mu F$;$I_P = 184A$;$I_{SC} = 1340A$。

电 子 应 用

功率管和手机充电器

实际上,人们在日常生活中经常遇到各种半波整流电路,许多都是由未经滤波的变压器驱动,其形式多为"电源盒"和许多便携式电子设备的电池充电器。下图中给出了一个例子,该例中的电源盒只包含一个小型变压器和整流二极管,变压器缠绕有细导线,并且在初级和次级绕组中都有明显的电阻。照片中的变压器,初级电阻是 600Ω,次级电阻为 15Ω,这些电阻实际上有助于防止变压器绕组导

线损坏。图 3.51 中的负载电阻 R 代表从功率管接收功率的负载元器件,一般为可充电电池。某些情况下,电路中还有滤波电容作为功率管电路的负载。

图(c)给出了用于对手机电池进行充电的复杂电路,在其简化原理图中使用了全波桥式整流器,滤波电容直接连接到交流线路上。整流器的高电压输出被电容 C_1 滤波后反馈给开关调节器,开关调节器由开关、变压器和反馈电路 3 部分构成。变压器驱动带有 π 型滤波器(D_5、C_2、L 和 C_3)的半波整流器,反馈电路通过调节开关的工作周期来控制输出电压。变压器为降压变压器,并提供高压的直流输入的隔离。当电压开关断开时,二极管 D_6 和电阻 R 将电感电压钳位在一个固定值。使用光隔离器将反馈信号与输入信号隔离(有关光隔离器的讨论,参阅第 5 章)。需要注意的是,本电路支持大范围的输入电压。因此,许多内部的电压标准都能够使用同一适配器。

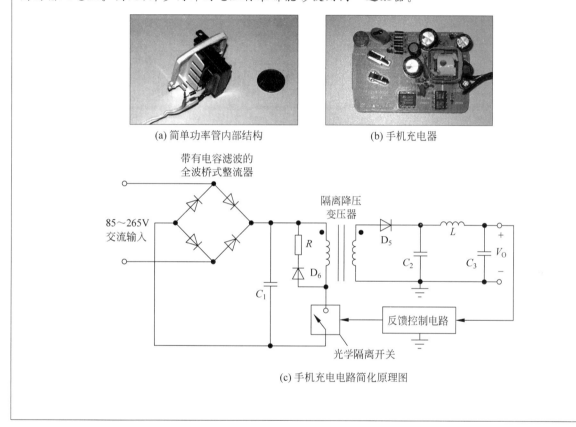

(a) 简单功率管内部结构　　　(b) 手机充电器

(c) 手机充电电路简化原理图

3.17　二极管的动态开关行为

迄今为止,我们都是假设二极管的导通和截止是在瞬间完成的。但 pn 结二极管用作动态开关时并非如此。用 SPICE 仿真图 3.67 所示电路中的二极管开关,其中电压源 v_1 通过电阻 R_1 驱动二极管 D_1。

当 $t<0$ 时,电源电压为零。当 $t=0$ 时,电源电压迅速达到 +1.5V,迫使电流流过二极管使之导通,此后一段时间内电压保持恒定。当 $t=7.5$ns 时,电源电压突然降为 −1.5V,二极管截止。

仿真结果如图 3.68 所示。电源电压在 $t=0+$ 时发生突变,电流迅速增加。但二极管内部存在电

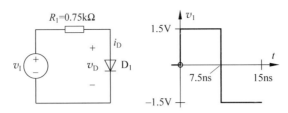

图 3.67 用于分析二极管开关行为的电路

容,使得二极管电压不能瞬间变化。实际上,最初的电流远超过其终值,电流随着二极管导通慢慢下降,二极管电压逐渐增大达到0.7V。在任意时刻,流入二极管的瞬时电流为

$$i_D(t) = \frac{v_I(t) - v_D(t)}{0.75k\Omega} \tag{3.65}$$

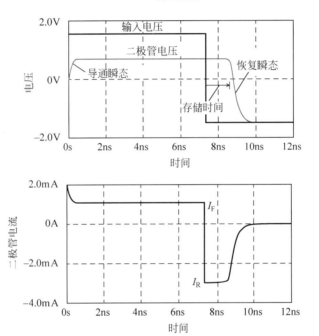

图 3.68 对图 3.67 所示电路的 SPICE 仿真结果(二极管传输时间为 5ns)

当 v_I 达到 1.5V 时,v_D 仍然接近零,此时出现初始电流峰值

$$i_{Dmax} = \frac{1.5V}{0.75k\Omega} = 2.0mA \tag{3.66}$$

二极管电压达到导通电压 $V_{on} = 0.7V$ 后,正向电流达到稳定值

$$I_F = \frac{1.5 - 0.7}{0.75k\Omega} = 1.1mA \tag{3.67}$$

当 $t = 7.5ns$ 时,电源电压迅速变为 $-1.5V$。二极管电流也迅速改变方向,并且远大于反向饱和电流。虽然二极管电流改变了方向,但是由于存在内部存储电荷,二极管仍然处于正偏状态,$V_D = V_{on}$ 并没有立即截止。反向电流 I_R 等于

$$I_R = \frac{-1.5 - 0.7}{0.75k\Omega} = -2.9mA \tag{3.68}$$

一段时间内,二极管内电流保持在$-2.9\,\mathrm{mA}$不变,称为存储时间τ_S。在此期间,存储在二极管中的内部电荷被移除。当二极管内部的存储电荷完全被转移时,二极管内部电压下降,反向充电至$-1.5\,\mathrm{V}$。二极管电压下降的同时二极管电流也急剧减小至零。

导通时间和恢复时间主要由非线性耗尽层电容C_j和电阻R_S的充放电时间决定。存储时间由式(3.22)定义的二极管传输时间及正向电流I_F和反向电流I_R决定

$$\tau_\mathrm{S} = \tau_\mathrm{T}\ln\left(1 - \frac{I_\mathrm{F}}{I_\mathrm{R}}\right) = 5\ln\left(1 - \frac{1.1\,\mathrm{mA}}{-2.9\,\mathrm{mA}}\right)\mathrm{ns} = 1.6\,\mathrm{ns} \tag{3.69}$$

这个值与图3.68所示的SPICE仿真得到的结果相符。

注意,固态器件不能瞬间截止,二极管的异常存储时间行为是说明pn结器件存在开关延迟很好的例子,这类器件的载流子的流动主要由少数载流子扩散决定。场效应晶体管的电流主要由多数载流子决定,因此就不存在这种现象。

3.18　光电二极管、太阳能电池和发光二极管

二极管还有许多重要应用,例如通信系统中的光探测器,用于产生电力的太阳能电池,以及发光二极管(LED)。它们有一个共同的特点,就是都依赖于固态二极管和光子相互作用的能力。

3.18.1　光电二极管和光探测器

用高频率的光照射pn结的耗尽区,光子提供的能量能够引起电子跃迁,产生电子空穴对。入射光子的能量E_P大于半导体的禁带宽度时,才能发生光的吸收。

$$E_\mathrm{p} = h\upsilon = \frac{hc}{\lambda} \geqslant E_\mathrm{G} \tag{3.70}$$

其中,h为普朗克常数($6.626\times10^{-34}\,\mathrm{J\cdot s}$);$\lambda$为光照波长;$\upsilon$为光照频率;$c$为光速($3\times10^{8}\,\mathrm{m/s}$)。

有光照和没有光照的二极管I-V特性如图3.69所示。由于光生电流的存在,二极管特性曲线垂直

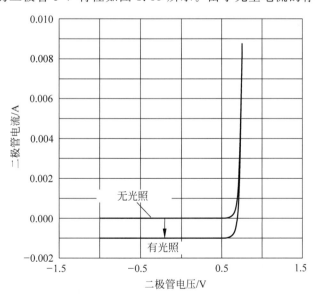

图3.69　在有光照和无光照条件下的二极管的I-V特性曲线

向下移动。光子吸收产生一个跨越 pn 结的额外电流,可以通过与 pn 结二极管并联的电流源 i_{PH} 建模,如图 3.70 所示。

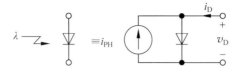

图 3.70　光照下二极管的模型,i_{PH} 表示由于耗尽区吸收光子所产生的电流

基于该模型,可以利用图 3.71 所示的简单光电探测器电路,将入射光信号转换为电压。二极管反向偏置以增强耗尽区中的宽度和电场。光子产生的电流 i_{PH} 将流过电阻 R,并产生由下式给出的输出信号电压

$$v_O = i_{PH}R \tag{3.71}$$

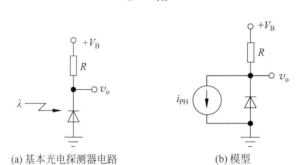

(a) 基本光电探测器电路　　　　　(b) 模型

图 3.71　简单光电探测器电路

光纤通信系统中,数据随时间变化很快,入射光的幅度受其调制,并且 i_{PH} 是时变信号。时变信号电压 V_o 加到附加电路可实现对信号的调解,并可以恢复沿光纤传输的原始数据。

3.18.2　太阳能电池

太阳能电池在光照恒定的情况下产生直流电 i_{PH},可以提供能量。它的 $I\text{-}V$ 特性曲线的坐标轴分别取为电池电流 I_C 和电池电压 V_C,这两个量的定义如图 3.72 所示。

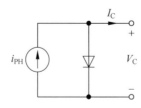

图 3.72　由稳态光照的 pn 结二极管构成的太阳能电池

用这几个变量描述 pn 结太阳能电池的 $I\text{-}V$ 特性,如图 3.73 所示。图 3.73 中还标示出了短路电流 I_{SC},开路电压 V_{OC} 及最大功率点 P_{max}。I_{SC} 是电池能够提供的最大电流,V_{OC} 是光电流流入内部 pn 结时的电池开路电压。太阳能电池给外部电路供电时,I_C 和 V_C 之积为正,对应于特性曲线的第一象限。目前正尝试改进太阳能电池,使其工作在最大输出功率点 P_{max} 附近。

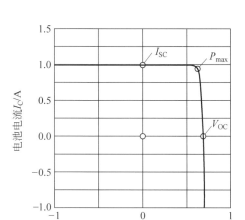

图 3.73 pn 结太阳能电池的 $I\text{-}V$ 特性

电 子 应 用

太阳能

下图描绘了位于纽约长岛中心布鲁克海文国家实验室(BNL)的长岛太阳能农场装置。该装置由 164 312 块采用晶体硅技术制成的太阳能电池板组成,能够产生 32MW 的峰值功率,估计年发电量为 4400 万 kW·h,足以为 4500 个家庭供电一年。该项目是能源部、BP 太阳能和长岛电力局的合作项目,于 2011 年底开始运营。长岛电力局购买了该设施产生的全部电力,估计每年减少大约 30 000 吨二氧化碳及大量其他污染物的排放。

长岛太阳能农场装置,布鲁克海文国家实验室(BNL)在图的上方中心处。感谢 BNL 提供配图

3.18.3 发光二极管

发光二极管又称 LED,其工作原理依赖于电子空穴对的复合,这与光电二极管依赖于载流子的产生恰恰相反。正偏 pn 结二极管中,电子空穴复合时,等于半导体禁带宽度的能量就会以光子的形式释放出来。在硅中,复合过程实际上涉及光子和称为声子的晶格振动之间的相互作用。与硅相比,Ⅲ-Ⅴ化合半导体 GaAs 或者三元素材料 $GaIn_{1-x}As_x$、$GaIn_{1-x}P_x$ 等的发光效率要高得多,且可以通过改变材料中砷或磷的比例控制光的颜色。

小结

本章主要研究了固态二极管的工作特性。

- pn 结二极管是 p 型半导体和 n 型半导体的紧密接触形成的。在 pn 结二极管中,冶金结附近存在较大的浓度梯度,由此产生较大的电子和空穴扩散电流。

- 在零偏条件下,二极管两端及空间电荷区中均没有电流存在。空间电荷区将产生内建电势和内部电场,而内部电场将导致电子和空穴电流的漂移电流,正好与扩散电流相抵消。

- 在二极管两端施加电压时,二极管内部结区域的平衡遭到破坏,产生电流的传导。二极管的 *I-V* 特性可以通过二极管方程实现精确建模

$$i_D = I_S \left[\exp\left(\frac{v_D}{nV_T}\right) - 1 \right]$$

其中,I_S 为二极管的反向饱和电流,n 为非理想因数(近似为 1),$V_T = kT/q$ 为热电压(室温下近似为 0.025V)。

- 反偏条件下二极管电流等于 $-I_S$,这个值非常小。

- 正偏条件下,电流可以很大,二极管的压降约为 0.6～0.7V。

- 室温下,二极管电压每变化 60mV 可以引起 10 倍的二极管电流变化;室温下,硅二极管的温度系数为 −1.8mV/℃。

- 二极管方程中并未涉及反向击穿的现象。如果二极管两端的反向偏压过大,内部电场会使二极管发生击穿,包括齐纳击穿和雪崩击穿。工作在击穿区的二极管具有基本固定的压降,必须严格限制二极管的电流,否则很容易烧毁器件。

- 工作在击穿区的齐纳二极管可用于稳压器电路设计。电压调整率和负载调整率分别用于表征输出电压随输入电压和输出电流的变化而变化。

- 如果二极管两端电压发生变化,则在空间电荷区附近存储的电荷量也会随之变化,这意味着二极管模型中应包含电容。二极管反向偏置时,电容与外加电压的平方根成反比;正向偏置时,电容与工作电流和二极管传输时间成正比。由于这一电容的存在,二极管不能立即截止或导通,在截止时会形成一个电荷存储延迟。

- 在电路计算中,如果直接使用二极管方程需要用到迭代的方法。负载线分析法、理想二极管模型及恒压降法常被用于二极管电路的简化分析。

- SPICE 电路分析程序包含了精确描述理想和非理想二极管特性的内建模型,能够方便地分析含有二极管的电路特性。

- 半波、全波及全波桥式整流电路是二极管的重要应用,可以将电源电压中的交流电压转化成直

流电压。简单的电源电压使用容性的滤波器,滤波电容的设计将决定纹波电压和二极管的导通角。在电源电路中使用的整流器必须能够经受大的周期峰值电流,以及刚上电时的浪涌电流。整流二极管的反向击穿电压被称为反向峰值电压。

- 由于存在内部电容,二极管的导通和截止必须经过电容充放电,因而不能瞬间完成。导通时间通常都是很小的,但截止过程则要慢得多,它必须将二极管中的存储电荷都转移掉,这样就产生一个存储延迟 τ_s。在存储延迟期间,可能出现较大的反向电流。
- 最后研究了 pn 结的发光和检测光的能力,讨论了光电二极管、太阳能电池和发光二极管的基本特性。

关键词

Anode	正极
Avalanche breakdown	雪崩击穿
Bias current and voltage	偏置电流和偏置电压
Breakdown region	击穿区
Breakdown voltage	击穿电压
Built-in potential(or voltage)	内建电势(或内建电压)
Cathode	负极
Center-tapped transformer	中心抽头变压器
Conduction angle	导通角
Conduction interval	导通区间
Constant Voltage Drop(CVD) model	恒压降模型
Cut-in voltage	开启电压
Depletion layer	耗尽层
Depletion-layer width	耗尽层宽度
Depletion region	耗尽区
Diffusion capacitance	扩散电容
Diode equation	二极管方程
Diode SPICE parameters(IS,RS,N,TT,CJO,VJ,M)	二极管 SPICE 参数
Filer capacitor	滤波电容
Forward bias	正偏或正向偏置
Full-wave bridge rectifier circuit	全波桥式整流电路
Full-wave rectifier circuit	全波整流电路
Half-wave rectifier circuit	半波整流电路
Ideal diode	理想二极管
Ideal diode model	理想二极管模型
Impact-ionization process	碰撞电离过程
Junction potential	结电势
Light-Emitting Diode(LED)	发光二极管

Line regulation	线调节
Load line	负载线
Load-line analysis	负载线分析
Load regulation	负载调节
Mathematical model	数学模型
Metallurgical junction	冶金结
Nonideality factor(n)	非理想因数
Peak detector	峰值检测器
Peak Inverse Voltage(PIV)	反向峰值电压
Photodetector circuit	光探测电路
Piecewise linear model	分段线性模型
pn junction diode	pn 结二极管
Q-point	Q 点
Rectifier circuits	整流电路
Reverse bias	反偏或反向偏置
Reverse breakdown	反向击穿
Reverse saturation current(I_S)	反向饱和电流
Ripple current	纹波电流
Ripple voltage	纹波电压
Saturation current	饱和电流
Schottky barrier diode	肖特基二极管
Solar cell	太阳能电池
Space Charge Region(SCR)	空间电荷区
Storage time	存储时间
Surge current	浪涌电流
Thermal voltage(V_T)	热电压
Transit time	渡越时间
Turn-on voltage	导通时间
Voltage regulator	电压调节器
Voltage Transfer Characteristic(VTC)	电压传输特性
Zener breakdown	齐纳击穿
Zener diode	齐纳二极管
Zero bias	零偏置或零偏压
Zero-bias junction capacitance	零偏结电容

参考文献

1. G. W. Neudeck, The PN Junction Diode, 2d ed. Pearson Education, Upper Saddle River, NJ: 1989.

扩展阅读

PSPICE, ORCAD, now owned by Cadence Design Systems, San Jose, CA.

LTspice available from Linear Technology Corp.

Tina-TI SPICE-based analog simulation program available from Texas Instruments.

T. Quarles, A. R. Newton, D. O. Pederson, and A. Sangiovanni-Vincentelli, *SPICE3 Version 3f3 User's Manual.* UC Berkeley: May 1993.

A. S. Sedra, and K. C. Smith. *Microelectronic Circuits.* 5th ed. Oxford University Press, New York: 2004.

习题

§3.1 pn 结二极管

3.1 二极管 p 型侧掺杂 $N_A = 10^{18}/cm^3$，n 型侧掺杂 $N_D = 10^{19}/cm^3$。

(a) 求耗尽层宽度 w_{do}；

(b) 求 x_P 和 x_n；

(c) 求结内建电势；

(d) 根据式(3.3)和图 3.5 求 E_{MAX}。

3.2 二极管 p 型侧掺杂 $N_A = 10^{18}/cm^3$，n 型侧掺杂 $N_D = 10^{18}/cm^3$。

(a) 求 p_n、p_p、n_p、n_n；

(b) 求耗尽区宽度 w_{do} 和内置电压。

3.3 二极管 p 型侧掺杂 $N_A = 10^{16}/cm^3$，n 型侧掺杂 $N_D = 10^{20}/cm^3$，重复习题 3.2 的计算。

3.4 二极管 p 型侧掺杂 $N_A = 10^{18}/cm^3$，n 型侧掺杂 $N_D = 10^{18}/cm^3$，重复习题 3.2 的计算。

3.5 二极管 $w_{do} = 1\mu m$，$\varphi_j = 0.7V$。

(a) 将耗尽层宽度变为原来 2 倍所需的反偏电压为多少？

(b) 二极管反偏电压为 12V 时，耗尽区宽度为多少？

3.6 已知二极管 $w_{do} = 1\mu m$，$\varphi_j = 0.85V$，则：

(a) 将耗尽层宽度变为原来的 3 倍所需的反偏电压为多少？

(b) 二极管反偏电压为 7V 时，耗尽区宽度为多少？

3.7 假设电阻率为 $0.5\Omega \cdot cm$ 的二极管，n 型侧中性区中漂移电流密度为 $5000A/cm^2$，计算相应的电场大小。

3.8 假设电阻率为 $2.5\Omega \cdot cm$ 的二极管，p 型侧中性区中漂移电流密度为 $2000A/cm^2$，计算相应的电场大小。

3.9 已知硅中载流子的最大速度约为 $10^7 cm/s$，则：

(a) 在 p 型区域中掺杂量为 $5 \times 10^{17} cm^3$，能够承受的最大漂移电流密度是多少？

(b) 在 n 型区域中掺杂量为 $4 \times 10^{15} cm^3$，能够承受的最大漂移电流密度是多少？

3.10 假设硅中从 $x = 0$ 到 $x = 8\mu m$ 处的掺杂可以表示为 $N_A(x) = N_0 \exp(-x/L)$，其中 N_0 为常数。假设 $P(x) = N_A(x)$，且热平衡状态下 $j_p = 0$，证明硅中存在内建电场，并且求出 $L = 1\mu m$，$N_0 = 10^{18}/cm^3$ 时的内建电场大小。

3.11 已知 $\mu_n = 500 \text{cm}^2/\text{V} \cdot \text{s}$,扩散电流密度 $j_n = 1500\text{A/cm}^2$,求载流子浓度梯度。

3.12 用计算器中的 solver 程序,计算当 $I_S = 10^{-16}\text{A}$ 时式(3.25)的解。

3.13 用数据表迭代方法,求 $I_S = 10^{-13}\text{A}$ 时式(3.25)的解。

3.14 用 MATLAB 或者 Mathcad 分别计算(a)、(b)两种情况下式(3.25)的解:(a)$I_S = 10^{-13}\text{A}$;(b)$I_S = 10^{-15}\text{A}$。

§3.2～§3.4 二极管的 *I-V* 特性;二极管方程;二极管的数学模型;反偏、零偏、正偏下的二极管特性

3.15 温度为多少时 $V_T = 0.025\text{V}$? 温度为 $-5℃$、$0℃$、$+85℃$ 时的 V_T 各为多少?

3.16 参考图3.8,画出下列条件下二极管方程的曲线。(a)$I_S = 10^{-12}\text{A}$,$n=1$;(b)$I_S = 10^{-12}\text{A}$,$n=2$;(c)$I_S = 10^{-15}\text{A}$,$n=1$。

3.17 在 $T = 320\text{K}$ 时,二极管的 $n = 1.06$,则 $n \times V_T$ 的值是多少? 如果 $n = 1.00$,在什么温度下 $n \times V_T$ 的值与该值相同?

3.18 使用式(3.19)绘制当 $I_{so} = 15\text{fA}$ 和 $\varphi_j = 0.75\text{V}$ 时,在 $-10\text{V} \leqslant V_D \leqslant 0\text{V}$ 区间的二极管电流图。

3.19 图 P3.1 中二极管的 I_S 和 n 的值是多少? 假设 $V_T = 0.0259\text{V}$。

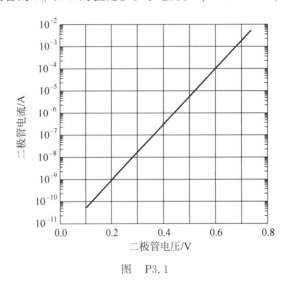

图 P3.1

3.20 对于某二极管来说,已知 $I_S = 10^{-17}\text{A}$ 和 $n = 1.05$,则:

(a) 若二极管电流为 $70\mu\text{A}$,二极管电压是多少?

(b) 若二极管电流为 $5\mu\text{A}$,二极管电压是多少?

(c) $V_D = 0\text{V}$ 时,二极管电流是多少?

(d) $V_D = -0.075\text{V}$ 时,二极管电流是多少?

(e) $V_D = -5\text{V}$ 时,二极管电流是多少?

3.21 一个二极管有 $I_S = 5\text{aA}$ 和 $n = 1$,则:

(a) 如果二极管电流为 $100\mu\text{A}$,二极管电压是多少?

(b) 如果二极管电流为 $10\mu\text{A}$,二极管电压是多少?

(c) 当 $V_D = 0\text{V}$ 时,二极管电流是多少?

(d) 当 $V_D=-0.06\text{V}$ 时,二极管电流是多少?

(e) 当 $V_D=-4\text{V}$ 时,二极管电流是多少?

3.22 一个二极管有 $I_S=0.2\text{fA}$ 和 $n=1$,则:

(a) 如果二极管电压为 0.675V,二极管电流是多少?

(b) 如果电流增加 3 倍,二极管电压是多少?

3.23 一个二极管有 $I_S=10^{-10}\text{A}$ 和 $n=2$,则:

(a) 如果二极管电流是 40A,二极管电压是多少?

(b) 如果二极管电流为 100A,二极管电压是多少?

3.24 一个二极管工作的 $i_D=2\text{mA}$ 和 $V_D=0.82\text{V}$,则:

(a) 如果 $n=1$,I_S 是多少?

(b) 当 $V_D=-5\text{V}$ 时,二极管电流是多少?

3.25 一个二极管在 $i_D=300\mu\text{A}$ 和 $V_D=0.75\text{V}$ 的情况下工作,则:

(a) 如果 $n=1.07$,I_S 是多少?

(b) 当 $V_D=-3\text{V}$ 时,二极管电流是多少?

3.26 相同批次的二极管的饱和电流可能相差很大。假设已知 $10^{-14}\text{A}\leqslant I_S\leqslant 10^{-12}\text{A}$。当二极管在 $i_D=2\text{mA}$ 偏置时,二极管正向电压可能的范围是多少?

3.27 二极管直流偏压为 0.9V,而其电流在 $T=35℃$ 时为 $100\mu\text{A}$。(a)当温度为多少时电流会加倍?(b)在什么温度下电流为 $50\mu\text{A}$?

3.28 将温度严格控制在($T=307\text{K}$)时,对二极管的 I-V 特性进行了测量,数据见表 P3.1。

表 P3.1 二极管 I-V 参数测量

二极管电压	二极管电流	二极管电压	二极管电流
0.500	6.591×10^{-7}	0.700	8.963×10^{-4}
0.550	3.647×10^{-6}	0.725	2.335×10^{-3}
0.600	2.158×10^{-5}	0.750	6.035×10^{-3}
0.650	1.780×10^{-4}	0.775	1.316×10^{-2}
0.675	3.601×10^{-4}		

用 spreadsheet 或者 MATLAB 求出方程数最少且最符合表中数值的二极管方程中的 I_S 和 n 值(也就是说,找出使函数值 $M=\sum_{m=1}^{n}(i_D^m-I_{Dm})^2$ 最小的 I_S 和 n,其中 i_D 是由式(3.1)求得的二极管电流,I_{Dm} 是测量数据)。对于上述 I_S 和 n,计算出 M 的最小值。

§3.5 二极管的温度系数

3.29 当温度为 $-40℃$、$0℃$ 和 $50℃$ 时,V_T 的值各是多少?

3.30 一个二极管有 $I_S=10^{-16}\text{A}$ 和 $n=1$,假设 $55℃$ 时二极管电压温度系数为 -2mV/K。则:

(a) 当 $T=25℃$ 时,如果二极管电流是 $250\mu\text{A}$,二极管电压是多少?

(b) 当 $T=85℃$ 时,二极管电压是多少?

3.31 二极管的 $I_S=20\text{fA}$,$n=1$,假设 $0℃$ 时二极管温度系数为 -1.8mV/K。则:

(a) 当 $T=25℃$ 时,计算二极管电流为 $100\mu\text{A}$ 时的二极管电压。

(b) 当 $T=50℃$ 时,二极管电压是多少?

3.32　对 I_S 的温度依赖性近似由表达式描述为

$$I_S = CT^3 \exp\left(-\frac{E_G}{kT}\right)$$

根据这个表达式和式(3.15),如果 $E_G = 1.12\text{eV}$, $V_D = 0.7\text{V}$, $T = 315\text{K}$,则二极管电压温度系数是多少?

3.33　硅二极管的饱和电流如习题 3.32 中的表达式所示,则:

(a) 温度怎样变化时,将导致 I_S 变成原来的 2 倍?

(b) 增加 10 倍?

(c) 减少为原来的 $\frac{1}{100}$?

§3.6　反偏下的二极管

3.34　已知二极管的 $w_{do} = 1.5\mu\text{m}$ 和 $\varphi_j = 0.8\text{V}$,则:

(a) 当 $V_R = 5\text{V}$ 时的耗尽层宽度是多少?

(b) 如果已知 $V_D = -10\text{V}$,耗尽层宽度是多少?

3.35　二极管的 n 型掺杂 $N_D = 10^{15}/\text{cm}^3$,p 型掺杂 $N_A = 10^{17}/\text{cm}^3$。 w_{do} 和 φ_j 的值是什么?反偏电压为 10V 时 w_{do} 的值是多少?反偏电压为 100V 时呢?

3.36　二极管 n 型侧掺杂 $N_D = 10^{20}/\text{cm}^3$,p 型侧掺杂 $N_A = 10^{18}/\text{cm}^3$。 w_{do} 和 φ_j 的值是什么?反偏电压为 5V 时 w_{do} 的值是多少?反偏电压为 25V 时呢?

3.37　二极管 $w_{do} = 2\mu\text{m}$, $\varphi_j = 0.6\text{V}$,如果二极管在内部电场达到 300kV/cm 时被击穿,那么二极管的击穿电压是多少?

3.38　硅在内建电场超过 300kV/cm 时被击穿,则习题 3.2 中的二极管击穿电压是多少?

3.39　图 P3.2 所示的二极管的击穿电压 v_z 和齐纳电阻 R_z 是多少?

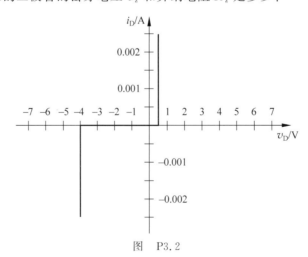

图　P3.2

3.40　已知二极管 $N_A \gg N_D$,如果半导体材料的击穿电场为 300kV/cm,求击穿电压达到 750V 时轻掺杂侧的掺杂浓度。

§3.7　pn 结电容

3.41　已知二极管面积为 0.05cm^2,p 型侧掺杂浓度为 $N_A = 10^{18}/\text{cm}^3$,n 型侧掺杂浓度为 $N_D = 10^{20}/\text{cm}^3$。二极管每平方厘米的零偏电容为多少?求反偏电压为 3V 时的二极管电容。

3.42 二极管面积为 0.02cm^2，p 型侧掺杂浓度为 $N_A = 10^{18}/\text{cm}^3$，n 型侧掺杂浓度为 $N_D = 10^{15}/\text{cm}^3$，求反偏电压为 9V 时二极管每平方厘米的电容。

3.43 二极管电流为 $250\mu\text{A}$。(a)如果二极管渡越时间为 100ps，求扩散电容；(b)求二极管中的存储电荷；(c)如果 $i_D = 3\text{mA}$，重复以上计算。

3.44 二极管电流为 2A。(a)如果二极管渡越时间为 10ns，求扩散电容；(b)求二极管中的存储电荷；(c)如果 $i_D = 100\text{mA}$，重复以上计算。

3.45 边长为 5mm 的正方形 pn 结二极管，p 型侧掺杂浓度为 $10^{19}/\text{cm}^3$，n 型侧掺杂浓度为 $10^{16}/\text{cm}^3$。(a)二极管的零偏电容为多少？反偏电压为 4V 时的电容为多少？(b)当二极管面积为 $10^4\ \mu\text{m}^2$ 时重复以上计算。

3.46 在图 P3.3 所示的 LC 谐振电路中，对于其中的可变电容二极管，$C_{jo} = 39\text{pF}$，$\varphi_j = 0.8\text{V}$，射频扼流器(RFC)的阻抗为无穷大。分别求出 $V_{DC} = 1\text{V}$ 和 $V_{DC} = 9\text{V}$ 时的谐振频率$\left(f_o = \dfrac{1}{2\pi\sqrt{LC}}\right)$。

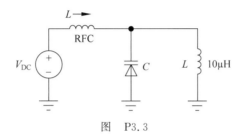

图 P3.3

§3.8 肖特基二极管

3.47 肖特基二极管可以用式(3.11)的二极管方程表述。(a)求电流为 4mA、$I_S = 10^{-11}\text{A}$ 时的二极管电压；(b)求电流为 4mA、$I_S = 10^{-14}\text{A}$ 时的二极管电压。

3.48 假设肖特基二极管可以用式(3.11)的二极管方程表述。(a)求电流为 50A、$I_S = 10^{-7}\text{A}$ 时的二极管电压；(b)求 $I_S = 10^{-15}\text{A}$、$n = 2$ 时的二极管电压。

§3.9 二极管的 SPICE 模型及版图

3.49 已知二极管的 $I_S = 5 \times 10^{-16}\text{A}$，$R_S = 10\Omega$，室温时工作电流为 1mA。(a)计算 V_D 和 V_D'；(b)当 $R_S = 100\Omega$ 时，重复上述计算。

3.50 pn 结二极管 p 型侧电阻率为 $1\Omega \cdot \text{cm}$，n 型侧电阻率为 $0.02\Omega \cdot \text{cm}$。如果截面积为 0.01cm^2，p 型侧和 n 型侧长度均为 $250\mu\text{m}$，求此二极管的 R_S。

3.51 二极管接触电阻为 $10\Omega \cdot \mu\text{m}^2$。如果接触均为 $1\mu\text{m} \times 1\mu\text{m}$，则图 3.21(a)中二极管阴极、阳极的总接触电阻为多少？

§3.10 二极管电路分析

3.52 (a)图 P3.4 所示电路中，如果 $V = 5\text{V}$，$R = 10\text{k}\Omega$。利用图 P3.2 中的 $I\text{-}V$ 特性，画出二极管电路的负载线，找到 Q 点；(b)如果 $V = -6\text{V}$，$R = 3\text{k}\Omega$，重复上述计算；(c)如果 $V = -3\text{V}$，$R = 3\text{k}\Omega$，重复上述计算。

3.53 (a)图 P3.4 所示电路中，如果 $V = 10\text{V}$，$R = 5\text{k}\Omega$。利用图 P3.2 中的 $I\text{-}V$ 特性，画出二极管电路的负载线，找到 Q 点；(b)如果 $V = -10\text{V}$，$R = 5\text{k}\Omega$，重复上述计算；(c)如果 $V = -2\text{V}$，$R = 2\text{k}\Omega$，重复上述计算。

3.54 假设 $I_S = 10^{-15}$ A。用 SPICE 对图 P3.4 所示电路进行仿真,将结果与习题 3.53 中的结果进行比较。

3.55 利用图 P3.2 中的 I-V 特性。(a)如果 $V = 6$V,$R = 4$kΩ,在图 P3.4 中画出二极管电路的负载线,找到 Q 点;(b)如果 $V = -6$V,$R = 3$kΩ,重复上述计算;(c)如果 $V = -3$V,$R = 3$kΩ,重复上述计算;(d)如果 $V = 12$V,$R = 8$kΩ,重复上述计算;(e)如果 $V = -25$V,$R = 10$kΩ,重复上述计算。

3.56 利用式(3.27),用直接试错法求图 3.22 中二极管电路的解。

3.57 当初始值为 1μA、5mA、5A 和 0A 时,分别重复表 3.2 中的数据表迭代流程。每种情况需要多少次迭代? 是否存在问题? 如果有,找出其原因。

3.58 二极管 $I_S = 0.1$fA,工作温度 $T = 300$K,分别求出下列情况下的 V_{D_o} 和 r_D。(a)$I_D = 200$μA;(b)$I_D = 2$mA;(c)$I_D = 20$mA。

3.59 (a)如果 $V = 2.5$V,$R = 3$kΩ,利用表 3.2 中的数据表迭代流程求出图 3.22 所示电路中的二极管电流和电压;(b)如果 $V = 7.5$V,$R = 15$kΩ,重复上述计算。

3.60 (a)如果 $V = 1$V,$R = 15$kΩ,利用表 3.2 中的数据表迭代流程求出图 3.22 所示电路中二极管的电流和电压;(b)如果 $V = 3$V,$R = 6.2$kΩ,重复上述计算。

3.61 借助 MATLAB 或者 Mathcad,利用公式 $10 = 10^4 I_D + 0.025\ln\left(1 + \dfrac{I_D}{I_S}\right)$ 计算图 3.22 所示电路的 Q 点。

3.62 在图 3.22 所示电路中,电压源为 1V。利用 3.10 节中的 4 种方法求出 Q 点。参考表 3.3 比较其结果。

3.63 计算图 P3.5 的 Q 点。(a)利用理想二极管模型;(b)利用恒压降模型,$V_{on} = 0.6$V;(c)对上述结果进行讨论,找出你认为最正确的解;(d)如果 $I_S = 0.1$fA,用迭代分析法求解实际的 Q 点。

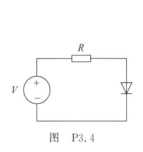

图 P3.4

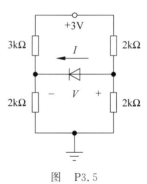

图 P3.5

3.64 仿真图 P3.5 所示电路,求二极管的 Q 点,并与习题 3.63 的结果进行比较。

3.65 (a)如果所用电阻的公差均为 10%,利用理想二极管模型求解图 P3.5 中二极管的 Q 点电流的最差值;(b)利用 CVD 模型,已知 $V_{on} = 0.6$V,重复上述计算。

3.66 (a)利用理想二极管模型分别求解图 P3.6 中 4 个电路的电流和电压;(b)利用恒压降模型,已知 $V_{on} = 0.65$V,重复上述计算。

3.67 (a)如果将图 P3.6 中 4 个电路的电阻变为 68kΩ,利用理想二极管模型求解电流和电压的值;(b)利用恒压降模型,已知 $V_{on} = 0.6$V,重复上述计算。

§3.11 多二极管电路

3.68 (a)利用理想二极管模型求解图 P3.7 中 4 个电路的 Q 点;(b)利用恒压降模型,其中 $V_{on} =$

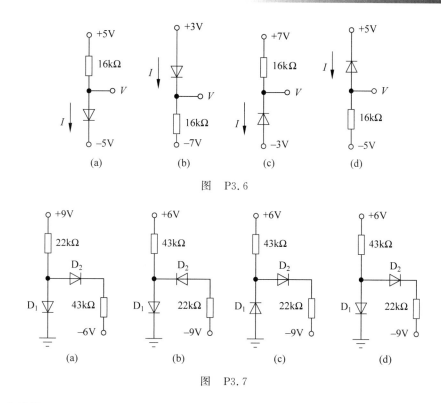

图 P3.6

图 P3.7

0.7V,重复上述计算。

3.69 (a)如果将图 P3.7 中 4 个电路的电阻变为 15kΩ,利用理想二极管模型求解 Q 点;(b)利用恒压降模型,已知 $V_{on}=0.6V$,重复上述计算。

3.70 利用理想二极管模型求解图 P3.8 电路中二极管的 Q 点。

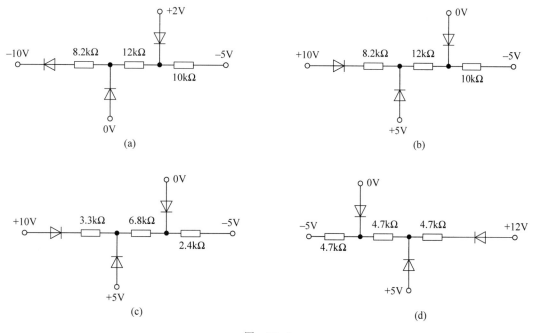

图 P3.8

3.71 利用恒压降模型,已知 $V_{on}=0.65V$,求解图 P3.8 电路中二极管的 Q 点。

3.72 仿真图 P3.8 中的二极管电路,并与习题 3.70 的计算结果进行比较。

3.73 利用理想二极管模型,证明例 3.8 结果的正确性。

3.74 仿真图 3.33 所示的二极管电路,并与例 3.8 的结果进行比较。

§3.12 击穿区域二极管分析

3.75 利用图 P3.2 中的 I-V 特性曲线画出图 P3.9 所示电路的负载线,并计算 Q 点。

3.76 (a)计算图 P3.9 中齐纳二极管的 Q 点;(b)当 $R_Z=100\Omega$ 时重复计算。

3.77 在图 P3.10 所示电路中,齐纳整流器的作用是获得整流输出,求最大负载电流 I_L,并求能够得到整流输出电压的 R_L 的最小值。

图 P3.9 图 P3.10

3.78 计算下列情况下图 P3.10 中齐纳二极管的功耗。(a)$R_L=2k\Omega$;(b)$R_L=4.7k\Omega$;(c)$R_L=15k\Omega$;(d)$R_L=\infty$。

3.79 已知图 P3.10 中的负载电阻 $R_L=12k\Omega$。如果电源电压、齐纳击穿电压和电阻容限均为 5%,计算齐纳二极管电流和功耗的额定值和最差值。

3.80 求下列情况下图 P3.11 中齐纳二极管的功耗。(a)$R_L=100k\Omega$;(b)$R_L=\infty$。

3.81 如果图 P3.11 中负载电阻 $R_L=100\Omega$,并且电源电压、齐纳击穿电压和电阻的容限均为 10%,计算齐纳二极管电流和功耗的额定值和最差值。

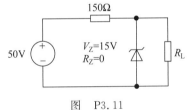

图 P3.11

§3.13 半波整流电路

3.82 功率二极管反向饱和电流为 $10^{-9}A$,$n=1.6$。在 3.13.5 节的例子中,计算峰值电流为 48.6A 时的正向电压降。

3.83 已知功率二极管反向饱和电流为 $10^{-8}A$,$n=2$。当电流为峰值电流 100A 时,二极管的正向电压降为多少?二极管用在半波整流电路中,串联电阻为 0.01Ω,导通时间为 1ms,工作频率为 60Hz,求二极管的功耗。

3.84 (a)已知 60Hz 的半波整流电路,其滤波电容为 $100\ 000\mu F$,试用 spreadsheet、MATLAB 或者编写程序计算导通角方程的解。电路设计为当工作在 5V 电压时可以提供的电流为 5A(即求解
$$\left[(V_P-V_{on})\exp\left(-\frac{t}{RC}\right)=V_P\cos\omega t-V_{on}\right]$$
此方程有无穷个解,选择合适的算法找到期望解)假设 $V_{on}=$ 1V;(b)同式(3.57)所得结果进行比较。

3.85 如果 V_r 为 $(V_P-V_{on})=18V$ 的 10%,图 P3.12 中整流器输出电压波形的实际平均值(直流)是多少?

3.86 仿照图 3.53,画出图 3.57(b)中负电压输出整流器的电压波形。

3.87 证明由式(3.61)可以推导出式(3.62)。

3.88 图 P3.13 中的半波整流器工作在 60Hz 的频率下,变压器输出电压的均方根(rms)值为 12.6V±10%。如果二极管电压降为 1V,直流输出电压 v_O 的额定值和最差值分别为多少?

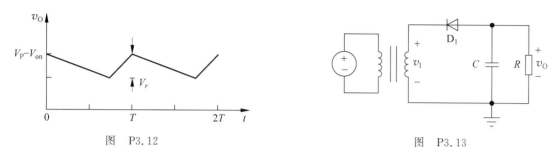

图 P3.12

图 P3.13

3.89 图 P3.13 中的半波整流器工作在 60Hz 的频率下,变压器输出电压的均方根值(rms)为 6.3V。(a)如果二极管电压降为 1V,直流输出电压 V_O 为多少?(b)如果 $R=0.5\Omega$,为了使纹波电压小于 0.25V,所需电容 C 的最小值为多少?(c)电路中二极管的额定 PIV 值为多少?(d)加电时的浪涌电流为多少?(e)二极管中的周期电流幅度为多大?

3.90 仿真图 P3.13 中的半波整流器,其中 $V_t=10\sin120\pi t$,$R=0.0025\Omega$,$C=0.5$F(设置 IS$=10^{-10}$A,RS$=0$,RELTOL$=10^{-6}$)。将直流输出电压、纹波电压、二极管峰值电流的仿真结果与计算结果进行对比。如果 $R=0.02\Omega$,重复以上仿真过程。

3.91 (a)如果频率为 400Hz,重复习题 3.89;(b)如果频率为 70kHz,重复习题 3.89。

3.92 已知 3.3V、30A 的直流电源,其纹波电压小于 1.5%。假设使用带电容滤波器的半波整流电路(60Hz)。(a)求滤波电容 C 的尺寸;(b)求二极管的 PIV 值;(c)求整流器中变压器电压的均方根值(rms);(d)求二极管的周期尖峰电流的大小;(e)当 $t=0^+$ 时的浪涌电流值。

3.93 已知 2500V、2A 的直流电源,其纹波电压小于等于 0.5%。假设其整流电路(工作在 60Hz)中有一电容滤波器。(a)求滤波电容 C 的尺寸;(b)求二极管的 PIV 值;(c)求整流器中变压器电压的均方根值(rms);(d)求二极管的周期尖峰电流的大小;(e)当求 $t=0^+$ 时的浪涌电流值。

3.94 根据图 P3.14 所示的电压加倍整流电路,画出正弦输入电压的前两个周期对应节点 v_O 和 v_1 处的电压波形。如果 $V_P=17$V,稳态输出电压为多少?

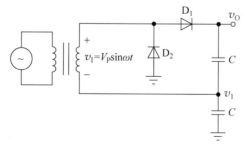

图 P3.14

3.95 仿真图 P3.14 所示的电压加倍整流电路,其中 $C=500\mu$F,$V_t=1500\sin2\pi(60)t$,v_O 和地之间的负载电阻 $R_L=3000\Omega$,计算纹波电压并与仿真结果进行比较。

3.96 在半波整流器中,变压器输出电压的均方根值(rms)为 50V,次级电阻为 0.25Ω,假设滤波器电容为 0.5F,频率为 60Hz,试估算半波整流器的最大浪涌电流。

§3.14 全波整流电路

3.97 图 P3.15 所示的全波整流电路工作在 60Hz,变压器输出电压的均方根值(rms)为 18V。(a)二极管电压降为 1V,求直流输出电压;(b)如果 $R=0.5\Omega$,为了使纹波电压小于 0.25V,所需电容 C 的最小值为多少?(c)电路中二极管的额定 PIV 值为多少?(d)刚加电时的浪涌电流为多少?(e)二极管中的周期尖峰电流幅度为多大?

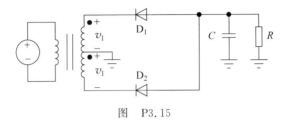

图 P3.15

3.98 如果变压器的输出电压 v_1 的均方根值(rms)为 15V,重复习题 3.97 的计算。

3.99 采用 rms 输出电压为 20V,滤波电容 $C=150\,000\mu F$ 的变压器构成 60Hz 全波整流器。如果纹波电压必须小于 0.3V,整流器能提供的最大电流是多少?

3.100 仿真图 P3.15 所示的全波整流器,其中 $R=3\Omega,C=22.000\mu F$,假设 v_1 的均方根值为 10.0V,频率为 400Hz(仿真参数采用 $IS=10^{-10}A,RS=0,RELTOL=10^{-6}$)。将直流输出电压、纹波电压、二极管峰值电流的仿真结果与手工计算结果进行对比。如果 $R_S=0.25\Omega$,重复以上仿真过程。

3.101 将习题 3.92 中的半波整流器改为全波整流器,重新计算。

3.102 将习题 3.93 中的半波整流器改为全波整流器,重新计算。

3.103 图 P3.16(a)所示的全波整流电路不能正常工作,已知其最大纹波电压约为 1V,v_1、v_2 和 v_3 3 个节点的电压波形如图 P3.16(b)所示,该电路的问题在哪里?

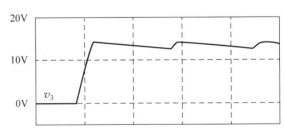

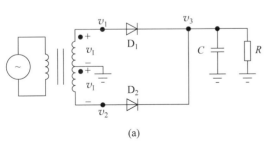

(a)

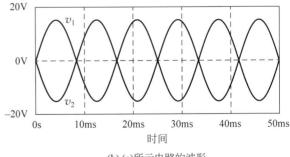

(b)(a)所示电路的波形

图 P3.16

3.104　对于图 P3.17 所示的齐纳稳压电源,v_1 的均方根值 rms 值为 15V,运行频率为 60Hz,$R=100\Omega,C=1000\mu\text{F}$,二极管 D_1 和 D_2 的导通电压为 0.75V,二极管 D_3 的齐纳电压为 15V。(a)在此电源电路中使用什么类型的整流器?(b)V_1 的直流电压是多少?(c)直流输出电压 v_O 是多少?(d) V_1 处的纹波电压是多少?(e)整流二极管的最低 PIV 额定值是多少?(f) 绘制一个新版本的电路,提供的输出电压为 -15V。

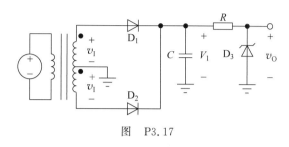

图　P3.17

§3.15　全波桥式整流

3.105　将习题 3.97 中的半波整流电路换为全波桥式整流电路,重新计算并画出电路图。

3.106　将习题 3.92 中的半波整流电路换为全波桥式整流电路,重新计算并画出电路图。

3.107　将习题 3.93 中的半波整流电路换为全波桥式整流电路,重新计算并画出电路图。

3.108　对于图 P3.18 所示的整流器电路,如果 $v_1=40\sin 377t$,$C=20\,000\mu\text{F}$,求直流输出电压 V_1、V_2。

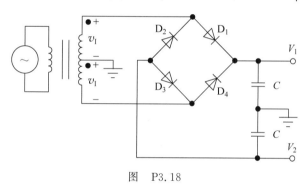

图　P3.18

3.109　已知图 P3.18 所示的整流器电路,其中 $V_1=40\sin 2\pi(60)t$,$C=100\text{mF}$,输出与地之间的电阻为 500Ω,试仿真该电路。

3.110　将图 P3.15 所示的整流器换为全波桥式整流电路,重新计算习题 3.97 并画出电路。

§3.16　整流器的比较及折中设计

3.111　已知直流电源的电压为 3.3V,电流为 15A,纹波电压小于 10mV,试比较在该电源中分别使用半波、全波、全波桥式整流器的优缺点。

3.112　已知直流电源的电压为 200V,电流为 0.5A,纹波电压小于 2%,比较在该电源中分别使用半波、全波、全波桥式整流器的优缺点。

3.113　已知直流电源的电压为 3000V,电流为 1A,纹波电压小于 4%,比较在该电源中分别使用半波、全波、全波桥式整流器的优缺点。

§3.17　二极管的动态开关行为

3.114　(a)计算图 P3.19 所示的电路在 $t=0^+$ 时刻的电流;(b)如果 $\tau_T=8\text{ns}$,计算二极管截止状

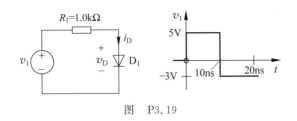

图 P3.19

态下的 I_F、I_R 和存储时间。

3.115 (a)仿真图 P3.19 所示电路的开关行为;(b)将仿真结果与习题 3.114 的计算结果进行比较。

3.116 (a)图 3.19 所示的电路,将 R_1 变为 5Ω,计算 $t=0^+$ 时刻的电流;(b)如果 $\tau_T=250$ns,计算二极管截止时间 $t=10\mu$s 时的 I_F、I_R 和存储时间。

3.117 图 3.68 所示的仿真结果是在 $\tau_T=5$ns 的条件下得到的。(a)将二极管渡越时间变为 $\tau_T=50$ns,重新仿真图 P3.20(a)中的二极管电路。观察仿真结果,储存时间是否随 τ_T 呈比例变化?(b)将输入电压变为如图 3.20(b)所示,假设 V_1 在 1.5V 保持足够长时间,重新仿真并将仿真结果与(a)的结果进行比较。分析 (a)和(b)仿真结果之间的差异是什么原因造成的。

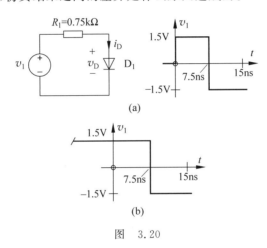

图 3.20

§3.18 光电二极管、太阳能电池和发光二极管

3.118 太阳能电池中二极管的输出可以表示为:
$$I_C = 1 - 10^{-15}\left[\exp(40V_C) - 1\right](A)$$
则 P_{max} 对应的工作点是多少? P_{max} 是多少? 求 I_{SC} 和 V_{OC} 的值。

3.119 3 个二极管串联用来增大太阳能电池的输出电压。3 个二极管的输出电流分别为
$$I_{C1} = 1.05 - 10^{-15}\left[\exp(40V_{C1}) - 1\right](A)$$
$$I_{C2} = 1.00 - 10^{-15}\left[\exp(40V_{C2}) - 1\right](A)$$
$$I_{C3} = 0.95 - 10^{-15}\left[\exp(40V_{C3}) - 1\right](A)$$
(a)求串联电池的 I_{OC} 和 V_{OC};(b)求 P_{MAX} 的值。

3.120 试写出包含信号直流电流分量的二极管的总光电流 i_{PH} 的表达式。

3.121 硅和砷化镓的禁带宽度分别为 1.12eV 和 1.42eV。求空穴和电子的直接复合所发出光的波长及各波长所对应的颜色。

3.122 对于 Ge、GaN、InP、InAs、BN、SiC、CdSe 等元素及化合物,重复习题 3.121 的计算。

第 4 章

CHAPTER 4

场 效 应 管

本章目标

- 定性研究 MOS 场效应晶体管的工作原理
- 定义并研究 FET 工作的截止区、线性区(三极管区)及饱和区
- 研究 MOSFET 中电流-电压(I-V)特性的数学模型
- 介绍电子器件的输出特性及传输特性
- 分类比较 NMOSFET 和 PMOSFET 增强和耗尽模型特性
- 学习电路原理图中 FET 的电路符号
- 研究使晶体管工作在不同工作区的偏置电路
- 学习 MOS 晶体管和电路的基本结构及掩模板版图设计
- 研究 MOS 器件按比例缩小的概念
- 比较三端器件和四端器件的特性
- 理解 MOSFET 中电容的来源
- 研究 SPICE 中的 FET 建模

本章主要研究场效应管(Field-Effect Transistor,FET)。FET 已成为现代集成电路中的主要器件,当今生产的绝大多数半导体产品使用 FET 器件。掌上计算机在 20 年前还只是设想,随着 FET 器件尺寸的急剧减小,使这一设想变成现实。

如第 1 章所述,1928 年 Lilienfeld、1935 年 Heil、1952 年 Shockley 分别设计出不同的 FET 器件,而当时的技术水平远未达到制作 FET 器件的要求。第一个 MOSFET 器件在 20 世纪 50 年代末期制造成功,随后人们花费了将近 10 年的时间开发出一条可靠的 MOS 商业制造流程。由于 PMOS 管制作工艺较为简单,IC 产业中首先使用的是 PMOS 管,第一台微处理器就是利用 PMOS 工艺制作出来的。20 世纪 60 年代末期,人们对制作工艺流程有了进一步的理解,并能更好地控制整个工艺流程,NMOS 管开始大量使用,并迅速取代了 PMOS 管。由于 NMOS 管的迁移率大于 PMOS 管,NMOS 器件有更好的电路性能。20 世纪 80 年代中期,功耗成为一大难题,互补型 MOS 器件(CMOS,同时采用 NMOS 和 PMOS 晶体管)以其低功耗特点迅速占领市场,虽然 CMOS 器件存在制作复杂、成本较高的缺点。现在 CMOS 技术已经成为电子产业的主导技术。

本章还补充了关于结型场效应管的内容,它基于 pn 结结构,通常出现在运算放大器和射频电路设计等模拟电路的应用中。

第 4 章研究金属氧化物半导体场效应管(MOSFET)的特性。MOSFET 是工业上应用最成功的固态器件,如下图所示,它是构成高集成度 VLSI(包括微处理器和存储器)的基本单元。另一种 FET 是结

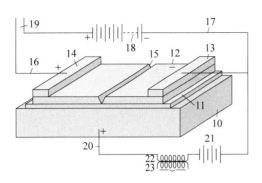

根据 Lilienfeld 1829 年专利绘制

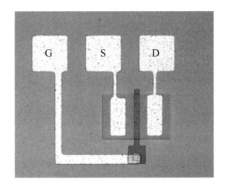

简单 MOSFET 的俯视图

型场效应管(Junction Field-Effect Transistor,JFET),电学基础是 pn 结,在模拟电路和射频电路设计中广泛应用。

p 沟道 MOS 晶体管(p-chanel MOS Transistor)首次成功应用于大规模集成电路(LSI)设计。早期微处理器芯片均采用 PMOS 工艺。后来,同时使用增强型和离子注入耗尽型器件的商业化 NMOS(n-chanel MOS,NMOS)工艺,获得了更高的性能。

本章同时从定性和定量两个方面讨论 MOSFET 的 I-V 特性,并研究不同类型晶体管的区别,随后介绍晶体管在不同工作区的偏置技术。

早期集成电路芯片包含晶体管数量很少,而按照现在(美国)国家半导体技术路线图(ITRS[2])的预测,到 2026 将会出现由 1000 亿个晶体管组成的芯片。晶体管集成度的急剧增长推动了电子产业的飞速发展,现在人们可以做到如第 1 章所述的减小晶体管尺寸而不降低其性能。

虽然双极型晶体管或 BJT 先于 FET 投入使用,但 FET 更易于理解,而且也是迄今为止实际生产中最重要的器件。因此,我们首先研究 FET,然后在第 5 章开始详细介绍 BJT。

4.1 MOS 电容特性

MOSFET 的核心是如图 4.1 所示的 MOS 电容(MOS capacitor)结构。理解该电容的结构与性能是理解 MOSFET 的工作原理的基础。MOS 电容在半导体和氧化物的交界面处感应出电荷。MOS 电容的顶端电极称为栅极(Gate,G),由低电阻材料做成,一般是铝或者重掺杂多晶硅。薄绝缘层将栅极与衬底隔离开,用作绝缘层的材料一般为二氧化硅,衬底半导体区域是电容的另一极。硅衬底热氧化形成的二氧化硅,是一种稳定的高性能的电学绝缘材料,这也是硅成为当今主要半导体材料的原因之一。半导体区既可以是 n 型也可以是 p 型。

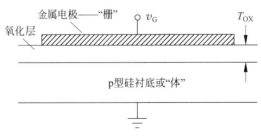

图 4.1 基于 p 型硅的电容结构

电容底部电极的半导体一般电阻率很高,电子空穴数量有限。在第 2 章中曾讲到过,半导体中存在载流子耗尽区,因此 MOS 结构的电容是电压的非线性方程。图 4.2 所示的是 3 种不同偏置情况栅下衬底区的情况:积累、耗尽和反型。

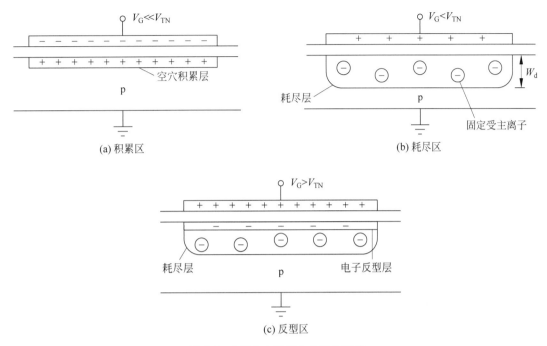

图 4.2   MOS 电容的 3 种工作状态

4.1.1   积累区

在栅上施加相对衬底电压为负的偏置电压,如图 4.2(a)所示,大量带正电荷的空穴被吸引到硅和二氧化硅的交界面,以平衡金属栅上的负电荷,导致表面空穴浓度超过衬底中原有空穴浓度,称为多子积累,此时的半导体表面称为积累区。多子积累层很浅,实际上只是栅极下的一个薄电荷层。

4.1.2   耗尽区

栅极电压缓慢增大,空穴被从衬底表面赶走,最终,表面附近的空穴浓度小于衬底掺杂水平决定的多子浓度,如图 4.2(b)所示,这种情况被称为耗尽(Depletion),相应的半导体区域被称为耗尽区(Depletion region)。金属电极下的载流子耗尽区域,与 pn 结二极管冶金结附近的耗尽区情况相似。在图 4.2(b)中,栅极上的正电荷由耗尽层中的电离受主原子的负电荷平衡,耗尽区宽度 W_d 取决于外加电压和衬底掺杂水平,根据条件不同,宽度可从几百纳米到几十微米。

4.1.3   反型区

继续增大栅极电压,电子被吸引到表面。当电压增大到某一个值时,表面电子浓度超过空穴浓度,此时表面从 p 型转变为 n 型,在栅极下面出现一个 n 型反型层(Inversion layer)或反型区(Inversion region),如图 4.2(c)所示。反型区很浅,是栅极下面的一个薄电荷层。在 MOS 电容中,反型层内的高浓度电子来源于耗尽层的电子空穴对产生过程。

反型层的负电荷与耗尽层离化的受主负电荷一起平衡栅极上的正电荷。衬底表面反型层形成时的栅极电压称为阈值电压(Threshold voltage)V_{TN},是场效应管中的一个重要参数。

NMOS 结构的电容随栅极电压的变化曲线如图 4.3 所示。当电压远低于阈值电压时,表面处于积累区,如图 4.2(a)所示,此时电容值很大,且由氧化层厚度(Oxide thickness)决定。每单位面积 C''_{ox} 的栅极氧化物电容是在栅极和累积层之间用二氧化硅电介质形成的平行板电容。随着栅极电压的增加,表面耗尽层的形成,如图 4.2(b)所示,电容极板的有效距离增加,电容减小。总电容可以等效成固定氧化层电容 C''_{ox} 和压控耗尽层电容 C_d 的串联,如图 4.3(b)所示。栅极电压 V_G 超过阈值电压 V_{TN} 后,形成反型层,如图 4.2(c)所示,随后电容迅速减小到由氧化层厚度决定的电容值。

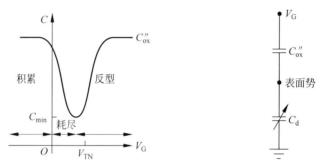

(a) p型衬底MOS电容在低频下的 C-V 特性曲线　　(b) 用于 C-V 特性曲线的串联电容模型

图 4.3　NMOS 电容随栅极电压变化曲线及模型

4.2　NMOS 晶体管

在图 4.4 所示的截面图中增加两个重掺杂 n 型(n^+)扩散区,就形成了 MOSFET。扩散区提供电子,在两个扩散区之间施加电压,电子就可以通过晶体管栅极下面的沟道区从一端运动到另一端形成电流。

n 沟道的 MOSFET 一般称为 NMOS 晶体管(NMOS transistor)或者 NMOSFET,它的平面图、截面图和电路符号如图 4.4 所示,NMOSFET 的中心区域是在 4.1 节中讨论过的 MOS 电容,电容顶端电极称为栅极。在 p 型衬底中形成的两个重掺杂的 n 型区域(n^+ 区域),称为源极(Source,S)和漏极(Drain,D),几乎与栅极的边缘对齐。源极和漏极提供载流子,使反相层可以快速形成对栅极电压的响应。NMOS 晶体管是一个四端器件,衬底相应地被称为衬底端(Substrate terminal)或者体端(Body terminal,B)。

NMOS 器件的端电压和电流分别由图 4.4(b)和(c)确定,图中还定义了 NMOS 晶体管的漏电流 i_D、源电流 i_S、栅电流 i_G 及体电流 i_B,并指明了 NMOS 晶体管中每种电流的正方向。这里要注意 3 个重要的电压,栅-源电压 $v_{GS} = v_G - v_S$,漏-源电压 $v_{DS} = v_D - v_S$,以及源衬电压 $v_{SB} = v_S - v_B$。在 NMOS 正常工作时,这些电压都为正值。

源区和漏区分别和衬底形成 pn 结,且在任何情况下都处于反偏状态,在结和衬底之间及相邻 MOS 晶体管之间形成电学隔离。因此为了保证 pn 结有效反偏,衬底电压必须小于等于源端和漏端电压。

源区和漏区之间的半导体区域称为沟道区,沟道区位于栅极正下方。图 4.4 中给出了两个重要的尺寸,L 是沟道长度,是以沟道中电流的方向进行测量得到。W 是沟道宽度,是以沟道中垂直电流的方

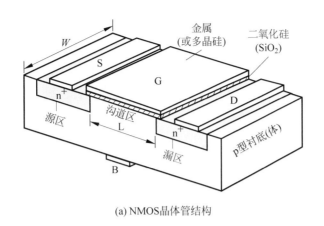

(a) NMOS晶体管结构

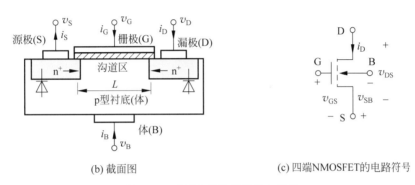

(b) 截面图　　　　　　　　　　　(c) 四端NMOSFET的电路符号

图 4.4　NMOS 晶体管结构与符号

向进行测量得到。从本章及以后的章节中可知,数字集成电路和模拟集成电路设计者的一个主要任务就是选择合适的 W 值和 L 值。

4.2.1　NMOS 晶体管的 *I-V* 特性的定性描述

在推导 NMOS 晶体管的电流-电压特性的表达式之前,首先需要定性理解图 4.5 中 NMOSFET 的源端、漏端和衬底都是接地的。

当直流栅-源电压 $v_{GS}=V_{GS}$ 远低于阈值电压 V_{TN} 时,如图 4.5(a)所示。由于源漏之间存在两个背靠背的 pn 结,因此其间只存在很小的漏电流。当栅-源电压 V_{GS} 增大到接近阈值电压时,栅极下形成耗尽区,并且与源漏耗尽区相连,如图 4.5(b)所示。耗尽区几乎不存在自由载流子,因此此时源漏之间仍然没有电流流过。最后,当栅-沟道电压超过阈值电压 V_{TN} 时,如图 4.5(c)所示,电子从源极和漏极流入,形成连接 n$^+$ 漏极的反型层。源区和漏区相连,形成的沟道具有一定的电阻。此时源极和漏极端子之间形成电阻连接,即形成沟道。

在漏极和源极之间施加正电压,沟道反型层中的电子在电场作用下做漂移运动,形成漂移电流。NMOS 晶体管中的正电流从漏端流入,经过沟道区,最后从源极流出,电流极性如图 4.4(b)所示。由于栅极与沟道区隔离,因此不存在栅极电流,即 $i_G=0$。漏极-衬底的 pn 结及源极-衬底的 pn 结必须始终处于反偏状态,以保证二极管中只存在很小的反偏漏电流。与沟道电流 i_D 相比,pn 结电流可以忽略不计,因此可认为 $i_B=0$。

如图 4.5 所示,器件在外加电压下形成沟道才能导电。栅极电压增大了沟道的电导率,这种类型的

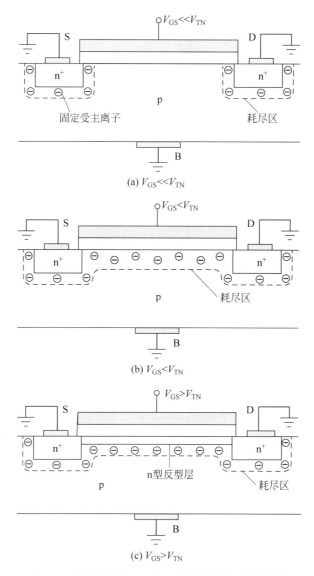

图 4.5　不同条件下 NMOS 晶体管的导电情况分析

MOSFET 称为增强型器件。本章还会讲到另一类 MOSFET,称为耗尽型器件。4.2.2 节将给出 NMOS 器件的端电流和外加电压之间的数学表达式。

4.2.2　NMOS 晶体管的线性区[①]特性

为了得到漏极电流 i_D 的表达式,考虑沟道电荷的传输过程,在图 4.6 中的栅极上施加小信号电压 v_{DS}。4.2.1 节已经提到,i_C 和 i_B 都为零,因此流入漏极的电流等于流出源极的电流,即

$$i_S = i_D \tag{4.1}$$

在沟道中任意位置,单位长度的电子电荷(线电荷,单位为 C/cm)等于

---

① 这一区域又称为"线性区"。书中将采用"triode"区而不是"linear"区,以避免与后面介绍的线性放大相混淆。

$$Q' = -WC''_{ox}(v_{ox} - V_{TN}) \quad \text{单位为 C/cm} \quad v_{ox} \geqslant V_{TN} \tag{4.2}$$

其中 $C''_{ox} = \varepsilon_{ox}/T_{ox}$ 为单位面积的氧化电容（单位为 F/cm^2），ε_{ox} 为氧化层的介电常数（单位为 F/cm），T_{ox} 为氧化层厚度（单位为 cm），二氧化硅的 $\varepsilon_{ox} = 3.9\varepsilon_0$，其中 $\varepsilon_0 = 8.854 \times 10^{-14} \, \text{F/cm}$。

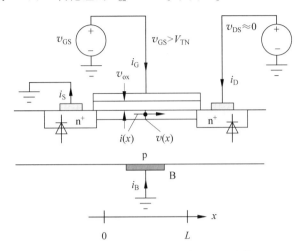

图 4.6　研究 NMOS 管 I-V 特性的电路模型

电压 v_{ox} 是氧化层上的电压，在沟道中是位置的函数，即

$$v_{ox} = v_{GS} - v(x) \tag{4.3}$$

其中 $v(x)$ 是沟道中任意位置 x 相对于源极的电压。要形成反型层，v_{ox} 必须大于 V_{TN}，这时 Q' 等于零。v_{ox} 从沟道区的源端到漏端不断减小，在源端 $v_{ox} = v_{GS}$，在漏端减小为 $v_{ox} = v_{GS} - v_{DS}$。

沟道中任意位置的电子漂移电流等于单位长度的电荷与速度的乘积 v_x，即

$$i(x) = Q'(x)v_x(x) \tag{4.4}$$

电荷 Q' 由式(4.2)给出，沟道中电子运动的速度 v_x 由电子迁移率和沟道中横向电场决定，即

$$i(x) = Q'v_x = \left[-WC''_{ox}(v_{ox} - V_{TN}) \right](-\mu_n E_x) \tag{4.5}$$

横向电场等于沟道中电压空间导数的相反数，即

$$E_x = -\frac{\mathrm{d}v(x)}{\mathrm{d}x} \tag{4.6}$$

结合式(4.3)~式(4.6)，可以得到沟道中任意位置的电流表达式，为

$$i(x) = -\mu C''_{ox}W\left[v_{GS} - v(x) - V_{TN}\right]\frac{\mathrm{d}v(x)}{\mathrm{d}x} \tag{4.7}$$

已知 $v(0) = 0$，$v(L) = v_{DS}$。将式(4.7)在 0 与 L 之间积分，可得

$$\int_0^L i(x)\mathrm{d}x = -\int_0^{v_{DS}} \mu_n C''_{ox}W\left[v_{GS} - v(x) - V_{TN}\right]\mathrm{d}v(x) \tag{4.8}$$

电流沿沟道运动时没有损失机制，因此在沟道中任意位置电流 $i(x)$ 均相等且等于 i_D，式(4.8)变成

$$i_D = \mu_n C''_{ox}\frac{W}{L}\left(v_{GS} - V_{TN} - \frac{v_{DS}}{2}\right)v_{DS} \tag{4.9}$$

$\mu_n C''_{ox}$ 只取决于工艺，电路设计者不能自行改变。为了电路分析和设计的方便，我们一般将式(4.9)写为

$$i_D = K'_n\frac{W}{L}\left(v_{GS} - V_{TN} - \frac{v_{DS}}{2}\right)v_{DS} \quad \text{或} \quad i_D = K_n\left(v_{GS} - V_{TN} - \frac{v_{DS}}{2}\right)v_{DS} \tag{4.10}$$

其中 $K_n = K'_n W/L$,$K'_n = \mu_n C''_{ox}$。参数 K_n 和 K'_n 称为跨导系数,单位均为 A/V^2。

式(4.10)是 NMOS 晶体管工作在线性区时的漏源电流表达式,在该工作区下阻性沟道直接连接漏和源端。沟道中任意位置氧化层两端的电压只要超过阈值电压,就能够产生这种阻性连接,即

$$v_{GS} - v(x) \geq V_{TN} \quad 0 \leq x \leq L \tag{4.11}$$

沟道中的最大电压出现在漏极 $v(L) = v_{DS}$,因此式(4.9)和式(4.10)只适用于

$$v_{GS} - v_{DS} \geq V_{TN} \quad 或 \quad v_{GS} - V_{TN} \geq v_{DS} \tag{4.12}$$

综上所述,NMOS 晶体管工作在线性区时,存在下列关系式

$$i_D = K'_n \frac{W}{L}\left(v_{GS} - V_{TN} - \frac{v_{DS}}{2}\right)v_{DS}, \quad v_{GS} - V_{TN} \geq v_{DS} \geq 0 \quad 和 \quad K'_n = \mu_n C''_{ox} \tag{4.13}$$

式(4.13)在本章中会经常用到,因此需要读者记住。

整理上述表达式以进一步得到如式(4.14)所示表达式:

$$i_D = \left[C''_{ox} W\left(v_{GS} - V_{TN} - \frac{v_{DS}}{2}\right)\right]\left(\mu_n \frac{v_{DS}}{L}\right) \tag{4.14}$$

当源漏电压很小时,第一项表示沟道中单位长度的平均电荷,其中平均沟道电压 $\overline{v(x)} = v_{DS}/2$。第二项表示沟道中电子的漂移速率,其中平均电场等于沟道两端的总电压 v_{DS} 除以沟道长度 L。

之所以称为线性是因为 FET 的漏极电流由漏极电压决定,这种情形类似于多年前发明的真空三极管(参见表1.2)。它可以是 I_D、V_{DS} 和 V_{GS} 三者中的任何两个,但是需要注意静态工作点 Q 由 I_D、V_{DS} 给出。

练习: 已知 $\mu_n = 500\text{cm}^2/\text{v} \cdot \text{s}$,$T_{ox} = 25\text{nm}$,求晶体管的 K'_n;当 $T_{ox} = 25\text{nm}$ 时,重复上述计算。

答案: $69.1\mu\text{A}/\text{V}^2$;$345\mu\text{A}/\text{V}^2$。

练习: 已知 NMOS 晶体管的 $K'_n = 50\mu\text{A}/\text{V}^2$,分别求出以下 3 种情况时的 K_n。(a)$W = 20\mu\text{m}$,$L = 1\mu\text{m}$;(b)$W = 60\mu\text{m}$,$L = 3\mu\text{m}$;(c)$W = 10\mu\text{m}$,$L = 0.25\mu\text{m}$。

答案: $1000\mu\text{A}/\text{V}^2$;$1000\mu\text{A}/\text{V}^2$;$2000\mu\text{A}/\text{V}^2$。

练习: 已知 NMOS 晶体管的 $V_{DS} = 0.1\text{V}$,$W = 10\mu\text{m}$,$L = 1\mu\text{m}$,$V_{TN} = 1.5\text{V}$,$K'_n = 25\mu\text{A}/\text{V}^2$,分别求 $V_{GS} = 0$、1V、2V 和 3V 时晶体管的漏电流。K_n 的值为多少?

答案: 0;0;$11.3\mu\text{A}$;$36.3\mu\text{A}$;$250\mu\text{A}/\text{V}^2$。

4.2.3 导通电阻

由式(4.13)可得晶体管工作在线性区的 I-V 特性。NMOS 器件工作在线性区的共源输出特性曲线如图4.7所示,图4.7中假设 $V_{TN} = 1\text{V}$,$K_n = 250\mu\text{A}/\text{V}^2$。MOSFET 的漏极电流是漏-源电压 v_{DS} 的函数,输出特性是漏电流 i_D 的曲线。图4.7中还给出了不同栅-源电压下的输出特性曲线,图中的输出特性接近直线,又称线性区。但是某些区域会发生弯曲,例如图中 $V_{GS} = 2\text{V}$ 的曲线。

接下来借助式(4.9)详细研究线性区的行为。当漏-源电压很小时,例如 $v_{DS}/2 < v_{GS} - V_{TN}$,漏-源电压式(4.9)可化简为

$$i_D \approx \mu_n C''_{ox} \frac{W}{L}(v_{GS} - V_{TN})v_{DS} \tag{4.15}$$

流经的电流 i_D 与其两端电压 v_{DS} 成正比,这种性质更像是一个连接漏极和源极之间的电阻,其阻值可以通过控制栅-源电压来调节,因此 MOSFET 被称为转移电阻,即通常所说的场效应管。

将 FET 在原点附近线性区的电阻称为导通电阻 R_{on}。对式(4.13)求导,可得导通电阻的表达式为

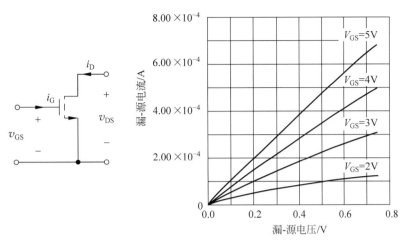

图 4.7 NMOS 工作在线性区($v_{SB}=0$)的 I-V 特性曲线,
当 $v_{SB}=0$ 时常使用 NMOS 的三端电路符号

$$R_{on} = \left[\frac{\partial i_D}{\partial v_{DS}} \bigg|_{v_{DS}\to 0} \right]^{-1}_{Q\text{-}pt} = \frac{1}{K'_n \dfrac{W}{L}(V_{GS}-V_{TN}-V_{DS})} \bigg|_{V_{DS}\to 0} = \frac{1}{K'_n \dfrac{W}{L}(V_{GS}-V_{TN})} \qquad (4.16)$$

R_{on} 是 MOS 逻辑电路中的一个重要参数。由式(4.15)可得 R_{on} 的另一表达式为 $R_{on}=v_{DS}/i_D$。

原点附近的 I-V 曲线是直线,但是随着 $v_{DS}<v_{GS}-v_{TN}$ 增大,曲线的曲率增大。图 4.7 中最下面一条曲线,$V_{GS}-V_{TN}=2-1=1$V,只有 v_{DS} 小于 $0.1\sim 0.2$V 时,曲线的线性才成立。图 4.7 中另一条 $V_{GS}=5$V 的曲线在图中大部分区域表现为准线性行为。注意,在衬底与源极相接时 $V_{SB}=0$,常使用 NMOS 的三端电路符号(参见图 4.7 和图 4.8)。

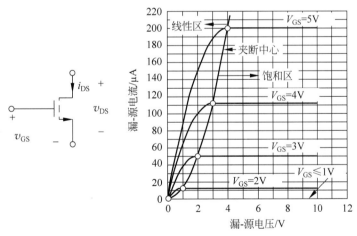

图 4.8 $V_{TN}=1$V,$K_n=25\times 10^{-6}\mu A/V^2$($v_{SB}=0$)条件下 NMOS 的输出特性曲线,
当 $v_{SB}=0$ 时的三端 NMOS 电路符号

练习:已知 NMOS 晶体管的 $V_{TN}=1$V,$K_n=250\mu A/V^2$。分别计算 $V_{GS}=2$V 和 $V_{GS}=5$V 时晶体管的导通电阻。并求出导通电阻为 2kΩ 时 V_{GS} 的值。

答案:4kΩ;1kΩ;3V。

4.2.4 跨导

晶体管的另一个重要参数是跨导(Transconductance)g_m。MOS 器件的跨导表示漏极电流对栅-源电压的变化率。对于线性区有

$$g_m = \frac{i_D}{v_{GS}}\bigg|_{Q\text{-}pt} = K_n V_{DS} = \frac{I_D}{V_{GS} - V_{TN} - V_{DS}/2} \tag{4.17}$$

其中,利用式(4.15)中的推导,并估算了 Q 点。电子设备中,特别是在研究模拟电路设计时,经常会出现 g_m。器件跨导越大,从使用晶体管的放大器获得的增益越多。值得注意的是,g_m 是式(4.16)中定义的导通电阻的倒数。

练习:已知 NMOS 晶体管的 $V_{GS}=2.5\text{V}$,$V_{TN}=1\text{V}$,$V_{DS}=0.28\text{V}$,$K_n=1\text{mA/V}^2$,求晶体管的漏电流和跨导。

答案:0.344mA;0.250mS。

4.2.5 *I-V* 特性的饱和

如上所述,只有电阻沟道将源极和漏极直接相连时,式(4.13)才成立。然而,当漏极电压增大到超过线性区的最大允许漏极电压时,MOSFET 中会出现意外现象,电流达到饱和,不再继续增大。在不同栅-源电压情况下,晶体管的漏极电流饱和特性如图 4.8 所示。

电流为什么会出现饱和呢?可通过研究图 4.9 所示的器件截面图来理解这一现象。在图 4.9(a)中,MOSFET 工作在线性区,如前所述;在图 4.9(b)中,$v_{DS}=v_{GS}-V_{TN}$,此时沟道恰好在漏端消失;在图 4.9(c)中 v_{DS} 更大,沟道在到达漏极之前消失,或称为沟道夹断,此时沟道与漏极不再相连。也许有人认为此时 MOSFET 的电流应该为零,但是事实并非如此,如图 4.9(b)所示,此时夹断点(Pinch-off point)电压始终等于

$$v_{GS} - v(x_{po}) = V_{TN} \qquad 或 \qquad v(x_{po}) = v_{GS} - V_{TN}$$

因此夹断点两端仍存在 $v_{GS}=V_{TN}$ 的电压,电子沿沟道从左向右漂移,到达夹断点,注入沟道末端和漏极之间的耗尽区,在耗尽区电场的作用下被扫向漏极。一旦沟道夹断,沟道区的电压降就保持不变,因此漏极电流不变,与漏-源电压无关。

MOSFET 的该工作区称为饱和区(Saturation region)或者夹断区(Pinch-off region)。下一章中研究双极型晶体管时,将给出饱和的另一种不同含义。当然,模拟放大中主要应用 MOSFET 工作在非夹断区的性质。

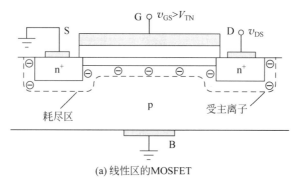

(a) 线性区的MOSFET

图 4.9 不同条件下 MOSFET 的导通情况分析

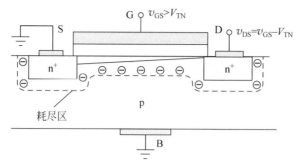

(b) 沟道刚夹断时的MOSFET

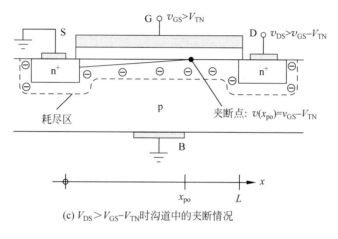

(c) $V_{DS} > V_{GS} - V_{TN}$时沟道中的夹断情况

图 4.9 （续）

4.2.6 饱和(夹断)区的数学模型

本节研究 MOSFET 沟道夹断时的漏极电流。沟道恰好夹断时的漏-源电压为 $V_{DS} = v_{GS} - V_{TN}$ 代入式(4.13)，得到 NMOS 饱和区的电流表达式为

$$i_D = \frac{K'_n}{2} \frac{W}{L} (v_{GS} - V_{TN})^2 \quad \text{或} \quad v_{DS} \geqslant (v_{GS} - V_{TN}) \geqslant 0 \qquad (4.18)$$

这就是 n 沟道 MOSFET 工作在夹断区时的漏源电流表达式，遵循平方关系。电流取决于 $v_{GS} - V_{TN}$ 的平方，与漏-源电压 V_{DS} 无关。本章中还要反复用到上式，读者需要记住该公式。

晶体管饱和时 v_{DS} 常写为 v_{DSAT}，称为 MOSFET 的饱和电压或者夹断电压。且有

$$v_{DSAT} = v_{GS} - V_{TN} \qquad (4.19)$$

仿照式(4.14)，可将式(4.18)改写为

$$i_D = \left(C''_{ox} W \frac{v_{GS} - V_{TN}}{2} \right) \left(\mu_n \frac{v_{GS} - V_{TN}}{L} \right) \qquad (4.20)$$

反型沟道区两端的电压为 $v_{GS} - V_{TN}$，如图 4.9(c)所示，因此式(4.20)中第一项表示反型层的平均电子电荷，第二项表示电子在电场$(v_{GS} - V_{TN})/L$ 下的速度。

当 $V_{TN} = 1V$，$K_n = 25\mu A/V^2$ 时 NMOS 晶体管总的输出特性的示例如图 4.8 所示，夹断点的位置由

$v_{DS} = v_{DSAT}$ 确定。在夹断点左侧,晶体管工作在线性区;在夹断点右侧,晶体管工作在饱和区。当 $v_{GS} \leqslant v_{TN} = 1V$ 时,晶体管截止,漏极电流为零。晶体管工作在饱和区时,式(4.18)所确定的平方律特性可知,曲线随着栅极电压的增大而展开。

当 $V_{GS} = 3V$ 时晶体管的输出特性曲线如图 4.10 所示,图中分别给出了线性区方程和饱和区方程的曲线。线性区表达式(4.13)用图 4.10 中开口向下的抛物线表示。当 $V_{DS} > V_{GS} - V_{TN} = 2V$ 时,线性区曲线不再适用。还要注意,最大漏极电压绝不能超过漏极-衬底 pn 结二极管的齐纳击穿电压。

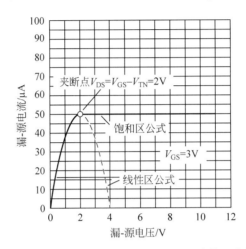

图 4.10　标出了饱和区和线性区在夹断点处相交情况的特性曲线

练习:已知 $V_{GS} = 5V$,$V_{DS} = 10V$,如果 $V_{TN} = 1V$,$K_n = 1mA/V^2$,计算 NMOS 晶体管的漏电流。计算 $K'_n = 40\mu A/V^2$ 时的 W/L 比值。如果 $L = 0.35\mu m$,则 W 的值是多少?

答案:8.00mA;25/1;8.75μm。

4.2.7　饱和的跨导

跨导 g_m 已在 4.2.4 节中定义,并将漏极电流的变化与栅-源电压的变化联系起来。对于饱和区域有

$$g_m = \frac{\mathrm{d}i_D}{\mathrm{d}v_{GS}}\bigg|_{Q\text{-}pt} = K_n(V_{GS} - V_{TN}) = \frac{2I_D}{V_{GS} - V_{TN}} \tag{4.21}$$

对式(4.18)进行求导,并在 Q 点评估结果。器件跨导越大,从使用晶体管的放大器获得的增益越多。值得注意的是,饱和时 g_m 的值大约是线性区域中值的 2 倍。

练习:已知 NMOS 晶体管的 $V_{GS} = 2.5V$,$V_{TN} = 1V$,$V_{DS} = 0.28V$,$K_n = 1mA/V^2$,求晶体管的漏电流和跨导。

答案:1.13mA;1.5mS。

4.2.8　沟道长度调制

由图 4.8 所示的输出特性曲线可见,器件达到饱和区后,漏极电流保持不变。但是实际情况并非如此。这是由于 $I\text{-}V$ 特性曲线具有较小的正斜率,如图 4.11(a)所示,当漏-源电压增大时漏电流缓慢增加。在图 4.11 中,可以清楚地看到漏电流的增大,是由于沟道长度调制的结果,这一现象可以参照

图 4.11(b)进行理解,当 $v_{DS} > v_{DSAT}$ 时,图中对 NMOS 晶体管的沟道区进行了绘制。在沟道夹断之前与漏极是相接触的,因此实际沟道长度为 $L = L_M - \Delta L$,其中 L_M 是源极边界与漏极扩散之间的间距。当 v_{DS} 增大超过 v_{DSAT} 时,耗尽沟道区长度 ΔL 也随之增加,导致有效长度 L 减小。由此可见式(4.18)分母中 L 的值与 v_{DS} 成反比,漏极电流随 v_{DS} 的增大而增大。考虑漏极电压对电流的影响,将式(4.18)修正为

$$i_D = \frac{K_n'}{2}\frac{W}{L}(v_{GS} - V_{TN})^2(1 + \lambda v_{DS}) \tag{4.22}$$

其中 λ 称为沟道长度调制系数,大小与沟道长度有关,一般为 $0V^{-1} \leqslant \lambda \leqslant 0.2V^{-1}$。在图 4.11 中,$\lambda$ 约为 $0.01V^{-1}$,因此漏-源电压每增大 10V,漏极电流增大 10%。

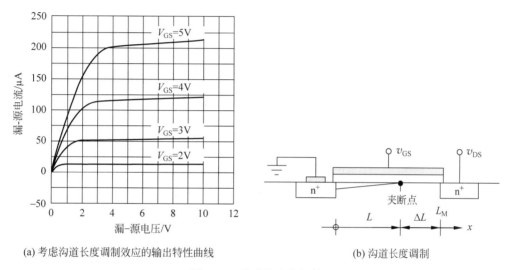

(a) 考虑沟道长度调制效应的输出特性曲线　　　　(b) 沟道长度调制

图 4.11　沟道长度的调制

练习:已知 NMOS 晶体管 $V_{GS} = 5V$, $V_{DS} = 10V$。如果 $V_{TN} = 1V$, $K_n = 1mA/V$, $\lambda = 0.02V^{-1}$,求漏电流。当 $\lambda = 0$ 时,重新计算 I_D。

答案:9.60mA;8.00mA。

练习:已知 $V_{GS} = 4V$, $V_{DS} = 5V$,如果 $V_{TN} = 1V$, $K_n = 25\mu A/V^2$, $\lambda = 0.01V^{-1}$,计算图 4.11 中 NMOS 晶体管的漏电流。当 $V_{GS} = 5V$, $V_{DS} = 10V$ 时重复以上计算。

答案:$118\mu A$;$220\mu A$。

4.2.9　传输特性及耗尽型 MOSFET

图 4.7、图 4.8 和图 4.11 所示的都是晶体管的输出特性曲线,描述了栅-源电压一定的情况下,漏极电流随漏-源电压的变化情况。另一种描述晶体管特性的曲线称为传输特性曲线,描述漏-源电压一定的情况下,漏极电流随栅-源电压的变化情况。两个 NMOS 晶体管处于夹断区的传输特性曲线如图 4.12 所示。在前面的介绍中,我们一直假设 NMOS 晶体管的阈值电压为正,图 4.12(a)右侧的曲线代表阈值电压 $V_{TN} = +2V$ 时增强型 MOS 管的传输特性。当 $v_{GS} \leqslant V_{TN}$ 时,晶体管处于截止状态;随着 v_{GS} 的增大,当 $v_{GS} > V_{TN}$ 时,晶体管导通。曲线反映了晶体管处于饱和区时的平方律特性,可用式(4.18)描述。

实际上还可以制造出另一类阈值电压 $V_{TN} \leqslant 0$ 的 NMOS 晶体管,这类晶体管称为耗尽型 MOSFET

(Depletion-mode MOSFET),图 4.12(a)中左侧曲线所示的就是 $V_{\mathrm{TN}} = -2\mathrm{V}$ 时晶体管的传输特性。从图 4.12(a)中可以看出当 $v_{\mathrm{GS}} = 0$ 时存在非零的漏极电流,器件的导通电压小于零。

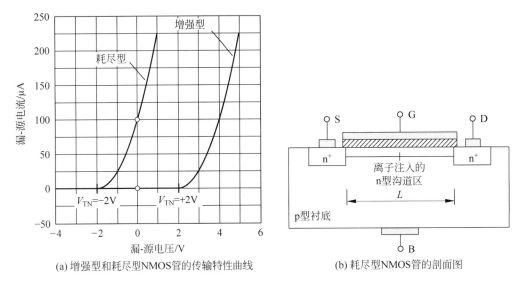

(a) 增强型和耗尽型NMOS管的传输特性曲线　　(b) 耗尽型NMOS管的剖面图

图 4.12　NMOS 管的传输特性

耗尽型 MOSFET 的剖面图如图 4.12(b)所示。离子注入形成内置的 n 沟道,使得源极和漏极通过电阻沟道区连接。在栅极上施加负电压,使 n 型沟道区耗尽,这样源极和漏极之间就不存在电流通道了(因此称为耗尽型器件)。将耗尽型 MOSFET 应用到 NMOS 技术中使其性能有了显著的提升,这一技术创新在 20 世纪 70 年代中期得到迅速认可。

　　练习:图 4.12 中的耗尽型 NMOS 管,$V_{\mathrm{GS}} = 0\mathrm{V}$,如果 $K_{\mathrm{n}} = 50\mu\mathrm{A/V}^2$,假设其工作在夹断区,计算该晶体管的漏电流。如果晶体管为增强型,计算当漏电流相同时 V_{GS} 的值。

　　答案:$100\mu\mathrm{A}$;$4\mathrm{V}$。

　　练习:在图 4.12 中,假设耗尽型 NMOS 管工作在夹断区。已知 $V_{\mathrm{GS}} = +1\mathrm{V}$,如果 $K_{\mathrm{n}} = 50\mu\mathrm{A/V}^2$,计算该晶体管的漏电流。

　　答案:$225\mu\mathrm{A}$。

4.2.10　体效应或衬底灵敏度

　　在前面几节的分析中,假设源衬电压 $v_{\mathrm{SB}} = 0$,此时 MOSFET 可以看作一个三端器件。但是在许多电路中,尤其是在集成电路中,衬底和源极分别连接至不同的电压,使得 $v_{\mathrm{SB}} \neq 0$。非零的 v_{SB} 会改变阈值电压,进而影响 MOSFET 的 $I\text{-}V$ 特性。这种效应称为衬底灵敏度或体效应,用数学式表达为

$$V_{\mathrm{TN}} = V_{\mathrm{TO}} + \gamma(\sqrt{v_{\mathrm{SB}} + 2\phi_{\mathrm{F}}} - \sqrt{2\phi_{\mathrm{F}}}) \tag{4.23}$$

其中,V_{TO} 为衬底偏置为零时的 V_{TN} 值,单位为 V;γ 为体效应系数,单位为 $\sqrt{\mathrm{V}}$;$2\phi_{\mathrm{F}}$ 为表面电势,单位为 V。

　　γ 决定了体效应的强度,由图 4.3 中氧化物电容 C''_{ox} 和耗尽层电容 C_{d} 的相对大小决定。表面电势表示刚开始反型时耗尽层两端的电压。对 NMOS 晶体管有 $-5\mathrm{V} \leqslant V_{\mathrm{TO}} \leqslant +5\mathrm{V}$,$0 \leqslant \gamma \leqslant 3\sqrt{\mathrm{V}}$,$0.3\mathrm{V} \leqslant 2\phi_{\mathrm{F}} \leqslant 1\mathrm{V}$。

本书中取 $2\phi_F = 0.6\text{V}$,则式(4.22)可改写为

$$V_{TN} = V_{TO} + \gamma(\sqrt{v_{SB} + 0.6} - \sqrt{0.6}) \qquad (4.24)$$

NMOS 晶体管的阈值电压与源衬电压之间的变化关系如图 4.13 所示,图中 $V_{TO} = 1\text{V}$ 和 $\gamma = 0.75\sqrt{\text{V}}$。可以看到,当 $v_{SB} = 0\text{V}$ 时,$V_{TN} = V_{TO} = 1\text{V}$,但是当 $v_{SB} = 5\text{V}$ 时,V_{TN} 的值增大了一倍多。

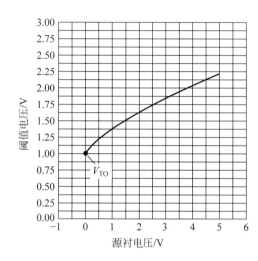

图 4.13　NMOS 晶体管的阈值与源衬电压的变化关系,其中 $V_{TO} = 1\text{V}, 2\phi_F = 0.6\text{V}, \gamma = 0.75\sqrt{\text{V}}$

设计提示:

下面总结了 NMOS 晶体管在各个工作区中的数学模型,应熟练掌握!

NMOS 晶体管的数学模型小结

式(4.25)～式(4.29)是 NMOS 晶体管 $I\text{-}V$ 特性的完整模型:

所有工作区均有

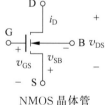

NMOS 晶体管

$$K_n = K'_n \frac{W}{L} \quad K'_n = \mu_n C''_{ox} \quad i_G = 0 \quad i_B = 0 \qquad (4.25)$$

截止区:
$$i_D = 0, \quad \text{当 } v_{GS} < V_{TN} \text{ 时} \qquad (4.26)$$

线性区:
$$i_D = K_n\left(v_{GS} - V_{TN} - \frac{v_{DS}}{2}\right)v_{DS}, \quad \text{当 } v_{GS} - V_{TN} \geqslant v_{DS} \geqslant 0 \text{ 时} \qquad (4.27)$$

饱和区:
$$i_D = \frac{K_n}{2}(v_{GS} - V_{TN})^2(1 + \lambda v_{DS}), \quad \text{当 } v_{DS} \geqslant (v_{GS} - V_{TN}) \geqslant 0 \text{ 时} \qquad (4.28)$$

阈值电压:
$$V_{TN} = V_{TO} + \gamma(\sqrt{v_{SB} + 2\phi_F} - \sqrt{2\phi_F}) \qquad (4.29)$$

对增强型 NMOS 晶体管 $V_{TN} > 0$;耗尽型 NMOS 晶体管也可以实现,但 $V_{TN} \leqslant 0$。

练习:如图 4.13 所示的 MOSFET,分别计算源体电压为 0V、1.5V 和 3V 时的阈值电压。
答案:1.00V;1.51V;1.84V。

练习：已知 NMOS 晶体管的 $V_{TN}=1V$，$K_n=1mA/V^2$，$\lambda=0.02V^{-1}$，确定晶体管处于下列条件时的工作区和漏电流的大小：(a)$V_{GS}=0V$，$V_{DS}=1V$；(b)$V_{GS}=2V$，$V_{DS}=0.5V$；(c)$V_{GS}=2V$，$V_{DS}=2V$。

答案：(a)截止区，0A；(b)线性区，375μA；(c)饱和区，520μA。

4.3 PMOS 晶体管

p 沟道 MOS 管的制作比较简单，由于 PMOS 工艺的制作过程容易控制，因此最早实现商业化，最初的集成电路也是集成的 PMOS 器件。在 n 型衬底上形成 p 型源区和漏区，就得到了 PMOS 器件，如图 4.14(a)所示。

PMOS 晶体管的基本特性和 NMOS 器件类似，只是正常的电压和电流的极性与 NMOS 器件相反。一般情况下 PMOS 管的电流方向如图 4.14 所示。栅极上相对于源极的负电压($v_{GS}<0$)，需要吸引空穴，并在沟道区域中产生 p 型反型层。当栅-源电压小于器件的阈值电压时，增强型 PMOS 晶体管才能导通，用 V_{TP} 表示。v_{SB} 和 v_{DB} 必须小于零，以保持源衬结和漏衬结反偏，因此有 $v_{DS}\leqslant0$。

增强型 PMOS 晶体管的输出特性如图 4.14(b)所示。当 $v_{GS}\geqslant V_{TP}=-1V$ 时，晶体管截止。v_{GS} 的绝对值增大，漏极电流增大。当 V_{DS} 较小时，PMOS 器件处于线性区；当 V_{DS} 较大时，PMOS 进入饱和区。PMOS 曲线与 NMOS 曲线相似，除了 v_{GS} 和 v_{DS} 的符号变化，这是因为 PMOS 晶体管的正电流方向是漏极电流流出的方向。

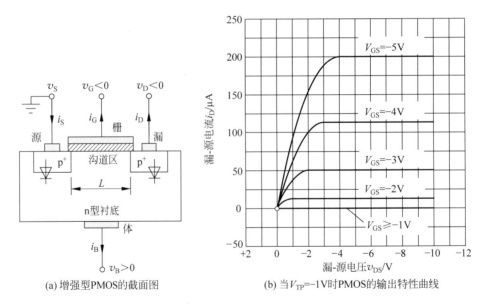

(a) 增强型PMOS的截面图　　　(b) 当V_{TP}=-1V时PMOS的输出特性曲线

图 4.14　PMOS 管的输出特性

设计提示：

下面列出了 PMOS 晶体管在其各个工作区中的数学模型，应熟练掌握。

PMOS 晶体管的数学模型小结

式(4.30)~式(4.34)为 PMOS 晶体管 I-V 特性的完整模型。

所有的工作区均有

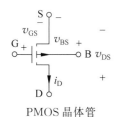

PMOS 晶体管

$$K_P = K_P' \frac{W}{L} \quad K_P' = \mu_P C_{ox}'' \quad i_G = 0 \quad i_B = 0 \tag{4.30}$$

截止区：

$$i_D = 0, \quad \text{当 } V_{GS} \geqslant V_{TP} \text{ 时} \tag{4.31}$$

线性区：

$$i_D = K_P \left(v_{GS} - V_{TP} - \frac{v_{DS}}{2} \right) v_{DS}, \quad \text{当 } 0 \leqslant |v_{DS}| \leqslant |v_{GS} - V_{TP}| \text{ 时} \tag{4.32}$$

饱和区：

$$i_D = \frac{K_P}{2} (v_{GS} - V_{TP})^2 (1 + \lambda |v_{DS}|), \quad \text{当 } |v_{DS}| \geqslant |v_{GS} - V_{TP}| \geqslant 0 \text{ 时} \tag{4.33}$$

阈值电压：

$$V_{TP} = V_{TO} - \gamma (\sqrt{v_{BS} + 2\phi_F} - \sqrt{2\phi_F}) \tag{4.34}$$

对增强型 PMOS 晶体管 $V_{TP} < 0$；耗尽型 PMOS 晶体管也可以实现，但 $V_{TP} > 0$。

很多设计者用多种不同的方法来编写描述 PMOS 晶体管的方程式。本书遵循的原则就是尽可能地避免由于负号引起混淆。除了漏极电流方向反转，且 v_{GS} 和 v_{DS} 的符号为负外，PMOS 晶体管的漏极电流表达式与 NMOS 晶体管类似。n 沟道和 p 沟道器件的 γ 一般为正值，因此正的衬源电势会引起 PMOS 阈值电压朝负的方向变化。

K_n 和 K_p 的表达式也存在很大差异。PMOS 器件的载流子是空穴，电流与空穴的迁移率 μ_p 成正比。而空穴迁移率是电子迁移率的 40%，因此对于给定的偏置电压，PMOS 器件的电流是 NMOS 的 40%。在数字电路和模拟电路中，大电流能够允许器件有更高的工作频率，因此许多时候我们优先选用 NMOS 器件。

练习：已知 PMOS 晶体管的 $V_{TP} = -1V$，$K_p = 0.4 \text{mA/V}^2$，$\lambda = 0.02 \text{V}^{-1}$。试确定晶体管处于下列条件时的工作区和漏电流。(a)$V_{GS} = 0V$，$V_{DS} = -1V$；(b)$V_{GS} = -2V$，$V_{DS} = -0.5V$；(c)$V_{GS} = -2V$，$V_{DS} = -2V$。

答案：(a)截止区，0A；(b)线性区，$150\mu A$；(c)饱和区，$208\mu A$。

4.4 MOSFET 电路模型

图 4.15 给出了 4 种不同类型的 MOSFET 的标准电路符号，分别为：(a)NMOS 增强型；(b)PMOS 增强型；(c)NMOS 耗尽型和(d)PMOS 耗尽型。MOSFET 的 4 个端口分别称为源极(S)、漏极(D)、栅极(G)和衬底(B)。衬底端的箭头表示衬底-漏极、衬底-源极和衬底-沟道 pn 结二极管的极性，箭头向里表示 NMOS 管，向外表示 PMOS 管。增强型器件用沟道区的虚线表示，而耗尽型器件用实线表示沟道区存在内建沟道。栅极和沟道区的空隙表示绝缘氧化区。表 4.1 总结了 4 种类型 PMOS 和 NMOS 的阈值电压。

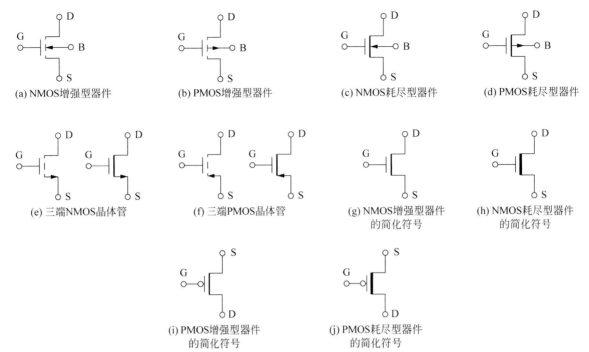

图 4.15 （a）～（f）IEEE 标准 MOS 管电路符号；（g）～（j）其他常用符号

表 4.1 MOS 管的分类

	NMOS	PMOS
增强型模型	$V_{TN} > 0$	$V_{TP} < 0$
耗尽型模型	$V_{TN} \leq 0$	$V_{TP} \geq 0$

在许多电路中，MOSFET 的衬底与源极相连，可用图 4.15(e) 和图 4.15(f) 所示的简化符号来表示这些三端 MOSFET，图中箭头表示源极，指向正电流的方向。

从图 4.4 和图 4.14 的截面图中可以看出 MOS 器件的对称性，哪个电极用作漏极及沟道中的电流方向都由外加电压决定。对于 NMOS 晶体管来说，电压最高的 n 区域为漏极，电压最低的 p 区域为源极。相应地，PMOS 晶体管电压最低的区域为漏极，电压最高的区域为源极。对称性是 MOS 晶体管一个很重要的性质，尤其是在 MOS 逻辑电路和动态随机存储器电路中。

设计提示：MOS 器件的对称性

用作漏极的 MOS 晶体管端子实际上由施加的电压确定，电流可以在任一方向上穿过沟道，具体取决于施加的电压。

电 子 应 用

片上 CMOS 相机

我们在前面已经了解，CCD 图像传感器广泛应用于天文学中。虽然 CCD 图像传感器能够生成高质量的图像，但是也存在一些不足，比如制作成本高、控制电路复杂及耗电量大。20 世纪 90 年代初期,设计者开始研发新工艺,将光探测电路集成到数字 CMOS 工艺中。1993 年,Eric Fossum 博士的研究小组宣布成功研制出单片 CMOS 数字相机。此后,许多公司设计出了基于主流 CMOS 工艺的相机芯片,可以在一个芯片上整合许多相机的功能。

下图是 Teledyne Dalsa[①] 公司提供的一张芯片图。此器件能生成全彩图像,并且在 2352×1728 个图像阵列上实现 400 万个像素。

33M 像素 Dalsa CCD 图像传感器,Teledyne DALSA 授权引用

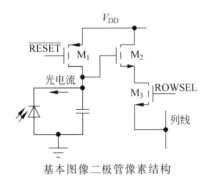

基本图像二极管像素结构

上图给出了典型的光电二极管像素结构的电路图。$\overline{\text{RESET}}$ 复位信号有效时,存储电容通过晶体管 M_1 充电至 V_{DD},取消复位信号后,对光电二极管施加光照,产生光电流使电容放电。不同的光强在电容上产生不同的电压。为了读出存储的电荷值,使用行选择信号(ROWSEL)将电容电压通过晶体管 M_2 和 M_3 转移至 COLUMN 列线。

在许多设计中,器件特性的随机变化将导致每个像素对于相同的光照强度产生不同的信号变化。为了校正这种偏差,可采用一种称为相关双采样的技术。在从像素中读出信号电平后,将像素复位,重新读取出基线信号。从所得的信号中减去基线信号,就消除了两种信号中常见的非均匀性和噪声源。

这样的芯片在数字照相机和数字录像机中十分常见。将数字光敏感像素结构与主流 CMOS 工艺集成,就可以用很低的成本制造出这类常见的便携式器件。

---

① 上述图片是 33M 像素 Dalsa CCD 图像传感器的芯片图,该图片由 Teledyne DALSA 授权引用。

4.5 MOS 晶体管电容

每个电子器件内部均存在电容,电容的存在限制了器件的高频性能。电容限制逻辑电路的开关速度;限制放大器的增益带宽积。因此,有必要了解电容的起源和建模的相关知识,本节将介绍 MOS 晶体管的电容。

4.5.1 NMOS 晶体管的线性区电容

MOS 场效应管工作在线性区时的所有电容如图 4.16(a)所示,在该区域沟道区连接源极和漏极。Meyer 给出了这些电容的简化模型[4]。总的栅极-沟道电容 C_{GC} 等于单位面积的栅极-沟道电容 C''_{ox} 与栅极面积的乘积,即

$$C_{GC} = C''_{ox} WL \tag{4.35}$$

在 Meyer 模型中,线性区的 C_{GC} 由两个相等的电容组成,栅-源电容 C_{GS} 和栅-漏电容 C_{GD} 分别等于栅极-沟道电容的一半与栅-源交叠电容 C_{GSO} 或栅-漏交叠电容 C_{GDO} 的和,即

$$C_{GS} = \frac{C_{GC}}{2} + C_{GSO} W = C''_{ox} \frac{WL}{2} + C_{GSO} W$$

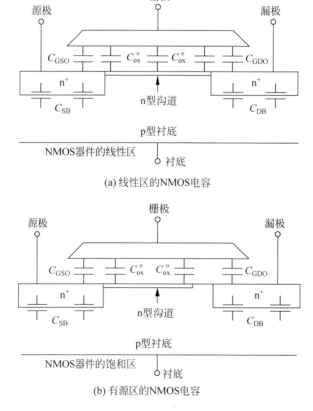

(a) 线性区的NMOS电容

(b) 有源区的NMOS电容

图 4.16　线性区和有源区的 NMOS 电容

$$C_{GD} = \frac{C_{GC}}{2} + C_{GDO}W = C''_{ox}\frac{WL}{2} + C_{GDO}W \tag{4.36}$$

交叠电容有两个来源,首先在实际制造工艺中,栅极与漏极扩散区不可能完全对齐,而是有一定的交叠;其次,栅极和源极及漏极之间存在边缘电场。

栅-源交叠电容 C_{GSO} 和栅-漏交叠电容 C_{GDO} 通常是单位宽度的氧化电容(单位为 F/m)。注意,C_{GS} 和 C_{GD} 各自具有与栅极面积成比例的分量,并且与栅极宽度成比例。

此外,还存在反偏 pn 结电容,源-衬电容 C_{SB} 和漏-衬电容 C_{DB},分别位于源极扩散区和衬底及漏极扩散区和衬底之间。两个电容的表达式均包含两项,其中一项与源极(A_S)或漏极(A_D)的结底面积成正比,另一项与源极(P_S)或漏极(P_D)的周长成正比。

$$C_{SB} = C_J A_S + C_{JSW} P_S \qquad C_{DB} = C_J A_D + C_{JSW} P_D \tag{4.37}$$

其中 C_J 为单位面积的结电容(单位为 F/m^2),C_{JSW} 为单位长度的侧边电容。无论晶体管工作于哪个区域,C_{SB} 和 C_{DB} 均存在。由式(3.21)可见,结电容与电压有关。

4.5.2 饱和区电容

如图 4.16(b)所示,当晶体管在饱和区工作时,在夹断点处不存在沟道。此时 Meyer 模型中的 C_{GS} 和 C_{GD} 值为

$$C_{GS} = \frac{2}{3}C_{GC} + C_{GSO}W \qquad C_{GD} = C_{GDO}W \tag{4.38}$$

其中 C_{GS} 只包含 2/3 的 C_{GC},但是 C_{GD} 只包含重叠区电容。C_{GD} 正比于 W,而 C_{GS} 中一部分仍与 $W \times L$ 有关。

4.5.3 截止区电容

晶体管工作在截止区时,如图 4.17 所示,不存在导通沟道。C_{GS} 和 C_{GD} 只包括交叠电容部分,即

$$C_{GS} = C_{GSO}W \qquad C_{GD} = C_{GDO}W \tag{4.39}$$

如图 4.17 所示,栅极和衬底之间还存在一个小电容 C_{GB},其值为

$$C_{GB} = C_{GBO}L \tag{4.40}$$

其中 C_{GBO} 为单位长度的栅衬电容。

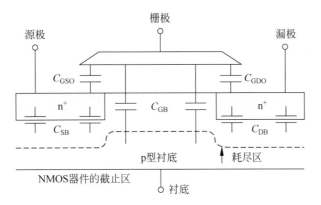

图 4.17 截止区域的 NMOS 电容

从式(4.35)~式(4.40)中可以看出,MOSFET 的电容取决于晶体管的工作区域,并且是施加到器件端子上的电压的非线性函数。在随后的章节中,我们将分析这些电容对数字电路性能的影响,在 SPICE 等电路仿真程序中也包含了这些非线性电容的完整模型,因为电路仿真是探索这些电容对电路性能的详细影响的最好工具。

练习:当 $C''_{ox}=200\mu F/m^2$,$C_{GSO}=C_{GDO}=300pF/m$,$L=0.5\mu m$,$W=5\mu m$ 时,计算在三极管和饱和区工作的晶体管的 C_{GS} 和 C_{GD}。

答案:1.75fF;1.75fF;1.83fF;1.5fF。

4.6　SPICE 中的 MOSFET 建模

SPICE 电路分析程序用于模拟更复杂的电路,可进行比手工分析更详细的计算。用 SPICE 实现的 MOSFET 模型的电路如图 4.18 所示,该模型使用了大量的电路元器件,试图准确地表示真实 MOSFET 的特性。例如,小电阻 R_S 和 R_D 与外部 MOSFET 源极和漏极端子串联,并且二极管包括在源极和漏极区域与衬底之间。这些均需要借助于高性能的计算机,在手工计算中使用这种复杂的模型几乎是不可能的。

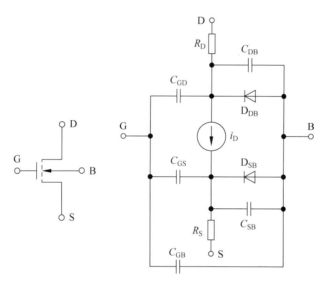

图 4.18　NMOS 晶体管的 SPICE 模型

SPICE 仿真程序的各种版本中内置了许多不同复杂度的 MOSFET 模型[5],用"Level = Model_Number"语句表示。每一 Level 都有一个独特的数学公式,用于电流源 i_D 和各种器件电容。本章中所研究的模型是最基本的模型,被称为 Level－1 模型(LEVEL＝1),主要是因为在首次编写 SPICE 时缺乏标准参数用法,以及最初使用的编程语言的局限性,模型中出现的参数名称通常不同于本文和整个文献中使用的参数名称。使用下式将 LEVEL＝1 模型编码到 SPICE 中,这些公式与已经研究的公式类似。

表 4.2 是 SPICE 模型(SPICE model)的等效参数,该模型与 4.2 节的公式等价。表 4.2 中还给出 SPICE 模型的典型值和默认值。该模型与 PMOS 晶体管模型类似,只是电压、电流极性及二极管方向相反。

表 4.2 SPICE 参数等效性

参　数	本　书	SPICE	默　认　值
跨导	K_n' 或 K_p'	KP	$20\mu A/V^2$
阈值电压	V_{TN} 或 V_{TP}	VT	—
零偏阈值电压	V_{TO}	VTO	1V
表面势	$2\phi_F$	PHI	0.6V
体效应	γ	GAMMA	0
沟道长度调制效应	λ	LAMBDA	0
迁移率	μ_n 或 μ_p	UO	$600cm^2/V \cdot s$
单位宽度的栅漏电容	C_{GDO}	CGDO	0
单位宽度的栅源电容	C_{GSO}	CGSO	0
单位宽度的栅衬电容	C_{GBO}	CGBO	0
单位面积的结底电容	C_J	CJ	0
梯度系数	MJ	MJ	$0.5V^{0.5}$
侧边电容	C_{JSW}	CJSW	0
侧边梯度系数	MJSW	MJSW	$0.5V^{0.5}$
氧化层厚度	T_{ox}	TOX	100nm
结饱和电流	I_S	IS	10fA
内建电势	ϕ_j	PB	0.8V
欧姆漏电阻	—	RD	0
欧姆源电阻	—	RS	0

线性区：$i_D = KP \dfrac{W}{L} \left(v_{GS} - VT - \dfrac{v_{DS}}{2} \right) v_{DS} (1 + LAMBDA \times v_{DS})$

饱和区：$i_D = \dfrac{KPW}{2L} (v_{GS} - VT)^2 (1 + LAMBDA \times v_{DS})$

阈值电压：$VT = VTO + \gamma (\sqrt{v_{SB} + PHI} - \sqrt{PHI})$　　　　　　　　　　　(4.41)

注意，SPICE Level-1 表达式中包含了三极管区域沟道长度调制的影响。增加沟道长度调制项消除了三极管和饱和区之间的不连续性。另外，务必不要将 SPICE 阈值电压 VT 与热电压 V_T 混淆。

根据 SPICE 中通过式(3.21)的电容表达式，结电容需进行一定的变形而得

$$C_J = \frac{CJO}{\left(1 + \dfrac{v_R}{PB}\right)^{MJ}} \quad C_{JSW} = \frac{CJSWO}{\left(1 + \dfrac{v_R}{PB}\right)^{MJSW}} \quad\quad (4.42)$$

其中 v_R 为 pn 结两端的反偏电压。

练习： 已知晶体管的 $V_{TN} = 1V, K_n = 150\mu A/V^2, W = 1.5\mu m, L = 0.25\mu m, \lambda = 0.0133V^{-1}, 2\phi_F = 0.6V$。求 SPICE 模型参数 KP，LAMBAD，VTO 和 PHI，以及 W 和 L 的值。

答案： $150\mu A/V^2$；$0.0133V^{-1}$；$1V$；$0.6V$；$1.5\mu m$；$0.25\mu m$(在 SPICE 中表示为 150U；0.0133；1；0.6；1.5U；0.25U)。

4.7 MOS 晶体管的等比例缩放

在第 1 章中讲到,由于 MOS 晶体管的物理尺寸不断减小,使集成电路的密度和复杂性都在不断增加。Dennard、Gaenesslen、Kuhn 和 Yu 最早提出 MOSFET 模型的理论框架[6-7],这个理论的基础是当器件的几何形状改变时,其内部电场保持恒定。因此,如果某一结构的物理尺寸减小 α 倍,其两端电压也同样减小该倍数。

4.7.1 漏极电流

等比例缩小原则适用于式(4.43)中跨导和线性区的漏电流表达式,将三维物理参数 W、L 及 T_{ox} 都按照 α 倍缩小,则所有的电压包括阈值在内也都缩小 α 倍,即

$$K_n^* = \mu_n \frac{\varepsilon_{ox}}{T_{ox}/\alpha} \frac{W/\alpha}{L/\alpha} = \alpha\mu_n \frac{\varepsilon_{ox}}{T_{ox}} \frac{W}{L} = \alpha K_n$$

$$i_D^* = \mu_n \frac{\varepsilon_{ox}}{T_{ox}/\alpha} \frac{W/\alpha}{L/\alpha} \left(\frac{v_{GS}}{\alpha} - \frac{V_{TN}}{\alpha} - \frac{v_{GS}}{2\alpha} \right) \frac{v_{DS}}{\alpha} = \frac{i_D}{\alpha} \qquad (4.43)$$

可以看到,K_n^* 按 α 倍放大,而漏电流按 α 倍缩小。

4.7.2 栅极电容

类似地,器件的总栅沟道电容也按 α 倍缩小,即

$$C_{GC}^* = (C_{ox}'')^* W^* L^* = \frac{\varepsilon_{ox}}{T_{ox}/\alpha} \frac{W/\alpha}{L/\alpha} = \frac{C_{GC}}{\alpha} \qquad (4.44)$$

由 $i = Cdv/dt$ 可得,逻辑电路尺寸减小后,逻辑门延迟约为

$$\tau^* = C_{GC}'' \frac{\Delta v^*}{i_D^*} = \frac{C_{GC}}{\alpha} \frac{\Delta V/\alpha}{i_D/\alpha} = \frac{\tau}{\alpha} \qquad (4.45)$$

可见电路延迟也减小了 α 倍。

4.7.3 电流和功率密度

将晶体管的尺寸按 α 倍缩小,给定区域电路的数量会增大 α^2 倍。那么当尺寸减小时,单位电路的功耗及单位面积的功耗会发生怎样的变化呢? 由于晶体管电路的总功耗等于电源电压和晶体管漏电流的乘积,则有

$$P^* = V_{DD}^* i_D^* = \left(\frac{V_{DD}}{\alpha} \right) \left(\frac{i_D}{\alpha} \right) = \frac{P}{\alpha^2}$$

$$\frac{P^*}{A^*} = \frac{P^*}{W^* L^*} = \frac{P/\alpha^2}{(W/\alpha)(L/\alpha)} = \frac{P}{WL} = \frac{P}{A} \qquad (4.46)$$

式(4.46)表明,尺寸按比例缩小时,单位面积的功耗保持不变。虽然电路的数量增大为原来的 α^2 倍,但是给定尺寸集成电路芯片的总功耗保持不变。现今,晶体管尺寸不断减小,但是电压源保持为 5V,这就违背了尺寸减小理论(Scaling theory),导致许多集成电路的功耗水平不能控制。后来人们开始采用 CMOS 技术来代替 NMOS 技术,并逐步减小电源电压,解决了功耗问题。

4.7.4 功耗-延迟积

功耗-延迟积(Power-Delay Product,PDP)是比较逻辑的一个非常有用的品质因数。功耗和时间的乘积表示能量,功耗-延迟积表示执行简单逻辑所需的能量大小,即

$$PDP^* = P^* \tau^* \frac{P}{\alpha^2} \frac{\tau}{\alpha} = \frac{PDP}{\alpha^3} \tag{4.47}$$

PDP 表示由于晶体管的尺寸缩小带来的总功耗的变化,由上式可见功耗-延迟积将按 α^3 缩小。

每一代新的光刻技术,相应的尺寸缩小因子 $\alpha = \sqrt{2}$。因此每采用一种新的工艺代,单位面积芯片的电流增大 2 倍,PDP 几乎增大 3 倍。表 4.3 总结了恒定电场缩小(Constant electric scaling)带来的性能变化。

表 4.3 恒电场缩放结果

性 能 指 标	缩 放 因 子	性 能 指 标	缩 放 因 子
面积/电路	$1/\alpha^2$	电路延迟	$1/\alpha$
跨导参数	α	单位电路的功率	$1/\alpha^2$
电流	$1/\alpha$	单位面积的功率(功率密度)	1
电容	$1/\alpha$	功耗-延迟积	$1/\alpha^3$

练习:MOS 工艺的特征尺寸从 $0.18\mu m$ 减小到 22nm,则相应的每平方厘米的晶体管数量增加多少? 功耗-延迟积改进多大?

答案:67 倍;550 倍。

练习:假设尺寸减小 α 倍,而电压没有随之减小,则晶体管的漏电流如何变化? 单位电路的功耗和功耗密度减小多少?

答案:$I_D^* = \alpha I_D$; $P^* = \alpha P$; $P^*/A^* = \alpha^3 P$。

4.7.5 截止频率

跨导 g_m 与栅沟道电容的比值 C_{GC} 表示晶体管工作的最高有效频率,称为器件的截止频率 f_T。截止频率是晶体管能够实现放大作用的最高频率。结合式(4.21)和式(4.35),可得晶体管的截止频率表达式为

$$f_T = \frac{1}{2\pi} \frac{g_m}{C_{GC}} = \frac{1}{2\pi} \frac{\mu_n}{L^2}(V_{GS} - V_{TN}) \tag{4.48}$$

由此可见,MOSFET 的截止频率与沟道长度的平方成反比。减小 MOSFET 沟道长度可以增大截止频率。

练习:(a)已知 MOSFET 迁移率为 $500 cm^2/V \cdot s$,沟道长度为 $0.25\mu m$。计算栅电压超过阈值电压 1V 时的截止频率;(b)如果沟道长度为 40nm,重复上述计算。

答案:(a)127GHz;(b)5GHz。

4.7.6 大电场限制

很遗憾,之前所做的尺寸缩小时电场保持不变的假设是不成立的。多年来晶体管的尺寸不断减小,但电源电压却一直保持 5V 不变,这就使得 MOSFET 的内部电场不断增大,导致器件的使用寿命缩短,并且可能引起氧化层或者 pn 结的击穿。

大电场通过两种渠道直接影响晶体管的迁移率：一是增大载流子在沟道氧化物界面的散射，二是改变迁移率-电场的线性关系。低电场时，载流子速率与电场成正比，参见式(4.5)，但是当电场增大到超过约 $10^5\,\mathrm{V/cm}$ 时，载流子速率达到最大值 $10^7\,\mathrm{cm/s}$，称为饱和速率 v_{SAT}(参见图 2.5)。迁移率的减小及速度的饱和，均会使 MOSFET 的漏电流表达式呈线性。考虑以上效应，MOSFET 的漏电流表达式为式(4.49)，其中载流子速率用最大速率 v_{SAT} 表示

$$i_{\mathrm{D}} = \mu_{\mathrm{n}} C''_{\mathrm{ox}} \frac{W}{L}\left(v_{\mathrm{GS}} - V_{\mathrm{TN}} - \frac{V_{\mathrm{SAT}}}{2}\right) V_{\mathrm{SAT}} = K_{\mathrm{n}}\left(v_{\mathrm{GS}} - V_{\mathrm{TN}} - \frac{V_{\mathrm{SAT}}}{2}\right) V_{\mathrm{SAT}} \quad \text{其中}$$

$$V_{\mathrm{SAT}} = \frac{v_{\mathrm{SAT}} L}{\mu_{\mathrm{n}}} \tag{4.49}$$

如图 4.19 所示，v_{SAT} 的使用表示速度场特性的分段线性近似。

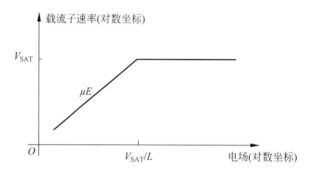

图 4.19　速度场特性的分段线性逼近

注意，i_{D} 在速度受限区域中变为 v_{GS} 的线性函数，并且跨导独立于工作点，但在饱和区域中仅有 50% 的值(参见式(4.21))。

$$g_{\mathrm{m}} = \frac{\partial i_{\mathrm{D}}}{\partial v_{\mathrm{GS}}}\bigg|_{Q\text{-}Pt} = K_{\mathrm{n}} V_{\mathrm{SAT}} = \frac{I_{\mathrm{D}}}{V_{\mathrm{GS}} - V_{\mathrm{TN}} - \frac{V_{\mathrm{SAT}}}{2}} \tag{4.50}$$

练习：已知 MOSFET 沟道长度为 $1\mu\mathrm{m}$，计算电子达到饱和速率时的电场电压。如果沟道长度为 $0.1\mu\mathrm{m}$，重复上述计算，当 $L = 22\mathrm{nm}$，重复上述计算。

答案：10V；1V；0.22V。

4.7.7　包含高场限制的统一 MOS 晶体管模型

Rabaey、Chandrakasan 和 Nikolic[8] 将 MOSFET 运算的线性描述、饱和、高场区域的方程组合成式(4.50)中的同一个描述，通常称为统一模型

$$i_{\mathrm{D}} = K'_{\mathrm{n}} \frac{W}{L}\left(v_{\mathrm{GS}} - V_{\mathrm{TN}} - \frac{V_{\mathrm{MIN}}}{2}\right) V_{\mathrm{MIN}}(1 + \lambda V_{\mathrm{DS}}) \quad \text{其中}$$

$$V_{\mathrm{MIN}} = \min\{(v_{\mathrm{GS}} - V_{\mathrm{TN}}), V_{\mathrm{DS}}, V_{\mathrm{SAT}}\} \tag{4.51}$$

为方便记忆，可利用 $(1 + \lambda V_{\mathrm{DS}})$ 项来表达 3 个工作区域的特征(参见 4.6 节中的 SPICE 模型方程)。虽然这在线性区域中并不完全正确，但是线性区域中的 V_{DS} 值通常较小，由此引起的误差也非常小。同时也要记住，这是为手工计算而设计的简化表达式，仅代表实际晶体管的 $I\text{-}V$ 特性的近似值。

统一模型生成的输出特性图如图 4.20 所示。随着 V_{GS} 从零逐渐增加，其特性在饱和区域为普通的二次曲线。然而，当 $V_{\mathrm{GS}} - V_{\mathrm{TN}} > V_{\mathrm{SAT}}$ 时，晶体管进入速度饱和，并且当 V_{GS} 进行常量变化时，曲线之间

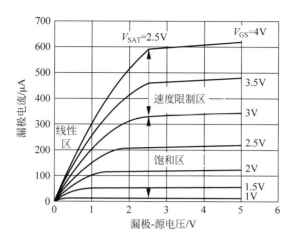

图 4.20　根据统一模型绘制的 MOS 晶体管输出特性示例,其中,$K_n = 100\mu A/V^2$, $V_{TN} = 0.5V, V_{SAT} = 2.5V, \lambda = 0.02/V$

的间隔也变为常数。

练习：当 $V_{GS} = V_{DS} = 4V$ 时,计算图 4.20 中晶体管的漏极电流值。如果 $V_{sat} = 20V$,晶体管中的电流是多少?

答案：$607.5\mu A$; $661.5\mu A$。

统一的数学模型总结

NMOS 晶体管:

$$K_n = K'_n \frac{W}{L} \quad K'_n = \mu_n C''_{ox} \quad i_G = 0 \quad i_B = 0$$

$$V_{TN} = V_{T0} + \gamma(\sqrt{r_{SB} + 2\phi_F} - \sqrt{2\phi_F})$$

$$i_D = 0 \quad 当 \quad v_{GS} \leqslant V_{TN} \ 时 \tag{4.52}$$

$$i_D = K_n\left(v_{GS} - V_{TN} - \frac{V_{MIN}}{2}\right)V_{MIN}(1 + \lambda V_{DS}) \quad 当 \quad V_{GS} > V_{TN} \ 时$$

$$V_{MIN} = \min\{(V_{GS} - V_{TN}), V_{DS}, V_{SAT}\}$$

PMOS 晶体管:

$$K_P = K'_P \frac{W}{L} \quad K'_P = \mu_P C''_{ox} \quad i_G = 0 \quad i_B = 0$$

$$V_{TP} = V_{T0} - \gamma(\sqrt{v_{SB} + 2\phi_F} - \sqrt{2\phi_F})$$

$$i_D = 0 \quad 当 \quad v_{GS} \geqslant V_{TP} \ 时 \tag{4.53}$$

$$i_D = K_p\left(v_{GS} - V_{TP} - \frac{V_{MIN}}{2}\right)V_{MIN}(1 + \lambda V_{DS}) \quad 当 \quad V_{GS} < V_{TP} \ 时$$

$$V_{MIN} = \max\{(V_{GS} - V_{TP}), V_{DS}, V_{SAT}\}$$

4.7.8　亚阈值导通

在前面对 MOSFET 的讨论中,均假设晶体管在栅极-源极电压低于阈值电压时突然关断。实际上,情况并非如此。如图 4.21 所示,当 $V_{DS} < V_{TN}$ 时(称为亚阈值区域),漏极电流呈指数下降,对应于图中曲线斜率为常数的区域,亚阈值区域中 MOSFET 的截止速率为电流变化的 mV/十倍频程的斜率(1/S)

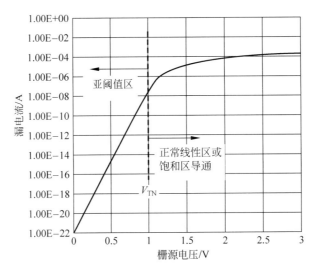

图 4.21 $V_{TN}=1V$ 的 NMOS 中亚阈值导通情况

的倒数。典型值范围为 $60\sim120\,mV/$ 十倍频程。该值取决于图 4.3(b)中 C''_{ox} 和 C_d 的相对大小。

式(4.43)表明,当晶体管的尺寸减小时,阈值电压也随之减小,但是亚阈值区不按此规律变化,如图 4.21 所示,如果 V_{TN} 减小,曲线将趋于水平。阈值电压减小会导致器件截止时的漏电流增大,进而限制动态存储单元中的数据存储时间,限制低功耗手持设备的电池寿命。

练习:(a)如图 4.21 所示,求 $V_{GS}=0.25V$ 时器件的漏电流;(b)如图 4.21 所示,假设晶体管 $V_{TN}=0.5V$,求 $V_{GS}=0V$ 时的漏电流;(c)已知(b)中存储芯片含有 10^9 个晶体管,求所有晶体管的 $V_{GS}=0V$ 时的总漏电流。

答案:(a)约 $10^{-18}\,A$;(b)$3\times10^{-15}\,A$;(c)$3\mu A$。

4.8 MOS 晶体管的制造工艺及版图设计规则[①]

MOS 集成电路设计者除了选择电路拓扑结构外,还要选择合适的晶体管 W/L 的比值,以完成电路的版图设计,使电路实现特定的功能。晶体管和集成电路的版图设计要遵循一系列设计原则,这些设计原则是一些技术规定,规定了不同形状晶体管的最小尺寸、间隔和覆盖。MOS 工艺和双极型工艺的版图设计规则是不同的,比如采用 MOS 工艺设计的逻辑电路和存储电路,甚至在不同公司之间的类似工艺的规则都是不同的。

4.8.1 最小特征尺寸和对准容差

工艺的最小特征尺寸 F 表示光刻工具能够可靠转移到硅片表面的最小线宽或者间距。为制定出基本设计原则,需要知道两个掩模序号之间的最大失配。例如,接触孔上金属线的标称位置(图中带×的方框)如图 4.22(a)所示。金属与接触孔在各个方向上至少要重叠一个对准容差(Alignment tolerance)T,这是因为在实际制造工艺中,不可能做到完全对准,从而导致在 x 方向或者 y 方向上存在

---

① Jaeger,Richard C. *Introduction to Microelectronic Fabrication*:Volume 5 of Modular on Solid State Devices,2nd edition,© 2002,经 Pearson Education 授权引用

失配。图 4.22(b)~图 4.22(d) 是一组可能存在的最坏情况失配,分别表示在 x 方向、y 方向或同时在两个方向上的失准形式。设计规则假设两个方向上的 T 相同。基于设计规则制造的晶体管,如果失配超过限度 T 就不能正常工作。

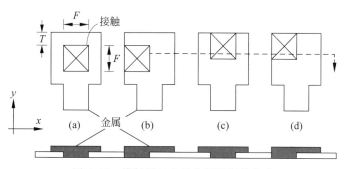

图 4.22 接触开口上的金属图案的失准

(a) 理想对准;(b) 在 x 方向的可能最坏失准情况;

(c) 在 y 方向的可能最坏失准情况;(d) 同时存在于两个方向的失准情况

4.8.2 MOS 晶体管的版图

制造基本多晶硅栅晶体管的工艺流程如图 4.23 所示。第一块掩模板确定有源区,即晶体管的薄氧化区。第二块掩模板确定晶体管的多晶硅栅位置。两块掩模板的交叠区域为晶体管的沟道区。未被栅极层(掩模板 2)覆盖的区域为源极和漏极有源区(掩模板 1)。第三块和第四块掩模板确定接触孔和金属电极的形状。掩模板次序依次为:

有源区掩模板　　　　　掩模板 1
多晶硅栅掩模板　　　　掩模板 2——与掩模板 1 对齐

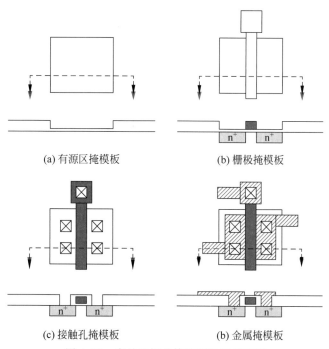

(a) 有源区掩模板　　　　　　(b) 栅极掩模板

(c) 接触孔掩模板　　　　　　(b) 金属掩模板

图 4.23 多晶硅栅晶体管制造工艺流程

接触孔掩模板　　　　　掩模板 3——与掩模板 2 对齐

金属掩模板　　　　　　掩模板 4——与掩模板 3 对齐

设计规则中的对准公差规则要求设计者在设计中要遵循各个掩模板的对齐次序。在这个特例中,我们看到掩模板与上一步骤中的掩模板对齐,但是实际情况中未必如此。

接下来介绍一套设计规则,该规则与 Mead 和 Conway 开发的设计规则类似[3]。该规则通过改变参数 Λ 的大小,可以方便实现把一代工艺参数迁移到新一代工艺上。为实现这一目标,则必须在掩模板到掩模板之间有较大的对准容差。

晶体管的组合原则如图 4.24 所示,其最小特征尺寸 $F=2\Lambda$,校准容差 $T=F/2=\Lambda$(例如,参数 Λ 可以为 $0.5\mu m$、$0.25\mu m$ 或 $0.1\mu m$)。此处校准容差很大,等于最小特征尺寸的一半。

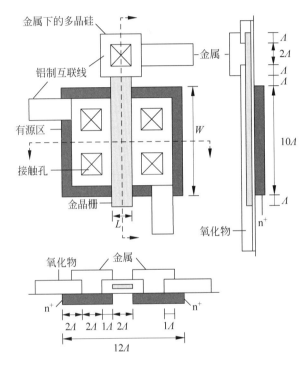

图 4.24　宽长比为 5∶1 的晶体管的顶层图和截面图,并标注有基本设计规则

图 4.24 中所示的晶体管,所有的线宽和间距均为最小特征尺寸 2Λ。方形接触在各个方向均为最小特征尺寸 2Λ,为了保证在最坏失配情况下金属也能覆盖接触孔,接触区周围需要有一圈 1Λ 宽的金属框,多晶硅栅极对有源区及接触孔的边界覆盖必须为 1Λ。由于掩模板 2、掩模板 3 的连续失准有可能会导致容差累积,因此设计时接触孔必须位于有源区内部,距边界 2Λ。

图 4.24 中的晶体管 W/L 的值为 $10\Lambda/2\Lambda$ 或 $5/1$,有源沟道区面积为 $120\Lambda^2$,约占晶体管总面积的 17%。多晶硅确定源极和漏极的边界,这样栅极边界就能与沟道区边界进行自对准,从而减小了晶体管的尺寸,使得晶体管交叠电容达到最小。

练习:图 4.24 中的晶体管,求 $\Lambda=0.125\mu m$ 时有源区的面积,晶体管的 W 和 L 各为多少? 晶体管栅区面积为多大? 如果各个晶体管有源区间距离最小为 4Λ,那么可以在 $1mm\times 1mm$ 的集成电路硅片上封装多少个晶体管?

答案:$1.88\mu m^2$; $1.25\mu m$; $0.25\mu m$; $0.31\mu m^2$; 2860 万。

电 子 应 用

热喷墨打印机

1979 年 HP 实验室发明了热喷墨打印机,喷墨打印机在 20 世纪 60 年代仅是一些小众应用,现在已应用广泛。随着喷墨技术的发展,现代热喷墨打印机喷墨频率已经达到几千赫兹。这个革新的一个重要内容就是将喷墨与微电子结构集成在一起。早期的热喷墨打印机,电子驱动与喷墨器件分离。现在广泛使用 MEMS 技术,可以实现将 MOS 晶体管与喷墨控制结构集成在相同的衬底上。

下图是热喷墨打印系统的简化示意图。MOSFET 晶体管位于硅衬底的左侧,晶体管的漏极与墨汁正下方的薄加热电阻通过金属层连接在一起。在栅极施加电压脉冲,流经电阻的电流对墨汁快速加热,墨汁温度升高,直到一部分墨汁气化蒸发从喷嘴喷出,喷到打印纸上。在栅极脉冲结束时,电阻冷却,蒸汽凝结,使得更多的墨汁流入储墨池。

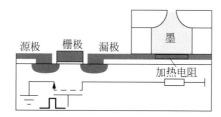

集成有 MOS 驱动晶体管的热喷墨结构简图。由栅极的电压脉冲在电阻上产生 I^2R 的热

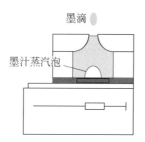

电阻产生的热将一部分墨汁气化,将其从喷口中喷射出去

热喷墨打印机(1994—2006 HP 公司版权所有)

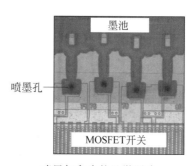

喷墨打印头的显微照片

由于高密度及高浓度的需求,将控制与驱动电子打印结构结合在一起成为可能,现在的喷墨打印机能够在合理的成本下绘制出具有照片质量的图片。通过本章的介绍可以看到,微电子系统的基本特征是使高科技经济化和普及化。

4.9 NMOS 场效应管的偏置

如前所述,MOS 电路设计者可以自由选择电路拓扑学、器件宽长比以及器件上施加的电压,因此,首先需要做的是研究 MOSFET 偏置的基本电路,进而了解电路结构的框架。

4.9.1 为什么需要偏置

MOSFET 有 3 个工作区:截止区、线性区和饱和区。在实际电路中,我们常常需要建立 MOSFET 在特定工作区的静态工作点,或称为 Q 点。MOSFET 的 Q 点用直流值表示为 (I_D,V_{DS}),用于定位 MOSFET 工作点上的特性。在实际的应用中,需要 3 个值 (I_D,V_{DS},V_{GS}),但当器件的工作区已知时,已知两个值则可以计算出第三个值。

在二进制逻辑电路中,晶体管可充当开关,Q 点位于截止区("关")或线性区("开")。例如,图 4.25(a)所示的电路既可以作为逻辑反相器,也可以作为线性放大器,这取决于工作点的选择。图 4.26(a)所示的曲线是电路的电压传输特性(VTC)曲线图。当 V_{GS} 较小时,晶体管截止,输出电压为 5V,对应二进制的逻辑 1;当 V_{GS} 增大时,输出下降;当 $V_{GS}=5V$ 时,输出值为导通电压 0.65V,对应二进制的逻辑 0。这两个逻辑状态也可表示在晶体管输出特性曲线上,如图 4.26(b)所示。晶体管导通时,导通电流很大,V_{DS} 减小到 0.65V;晶体管截止时,V_{DS} 等于 5V。

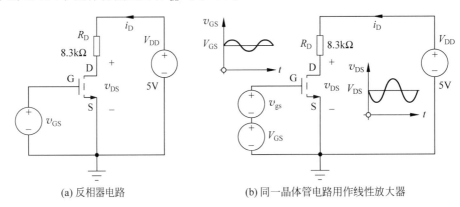

(a) 反相器电路　　　　　　　　(b) 同一晶体管电路用作线性放大器

图 4.25　MOS 管用作反相器和线性放大器

放大器的 Q 点位于电压传输特性中心的高斜率(高增益)区,如图 4.26(a)所示,此时晶体管工作于饱和区,电压增益、电流增益及功率增益都较大,如图 4.25(b)所示。为了建立这个 Q 点,如图 4.25(b)所示,将直流偏置 V_{GS} 施加到栅极,并添加一个小的交流信号 v_{gs},以改变偏置值周围的栅极电压[1]。总的栅极-源极电压 V_{GS} 的变化导致漏极电流改变并且栅极端出现经放大的交流电压。

图 4.26(b)中连接 Q 点的直线是负载线,第 3 章曾介绍过。直流负载线画出外电路决定的 I_D 和 V_{DS} 的允许值。在这种情况下,负载线方程为

$$V_{DD}=I_DR_D+V_{DS}$$

为了便于手工分析设计 Q 点,通常忽略沟道长度调制效应,即假设 $\lambda=0$。由图 4.11 可见,考虑 λ 的影响,漏极电流改变量不超过 10%。总体来说,我们无法精确地知道晶体管的参数值,而元器件无论

---

① 记住:$v_{GS}=V_{GS}+v_{gs}$

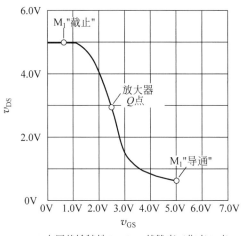

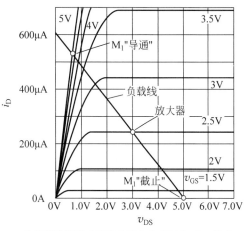

(a) 电压传输特性(VTC),其静态工作点(Q点)   (b) 位于晶体管输出特性曲线上的相同的3个工作点
对应于"导通",放大器和"断开"

图 4.26　电压传输特性曲线

处于分立电路还是集成电路,容差都能高达 $30\%\sim50\%$。某些晶体管说明书中(参见 Jaeger Blalock 的网站),参数值可以在 4～1 或 5～1 变化,而且只规定一个最小值或最大值。因此,忽略 λ 不会对分析的有效性造成较大影响。而且,很多带反馈的偏置电路也会减小 λ 的影响。不过,λ 可以限制模拟放大器电路的电压增益,分析此类电路时必须考虑 λ 的影响。

在分析包含 MOSFET 的电路时,首先要假设一个工作区,类似于第 3 章中分析二极管电路的方法。偏置电路一般将晶体管的 Q 点置于饱和区,令式(4.28)中 $\lambda=0$,且要知道栅-源电压 V_{GS},以计算漏极电流 I_{D} 的大小;然后,根据 I_{D} 值和基尔霍夫电压定律的限制条件,求出 V_{DS} 的值。综上所述,首先假设 V_{GS} 值,然后利用 V_{GS} 得出 I_{D},最后利用 I_{D} 计算得出 V_{DS}。

偏置分析的步骤:

① 假设工作区(一般为饱和区或速度限制区)。

② 电路分析得出 V_{GS}。

③ 利用 V_{GS} 得出 I_{D},然后利用 I_{D} 计算得 V_{DS}。

④ 检查工作区假设的有效性。

⑤ 必要时改变假设,重新分析。

设计提示:连接饱和

在分析或设计电路时进行偏置计算,当 $V_{\mathrm{DS}}=V_{\mathrm{GS}}$ 时,NMOS 增强型器件总是工作在夹断区(饱和区)。PMOS 增强型晶体管也是如此。

为了证明这一结果,考虑到具有直流偏置的 NMOS 器件,最简单的方法是直接标记。对于夹断有

$$V_{\mathrm{DS}} \geqslant V_{\mathrm{GS}} - V_{\mathrm{TN}}$$

如果 $V_{\mathrm{DS}}=V_{\mathrm{GS}}$,上式变为

$$V_{\mathrm{DS}} \geqslant V_{\mathrm{GS}} - V_{\mathrm{TN}} \quad 或 \quad V_{\mathrm{TN}} \geqslant 0$$

只要 V_{TN} 为正数,上式恒成立。$V_{\mathrm{TN}}>0$ 对应 NMOS 增强型器件。因此 $V_{\mathrm{DS}}=V_{\mathrm{GS}}$ 时,增强型器件总是工作在饱和区。对于增强型 PMOS 器件,结果相同。

4.9.2 四电阻偏置

图 4.25(b)所示的电路为晶体管提供固定的栅极-源极偏置电压。从理论上说,该电路没有问题。然而,实际 MOSFET 中只能知道 K_n,V_{TN} 和 λ 的粗略值,并且 Q 点不能很好地控制。另外,还要考虑电阻和电源的容差(参见第 1.8 节),以及实际电路中元器件参数值随时间和温度的漂移。本节中讨论的四电阻偏置电路使用负反馈来提供稳定良好的 Q 点。在本文的其余部分,还将介绍负反馈相关电路。

例 4.1 四电阻偏置电路

为晶体管提供偏置的方法中,最重要的就是四电阻偏置电路(Four-resistor bias),如图 4.27(a)所示。增加第四个电阻 R_S,有助于在电路参数发生变化时稳定晶体管的 Q 点。这实际上是一种反馈电路,在该电路中,电压源 V_{DD} 同时提供栅极偏置电压和漏电流,晶体管一般用作模拟信号的放大器、偏置在饱和工作区。

问题:如图 4.27 所示的四电阻偏置电路,试确定 MOSTET 的 Q 点 $=(I_D,V_{DS})$。

解:

已知量:如图 4.27 所示的电路图,其中 $V_{DD}=10\text{V}$,$R_1=1\text{M}\Omega$,$R_2=1.5\text{M}\Omega$,$R_D=75\text{k}\Omega$,$R_S=39\text{k}\Omega$,$K_n=25\mu\text{A}/\text{V}^2$,$V_{TN}=1\text{V}$。

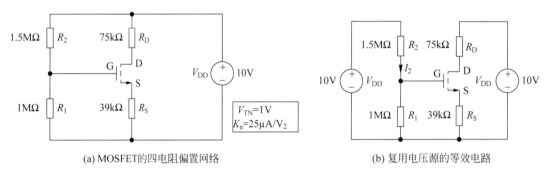

(a) MOSFET的四电阻偏置网络　　　　　　(b) 复用电压源的等效电路

图 4.27 四电阻偏置电路及等效电路

未知量:Q 点 (I_D,V_{DS}),V_{GS},电路的工作区。

求解方法:利用 NMOS 晶体管的数学模型确定 Q 点。假设晶体管工作在某一工作区,因此确定 Q 点,最后检验所得结果是否与假设一致。

假设:在图 4.27 所示的等效电路的 Q 点分析中,第一步先假设晶体管处于饱和区($\lambda=0$),则有

$$I_D = \frac{K_n}{2}(V_{GS}-V_{TN})^2 \tag{4.54}$$

由于未指定 V_{SAT},则先假设没有速度限制。此外,$I_G=0=I_B$。使用 $\lambda=0$ 的假设,简化了数学表达式,因为随后假设 I_D 与 V_{DS} 无关。

分析:为了求出 I_D,需要确定栅-源电压,因此首先需要简化电路。在图 4.27(b)所示的等效电路中,电压源分为两个相等的电压源,将戴维南变换应用于该电路,得到的等效电路如图 4.28 所示,其中变量已被清楚地标记,这就是要分析的最终电路,且栅极偏置电压 V_{EQ} 由 R_{EQ} 决定。

写出包含 V_{GS} 的输入回路方程为

$$V_{EQ} = I_G R_{EQ} + V_{GS} + (I_G + I_D)R_S \quad \text{或} \quad V_{EQ} = V_{GS} + I_D R_S \tag{4.55}$$

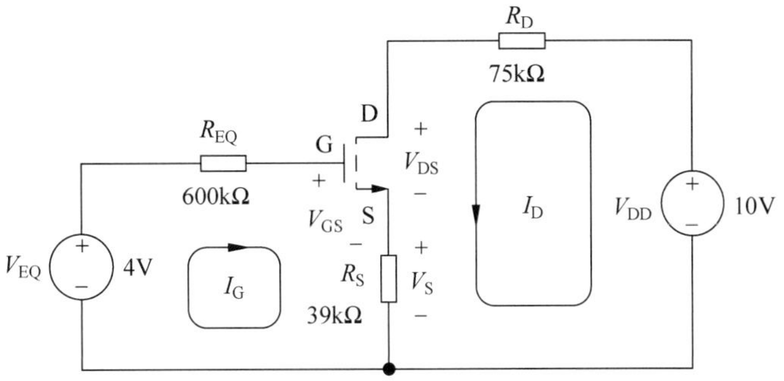

图 4.28 四电阻偏置网络的等效电路

已知 $I_G=0$，将式(4.54)代入式(4.55)得

$$V_{EQ}=V_{GS}+\frac{K_n R_S}{2}(V_{GS}-V_{TN})^2 \tag{4.56}$$

用二次方程求解得 V_{GS} 得

$$V_{GS}=V_{TN}+\frac{1}{K_n R_S}(\sqrt{1+2K_n R_S(V_{EQ}-V_{TN})}-1) \tag{4.57}$$

将结果代回到式(4.54)，可以求得 I_D 为

$$I_D=\frac{1}{2K_n R_S^2}(\sqrt{1+2K_n R_S(V_{EQ}-V_{TN})}-1)^2 \tag{4.58}$$

为了求出 Q 点的第二项 V_{DS}，写出包含元器件源漏极的输出回路方程为

$$V_{DD}=I_D R_D+V_{DS}+(I_G+I_D)R_S \quad 或 \quad V_{DS}=V_{DD}-I_D(R_D+R_S) \tag{4.59}$$

式(4.59)中利用 $I_G=0$ 进行了化简。

根据图 4.28 已知的数值：$V_{TN}=1V$，$K_n=25\mu A/V^2$，$V_{EQ}=4V$，$V_{DD}=10V$，可以求得 Q 点为

$$I_D=\frac{1}{2(25\times10^{-6})(39\times10^3)^2}(\sqrt{1+2(25\times10^{-6})(39\times10^3)(4-1)}-1)^2=34.4\mu A$$

$$V_{DS}=10-34.4\mu A(75k\Omega+39k\Omega)=6.08V$$

结果检查：由于 $V_{DS}=6.08V$，检查饱和区的假设

$$V_{GS}-V_{TN}=\frac{1}{K_n R_S}(\sqrt{1+2K_n R_S(V_{EQ}-V_{TN})}-1)=1.66V$$

于是有

$$V_{DS}>(V_{GS}-V_{TN})$$

当 $V_{GS}=2.66V$ 时，饱和区的假设与所求 Q 点的结果($34.4\mu A$，$6.08V$)是一致的。

讨论：在分立电路中，四电阻偏置电路是为晶体管提供偏置的最好的电路之一。即使元器件参数和工作温度有所变化，偏置点也能保持稳定。一般四电阻偏置电路将晶体管偏置于饱和工作区，用作模拟信号放大器。图 4.27 所示的偏置电路利用负反馈稳定工作点。假设由于某种原因 I_D 增大，由于 V_{EQ} 固定不变，I_D 增大会引起 V_{GS} 的减小[参见式(4.55)]，而 V_{GS} 的减小将使 I_D 逐步回到初始值[参见式(4.54)]。这是负反馈的作用结果。

如果将衬底接到源极，此时的 MOSFET 为三端器件，如果衬底接地，则因为阈值电压是源极电压的函数，分析过程会变得更复杂，具体可见例 4.2。下面用计算机分析手工计算时忽略 λ 所带来的影响。

计算机辅助分析：利用 LEVEL=1 的模型和手工分析参数($K_P=25\mu A/V^2$，$V_{TO}=1V$)，采用 SPICE

模拟电路,所得 Q 点 $(34.4\mu A,6.08V)$ 与上面求得相同。如果增加 LAMBDA$=0.02/V^{-1}$,则 SPICE 求得一个新的 Q 点 $(35.9\mu A,5.91V)$。Q 点的值变化不到 5%,因此最好选小于实际电路中元器件参数和电阻值的偏差。

练习:使用二次方程导出式(4.57),然后验证式(4.57)中给出的结果。

练习:假设图 4.28 中 K_n 增加为 $30\mu A/V^2$,求此时的 Q 点。

答案:$(36.8\mu A,5.81V)$。

练习:假设图 4.28 中 V_{TN} 从之前的 1V 变为 1.5V,求此时的 Q 点。

答案:$(26.7\mu A,6.96V)$。

练习:假设图 4.28 所示电路中 R_S 变为 $62k\Omega$,求此时的 Q 点。

答案:$(25.4\mu A,6.52V)$。

设计提示:

用四电阻偏置网络求得的 MOS 晶体管的 Q 点 (I_D,V_{DS}) 为

$$I_D = \frac{1}{2K_nR_S^2}(\sqrt{1+2K_nR_S(V_{EQ}-V_{TN})}-1)^2 \quad V_{DS}=V_{DD}-I_D(R_D+R_S)$$

其中 V_{EQ} 为栅极和地之间的戴维南等效电压。

练习:证明当 $R_1=1M\Omega$,$R_2=1.5M\Omega$,$R_S=1.8k\Omega$,$R_D=39k\Omega$ 时,图 4.27 所示的电路的 Q 点为 $(99.5\mu A,5.94V)$。

练习:图 4.27 所示电路中,$R_1=1.5M\Omega$,$R_2=1M\Omega$,$R_S=22k\Omega$,$R_D=19k\Omega$,求电路的 Q 点。

答案:$(99.2\mu A,6.03V)$。

练习:保持 $V_{EQ}=6V$ 不变,偏置电流变为 $2\mu A$,求此时的 R_1、R_2 及 R_{EQ} 的值。

答案:$3M\Omega$;$2M\Omega$;$1.2M\Omega$。

设计提示:栅分压设计

图 4.27 所示的电阻 R_1 和 R_2 用来确定 V_{EQ},电阻中的电流对晶体管的工作不产生直接影响,因此应该设法使通过 R_1 和 R_2 损失的电流最小。R_1+R_2 决定栅极偏置电阻中的电流,因此选择 R_1+R_2 的一般原则是使得电流不超过漏电流的百分之几。如图 4.27 所示,I_2 为漏电流的 4%,用 $I_2=10V/(1M\Omega+1.5M\Omega)=4\mu A$ 计算而得。

4.9.3 恒定栅-源电压偏置

图 4.25(a)所示的电路代表了四电阻偏置电路的一种特殊情况,即 $R_S=0$,在这种情况下,式(4.56)、式(4.57)及式(4.59)可写成

$$V_{GS}=V_{EQ} \quad i_D=\frac{K_n}{2}(V_{EQ}-V_{TN})^2 \quad V_{DS}=V_{DD}-I_DR_D \tag{4.60}$$

这种类型的偏置问题立即显现出来。漏极电流高度依赖于晶体管的参数 K_n 和 V_{TN} 的值,但这两个值在特定范围内变化较大。因此,Q 点及可能的工作区的可控性就很差,所以这种类型的偏差很少被利用。

4.9.4 Q 点的图形分析

图 4.27 所示的四电阻偏置电路的 Q 点也可以用负载线方式进行图形化,该方法与 3.10 节分析二

极管电路的方法类似。图形法有助于确定器件的工作点,及其相对于晶体管各个工作区域边界的位置。然而,在该电路中,MOSFET 的栅-源电压取决于漏极电流,必须用晶体管的输出和传输特性来检测 Q 点。

负载线和偏置线分析

负载线将 V_{DS} 与 I_D 相关联。对于四电阻偏置电路,V_{DS} 等于电源电压减去漏极和源极电阻上的压降,即

$$V_{DS} = V_{DD} - I_D(R_D + R_S) \tag{4.61}$$

在该电路中,V_{GS} 也取决于 I_D。由于栅极电流 I_G 为 0,因此 V_{GS} 的值等于栅极偏置电压 V_{EQ} 减去源极电阻两端的电压降,即

$$V_{GS} = V_{EQ} - I_D R_S \tag{4.62}$$

该表达式称为偏置线。为了找到 Q 点,首先要在晶体管的传输特性上绘制偏置线,以找到 V_{GS} 的值。然后在输出特性上绘制负载线,并根据 V_{GS} 的值定位 Q 点。对于图 4.27 中的值,偏差和负载线表达式为

$$V_{GS} = 4 - 3.90 \times 10^4 I_D \qquad V_{DS} = 10 - 1.14 \times 10^5 I_D \tag{4.63}$$

偏置线绘制在图 4.29(a)中的传输特性(I_D 与 V_{GS})上,就像 3.10 节中的二极管电路一样。绘制偏置线需要两点,取第一点 $I_D = 0$,$V_{GS} = 4V$;第二点 $V_{GS} = 0$,$I_D = 103\mu A$。偏置线绘制在传输特性上,两条曲线的交叉是 V_{GS} 的值。在这种情况下,$V_{GS} = 2.66V$。

类似地,我们需要两点来绘制负载线:取第一点 $I_D = 0$,$V_{DS} = 10V$;取第二点 $V_{DS} = 0$,$I_D = 87.7\mu A$。负载线绘制在图 4.29(b)的输出特性上。在 2.5V 和 3V 的曲线之间进行插值估算,得 $V_{GS} = 2.66V$。从图 4.29(b)中读取 Q 点为 $V_{DS} = 6V$,$I_D = 35\mu A$。这些 Q 点值比采用数学模型计算得到的值更精确。

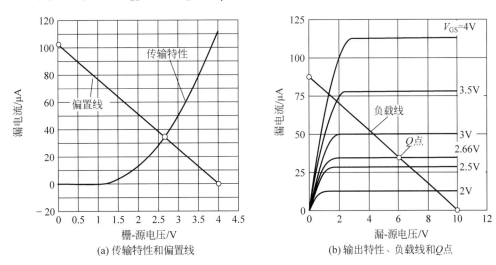

图 4.29 四电阻偏置电路的 Q 点分析

4.9.5 包含体效应的分析

在集成电路中,MOS 晶体管经常与源极和衬底端子分开连接,产生非零源极-衬底电压 V_{SB},如图 4.30 所示。在该电路中,$V_{SB} = I_D R_S$,因此阈值电压 V_{TN} 不固定。但随着漏极电流的变化而变化,分析变得复杂,4.9.2 节中的 Q 点($34.4\mu A$,$6.08V$)被改变了。例 4.1 探讨了图 4.30 中连接的影响。

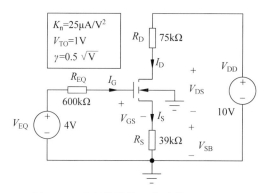

图 4.30　重新设计偏置电路的 MOSFET

例 4.2　包含体效应的分析

在图 4.28 中,NMOS 晶体管连接成了三端器件。在本例中,我们将研究当衬底连接成如图 4.30 所示的形式时 Q 点如何变化。

问题:在图 4.30 所示的四电阻偏置电路中,考虑体效应对于晶体管阈值电压的影响,计算 MOSFET 的 Q 点(I_D,V_{DS})。

解:

已知量:原理图如图 4.30 所示,其中 $V_{EQ}=4V$,$R_{EQ}=400k\Omega$,$R_S=39k\Omega$,$R_D=75k\Omega$,$K_n=25\mu A/V^2$,$V_{TO}=1V$,$\gamma=0.5V^{-1}$。

未知量:I_D,V_{DS},V_{GS},V_{BS},V_{TN} 及所在的工作区。

求解方法:在本例中,$V_{SB}=I_SR_S=I_DR_S$,源-衬电压不再为 0,需要求解下面的方程组:

$$V_{GS}=V_{EQ}-I_DR_S \quad V_{SB}=I_DR_S$$
$$V_{TN}=V_{TO}+\gamma(\sqrt{V_{SB}+2\phi_F}-\sqrt{2\phi_F}) \tag{4.64}$$
$$I_D=\frac{K_n}{2}(V_{GS}-V_{TN})^2$$

尽管通过分析或许能够求解这个方程组,但借助于计算机利用 Spreadsheet、Mathcad 或计算器等工具进行迭代计算求解 Q 点也是可行的方法。

假设:晶体管工作在饱和区,其中 $I_G=0$,$I_B=0$,$2\phi_F=0.6V$。

分析:根据假设及图 4.29 中给出的值,可以将式(4.64)化为

$$V_{GS}=4-39\,000I_D \quad V_{SB}=39\,000I_D$$
$$V_{TN}=1+0.5(\sqrt{V_{SB}+0.6}-\sqrt{0.6}) \quad I'_D=\frac{25\times10^{-6}}{2}(V_{GS}-V_{TN})^2 \tag{4.65}$$

并且,根据下式可以求出漏-源电压:

$$V_{DS}=V_{DD}-I_D(R_D+R_S)=10-114\,000I_D \tag{4.66}$$

对于式(4.65)的表达式,可以使用下面的逻辑顺序进行迭代求解:

① 给出 I_D 的估值;

② 利用 I_D,计算 V_{GS} 和 V_{SB};

③ 利用 V_{SB},计算 V_{TN} 的取值;

④ 根据步骤①~步骤③的计算结果计算 I'_D,与开始的估计值 I_D 进行比较;

⑤ 如果计算结果 I'_D 与估计值 I_D 不相等,则转到步骤①。

在本例中,没有给出特定的方法改进 I_D 的估值(尽管该问题可以运用牛顿法),但借助于计算机的强大运算能力,经过几轮迭代很容易实现结果收敛(注意,SPICE 电路分析程序也能为我们做这项工作)。

表 4.4 给出了利用 Spreadsheet 进行迭代求取式(4.65)和式(4.66)的迭代结果及误差。表 4.4 列出了作者首次迭代的结果,最终结果收敛,漏电流为 $30.0\mu A$,漏-源电压为 $6.58V$。必须注意确保 Spreadsheet 方程式经过精心设计以适用于所有工作区。特殊情况下,当 $V_{GS} < V_{TN}$ 时,$I_D = 0$。

表 4.4 四电阻偏置迭代

I_D	V_{SB}	V_{GS}	V_{TN}	I'_D	V_{DS}
$4.750E-05$	$1.85E+00$	$2.15E+00$	$1.40E+00$	$7.065E-06$	$9.19E+00$
$5.000E-05$	$1.95E+00$	$2.05E+00$	$1.41E+00$	$5.102E-06$	$9.42E+00$
$4.000E-05$	$1.56E+00$	$2.44E+00$	$1.35E+00$	$1.492E-05$	$8.30E+00$
$3.000E-05$	$1.17E+00$	$2.83E+00$	$1.28E+00$	$3.011E-05$	$6.57E+00$
$2.995E-05$	$1.17E+00$	$2.83E+00$	$1.28E+00$	$3.020E-05$	$6.56E+00$
$3.010E-05$	$1.17E+00$	$2.83E+00$	$1.28E+00$	$2.993E-05$	$6.59E+00$
$3.005E-05$	$1.17E+00$	$2.83E+00$	$1.28E+00$	$3.002E-05$	$6.58E+00$
$3.004E-05$	$1.17E+00$	$2.83E+00$	$1.28E+00$	$3.004E-05$	$6.58E+00$

结果检查:对于本设计,现在有

$$V_{DS} = 6.58V, \quad V_{GS} - V_{TN} = 1.55V$$

$$V_{DS} > (V_{GS} - V_{TN}) \checkmark$$

因此,计算结果与饱和区的假设一致,Q 点为 $(30.0\mu A, 6.58V)$。

讨论:至此分析过程完成,从分析结果可以看出,由于电路中存在体效应,使得阈值电压从 1V 增加到 1.28V,漏电流降低大约 13%,从 $34.4\mu A$ 降低到 $30.0\mu A$。

练习:如果 $\gamma = 0.75\sqrt{V}$,在图 4.29 所示的电路中找到新的漏极电流。

答案:$28.2\mu A$。

例 4.1 和例 4.2 已经演示了本书中所分析的大部分电路所需的技术。四电阻和双电阻偏置电路(参见习题 $4.113 \sim 4.115$)在离散设计中常常遇到,而电流源和电流镜则广泛应用于集成电路设计中。

4.9.6 使用统一模型进行分析

统一模型包括载流子的速度饱和,本节给出了在速度受限区域运行的 MOSFET 的分析示例。

例 4.3 使用统一模型进行分析

本例使用 $V_{SAT} = 1V$ 的统一模型,找出图 4.28 中的四电阻偏置电路的 Q 点。

问题:使用 $V_{SAT} = 1V$ 的统一模型,找到图 4.28 所示电路中 MOSFET 的 Q 点 (I_D, V_{DS})。

解:

已知量:图 4.28 给出了电路图,图中 $V_{EQ} = 4V$,$R_{EQ} = 600k\Omega$,$R_S = 39k\Omega$,$R_D = 75k\Omega$,$K_n = 25\mu A/V^2$,$V_{TN} = 1V$,$V_{SAT} = 1V$。

未知量:Q 点 (I_D, V_{DS}),V_{GS} 和工作区域。

求解方法:在这种情况下,需要首先解出这组方程

$$I_D = K_n \left(V_{GS} - V_{TN} - \frac{V_{MIN}}{2} \right) V_{MIN}$$

其中

$$V_{MIN} = \min(V_{GS} - V_{TN}, V_{DS}, V_{SAT})$$

$$V_{GS} = V_{EQ} - I_D R_S$$

假设：在速度限制区有 $V_{GS} - V_{TN} > V_{SAT}$，因此 $V_{MIN} = V_{SAT}$。

分析：根据晶体管和电路的取值可得

$$I_D = 25 \times 10^{-6} \left(V_{GS} - 1 - \frac{1}{2} \right)$$

$$V_{GS} = 4 - 3.9 \times 10^4 I_D$$

合并方程，求解 I_D，可得

$$I_D = \frac{2.5}{7.9 \times 10^4} = 31.7 \mu A$$

则漏-源电压为

$$V_{DS} = V_{DD} - I_D(R_D + R_S) = 10V - 31.7\mu A(114k\Omega) = 6.39V$$

因此，所求得的 Q 点是 $(31.7\mu A, 6.39V)$。

检查结果：$V_{GS} - V_{TN} = 1.76V$，$V_{DS} = 6.39V$，$V_{MIN} = 1V$，结果正确。

讨论：Q 点类似于之前针对饱和工作区的 Q 点。造成相对较小变化的最重要因素是源电阻器 R_S 提供的负反馈，有助于稳定 Q 点，以防止晶体管特性的变化。

4.10 PMOS 场效应晶体管的偏置

CMOS 技术结合了 NMOS 和 PNOS 晶体管，已经成为当今集成电路技术的主流技术，因此掌握对两类晶体管施加偏置的方法是十分必要的。PMOS 偏置技术与先前 NMOS 偏置示例中使用的技术相同。PMOS 晶体管的源极电势处于高位，因为 PMOS 器件的源极通常连接到高于漏极的电位。与 NMOS 晶体管正相反，在 NMOS 晶体管中，漏极连接到比源极更高的电压位。4.3 节中对 PMOS 模型的方程式进行了总结。对于 PMOS 晶体管，规定从漏极流出的漏极电流 I_D 为正，V_{GS} 和 V_{DS} 为负。

例 4.4　PMOS FET 的四电阻偏置

图 4.31 中的 4 个电阻提供偏置，工作原理与例 4.2 中的 NMOS 器件类似。图 4.31(a) 中，电压源为栅极提供偏置电压，同时提供源漏电流。R_1 和 R_2 构成栅极分压电路。R_S 决定源漏电流，R_D 决定源漏电压。

问题：如图 4.31 所示的四电阻偏置电路，求 PMOS 晶体管的静态工作 Q 点 (I_D, V_{DS})。

解：

已知量：如图 4.31 所示，$V_{DD} = 10V$，$R_1 = 1M\Omega$，$R_2 = 1.5M\Omega$，$R_D = 75k\Omega$，$R_S = 39k\Omega$，$K_P = 25\mu/V^2$，$V_{TP} = -1V$，$I_G = 0$。

未知量：I_D，V_{DS}，V_{GS}；工作区。

解决方法：利用 NMOS 晶体管的数学模型确定 Q 点。假设晶体管工作在某一工作区，由此确定 Q 点，最后检验所得结果是否与假设一致。首先需要求出 V_{GS}，然后利用 V_{GS} 求出 I_D，最后利用 I_D 求出 V_{DS}。

假设：晶体管工作在饱和区，$\lambda = 0$，则有

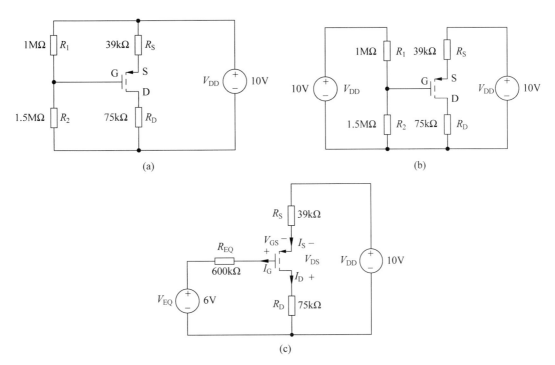

图 4.31　PMOS 晶体管四电阻偏置

$$I_D = \frac{K_P}{2}(V_{GS} - V_{TP})^2 \qquad (4.67)$$

分析：首先简化电路。在图 4.31(b)所示的等效电路中,电压源分为两个相等的电压源。在图 4.31(c)中,栅极偏置电路用其戴维南等效电路代替,即

$$V_{EQ} = 10\text{V}\,\frac{1.5\text{M}\Omega}{1\text{M}\Omega + 1.5\text{M}\Omega} = 6\text{V}$$

$$R_{EQ} = 1\text{M}\Omega \parallel 1.5\text{M}\Omega = 600\text{M}\Omega$$

图 4.31(c)是最终要分析的电路,在其上标出各变量。假设衬底接到源极,此时的 MOSFET 为三端器件。如果衬底接到 V_{DD},则因为阈值电压是源极电压的函数,分析过程类似于例 4.2。

要求取 I_D,首先要确定栅-源电压的值。写出包含 V_{GS} 的回路方程为

$$V_{DD} = I_S R_S - V_{GS} + I_G R_G + V_{EQ} \qquad (4.68)$$

由于已知 $I_G = 0$,得 $I_S = I_D$,因此上式化简为

$$V_{DD} - V_{EQ} = I_D R_S - V_{GS} \qquad (4.69)$$

将式(4.67)代入式(4.69)得

$$V_{DD} - V_{EQ} = \frac{K_P R_S}{2}(V_{GS} - V_{TP})^2 - V_{GS} \qquad (4.70)$$

因此需要求解二次方程来得到 V_{GS} 的值。将图 4.31 中的参数值及 $K_P = 25\mu\text{A/V}^2$, $V_{TP} = -1\text{V}$ 代入上式,可解得

$$10 - 6 = \frac{(25 \times 10^{-6})(3.9 \times 10^4)}{2}(V_{GS} + 1)^2 - V_{GS}$$

$$V_{GS}^2 - 0.051V_{GS} - 7.21 = 0$$

可以解得

$$V_{GS} = +2.71V, -2.66V$$

当 $V_{GS} = +2.71V$ 时,由于 $V_{GS} > V_{TP}$,PMOS FET 截止,因此 $V_{GS} = -2.66V$ 为所求结果。由式(4.67)求得 I_D 为

$$I_D = \frac{25 \times 10^{-6}}{2}(-2.66+1)^2 = 34.4\mu A$$

写出包含器件源-漏端的回路方程,可进一步求得 Q 点及 V_{DS}:

$$V_{DD} = I_S R_S - V_{DS} + I_D R_D \quad 或 \quad V_{DD} = I_D(R_S + R_D) - V_{DS} \qquad (4.71)$$

其中,已知 $I_S = I_D$。将已如参数值代入上式,可得

$$10V = (34.4\mu A)(39k\Omega + 75k\Omega) - V_{DS}$$

$$V_{DS} = -6.08V$$

结果检查:由于 $V_{DS} = -6.08V$,$V_{GS} - V_{TP} = -2.66V + 1V = -1.66V$,故 $|V_{DS}| > |V_{GS} - V_{TP}|$,所求得的 Q 点(34.4μA, -6.08V)、$V_{GS} = -2.66V$,与饱和区假设一致。

讨论:正如在例 4.1 中所提到的,图 4.31 所示的偏置电路利用负反馈稳定工作点。I_D 增大时,由于 V_{EQ} 固定不变,I_D 的增大会引起 V_{GS} 的绝对值减小[参见式(4.69)],进而使 I_D 趋于回到初始值。

练习:将图 4.31 中的 R_S 变为 62kΩ,确定此时的 Q 点。

答案:(25.4μA, -6.52V)。

练习:(a)利用 SPICE 求图 4.30 电路的 Q 点;(b)将 R_S 变为 62kΩ,求出此时 Q 点;(c)当 $\lambda = 0.02$ 时,重复(a)、(b)的计算。

答案:(a)(34.4μA, -6.08V);(b)(25.4μA, -6.52V);(c)(35.9μA, -5.91V),(26.3μA, -6.39V)。

4.11 结型场效应管

用 pn 结替代绝缘氧化层,可以形成另一种场效应晶体管,如图 4.32 所示,称为结型场效应晶体管(Junction Field-Effect Transistor,JFET)。从图 4.32 中可看出,该晶体管由一块 n 型半导体材料和两个 pn 结形成的栅极组成。虽然 JFET 远没有 MOSTET 应用广泛,但是 JFET 在集成电路和分立电路设计中用处仍然很大,特别是在模拟电路和射频电路中。在集成电路中,JFET 主要用在包含了双极型晶体管与 JFET 的 BiFET 工艺中。比起双极型晶体管,使用 JFET 的器件具有输入电流小,输入阻抗大的优点。

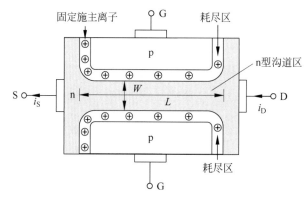

图 4.32　基本的 n 沟道 JFET 及其重要尺寸参数(为不引起混淆,图中未标出 p 型材料的耗尽层)

在 n 沟道 JFET(n-channel JFET)中,电流从漏端进入沟道区,从源端离开。调整栅和沟道之间的 pn 结,耗尽层可以改变沟道区的物理宽度,进而改变沟道电阻(参照 3.1 节和 3.6 节)。在线性区, JFET 可看作电压控制电阻,其沟道电阻可以表示为

$$R_{CH} = \frac{\rho}{t} \frac{L}{W} \tag{4.72}$$

其中,ρ 为沟道区的电阻率;L 为沟道长度;W 为 pn 结耗尽区的沟道宽度;t 为沟道进入深度。当在漏极源极之间施加电压时,电流由沟道电阻决定。

当器件不施加偏置电压时,如图 4.32 所示,源极漏极由电阻性沟道区相连。向栅极-沟道之间的二极管施加反向偏压时,耗尽层变宽,从而减小了沟道宽度,并减小电流。因此,JFET 本质上来说是一个耗尽型器件,需要在栅极上施加电压才能使器件截止。

在绘制图 4.32 中的 JFET 时,假设栅和沟道之间是单边突变结($N_A \gg N_D$),耗尽层几乎只向沟道区扩展(参照 3.1 节和 3.6 节)。在 JFET 的创建过程中要注意对 pn 结物理特性的理解。

4.11.1 偏压下的 JFET

在图 4.33(a)中,JFET 源极、漏极电压均为 0V,栅极电压 $v_{GS} = 0$,沟道宽度为 W。正常工作状态下,为了使栅极和沟道之间有效隔离,故要求 pn 结反偏,即 $v_{GS} \leqslant 0V$。

在图 4.33(b)中,v_{GS} 为负值,耗尽层变宽。沟道宽度减小,即 $W' < W$,沟道电阻增大;参考式(4.72)。由于栅极-源极结反偏,栅电流等于 pn 结反向饱和电流,通常很小,因此可以认为 $i_G \approx 0$。

v_{GS} 为负值时,值减小,沟道宽度也随之继续减小,沟道电阻进一步增大。最终当 $v_{GS} = V_P$ 时,达到图 4.33(c)中的条件;其中 V_P 为夹断电压,等于导通沟道完全消失时的栅-源电压(为负值)。两个 pn 结的耗尽层在沟道中间汇聚时,沟道夹断。此时,沟道电阻无穷大。继续增大不会显著影响图 4.34(c)的器件内部特性,但是 v_{GS} 不能超过栅极-沟道结之间的反向击穿电压。

4.11.2 漏源偏置下的 JFET 沟道

固定 v_{GS} 不变,增大漏源电压 v_{DS},JFET 的变化如图 4.34 所示。当 v_{DS} 较小时,如图 4.34(a)所示,源漏由电阻性沟道区相连,JFET 工作在线性区,漏极电流由源漏电压 v_{DS} 决定。假设 $i_G = 0$,电流在漏端进入沟道区,在源端离开。但是,栅极-沟道结的反偏电压在沟道漏端的值大于其在源端的值,因此器件漏端的耗尽层宽度大于源端的耗尽层宽度。增大 v_{DS},漏端耗尽层变宽,直到沟道在漏端夹断,如图 4.34(b)所示,此时有

$$v_{GS} - v_{DSP} = V_P \quad \text{或} \quad v_{DSP} = v_{GS} - V_P \tag{4.73}$$

其中,v_{DSP} 为沟道恰好夹断时的漏极电压。JFET 夹断后,与 MOSFET 类似,漏电流饱和。电子沿沟道加速,注入耗尽区,在电场的作用下被吸到漏极。

继续增大 v_{DS},情况如图 4.34(c)所示。此时夹断点朝源极移动,沟道区变短。因此,与 MOSFET 类似,JFET 中也存在沟道长度调制。

4.11.3 n 沟道 JEFT 的 *I-V* 特性

虽然 JFET 的结构与 MOSFET 差别很大,但是其 *I-V* 特性非常相似。这里可借助这种相似性,从而省略对 JFET 方程的推导。虽然两者数学形式上相似,但写法略有不同。为了得到 JFET 的方程,从 MOSFET 饱和区表达式开始,用 V_P 代表阈值电压 V_{TN},有

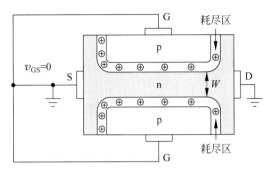

(a) 零栅极源极偏置的JFET

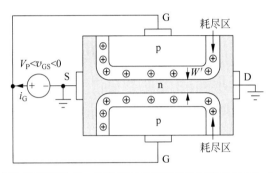

(b) 栅极源极偏置为负，但尚未达到夹断电压V_P时的JFET($W' < W$)

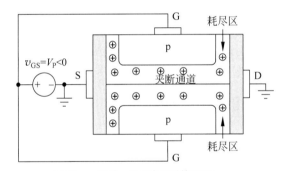

(c) 当$v_{GS}=V_P$时，处于夹断区的JFET

图 4.33　不同偏压下的 JFET

$$i_D = \frac{K_n}{2}(v_{GS} - V_P)^2 = \frac{K_n}{2}(-V_P)^2\left(1 - \frac{v_{GS}}{V_P}\right)^2 \quad 或 \quad i_D = I_{DSS}\left(1 - \frac{v_{GS}}{V_P}\right)^2 \tag{4.74}$$

其中参数 I_{DSS} 定义为

$$I_{DSS} = \frac{K_n}{2}V_P^2 \quad 或 \quad K_n = \frac{2I_{DSS}}{V_P^2} \tag{4.75}$$

I_{DSS} 为 $v_{GS}=0$ 时的电流，由于栅二极管反偏，$v_{GS} \le 0$，因此 I_{DSS} 代表器件正常工作下的最大电流。夹断电压 V_P 的值一般在 $-25 \sim 0\text{V}$，I_{DSS} 的取值范围为 $10\mu\text{A} \sim 10\text{A}$。

考虑到沟道长度调制效应，当 $v_{DS} \ge v_{GS} - V_P \ge 0$ 时，夹断区漏极电流(饱和电流)表达式为

$$I_D = I_{DSS}\left(1 - \frac{v_{GS}}{V_P}\right)^2(1 + \lambda v_{DS}) \tag{4.76}$$

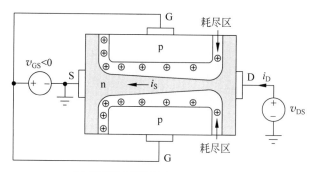

(a) 漏源较小时的JFET

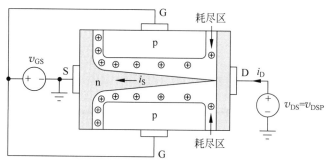

(b) 当$v_{DS}=v_{DSP}$时，正好处于夹断区的JFET

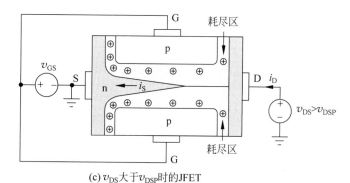

(c) v_{DS}大于v_{DSP}时的JFET

图 4.34　不同 V_{DS} 时的 JFET

基于式(4.76),JFET 工作在夹断区的传输特性曲线如图 4.35 所示。

图 4.36 中重新给出了 n 沟道 JFET 总的输出特性,其中 $\lambda=0$。可以看到,漏电流从 I_{DSS} 的最大值向 0 方向降低,V_{GS} 的范围在 0 到负的夹断电压 V_P 之间。

当 $v_{DS} \leqslant v_{GS} - V_P$ 时器件工作在线性区,此时的 I-V 特性如图 4.35 所示。下面从 MOSFET 线性区方程推导 JFET 线性区表达式。将 K_n 和 V_{TN} 代入式(4.27)得

$$i_D = \frac{2I_{DSS}}{V_P^2}\left(v_{GS} - V_P - \frac{v_{DS}}{2}\right)v_{DS} \quad \text{当 } v_{GS} \geqslant V_P \quad \text{和} \quad v_{GS} - V_P \geqslant v_{DS} \geqslant 0 \text{ 时} \quad (4.77)$$

式(4.76)和式(4.77)即为 n 沟道 JFET 的数学模型。

练习：(a)$V_{GS} = -2\text{V}$,$V_{DS} = 3\text{V}$,计算图 4.34 中 JFET 的电流,并求 JFET 夹断时漏电流;(b)$V_{GS} = -1\text{V}$,$V_{DS} = 6\text{V}$,重复上述计算;(c)$V_{GS} = -2\text{V}$,$V_{DS} = 0.5\text{V}$,重复上述计算。

答案：(a)$184\mu\text{A}$,1.5V; (b)$510\mu\text{A}$,2.5V; (c)$51.0\mu\text{A}$,1.5V。

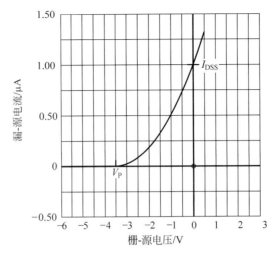

图 4.35 工作在夹断区 JFET 的传输特性,其中 $I_{DSS}=1mA,V_P=-3.5V$

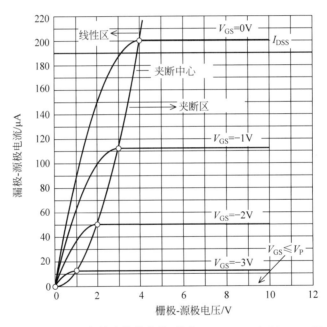

图 4.36 JFET 的输出特性曲线,其中 $I_{DSS}=200\mu A,V_P=-4V$

练习:(a)$V_{GS}=-2V,V_{DS}=0.5V$,计算图 4.35 中 JFET 的电流;(b)$V_{GS}=-1V,V_{DS}=6V$,重复上述计算。

答案:(a)$21.9\mu A$;(b)$113\mu A$。

4.11.4 p 沟道 JFET

将图 4.32 所示的 n 型区和 p 型区互换,即可得到 p 沟道 JFET,如图 4.37 所示。与 PMOSFET 类似,沟道电流方向与 n 沟道相反,偏置电压符号相反。

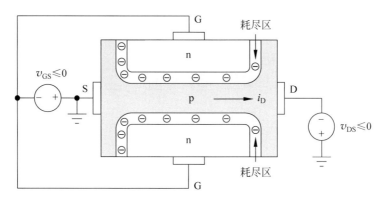

图 4.37　加偏压的 p 沟道 JFET

4.11.5　JFET 的电路符号和模型小结

图 4.38 为 n 沟道和 p 沟道 JFET 的电路符号,并标有端电压和漏电流。箭头表示栅极-沟道二极管的极性。与 MOSFET 类似,图 4.32 和图 4.38 中的 JFET 结构本质上对称,源漏区由 JFET 在电路中所施加的电压决定。箭头通常会偏向源极一端。

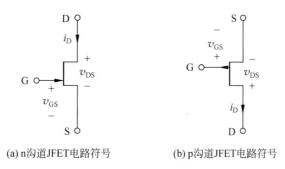

(a) n 沟道 JFET 电路符号　　　　(b) p 沟道 JFET 电路符号

图 4.38　JFET 的电路符号

接下来总结 n 沟道和 p 沟道 JFET 的数学模型。由于 JFET 为三端器件,夹断电压取决于端电压。

n 沟道 JFET

对于所有工作区

$$i_G = 0, \quad \text{当 } v_{GS} \leqslant 0 \text{ 时} \tag{4.78}$$

截止区

$$i_D = 0, \quad \text{当 } v_{GS} \leqslant V_P (V_P < 0) \text{ 时} \tag{4.79}$$

线性区

$$i_D = \frac{2 I_{DSS}}{V_P^2} \left(V_{GS} - V_P - \frac{V_{DS}}{2} \right) v_{DS}, \quad \text{当 } v_{GS} \geqslant V_P \quad \text{且} \quad v_{GS} - V_P \geqslant v_{GS} \geqslant 0 \text{ 时} \tag{4.80}$$

夹断区

$$i_D = I_{DSS} \left(1 - \frac{v_{GS}}{V_P} \right)^2 (1 + \lambda v_{DS}), \quad \text{当 } v_{DS} \geqslant v_{GS} - V_P \geqslant 0 \text{ 时} \tag{4.81}$$

p 沟道 JFET

所有工作区

$$i_G = 0, \quad 当 \, v_{GS} \geqslant 0 \, 时 \tag{4.82}$$

截止区

$$i_D = 0, \quad 当 \, v_{GS} \geqslant V_P(V_P > 0) \, 时 \tag{4.83}$$

线性区

$$i_D = \frac{2I_{DSS}}{V_P^2}\left(v_{GS} - V_P - \frac{v_{DS}}{2}\right)v_{DS}, \quad 当 \, v_{GS} \leqslant V_P \, 且 \, |v_{GS} - V_P| \geqslant |v_{DS}| \geqslant 0 \, 时 \tag{4.84}$$

夹断区

$$i_D = I_{DSS}\left(1 - \frac{v_{GS}}{V_P}\right)^2(1 + \lambda|v_{DS}|), \quad 当 \, |v_{DS}| \geqslant |v_{GS} - V_P| \geqslant 0 \, 时 \tag{4.85}$$

总之,JFET 与耗尽型 MOSFET 特性相似,偏置方式相同。此外,在电路设计中 JFET 必须保证栅极-沟道二极管反偏,MOSFET 就不需要考虑这一点。某些情况下,需要用到 JFET 二极管正偏,例如硅二极管的正偏电压在 0.4~0.5V 时依然导通,但电流很小。另外,栅二极管可以用作内建钳位二极管,在某些振荡电路中,栅二极管的正向导通有利于稳定振荡振幅。

4.11.6 JFET 电容

JFET 的栅-源电容和栅-漏电容由形成晶体管栅的反向偏压 pn 结的耗尽层电容决定,并将表现出与第 3 章式(3.21)所述类似的偏压依赖关系。

练习:(a)$I_{DSS} = 2.5\text{mA}$,$V_P = 4\text{V}$,工作电压 $V_{GS} = 3\text{V}$,$V_{DS} = -3\text{V}$。计算 p 沟道 JFET 的漏电流,并求 JFET 夹断时的最大漏电流;(b)$V_{GS} = 1\text{V}$,$V_{DS} = -6\text{V}$,重复上述计算;(c)$V_{GS} = 2\text{V}$,$V_{DS} = -0.5\text{V}$,重复上述计算。

答案:(a)156μA,-1.00V;(b)1.41mA,-3.00V;(c)273μA,-2.00V。

4.12 JFET 的 SPICE 模型

SPICE 中基本 JFET 模型的电路如图 4.39 所示。与 MOSFET 类似,为了准确描述实际器件的特性,JFET 模型包含许多附加参数。模型包括与 JFET 分别于源、漏串联的小电阻 R_S、R_D,栅-源、栅-漏之间的二极管及器件中的电容。

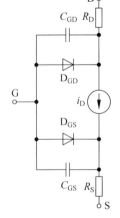

图 4.39 n 沟道 JFET 的 SPICE 模型

漏电流 i_D 的模型与 MOSFET 中略有不同,借用 MOSFET 中的参数名称和公式,其表达式可以表述为式(4.84)。

在线性区,当 $v_{GS} - \text{VTO} \geqslant v_{DS} \geqslant 0$ 时:

$$i_D = 2 \times \text{BETA}\left(v_{GS} - \text{VTO} - \frac{v_{DS}}{2}\right)v_{DS}(1 + \text{LAMBDA} \times v_{DS}) \tag{4.86}$$

在夹断区,当 $v_{DS} \geqslant v_{GS} - \text{VTO} \geqslant 0$ 时:

$$i_D = \text{BETA}(v_{GS} - \text{VTO})^2(1 + \text{LAMBDA} \times v_{DS})$$

JFET 的跨导参数 BETA 可以表示为

$$\text{BETA} = \frac{I_{DSS}}{V_P^2} \tag{4.87}$$

SPICE 模型在线性区表达式中增加了沟道长度调制项。此外,n 沟道 JFET

和 p 沟道 JFET 均为正数。表 4.5 列出了上节末尾公式中的参数与 SPICE 模型中参数的对应关系。此外还给出了 SPICE 参数的典型值和默认值。更多细节可参考文献[5]。

表 4.5 JFET 的 SPICE 参数对应关系

参 数	本 书	SPICE	典型默认值
跨导	—	BETA	$100\mu A/V^2$
零偏漏电流	I_{DSS}	—	
夹断电压	V_P	VTO	$-2V$
沟道长度调制	λ	LAMBDA	0
零偏栅漏电容	C_{CD}	CGD	0
零偏栅源电容	C_{GS}	CGS	0
单位面积栅衬电容	C_{GBO}	CGBO	0
欧姆漏电阻	—	RD	0
欧姆源电阻	—	RS	0
栅二极管饱和电流	I_S	IS	10fA

练习：已知 n 沟道 JFET，$I_{DSS}=2.5mA$，$V_P=-2V$，$\lambda=0.025V^{-1}$。求晶体管的 BETA 和 VTO。该晶体管的 LAMBDA 是多少？

答案：$625\mu A$，2V；$0.025V^{-1}$。

练习：已知 p 沟道 JFET，$I_{DSS}=5mA$，$V_P=2V$，$\lambda=0.02V^{-1}$。求晶体管的 BETA 和 VTO。该晶体管的 LAMBDA 是多少？

答案：1.25mA，2V；$0.02V^{-1}$。

4.13 JFET 和耗尽型 MOSFET 的偏置

n 沟道 JFET 和耗尽型 MOSFET 的基本偏置电路如图 4.40 所示。由于耗尽型晶体管在 $v_{GS}=0$ 时导通，因此不需要再施加栅极偏置电压，且偏置电路中的电阻比四电阻偏置电路中的电阻少一个。在图 4.40 所示的电路中，电阻 R_S 的值决定源和漏电流，R_S+R_D 的值决定漏-源电压。R_G 在栅极和地之间提供直流通路，同时对施加在栅极上的交流信号呈现高阻（例如在放大器中）。某些情况下，R_G 可以省略。

例 4.5 JFET 和耗尽型 MOSFET 的偏置

JFET 和耗尽型 MOSFET 的偏置方式类似，本例给出这两种器件的偏置计算。

问题：找出图 4.40(a) 中电路的静态工作点。

解：

已知量：图 4.39(a) 所示电路结构，其中 $V_{DD}=12V$，$R_D=2k\Omega$，$R_G=680k\Omega$，$I_{DSS}=5mA$，$V_P=-5V$。

未知量：V_{GS}，I_D，V_{DS}。

求解方法：分析输入回路求得 V_{GS}，继而根据 V_{GS} 求得 I_D，然后用 I_D 确定 V_{DS} 的值。

假设：JFET 工作在夹断区，栅-沟道结反偏，栅极的反向漏电流可忽略。

分析：写出包含 V_{GS} 的输入回路方程为

$$I_G R_G + V_{GS} + I_S R_S = 0 \quad \text{或} \quad V_{GS} = -I_D R_S \tag{4.88}$$

由于 $I_G=0$，$I_S=I_D$，可以对式 (4.88) 进行化简。由于假设 JFET 工作在夹断区，根据式 (4.74) 和

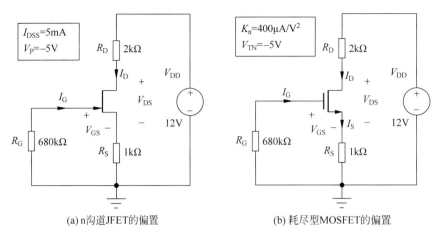

(a) n沟道JFET的偏置　　　　　　　(b) 耗尽型MOSFET的偏置

图 4.40　n 沟道 JFET 和耗尽型 MOSFET 的偏置

式(4.88)可以改写为

$$V_{GS} = -I_{DSS}R_S \left(1 - \frac{V_{GS}}{V_P}\right)^2 \tag{4.89}$$

将电路和晶体管的取值代入式(4.89),得

$$V_{GS} = (5 \times 10^{-3}A)(1000\Omega)\left(1 - \frac{V_{GS}}{-5V}\right)^2 \quad 或 \quad V_{GS}^2 + 15V_{GS} + 25 = 0 \tag{4.90}$$

式(4.90)有两个根,即 $-1.91V$ 和 $-13.1V$。由于 $-13.1V$ 小于夹断电压 $-5V$,晶体管截止,因此 $V_{GS} = -1.91V$。漏电流和源电流分别为

$$I_D = I_S = \frac{1.91V}{1k\Omega} = 1.91mA$$

漏-源电压可以通过输出回路方程求得

$$V_{DD} = I_DR_D + V_{DS} + I_SR_S \tag{4.91}$$

重新整理,可得

$$V_{DS} = V_{DD} - I_D(R_D + R_S) = 12 - (1.91mA)(3k\Omega) = 6.27V$$

结果检查:由分析可知 $V_{GS} - V_P = +3.09V$, $V_{DS} = 6.27V$。

由于 $V_{DS} > (V_{GS} - V_P)$,器件工作在夹断区。此外,栅-源结反偏电压为 $1.91V$,因此,JFET 的 Q 点为 $(1.91mA, 6.27V)$。

讨论:由于耗尽型晶体管在 $v_{GS} = 0$ 时导通,因此不需要再对栅极施加偏置电压,且偏置电路中的电阻比四电阻偏置电路中的电阻少一个,耗尽型 MOSFET 的偏置电路与图 4.40(b)所示的相同(参见本例后面的练习)。

计算机辅助分析:SPICE 模型得到的 Q 点与手工计算得到的结果相同。如果增加 $\lambda = 0.02V^{-1}$,则 Q 点变为 $(2.10mA, 5.98V)$。在电路中增加伏特表可以直接测得 V_{DS} 的值。

练习:求本例中 VTO、BETA、LAMBDA 的值。

答案: $-5V$; $0.2mA$; $0.02V^{-1}$。

练习:证明图 4.40(b)中 MOSFET 栅-源电压的表达式与式(4.89)相同。求 MOSFET 的 Q 点,并证明与 JFET 的 Q 点相同。

练习:图 4.40(a)中 $V_{DD} = 9V$,求 JFET 的 Q 点。

答案：(1.91mA,3.27V)。

练习：将图 4.40(a)中的 R_S 变为 $2k\Omega$，求电路的 Q 点。

答案：(1.25mA,1.00V)。

练习：(a)假设图 4.40(a)中 JFET 栅二极管的反向饱和电流为 10A。由于二极管反偏，$I_G = -10nA$。求晶体管栅端的电压(参考式(4.90))。此时 V_{GS} 为多少？求 JFET 的新 Q 点；(b)如果饱和电流为 $1\mu A$，重复上述计算。

答案：(a)$+6.80mV,-1.91V,(1.91mA,6.27V)$；(b)$0.680V,-2.22V,(1.54mA,7.36V)$。

小结

- 本章讨论了金属氧化物半导体场效应管(MOSFET)和结型场效应管(JFET)两种类型场效应晶体管(FET)的结构和 I-V 特性曲线。

- MOSFET 的核心是 MOS 电容，该电容通过绝缘氧化层将金属栅电极和半导体隔离而形成。栅电势直接控制栅下半导体区域中的载流子浓度；MOS 电容有 3 个工作区：积累区、耗尽区和反型区。

- MOSFET 是在 MOS 电容的半导体区中添加两个 pn 结形成的。这两个 pn 结分别作为 MOS 晶体管的源端和漏端，为 MOSFET 的沟道区提供载流子。源结和漏结必须总是保持反偏，从而将沟道和衬底隔离开来。

- MOS 管的沟道可以是 n 型或是 p 型，分别对应于 NMOS 管和 PMOS 管。此外，MOSFET 还可以制作成增强型或者耗尽型场效应管。

- 对于增强型器件，其栅-源电压必须要超出阈值电压，以保证源漏之间导电沟道的建立。

- 对于耗尽型器件，在其制造过程中已内建沟道，对其施加栅压的作用是抑制导通。

- JFET 利用 pn 结来控制导通沟道区的电阻。栅-源电压用来调制栅与沟道之间耗尽层的宽度，从而改变沟道区的宽度。JFET 也分为 n 型沟道和 p 型沟道两种，根据其结构特点，JFET 本质上是一种耗尽型器件。

- MOSFET 和 JFET 都是对称的器件，器件的源极和漏极是由各端口施加电压的情况来决定。对于几何参数和电压设置都相同的 n 沟道器件和 p 沟道器件来说，n 沟道器件的导电能力是 p 沟道器件的 2~3 倍，这主要是由电子和空穴的迁移率差异所导致。

- 虽然结构不同，但 MOSFET 和 JFET 的 I-V 特性曲线很相似，不同类型的 FET 均有以下几种工作区：

  ■ 截止区，没有沟道，端子之间的电流为零。

  ■ 线性区，FET 的漏电流同时取决于栅-源电压和漏-源电压，漏电流与漏-源电压之间几乎呈线性关系。工作在线性区的 FET，可以用作压控电阻，其阻值受栅-源电压的控制。也正是由于晶体管的这一特性，其英文名"transistor"来源于"transfer resistor"(转移电阻)的缩写。

  ■ 当漏-源电压值超过了夹断电压，FET 的漏电流将不再依赖于漏-源电压。该工作区成为饱和区，又叫作夹断区或有源区，此时漏极-源极电流对施加在栅极和源极端子之间的电压呈平方关系。实际上由于沟道长度调制效应，饱和区的晶体管漏-源电压会对漏电流产生较小的改变。

  ■ 随着晶体管缩小到非常小的尺寸，通道中的电场变高，且载流子达到饱和速度。在这种情况下,晶体管工作于速度限制区。

- 本章中给出了 MOSFET 和 JFET 的 I-V 特性数学模型。MOSFET 实际上是一个四端器件,其阈值电压与晶体管的源衬电压有关。

  - 对于 MOSFET,重要的参数有 K_n,K_p,零偏阈值电压 V_{TO},体效应参数 γ 及沟道长度调制系数 λ,当然还包括沟道的宽 W 和长 L。

  - 引入参数 V_{SAT},用一个统一的模型来模拟工作区的速度受限,并定义参数 V_{MIN},用其取代晶体管的基本数学模型中的 V_{DS}。$V_{MIN} = \min \{V_{GS} - V_{TN}, V_{DS}, V_{SAT}\}$。

  - JFET 是一个夹断电压恒定的三端器件,其重要参数包括饱和电流 I_{DSS}、夹断电压 V_P 及沟道长度调制系数 λ。

- 本章给出了多种偏置电路的例子,针对各种类型的 MOSFET 使用数学模型求解其静态工作点(Q 点)。Q 点表示漏电流和漏-源电压的直流值(I_D,V_{DS})。

- 晶体管的 I-V 特性通常以图形化的形式展现,包括表示 $i_D - v_{DS}$ 关系的输出特性曲线和表示 $i_D - v_{GS}$ 关系的传输特性曲线。本章讨论了用负载线法和迭代法求解 Q 点的例子。

- 四电阻偏置是分立设计中最重要的偏置电路,能够提供稳定的工作点。

- 本章还讨论了 MOS 管的栅极-源极、栅极-漏极、漏极-衬底、源极-衬底及栅极-衬底电容,介绍了栅-源电容和栅衬电容的 Meyer 模型。这里所有的电容都是晶体管端口电压的非线性函数。JFET 的电容主要来源于反偏的栅极-沟道结,同样表现出与晶体管端电压非线性的关系。

- 在 SPICE 电路分析程序中含有 MOSFET 和 JFET 的复杂模型。这些模型中包含了很多电路元器件和参数,尽可能对晶体管的实际性能进行建模。

- IC 设计者的部分工作通常包括基于特定设计规则的晶体管版图绘制,该规则定义了最小特征尺寸和图形间距。

- 恒电场等比例缩小理论为 MOS 器件合理最小化提供了基本框架,在该理论下晶体管密度增大,但功率密度保持不变,故电路的延迟将按照 α 缩小,功耗-延迟积按 α 的立方倍缩小。

- 晶体管截止频率 f_T 表示晶体管能够提供放大功能的最高频率,其将按照 α 等比例缩放。

- 在小尺寸器件中电场变得很高,当电场达到 $10\mathrm{kV/cm}$ 以上后,载流子速度趋于饱和。当器件缩小到很小的尺寸时,亚阈值电流就逐渐重要起来。

关键词

Accumulation	积累
Accumulation region	积累区
Active region	有源区
Alignment tolerance T	对准容限 T
Body effect	体效应
Body-effect parameter λ	体效应参数 λ
Body termmal(B)	体端(B)
Bulk terminal(B)	衬底端(B)
C_{GS}	栅-源电容
C_{GD}	栅-漏电容

C_{GB}	栅衬电容,栅极对衬底的电容
C_{DB}	漏衬电容,漏极对衬底的电容
C_{SB}	源-体电容,源极对衬底的电容
C_{ox}''	单位面积的栅极-沟道电容
C_{GDO}	栅-漏交叠电容
C_{GSO}	栅-源交叠电容
Capacitance per unit Width	单位宽度电容
Channel length L	沟道长度L
Channel-length modulation	沟道长度调制
Channel-length modulation parameter λ	沟道长度调制参数λ
Channel region	沟道区
Channel Width W	沟道宽度W
Constant electric field scaling	恒定电场缩放
Current sink	电流沉
Current source	电流源
Cutoff frequency	截止频率
Depletion	耗尽
Depletion-mode device	耗尽型器件
Depletion-mode MOSFETs	耗尽型 MOSFET 晶体管
Depletion region	耗尽区
Design rules	设计规则
Drain(D)	漏极(D)
Electronic current source	电流源
Enhancement-mode device	增强型器件
Field-Effect Transistor(FET)	场效应管
Four-resistor bias	四电阻偏置
Gate(G)	栅极(G)
Gate-channel capacitance C_{GC}	栅-沟道电容 C_{GC}
Gate-drain capacitance C_{GD}	栅-漏电容 C_{GD}
Gate-source capacitance C_{GS}	栅-源电容 C_{GS}
Ground rules	接地规则
High field limitation	高场限制
Inversion layer	反相层
Inversion region	反相区
KP	SPICE 中的跨导参数
K_n', K_p'	跨导系数
LAMBDA,λ	沟道长度调制参数,λ
Triode region	线性区
Metal-Oxide-Semiconductor-Field-Effect Transistor(MOSFET)	金属-氧化物半导体场效应管

参考文献

1. U. S. Patent 1,900,018. Also see 1,745,175 and 1,877,140.

2. International Technology Road Map for Semiconductors, public.itrs.net

3. Carver Mead and Lynn Conway, *Introduction to VLSI Systems,* Addison Wesley, Reading, Massachusetts: 1980.

4. J. E. Meyer, "MOS models and circuit simulations," *RCA Review,* vol. 32, pp. 42–63, March 1971.

5. B. M. Wilamowski and R. C. Jaeger, *Computerized Circuit Analysis Using SPICE Programs,* McGraw-Hill, New York: 1997.

6. R. H. Dennard, F. H. Gaensslen, L. Kuhn, and H. N. Yu, "Design of micron MOS switching devices," *IEEE IEDM Digest,* pp. 168–171, December 1972.

7. R. H. Dennard, F. H. Gaensslen, H-N. Yu, V. L. Rideout, E. Bassous, and A. R. LeBlanc, "Design of ion-implanted MOSFET's with very small physical dimensions," *IEEE J. Solid-State Circuits,* vol. SC-9, no. 5, pp. 256–268, October 1974.

8. J. M. Rabaey, A. Chandrakasan, and B. Nikolic. *Digital Integrated Circuits*. 2nd ed., Prentice Hall, New Jersey: 2005.

习题

本章习题中所需参数参照表 P4.1 中的数据。

表 P4.1 MOS 晶体管参数

	NMOS 器件	PMOS 器件
V_{TO}	$+0.75\text{V}$	-0.75V
γ	$0.75\sqrt{\text{V}}$	$0.5\sqrt{\text{V}}$
$2\phi_{\text{F}}$	0.6V	0.6V
K'	$100\mu\text{A}/\text{V}^2$	$40\mu\text{A}/\text{V}^2$

其中,$\varepsilon_{\text{ox}}=3.9\varepsilon_0$,$\varepsilon_{\text{s}}=11.7\varepsilon_0$,其中 $\varepsilon_0=8.854\times10^{-14}\text{F/cm}$。

§4.1 MOS 电容特性

4.1 (a)图 4.1 中的 MOS 电容,已知 $V_{\text{TN}}=1\text{V}$,$V_{\text{G}}=2\text{V}$,则该偏置条件对应于哪个工作区? (b)如果 $V_{\text{G}}=-2\text{V}$,则处于什么工作区? (c)当 $V_{\text{G}}=0.5\text{V}$ 时呢?

4.2 当氧化层厚度 T_{ox} 分别取如下给定值时,计算 MOS 电容的电容值。(a)50nm;(b)25nm;(c)10nm;(d)5nm。

4.3 耗尽层电容的最小近似值可以表示为 $C_{\text{d}}=\varepsilon_{\text{s}}/x_{\text{d}}$,其中耗尽层宽度 $x_{\text{d}}\approx\sqrt{\dfrac{2\varepsilon_{\text{s}}}{qN_{\text{B}}}(0.75\text{V})}$,其中 N_{B} 为衬底掺杂浓度。当 $N_{\text{B}}=10^{-15}/\text{cm}^3$ 时,估算 C_{d} 的值。

§4.2 NMOS 晶体管

• 线性区特性

4.4 已知 NMOS 晶体管的 $\mu_{\text{n}}=500\text{cm}^2/\text{V}\cdot\text{s}$,求氧化层厚度取下列值时的 K'_{n}:(a)40nm;

(b)20nm,(c)10nm;（d)5nm。

4.5 如果氧化层厚度为 25nm,氧化层电压超过阈值电压 1V,求沟道中的电荷密度（单位为 C/cm^2）;(b)如果氧化层厚度为 6nm,氧化层电压超过阈值电压 1.5V,重复上述计算。

4.6 (a)如果 $\mu_n = 600cm^2/V \cdot s$,电场为 5000V/cm,求沟道电子速度;(b)如果 $\mu_n = 400cm^2/V \cdot s$,电场为 1500V/cm,重复上述计算。

4.7 式(4.2)表明夹断区晶体管沟道中的单位长度电荷从源极到漏极递减。但是,本书表明流入漏端的电流等于从源端流出的电流。如果开始的结论是正确的,如何证明漏-源之间的沟道处电流恒定？

4.8 NMOS 晶体管 $K_n' = 200\mu A/V^2$,如果 $W = 60\mu m$,$L = 3\mu m$,求 K_n 的值。如果 $W = 10\mu m$,$L = 0.25\mu m$,重复以上计算。如果 $W = 3\mu m$,$L = 40nm$ 又将如何？

4.9 已知 NMOS 晶体管,$W = 6\mu m$,$L = 0.5\mu m$,$V_{TN} = 0.80V$,$K_n' = 200\mu A/V^2$,$V_{DS} = 0.25V$,分别求 $V_{GS} = 0V$、1V、2V 和 3V 时的漏极电流及 K_n 的值。

4.10 已知 NMOS 晶体管 $W = 10\mu m$,$L = 0.2\mu m$,$V_{TN} = 0.8V$,$K_n' = 250\mu A/V^2$,$V_{DS} = 0.1V$,分别求 $V_{GS} = 0V$、1V、2V 和 3V 时的漏极电流及 K_n 的值。

4.11 如图 P4.1 所示,假设 $V_{TN} = 0.70V$,确定源、漏、栅、衬的电压并求电流 I。

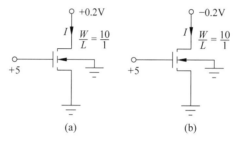

图 P4.1

4.12 (a)假设: $V_{TN} = 0.6V$,将图 P4.1(a)中的 0.2V 变为 0.5V,求晶体管电流;(b)如果将栅极电压变为 3V,其他电压保持 0.2V 不变,重复上述计算。

4.13 (a)假设 $V_{TN} = 0.7V$,将图 P4.1(b)中的 -0.2V 变为 -0.5V,求晶体管电流;(b)如果将栅极电压变为 3V,其他电压保持 -1V 不变,重复上述计算。

4.14 (a)如果 $L = 0.5\mu m$,请设计晶体管(选择 W),使得 $K_n = 4mA/V^2$(参见表 4.6);(b)要使 $K_n = 800\mu A/V^2$,复上述计算。

• 导通电阻

4.15 (a)已知 NMOS 晶体管的 $W/L = 100/1$,如果 $V_{GS} = 5V$,$V_{TN} = 0.65V$,求导通电阻;(b)如果 $V_{GS} = 2.5V$,$V_{TN} = 0.50V$,重复上述计算(参见表 4.6)。

4.16 (a)已知 NMOS 晶体管,$V_{GS} = 5V$,$V_{SB} = 0$,求导通电阻为 500Ω 时 W/L 值;(b)如果 $V_{GS} = 3.3V$,重复上述计算。

4.17 NMOS 晶体管导通时,已知 $V_{DS} \leqslant 0.1V$,$I_D = 10A$。求晶体管的最大导通电阻。如果晶体管导通时 $V_G = 5V$,$V_{TN} = 2V$,求此导通电阻下 K_n 的最小值。

• 饱和区的 I-V 特性

4.18 图 P4.2 为 NMOS 晶体管的输出特性。求晶体管的 K_n 和 V_{TN}。判断此晶体管为增强型还是耗尽型。求器件的 W/L 值。

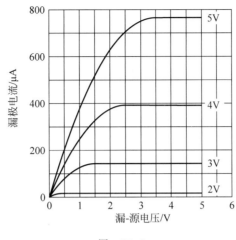

图 P4.2

4.19 在图 P4.2 中增加 $V_{GS}=3.5V$ 和 $V_{GS}=4.5V$ 两条曲线,求这两条曲线的 i_{DSAT} 和 v_{DSAT}。

4.20 已知 NMOS 晶体管,$W=5\mu m$,$L=0.5\mu m$,$V_{TN}=1V$,$K'_n=375\mu A/V^2$,$V_{DS}=3.3V$,分别求 $V_{GS}=0V$、$1V$、$2V$ 和 $3V$ 时的漏极电流及 K_n,检验饱和区假设的正确性。

4.21 已知 NMOS 晶体管,$W=10\mu m$,$L=1\mu m$,$V_{TN}=1.5V$,$K'_n=200\mu A/V^2$,$V_{DS}=4V$,分别求 $V_{GS}=0V$、$1V$、$2V$ 和 $3V$ 时的漏极电流及 K_n,检验饱和区假设的正确性。

• **工作区域**

4.22 已知 NMOS 晶体管 $K'_n=200\mu A/V^2$,$W/L=10/1$,$V_{TN}=0.75V$,确定下列偏置状态下的工作区和漏极电流:(a)$V_{GS}=2V$,$V_{DS}=2.5V$;(b)$V_{GS}=2V$,$V_{DS}=0.2V$;(c)$V_{GS}=0V$,$V_{DS}=4V$;(d)如果 $K'_n=300\mu A/V^2$,重复上述计算。

4.23 已知 NMOS 晶体管 $K'_n=400\mu A/V^2$,$V_{TN}=0.7V$,确定下列偏置状态下的工作区和漏极电流:(a)$V_{GS}=3.3V$,$V_{DS}=3.3V$;(b)$V_{GS}=0V$,$V_{DS}=3.3V$;(c)$V_{GS}=2V$,$V_{DS}=2V$;(d)$V_{GS}=1.5V$,$V_{DS}=0.5V$;(e)$V_{GS}=2V$,$V_{DS}=-0.5V$;(f)$V_{GS}=3V$,$V_{DS}=-3V$。

4.24 已知 NMOS 晶体管 $K'_n=250\mu A/V^2$,$V_{TN}=1V$,确定下列偏置状态下的工作区:(a)$V_{GS}=5V$,$V_{DS}=6V$;(b)$V_{GS}=0V$,$V_{DS}=6V$;(c)$V_{GS}=2V$,$V_{DS}=2V$;(d)$V_{GS}=1.5V$,$V_{DS}=0.5V$;(e)$V_{GS}=2V$,$V_{DS}=-0.5V$;(f)$V_{GS}=3V$,$V_{DS}=-6V$。

4.25 (a)图 P4.3 所示的晶体管电路,假设 $V_{DD}>0$,确定晶体管的源、漏、栅、衬的电位;(b)如果 $V_{DD}<0$,重复上述计算;(c)当 $V_{DD}<0$ 时,电路工作存在什么问题?

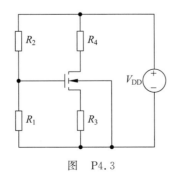

图 P4.3

4.26　(a)图 P4.4(a)所示的晶体管电路,假设 $V_{DD}>0$,识别图中晶体管的源、漏、栅、衬; (b)图 P4.4(b)所示的晶体管电路,假设 $V_{DD}>0$,识别图中晶体管的源、漏、栅、衬。

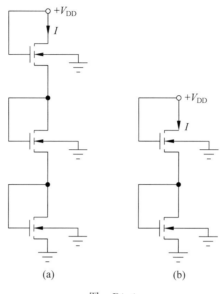

图　P4.4

- **跨导**

4.27　NMOS 晶体管,已知 $W=20\mu m$,$L=1\mu m$,$K_n'=250\mu A/V^2$,$V_{TN}=0.7V$,计算当 $V_{GS}=2V$ 和 $3.3V$,$V_{DS}=3.3V$ 时的跨导,并验证饱和区的假设。

4.28　(a)图 P4.2 所示的晶体管,估算当 $V_{GS}=4V$,$V_{DS}=4V$ 时的跨导;(b)当 $V_{GS}=3V$,$V_{DS}=4.5V$ 时,重复上述计算。

4.29　写出 MOSFET 在线性区的跨导表达式。习题 4.27 中的 MOSFET 在 $V_{GS}=2V$ 和 $3V$,$V_{DS}=1V$ 时的跨导是多少?

- **沟道长度调制**

4.30　(a)NMOS 晶体管 $K_n=250\mu A/V^2$,$V_{TN}=0.75V$,$\lambda=0.02V^{-1}$,$V_{GS}=5V$,$V_{DS}=6V$。计算漏极电流;(b)果 $\lambda=0$,重复上述计算。

4.31　(a)已知 NMOS 晶体管 $K_n=500\mu A/V^2$,$V_{TN}=1V$,$\lambda=0.03V^{-1}$,$V_{GS}=4V$,$V_{DS}=5V$。计算漏极电流;(b)如果 $\lambda=0$,重复上述计算。

4.32　(a)如图 P4.5 所示,如果 $\lambda=0$,求晶体管漏极电流;(b)如果 $\lambda=0.05V^{-1}$,重复上述计算; (c)如果 W/L 变为 25/1,重复上述计算。

4.33　(a)如图 P4.5 所示,如果 $\lambda=0$,W/L 变为 20/1,求晶体管漏极电流;(b)如果 $\lambda=0.025V^{-1}$,重复上述计算。

4.34　(a)如图 P4.6 所示,如果 $V_{DD}=10V$,$\lambda=0$,两个晶体管均有 $W/L=10/1$,求晶体管电流 I; (b)如果两个晶体管均有 $W/L=20/1$,求晶体管电流 I;(c)$\lambda=0.05V^{-1}$,重复(a)中计算。

4.35　(a)如图 P4.6 所示,如果 $(W/L)_1=10/1$,$(W/L)_2=40/1$,两个晶体管均有 $\lambda=0$,计算两个晶体管中的电流;(b)如果 $(W/L)_1=40/1$,$(W/L)_2=10/1$,重复上式计算;(c)如果两个晶体管均有 $\lambda=0.03/V$,重复(a)中计算。

4.36 (a)如图 P4.6 所示,如果$(W/L)_1 = 25/1$,$(W/L)_2 = 12.5/1$,两个晶体管均有 $\lambda = 0$,计算两个晶体管中的电流;(b)如果两个晶体管均有 $\lambda = 0.04/V$,重复(a)中计算。

• 传输特性与耗尽型 MOSFET

4.37 (a)已知 NMOS 晶体管 $K_n = 250\mu A/V^2$,$V_{TN} = -3V$,$\lambda = 0$,$V_{GS} = 0V$,$V_{DS} = 6V$,计算漏极电流;(b)如果 $\lambda = 0.025V^{-1}$,重复上述计算。

4.38 (a)已知 NMOS 晶体管 $K_n = 250\mu A/V^2$,$V_{TN} = -2V$,$\lambda = 0$,$V_{GS} = 5V$,$V_{DS} = 6V$,计算漏极电流;(b)如果 $\lambda = 0.03V^{-1}$,重复上述计算。

4.39 NMOS 耗尽型晶体管工作电压 $V_{DS} = V_{GS} > 0$,确定该晶体管的工作区。

4.40 (a)图 P4.7(a)所示的晶体管,如果 $V_{TN} = -2V$,求其 Q 点;(b)如果 $R = 50k\Omega$,$W/L = 20/1$,重复上述计算;(c)对于图 P4.7(b),重复(a)、(b)中的计算。

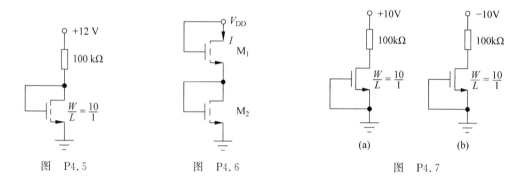

图 P4.5   图 P4.6   图 P4.7

• 体效应或衬底灵敏度

4.41 如果 $V_{SB} = 1.25V$,参考表 P4.1 中的取值,重新计算习题 4.20。

4.42 如果 $V_{SB} = 1.5V$,参考表 P4.1 中的取值,重新计算习题 4.21。

4.43 (a)已知 NMOS 晶体管的 $W/L = 8/1$,$V_{TO} = 1V$,$2\phi_F = 0.6V$,$\gamma = 0.7\sqrt{V}$,$V_{SB} = 3V$,$V_{GS} = 2.5V$,$V_{DS} = 5V$,求晶体管中的漏电流;(b)如果 $V_{DS} = 0.5V$,重复上述计算。

4.44 (a)已知 NMOS 晶体管的 $W/L = 16.8/1$,$V_{TO} = 1.5V$,$2\phi_F = 0.75V$,$\gamma = 0.5\sqrt{V}$,$V_{SC} = 2V$,$V_{DS} = 5V$,求晶体管中的漏电流;(b)如果 $V_{DS} = 0.5V$,重复上述计算。

4.45 耗尽型 NMOS 晶体管 $V_{TO} = -1.5V$,$2\phi_F = 0.75V$,$\gamma = 1.5\sqrt{V}$。阈值电压为 $+0.85V$,将此晶体管变为增强型晶体管所需施加的源衬电压为多少?

4.46 表 P4.2 为 NMOS 晶体管的体效应参数测试值。求该晶体管 V_{TO},γ,$2\phi_F$ 的最佳值(方次最少,参照习题 3.28)。

表 P4.2

V_{SB}/V	V_{TN}/V	V_{SB}/V	V_{TN}/V
0	0.710	3.0	1.604
0.5	0.912	3.5	1.724
1.0	1.092	4.0	1.822
1.5	1.232	4.5	1.904
2.0	1.377	5.0	2.005
2.5	1.506		

§4.3 PMOS 晶体管

4.47 已知 PMOS 晶体管的 $\mu_p = 200\,\text{cm}^2/\text{V}$,计算氧化层厚度取下列值时的 K'_p:(a)50nm;(b)20nm;(c)10nm;(d)5nm。

4.48 PMOS 晶体管的输出特性如图 P4.8 所示。求晶体管的 K_p 和 V_{TP}。此晶体管为增强型还是耗尽型?求此器件的 W/L 值。

4.49 在图 P4.8 中增加 $V_{GS} = -3.5\text{V}$ 和 $V_{GS} = -4.5\text{V}$ 两条曲线,求这两条曲线的 i_{DSAT} 和 v_{DSAT}。

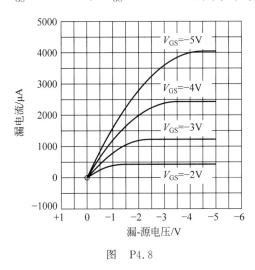

图　P4.8

4.50 已知 PMOS 晶体管,当 $V_{BS} = 0\text{V}$ 时,$W/L = 20/1$,确定下列偏置状态下的工作区和漏极电流。(a)$V_{GS} = -1.1\text{V}$,$V_{DS} = -0.2\text{V}$;(b)$V_{GS} = -1.3\text{V}$,$V_{DS} = -0.2\text{V}$;(c)如果 $V_{BS} = 1\text{V}$,重复(a)、(b)中的计算。

4.51 (a)已知 PMOS 晶体管的 $W/L = 200/1$,当 $V_{GS} = -5\text{V}$,$V_{TP} = -0.75\text{V}$,计算导通电阻;(b)如果是 NMOS 管,$V_{TN} = 0.75\text{V}$,$V_{GS} = +5\text{V}$,重复上述计算;(c)为了使 PMOS 晶体管和(b)中 NMOS 晶体管的 R_{ON} 相等,PMOS 的晶体管的 W/L 应为多少?

4.52 (a)已知 PMOS 晶体管的 $V_{TP} = -0.7\text{V}$,当 $V_{GS} = -5\text{V}$,$V_{BS} = 0\text{V}$ 时的导通电阻为 $2\text{k}\Omega$,求 W/L;(b)如果是 NMOS 管,$V_{TN} = 0.70\text{V}$,$V_{GS} = +5\text{V}$,$V_{BS} = 0$,重复上述计算。

4.53 (a)已知 PMOS 晶体管的 $V_{TP} = -0.70\text{V}$,当 $V_{GS} = -5\text{V}$,$V_{SB} = 0\text{V}$ 时的导通电阻为 10Ω,求 W/L;(b)如果是 NMOS 管,$V_{TN} = 0.70\text{V}$,$V_{GS} = +5\text{V}$,$V_{BS} = 0$,重复上述计算。

4.54 (a)图 P4.9(a)所示的晶体管电路,假设 $V_{DD} = 10\text{V}$,确定晶体管的源、漏、栅、体电位情况;(b)图 P4.9(b)所示的晶体管电路,假设 $V_{DD} = 10\text{V}$,确定晶体管的源、漏、栅、体电位情况。

4.55 (a)图 P4.10 所示的 NMOS 晶体管与 PMOS 晶体管并联,该电路称为传输门。已知 NMOS 晶体管的 $W/L = 10/1$,PMOS 晶体管的 $W/L = 25/1$,求 $V_{IN} = 0\text{V}$ 时传输门的导通电阻 V_O;(b)如果 $V_{IN} = 5\text{V}$,重复上述计算。

4.56 假设 PMOS 晶体管的 $V_{SD} \leqslant 0.1\text{V}$,其导通所需的电流必须达到 $I_D = 0.5\text{A}$。求最大导通电阻。如果 $V_S = 10\text{V}$,$V_G = 0\text{V}$,$V_{TP} = -2\text{V}$,则达到此导通电阻所需的最小 K_p 值为多少?

4.57 PMOS 晶体管的 $V_{BS} = 0\text{V}$,$V_{GS} = -1.5\text{V}$,$V_{DS} = -0.5\text{V}$。如果 $W/L = 40/1$,确定晶体管的工作区及漏极电流。

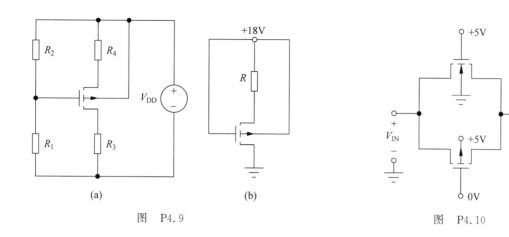

图 P4.9

图 P4.10

4.58 PMOS 晶体管的 $V_{BS}=4V$，$V_{GS}=-1.5V$，$V_{DS}=-4V$。如果 $W/L=25/1$，确定晶体管的工作区及漏极电流。

§4.4 MOSFET 电路模型

4.59 图 P4.9(a)所示的 PMOS 晶体管处于导通状态，则此晶体管 $V_{TP}>0$ 还是 $V_{TP}<0$？根据 V_{TP} 的符号，确定此晶体管的类型。电路中晶体管的符号是否正确？如果不正确，应该用什么符号？

4.60 图 P4.9(b)所示的 PMOS 晶体管处于导通状态，则此晶体管 $V_{TP}>0$ 还是 $V_{TP}<0$？根据 V_{TP} 的符号，确定此晶体管的类型。电路中晶体管的符号是否正确？如果不正确，应该用什么符号？

4.61 (a)将图 P4.9(a)所示的晶体管换为三端 PMOS 晶体管，并将其衬底与源极互连，重新画出电路图；(b)将图 P4.9(b)所示的晶体管换为三端 PMOS 晶体管，并将其衬底与源极互连，重新画出电路图。

4.62 将图 4.27 所示的晶体管换为四端 NMOS 晶体管，并将其衬底接 $-3V$ 电压，重新画出电路图。

4.63 将图 4.28 所示的晶体管换为四端 NMOS 晶体管，并将其衬底接 $-5V$ 电压，重新画出电路图。

§4.5 MOS 晶体管电容

4.64 已知 MOS 晶体管的 $W=10\mu m$，$L=0.25\mu m$，计算氧化层厚度取下列值时的 C''_{ox} 和 C_{GC}：(a)50nm；(b)20nm；(c)10nm；(d)5nm。

4.65 已知 MOS 晶体管的 $W=5\mu m$，$L=0.5\mu m$，计算氧化层厚度取下列值时的 C''_{ox} 和 C_{GC}：(a)25nm；(b)10nm；(c)3nm。

4.66 MOSFET 中，C'_{OL} 可以通过将有效覆盖长度取为 $0.5\mu m$ 得到。如果氧化层厚度为 10nm，计算 C'_{OL} 的值。

4.67 已知晶体管的 $W=10\mu m$，$L=1\mu m$，$C''_{ox}=1.4\times10^{-3}F/m^2$，$C'_{ox}=5\times10^{-9}F/m$。计算晶体管工作在下列工作区时的 C_{GS} 和 C_{GD}：(a)三极管区；(b)饱和区；(c)截止区。

4.68 大功率 MOSFET 的有效栅极面积为 $60\times10^6\mu m^2$，如果 $T_{ox}=100nm$，求 C_{GC} 的值。

4.69 (a)图 4.24 中的晶体管工作在三极管区，如果 $A=0.5\mu m$，$T_{ox}=150nm$，$C_{GSO}=C_{GDO}=20pF/m$，计算 C_{GS} 和 C_{GD}；(b)如果晶体管工作在饱和区，重复上述计算；(c)如果晶体管工作在截止区，重复上述计算。

4.70 假设 $L=1\mu m$。(a)如果图 4.24 中的晶体管 $W/L=10/1$，重新计算习题 4.69；(b)$W/L=$

100,重复上述计算。

4.71 图 4.24 中的晶体管 $\Lambda=0.5\mu m$,衬底掺杂浓度为 $10^{16}/cm^3$,源极和漏极掺杂浓度为 $10^{20}/cm^3$,$C_{JSW}=C_J\times(5\times10^{-4}/cm)$,求晶体管的 C_{SB} 和 C_{DB}。

§4.6 SPICE 中的 MOSFET 建模

4.72 晶体管 $V_{TN}=0.7V$,$K_n=175\mu A/V^2$,$W=5\mu m$,$L=0.25\mu m$,$2\phi_F=0.8V$,$\lambda=0.02V^{-1}$,求 SPICE 模型参数 K_p、PHI 、LAMBDA、V_{TO}、W、L 的值。

4.73 已知图 4.7 所示的晶体管 $K_N=50\mu A/V$,$L=0.5\mu m$,求 SPICE 模型参数 K_p、LAMBDA、V_{TO}、W、L 的值;(b)根据图 4.8 重复计算 L,$K_n=10\mu A/V^2$,$L=0.6\mu m$。

4.74 (a)求图 4.13 所示的晶体管的 SPICE 模型参数 V_{TO}、PHI、GAMMA 的值;(b)对习题 4.44 中的晶体管重复上述计算。

4.75 (a)已知 $K_N=10\mu A/V^2$,$L=0.5\mu m$,求图 4.14 所示的晶体管的 SPICE 模型参数 K_p、LAMBDA、V_{TO}、W、L 的值;(b)当 $K_n=25\mu A/V^2$,$L=0.6\mu m$ 时,依据图 4.26 重复上述计算。

§4.7 MOS 晶体管的等比例缩放

4.76 (a)已知晶体管 $T_{OX}=40nm$,$V_{TN}=1V$,$\mu_n=500cm^2/V\cdot s$,$L=2\mu m$,$W=20\mu m$,$V_{GS}=4V$,求晶体管的 K_n 和饱和电流 i_D;(b)工艺尺寸变为原来的 $1/2$,求此时的 T_{ox}、W、L、V_{TH}、V_{GS}、K_n 和 i_D。

4.77 (a)晶体管的氧化层厚度为 $20nm$,$L=1\mu m$,$W=20\mu m$。求晶体管的 C_{GC};(b)工艺尺寸变为原来的 $1/2$,求此时的 T_{ox}、W、L、和 C_{GC}。

4.78 证明 PMOS 器件的截止频率为 $f_T=\dfrac{1}{2\pi}\dfrac{\mu_p}{L^2}|V_{GS}-V_{TP}|$。

4.79 (a)已知 NMOS 器件 $\mu_n=400cm^2/V\cdot s$,PMOS 器件的 $\mu_p=0.4\mu_n$,两种器件均有 $L=1\mu m$,偏置电压超过阈值电压 $1V$。分别求 NMOS 晶体管和 PMOS 晶体管的截止频率;(b)如果 $L=0.1\mu m$,重复上述计算。

4.80 已知 NMOS 晶体管 $T_{ox}=80\mu m$,$\mu_n=400cm^2/V\cdot s$,$L=0.1\mu m$,$W=2\mu m$,$V_{GS}-V_{TN}=2V$。(a)根据式(4.17),求饱和电流;(b)假设 $V_{SAT}=10^7cm/s$,根据式(4.50)求饱和电流。

4.81 当 $V_{SAT}=1.8V$ 时,重复计算习题 4.23。

4.82 当 $V_{SAT}=2.5V$ 时,重复计算习题 4.24。

4.83 当 $V_{SAT}=3V$ 时,重复计算习题 4.30。

4.84 当 $V_{SAT}=2.5V$ 时,重复计算习题 4.31。

4.85 (a)已知图 4.21 所示的 NMOS 晶体管,$V_{CS}=0V$,求漏极电流;(b)如果阈值电压变为 $0.5V$,求此时的漏电流。

§4.8 MOS 晶体管的制造工艺及版图设计规则

4.86 已知晶体管的版图与图 4.24 类似,且 $W/L=10/1$,求沟道占总面积的比例。

4.87 已知晶体管的版图与图 4.24 类似,且 $W/L=5/1$,$T=F=2A$,求沟道占总面积的比例。

4.88 晶体管的版图与图 4.24 类似,且 $W/L=5/1$,改变校准使掩模版 2、3、4 都与掩模版 1 校准,求沟道占总面积的比例。

4.89 晶体管的版图与图 4.24 类似,且 $W/L=5/1$,改变校准使掩模版 3 与掩模版 1 校准,求沟道占总面积的比例。

§4.9 NMOS 场效应管的偏置

4.90 (a)如图 P4.11 所示的电路,已知 $R_1 = 100\text{k}\Omega$, $R_2 = 220\text{k}\Omega$, $R_3 = 24\text{k}\Omega$, $R_4 = 12\text{k}\Omega$, $V_{DO} = 10\text{V}$。假设 $V_{TO} = 1\text{V}$, $\gamma = 0$。$W/L = 7/1$,求晶体管的 Q 点;(b)如果 $W/L = 14/1$,重新计算 Q 点。

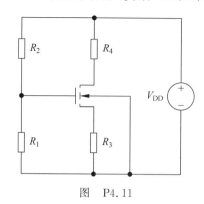

图 P4.11

4.91 如果所有电阻值均增大 10 倍,重新计算习题 4.90(a)。

4.92 (a)如果所有电阻值均增大 10 倍,$W/L = 20/1$,重新计算习题 4.90(a);(b)如果 $W/L = 60/1$,重新计算习题 4.92(a)。

4.93 如果 $V_{DO} = 12\text{V}$,重新计算习题 4.90。

4.94 (a)如图 P4.11 所示的电路,已知 $R_1 = 200\text{k}\Omega$, $R_2 = 430\text{k}\Omega$, $R_3 = 47\text{k}\Omega$, $R_4 = 24\text{k}\Omega$, $V_{DO} = 12\text{V}$。假设 $V_{TO} = 1\text{V}$, $\gamma = 0$。$W/L = 5/1$,求晶体管的 Q 点;(b)如果 $W/L = 15/1$,重新计算 Q 点。

4.95 用 SPICE 仿真习题 4.90 中的电路,并与手工计算结果进行比较。

4.96 用 SPICE 仿真习题 4.93 中的电路,并与手工计算结果进行比较。

4.97 如果所有电阻值均减小为原来的 1/5,重新计算习题 4.94(a)。

4.98 用 SPICE 仿真习题 4.97 中的电路,并与手工计算结果进行比较。

4.99 用 SPICE 仿真习题 4.94 中的电路,并与手工计算结果进行比较。

4.100 图 4.27 所示的电路的漏极电流为 $34.4\mu\text{A}$,选择不同的电阻 R_1 和 R_2 可以设计出不同的栅极偏置电路,例如 (R_1, R_2) 可以的组合有 $(2\text{k}\Omega, 3\text{k}\Omega)$、$(10\text{k}\Omega, 15\text{k}\Omega)$、$(200\text{k}\Omega, 300\text{k}\Omega)$ 及 $(1.2\text{M}\Omega, 1.8\text{M}\Omega)$。选择最好的组合并给出解释。

4.101 假设例 4.1 的条件变为:$V_{EQ} = 4\text{V}$, $R_S = 22\text{k}\Omega$, $R_D = 43\text{k}\Omega$。(a)如果 $K_n = 35\mu\text{A/V}^2$,求电路的 Q 点;(b)如果 $K_n = 25\mu\text{A/V}^2$, $V_{TN} = 0.75\text{V}$,求此时的 Q 点。

4.102 (a)仿真例 4.1 中的电路,并与计算结果比较;(b)仿真例 4.2 中的电路,并与计算结果比较。

4.103 设计 NMOS 晶体管的四电阻偏置电路,使 $V_{DD} = 12\text{V}$, $R_{EQ} \approx 600\text{k}\Omega$ 时的 Q 点为 $(500\mu\text{A}, 5\text{V})$,参考表 P4.1 中的数据。

4.104 设计 NMOS 晶体管的四电阻偏置电路,使 $V_{DD} = 9\text{V}$, $R_{EQ} \approx 250\text{k}\Omega$ 时的 Q 点为 $(250\mu\text{A}, 4.5\text{V})$,参考表 P4.1 中的数据。

4.105 设计 NMOS 晶体管的四电阻偏置电路,使 $V_{DD} = 12\text{V}$, $R_{EQ} \approx 250\text{k}\Omega$ 时的 Q 点为 $(100\mu\text{A}, 6\text{V})$,参考表 P4.1 中的数据。

• 负载线分析

4.106 在图 P4.2 所示的输出特性曲线中画出图 P4.12 所示的电路负载线,并确定 Q 点:假设 $V_{DD} = +4\text{V}$,晶体管处于哪个工作区?

4.107 在图 P4.2 所示的输出特性曲线中画出图 P4.12 所示电路负载线,并确定 Q 点:假设 $V_{DD}=+5V$,电阻值变为 $8.3k\Omega$,晶体管处于哪个工作区?

4.108 在图 P4.2 所示的输出特性曲线中画出图 P4.13 所示电路负载线,并确定 Q 点:假设 $V_{DD}=+6V$,晶体管处于哪个工作区?

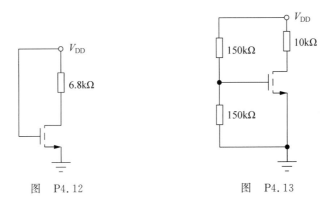

图 P4.12　　　　　　　图 P4.13

4.109 在图 P4.2 所示的输出特性曲线中画出图 P4.13 所示电路负载线,并确定 Q 点:假设 $V_{DD}=+8V$,晶体管处于哪个工作区?

- **耗尽型器件**

4.110 如图 P4.11 所示的电路,已知 $R_1=1M\Omega$, $R_2=\infty$, $R_3=10k\Omega$, $R_4=5k\Omega$, $V_{DD}=15V$。假设 $V_{TN}=-4.5V$, $K_n=1mA/V^2$,求晶体管的 Q 点。

4.111 如图 P4.11 所示的电路,已知 $R_1=470k\Omega$, $R_2=\infty$, $R_3=27\Omega$, $R_4=51k\Omega$, $V_{DD}=12V$。假设 $V_{TN}=-3.5V$, $K_n=600\mu A/V^2$,求晶体管的 Q 点。

4.112 如果 $V_{TN}=-4V$, $K_n=1mA/V^2$,设计 NMOS 耗尽型晶体管的偏置电路,使 $V_{DD}=15V$ 时电路的 Q 点为 $(250\mu A, 7.5V)$。

4.113 如果 $V_{TN}=-2.5V$, $K_n=250\mu A/V^2$,设计 NMOS 耗尽型晶体管的偏置电路,使得 $V_{DD}=15V$ 时电路的 Q 点为 $(2mA, 6V)$。(提示:可以利用四电阻偏置电路)

- **两电阻偏置**

两电阻偏置电路是一种替代偏置 MOS 晶体管的简单方法。

4.114 (a)如图 P4.14(a)所示的电路, $V_{DD}=+12V$,求晶体管的 Q 点;(b)对图 P4.14(b)所示的电路重复以上计算。

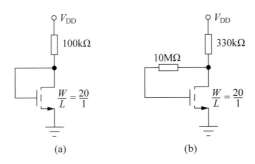

(a)　　　　　(b)

图 P4.14

4.115 (a)图 P4.14(a)所示的电路中有 $V_{DD}=+12\text{V}$,W/L 变为 100/1,求晶体管的 Q 点;(b)对图 P4.14(b)所示的电路重复上述计算。

4.116 (a)如果图 P4.14(b)所示的电路中 $V_{DD}=+12\text{V}$,电阻由 $330\text{k}\Omega$ 变为 $470\text{k}\Omega$,求晶体管的 Q 点;(b)如果 $10\text{M}\Omega$ 的电阻变为 $2\text{M}\Omega$,重新计算晶体管的 Q 点。

• 体效应

4.117 (a)用 MATLAB 计算式(4.64)的解;(b)当 $\gamma=0.75\sqrt{\text{V}}$ 时,重复上述计算。

4.118 (a)用数据表求解式(4.64);(b)如果 $\gamma=1.25\sqrt{\text{V}}$,重复上述计算。

4.119 重新设计例 4.2 电路中 R_S 和 R_D 的值以补偿体效应,并将 Q 点变为原始值($34\mu\text{A}$,6.1V)。

4.120 如图 P4.11 所示的电路,已知 $R_1=100\text{k}\Omega$,$R_2=220\text{k}\Omega$,$R_3=24\text{k}\Omega$,$R_4=12\text{k}\Omega$,$V_{DD}=12\text{V}$,假设 $V_{TO}=1\text{V}$,$\gamma=1.25\sqrt{\text{V}}$,$W/L=5/1$,求晶体管的 Q 点。

4.121 (a)如果 $\gamma=0.75\sqrt{\text{V}}$,重新求解习题 4.120 中的 Q 点;(b)如果 $R_4=24\text{k}\Omega$,重新求解习题 4.120 中的 Q 点。

4.122 (a)用 SPICE 仿真习题 4.120 中的电路,并与手工计算结果进行比较;(b)用 SPICE 仿真习题 4.121(a)中的电路,并与手工计算结果进行比较;(c)用 SPICE 仿真习题 4.121(b)中的电路,并与手工计算结果进行比较。

4.123 仿真下列情况下习题 4.90 中的电路,(a)$\gamma=0$;(b)$\gamma=0.5\text{V}^{-0.5}$,$2\phi_F=0.6\text{V}$,比较仿真结果。仿真结果能否证明手工计算时忽略体效应的可行性?

4.124 仿真下列情况下习题 4.91 中的电路,(a)$\gamma=0$;(b)$\gamma=0.5\text{V}^{-0.5}$,$2\phi_F=0.6\text{V}$,比较仿真结果。仿真结果能否证明手工计算时忽略体效应的可行性?

4.125 仿真下列情况下习题 4.92 中的电路,(a)$\gamma=0$;(b)$\gamma=0.5\text{V}^{-0.5}$,$2\phi_F=0.6\text{V}$,比较仿真结果。仿真结果能否证明手工计算时忽略体效应的可行性?

4.126 仿真下列情况下习题 4.93 中的电路,(a)$\gamma=0$;(b)$\gamma=0.5\text{V}^{-0.5}$,$2\phi_F=0.6\text{V}$,比较仿真结果。仿真结果能否证明手工计算时忽略体效应的可行性?

• 一般偏置问题

4.127 (a)如图 P4.15 所示的电路,假设 $\gamma=0$,$V_{TO}=1\text{V}$,晶体管均有 $W/L=20/1$,求 $V_{DD}=5\text{V}$ 时的电流 I;(b)如果 $V_{DD}=10\text{V}$,重新计算电流 I;(c)如果 $\gamma=0.5\text{V}^{-0.5}$,重新计算(a)。

4.128 如图 P4.16 所示的电路,$R=10\text{k}\Omega$,$V_{TO}=1\text{V}$,$W/L=4/1$,求晶体管的 Q 点。

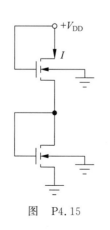

图 P4.15

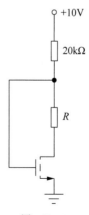

图 P4.16

4.129 如图 P4.16 所示的电路,$R=20\text{k}\Omega$,$V_{\text{TO}}=1\text{V}$,$W/L=2/1$,求晶体管的 Q 点。

4.130 (a)如图 P4.17 所示的电路,假设所有晶体管均有 $\gamma=0$,$W/L=20/1$,求电流的 I 值;(b)如果 $W/L=50/1$,重新计算(a);(c)如果 $\gamma=0.5\text{V}^{-0.5}$,重新计算(a)。

4.131 (a)用 SPICE 仿真习题 4.130 中的电路,并与习题 4.130(a)的结果进行比较;(b)对习题 4.130(b)重复上述分析;(c)对习题 4.130(c)重复上述分析。

4.132 如图 P4.18 所示电路,如果 $V=5\text{V}$,$R=68\text{k}\Omega$,则 W/L 的值为多少时才能使 $V_{\text{DS}}=0.5\text{V}$?

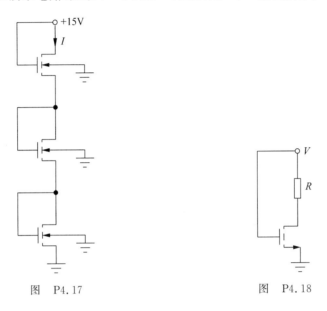

图 P4.17　　　　　　图 P4.18

4.133 如图 P4.18 所示电路,如果 $V=3.3\text{V}$,$R=160\text{k}\Omega$,则 W/L 的值为多少时才能使 $V_{\text{DS}}=0.25\text{V}$?

§4.10 PMOS 场效应晶体管的偏置

4.134 如图 P4.19(a)所示电路,如果 $V_{\text{DD}}=-15\text{V}$,$R=75\text{k}\Omega$,$W/L=1/1$,求晶体管的 Q 点;(b)如图 P4.19(b)所示电路,如果 $V_{\text{DD}}=-15\text{V}$,$R=75\text{k}\Omega$,$W/L=1/1$,求晶体管的 Q 点。

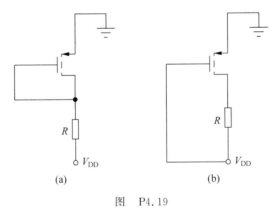

(a)　　　　　(b)

图 P4.19

4.135 仿真计算习题 4.134 中的电路,其中 $V_{\text{DD}}=-15\text{V}$,并将 Q 点的仿真结果与计算结果进行比较。

4.136 (a)如图 P4.20 所示的电路,假设对于所有晶体管均有 $\gamma=0$,$W/L=40/1$,计算电流 I 的值；(b)如果 $W/L=75/1$，重新计算(a)；(c)如果 $\gamma=0.5\text{V}^{-0.5}$，重新计算(a)。

4.137 (a)如图 P4.21(a)所示的电路，如果两个晶体管均有 $W/L=20/1$，$V_{DD}=10\text{V}$，求电流 I 与电压 V_o 的值；(b)$W/L=80/1$，重新计算电流值；(c)对图 P4.21(b)所示的电路，重复上述计算。

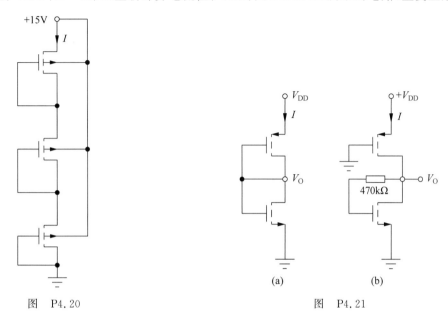

图 P4.20   图 P4.21

4.138 (a)仿真习题 4.136(a)中的电路，并将仿真结果与习题 4.136(a)中的结果比较；(b)仿真习题 4.136(b)中的电路并将仿真结果与习题 4.136(b)中的结果比较；(c)对习题 P4.136(c)重复上述分析。

4.139 在图 P4.8 所示的输出特性曲线中画出图 P4.22 电路的负载线，并确定 Q 点的位置，判断晶体管处于哪个工作区？

4.140 (a)如图 P4.22 所示的电路，假设 $\gamma=0$，$W/L=20/1$，如果 $R=50\Omega$，求晶体管的 Q 点；(b)电阻 R 为何值时，晶体管工作在饱和区。

4.141 仿真习题 4.140(a)中的电路，确定 Q 点，并将仿真结果与手工计算结果进行比较。

4.142 (a)如图 P4.23 所示的电路，如果 $R=43\Omega$，假设 $\gamma=0.5\sqrt{\text{V}}$，$W/L=20/1$，求晶体管的 Q 点；(b)电阻 R 为何值时，晶体管工作在饱和区。

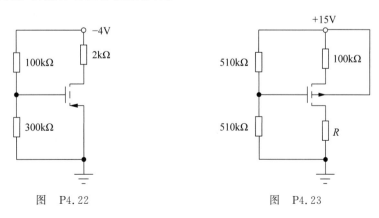

图 P4.22   图 P4.23

4.143 仿真习题 4.142(a)中的电路,确定 Q 点,并将仿真结果与手工计算结果进行比较。

4.144 (a)如图 P4.24 所示的电路,如果 $V_{DD}=14V$, $R=100k\Omega$, $W/L=10/1$, $\gamma=0$,求晶体管的 Q 点;(b)如果 $\gamma=1\sqrt{V}$,重新计算 Q 点。

4.145 如图 P4.23 所示的电路,假设晶体管工作在饱和区。如果所有晶体管尺寸均缩小为原来的 $1/2$,求此时的 Q 点电流。假设 $\gamma=0$, $W/L=40/1$,求当 $V_{DS}=-5V$ 时的 R 值。

4.146 如果 $\gamma=0.5\sqrt{V}$, $W/L=40/1$,重复习题 4.145 中的计算。

4.147 (a)设计一个 PMOS 晶体管的四电阻偏置电路,使 $V_{DD}=-9V$, $R_{EQ}\geqslant1M\Omega$ 时的 Q 点为 $(1mA,-3V)$。参考表 P4.1 中的数据;(b)对于 NMOS 晶体管,当 $V_{DS}=+3V$, $V_{DD}=+9V$ 时,重复上述计算。

4.148 (a)设计一个 PMOS 晶体管的四电阻偏置电路,使 $V_{DD}=-15V$, $R_{EQ}\geqslant100k\Omega$ 时的 Q 点为 $(500\mu A,-5V)$,参考表 P4.1 中的数据;(b)对于 NMOS 晶体管,当 $V_{DS}=+6V$, $V_{DD}=+15V$ 时,重复上述设计。

4.149 如图 P4.25 所示,如果 $V_{TO}=+4V$, $\gamma=0$, $W/L=10/1$,求晶体管的 Q 点;(b)当 $\gamma=0.25\sqrt{V}$ 时,重复上述计算。

4.150 如图 P4.26 所示,如果 $V_{TO}=-1V$, $W/L=10/1$,求晶体管的 Q 点;(b)如果 $V_{TO}=-3V$, $W/L=30/1$,求晶体管的 Q 点。

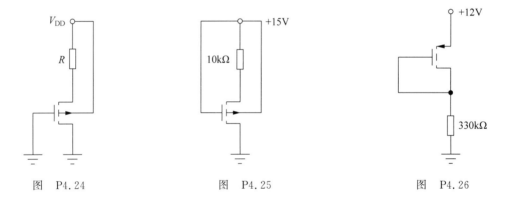

图 P4.24　　　　　　　图 P4.25　　　　　　　图 P4.26

4.151 图 P4.27 所示的电路,其晶体管的 Q 点是多少?

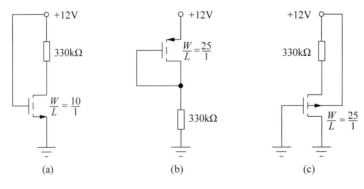

图 P4.27

§4.11 结型场效应管

4.152 如图 P4.28 所示,JFET 有 $I_{DSS}=500\mu A, V_P=-3V$。求下列条件下的 Q 点:(a)$R=0$,$V=5V$;(b)$R=0,V=0.25V$;(c)$R=8.2k\Omega,V=-5V$。

4.153 如图 P4.29 所示,JFET 有 $I_{DSS}=5mA, V_P=-5V$,求 JFET 的 Q 点。

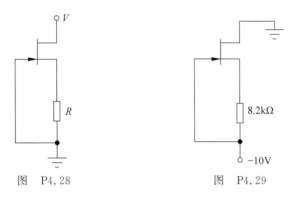

图 P4.28   图 P4.29

4.154 如图 P4.30 所示,JFET 有 $I_{DSS}=1mA, V_P=-5V$,求 JFET 的导通电阻。如果 JFET 有 $I_{DSS}=100\mu A, V_P=-2V$,重新计算 JFET 的导通电阻。

4.155 如图 P4.31 所示,JFET 有 $I_{DSS}=1mA, V_P=-4V$,计算下列条件下 JFET 的 I_D,I_G,V_S:(a)$I=0.5mA$;(b)$I=2mA$。

4.156 如图 P4.32 所示,JFET 有 $I_{DSS1}=200\mu A, V_{P1}=-2V, I_{DSS2}=500\mu A, V_{P2}=-4V$。(a)如果 $V=9V$,求两个 JFET 的 Q 点;(b)如果 J_1、J_2 均处于夹断区,求满足条件的最小 V 值。

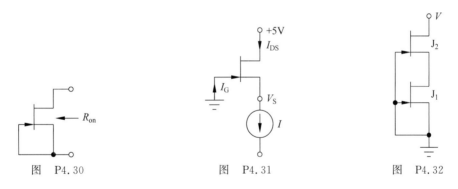

图 P4.30   图 P4.31   图 P4.32

4.157 仿真习题 4.156(a)中的电路,并将仿真结果与计算结果进行比较。

4.158 如图 P4.33 所示,JFET 均有 $I_{DSS}=200\mu A, V_P=+2V$。(a)如果 $R=10k\Omega, V=15V$,求两个 JFET 的 Q 点;(b)如果 $R=10k\Omega$,为保证 J_1、J_2 均处于夹断区,求满足条件的最小 V 值。

4.159 仿真习题 4.158(a)中的电路,并将仿真结果与手工计算结果进行比较。

4.160 (a)如图 P4.34(a)所示,JFET 有 $I_{DSS}=250\mu A, V_P=+2V$。求 JFET 的 Q 点;(b)图 P4.34(b)所示的 JFET 有 $I_{DSS}=250\mu A, V_P=-2V$,求 JEFT 的 Q 点。

4.161 (a)仿真习题 4.160(a)中的电路,并将仿真结果与手工计算结果进行比较;(b)仿真习题 4.160(b)中的电路,并将仿真结果与计算结果进行比较。

4.162 如图 P4.32 所示,如果 JFET 中有 $I_{DSS1}=200\mu A, V_{P1}=+2V, I_{DSS2}=500\mu A, V_{P2}=-4V$,用 SPICE 画出 $0V\leqslant V\leqslant 15V$ 时的 I-V 特性曲线。

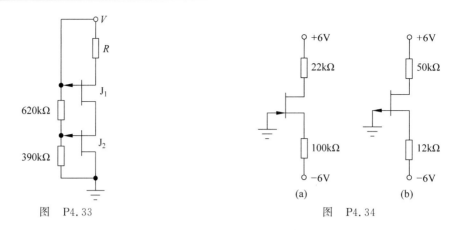

图 P4.33

图 P4.34

4.163 图 P4.35 所示电路为用理想运算放大器实现的一个稳压器。(a)如果齐纳二极管电压为 5V,求电路的输出电压;(b)求齐纳二极管中的电流及 PMOS 晶体管中的漏极电流;(c)如果 MOSFET 有 $V_{TN}=1.25V, K_n=150mA/V^2$,求放大器的输出电压。

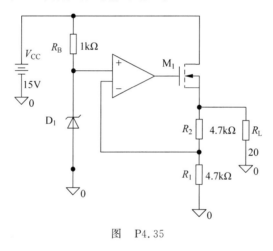

图 P4.35

4.164 图 P4.36 所示的电路为用理想运算放大器实现的一个稳压器。(a)如果齐纳二极管电压为 6.8V,求齐纳二极管中的电流及 NMOS 晶体管中的漏极电流;(b)如果 MOSFET 中有 $V_{TN}=1.25V$, $K_n=75mA/V^2$,求放大器的输出电压。

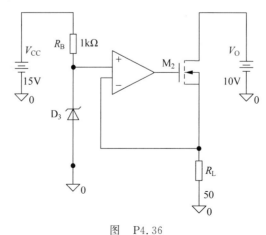

图 P4.36

4.165　图 P4.37 所示的电路为用理想运算放大器实现的一个稳压器。(a)如果齐纳二极管电压为 5V,求电路的输出电压;(b)求齐纳二极管中的电流及 PMOS 晶体管中的漏极电流;(c)如果 MOSFET 中有 $V_{TP}=-1.5V$,$K_n=50mA/V^2$,求放大器的输出电压。

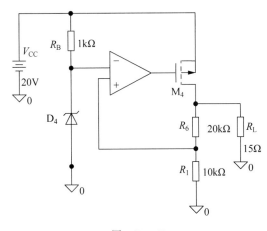

图　P4.37

第 5 章

双极型晶体管

本章目标

- 研究双极型晶体管的物理结构
- 理解双极型晶体管的行为及载流子通过基区传输的重要性
- 研究双极型晶体管及其特性
- 掌握 npn 晶体管及 pnp 晶体管的区别
- 研究双极型器件的传输模型
- 定义 BJT 的 4 个工作区
- 研究每个工作区的简化模型
- 理解 Early 效应的来源及模型
- 双极型晶体管的 SPICE 模型描述
- 举例说明偏置电路的最差情况分析及蒙特卡洛分析

20 世纪 40 年代末期,Bardeen、Brattain 和 Shockley 在贝尔实验室发明了双极型晶体管并进行了验证,双极型晶体管成为第一种成功面市的三端固态器件。双极型晶体管的成功面市主要取决于其结构的特点,该晶体管的有源区位于半导体材料表面下,这使得晶体管的工作不受表面特性和清洁度的制约。因此,最初制作双极型晶体管要比制作 MOS 管更容易。20 世纪 50 年代后期双极型晶体管开始商业化。20 世纪 60 年代初,出现了第一个集成电路,即电阻-晶体管逻辑门,以及由若干晶体管和电阻构成的运算放大器。

在现代集成电路中,虽然场效应管占有绝对主导地位,但是双极型晶体管在分立电路和集成电路设计中仍然广泛使用,特别是在高速、高精度电路中双极型晶体管依然是优先选择的器件,比较典型的主要是越来越多的无限计算与通信产品电路,另外锗硅 BJT 的工作效率在所有硅晶体管中是最高的。

双极型晶体管包含 3 个掺杂半导体区,像一个三明治结构,包括两种类型的晶体管: npn 晶体管和 pnp 晶体管。双极型晶体管的性能由少数载流子在晶体管中心区域的扩散和漂移决定。由于电子的迁移率和扩散率均高于空穴,因此 npn 晶体管的性能本质上比 pnp 晶体管要好。另外,由于需要向控制电极提供电流,BJT 的输入电阻要更小。

以上介绍了双极型晶体管,包括 npn 晶体管及 pnp 晶体管。描述 BJT 行为的数学模型采用 Gummel-Poon 简化模型作为传输模型(Transport model),对 BJT 的 4 个工作区进行了定义,并介绍了适合于各工作区的简化模型。本章提供了用于偏置双极型晶体管的电路实例。最后讨论了偏置电路容差的最差情况分析和蒙特卡洛分析。

5.1　双极型晶体管的物理结构

双极型晶体管结构由 3 层 n 型和 p 型半导体材料叠加形成,这 3 层分别是发射极(Emitter,E)、基极(Base,B)和集电极(Collector,C),可以制成 npn 晶体管,也可以制成 pnp 晶体管。图 5.1(a)所示的为 npn 晶体管的截面图,从图中可以看到晶体管的结构。在正常工作过程中,大部分电流由集电极流入,穿过基极区域,然后从发射极端流出。同时,有小部分电流由基极流入,穿过晶体管的基极发射极结,并由发射极流出。

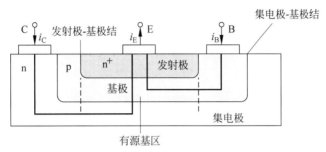

(a) "正常"工作时有电流流过的npn晶体管的简化截面图

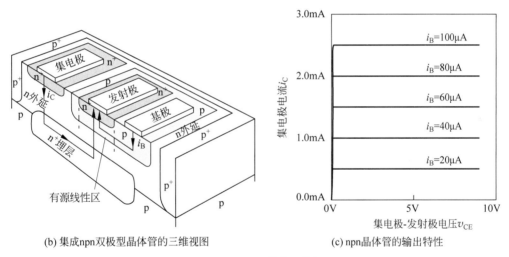

(b) 集成npn双极型晶体管的三维视图　　　(c) npn晶体管的输出特性

图 5.1　npn 晶体管的结构

双极型晶体管最重要的部分是直接在重掺杂(n^+)发射极下方虚线之间的有源基极区域,如图 5.1(a)中(n^+)重掺杂发射区正下方的两虚线之间的区域。载流子在这一区域的传输决定了 BJT 管的 I-V 特性。图 5.1(b)是在集成电路中用于制作 npn 晶体管的物理结构,该结构比较复杂,需要把外部接触孔与集电极、基极和发射极区域相连,并且要实现不同晶体管之间的隔离。图 5.1(a)所示的 npn 结构中,集电极电流 i_C 和基极电流 i_B 由集电极和基极流入晶体管,发射极电流 i_E 由发射极流出。图 5.1(c)给出了双极型晶体管的输出特性(Output characteristic),给出了集电极-发射极电压 v_{CE} 与集电极电流 i_C 和基极电流 i_B 之间的关系曲线。该曲线与场效应管的输出特性类似,主要区别在于需要为器件的基极提供较大的直流电流,而 FET 栅极电流为零。在以下几节中,我们将用数学模型描述 npn 和 pnp 晶体管的 I-V 特性。

5.2　npn 晶体管的传输模型

npn 双极型晶体管结构有源区的模型如图 5.2 所示。看起来,BJT 是由两个背对背相连的 pn 结形成。然而,BJT 的中间区域(也就是基极)很薄($0.1\sim100\mu m$),两个 pn 结紧密相连使得两个晶体管产生耦合,这种耦合也是双极型器件的核心所在。低掺杂 n 型区(发射极)向 p 型基区输入电子。几乎所有注入的电子穿过窄基区,被集电区所收集。

晶体管 3 个电极的电流分别为集电极电流(Colector current)i_C、发射极电流(Emitter current)i_E 和基极电流(Base current)i_B。基极-发射极电压(Base-emitter voltage)v_{BE} 和基极-集电极电压(Base-colector voltage)v_{BC} 施加在两个 pn 结上,如图 5.2 所示,决定了双极型晶体管中这 3 个电流的大小,并且规定当两个 pn 结正偏时电压为正值。图 5.2 中箭头方向表示大部分 npn 电路中正向电流的方向。npn 晶体管的电路符号如图 5.2(b)所示,其中的箭头表示电流方向,同时也说明在 npn 晶体管发射极一直存在直流电流。

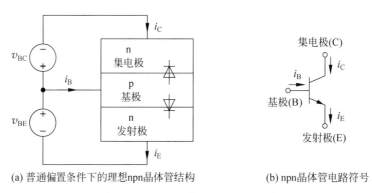

(a) 普通偏置条件下的理想npn晶体管结构　　(b) npn晶体管电路符号

图 5.2　npn 晶体管有源区模型结构

5.2.1　正向特性

为了进行手工计算和计算机分析,需要建立晶体管的数学模型,使之与晶体管的行为相一致,同时通过晶体管电流的叠加,建立方程,用来描述晶体管的静态 I-V 特性[①]。如图 5.3 所示,在基极-发射极构成的发射结施加了任意电压 v_{BE},基极-集电极构成的集电结电压为零,则发射结电压会形成发射极电流 i_E,该电流等于穿过发射结的总电流。电流 i_E 包括两部分,其中正向传输电流(Forward-transport current)i_F 所占比例最大,该电流进入集电极并穿过窄基区,最后,从发射极流出。集电极电流 i_C 等于 i_F,且与理想二极管电流表达式相同:

$$i_C = i_F = I_S\left[\exp\left(\frac{v_{BE}}{V_T}\right) - 1\right] \tag{5.1}$$

其中参数 I_S 为晶体管饱和电流,即双极型晶体管的饱和电流。I_S 的大小与晶体管有源基区的截面积成正比,取值范围较大:

$$10^{-18}\mathrm{A} \leqslant I_S \leqslant 10^{-9}\mathrm{A}$$

---

① 描述双极型晶体管内部物理特性的微分方程是二阶线性微分方程,这些方程是空穴浓度和电子浓度的线性表达式;直流电流与这些载流子浓度有关。因此,可根据器件中流过的电流进行叠加。

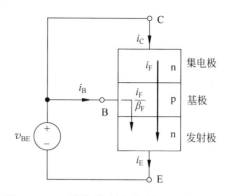

图 5.3 npn 晶体管,施加电压 v_{BE} 且 $v_{BC}=0$

在式(5.1)中,V_T 应当视作第 2 章所介绍的热电压,室温时 $V_T = kT/q \approx 0.025V$。

除了 i_F 外,发射结电流中还包括另外一个较小的电流,也就是晶体管基极电流 i_B,电流 i_B 的大小与 i_F 的大小成正比:

$$i_B = \frac{i_F}{\beta_F} = \frac{I_S}{\beta_F} \left[\exp\left(\frac{v_{BE}}{V_T}\right) - 1 \right] \tag{5.2}$$

其中参数 β_F 称为正向共发射极电流增益(Forward or normal common-emitter current gain)[1],一般取值范围为

$$10 \leqslant \beta_F \leqslant 500$$

将晶体管看作一个节点可以计算发射极电流 i_E

$$i_C + i_B = i_E \tag{5.3}$$

根据式(5.3),将式(5.1)和式(5.2)相加,可以得到

$$i_E = \left(I_S + \frac{I_S}{\beta_F} \right) \left[\exp\left(\frac{v_{BE}}{V_T}\right) - 1 \right] \tag{5.4}$$

将式(5.4)变形,可得

$$i_E = I_S \left(\frac{\beta_F + 1}{\beta_F} \right) \left[\exp\left(\frac{v_{BE}}{V_T}\right) - 1 \right] = \frac{I_S}{\alpha_F} \left[\exp\left(\frac{v_{BE}}{V_T}\right) - 1 \right] \tag{5.5}$$

其中参数 α_F 称为正向共基极电流增益(Forward or normal common-base current gain)[2],一般取值范围为

$$0.95 \leqslant \alpha_F < 1.0$$

参数 α_F 和 β_F 的关系为

$$\alpha_F = \frac{\beta_F}{\beta_F + 1} \quad \text{或} \quad \beta_F = \frac{\alpha_F}{1 - \alpha_F} \tag{5.6}$$

式(5.1)、式(5.2)和式(5.5)描述了双极型晶体管的基本特性。晶体管的三端电流都与发射结电压呈指数关系,与 FET 相比具有更强的非线性关系,FET 实际上为平方根的关系。

对于图 5.3 所示的偏置情况,晶体管实际上工作在高电流增益区,称为正向有源区(Forward-active

---

① 有时候用 β_N 来表示正向共发射极电流增益。

② 有时候用 α_N 来表示正向共基极电流增益。

region)[1],该内容在 5.9 节中将详细讲解。正向有源区有 3 个重要的关系式。前两个公式可以从式(5.1)和式(5.2)中计算集电极和基极电流的比值得到

$$\frac{i_C}{i_B}=\beta_F \quad \text{或} \quad i_C=\beta_F i_B \quad \text{和} \quad i_E=(\beta_F+1)i_B \tag{5.7}$$

利用式(5.3),然后求式(5.1)和式(5.5)的比值,可得出第三个关系式

$$\frac{i_C}{i_E}=\alpha_F \quad \text{或} \quad i_C=\alpha_F i_E \tag{5.8}$$

式(5.7)是双极型晶体管的一个重要的性质:晶体管可以将基极电流"放大"β_F 倍。由于电流增益 $\beta_F \gg 1$,所以即使基极注入很小的电流,也可以在集电极和发射极产生很大的电流。由于 $\alpha_F \approx 1$,所以由式(5.8)可知,集电极电流与发射极电流几乎相等。

5.2.2 反向特征

在图 5.4 所示的晶体管中,集电结电压为 v_{BC},发射结电压为零。在集电结电压的作用下流过集电结的集电极电流为 i_C。集电极电流中所占比例最大的一部分为反向传输电流 i_R,流入发射极,穿过窄基区,最后从集电极流出。电流 i_R 的表达式类似于 i_F,只是现在的控制电压为 v_{BC}:

$$i_R=I_S\left[\exp\left(\frac{v_{BC}}{V_T}\right)-1\right] \quad \text{和} \quad i_E=-i_R \tag{5.9}$$

此时,电流 i_R 的一小部分电流会流经基极形成基极电流

$$i_B=\frac{i_R}{\beta_R}=\frac{I_S}{\beta_R}\left[\exp\left(\frac{v_{BC}}{V_T}\right)-1\right] \tag{5.10}$$

其中,参数 β_R 称作反向[2]共发射极电流增益(Reverse or inverse common-emitter current gain)。

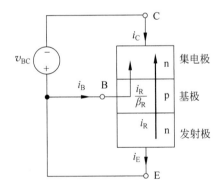

图 5.4 npn 晶体管,施加电压 v_{BC} 且 $v_{BE}=0$

第 4 章中讲到,FET 是一种内在对称的器件。但是对于双极型晶体管来说,式(5.1)式(5.9)显示了穿过双极型晶体管的基极区域的电流中固有的对称性。但是,发射极和集电极区域的掺杂水平不相同,这导致正向和反向模式时的基极电流有很大不同。对于典型的 BJT 晶体管来说,β_R 的取值范围一般为 $0 < \beta_R \leqslant 10$,而 β_F 的取值范围一般为 $10 \leqslant \beta_F \leqslant 500$。

在图 5.4 中,集电极电流可以由基极电流和发射极电流相加求得,和推导式(5.5)一样。

---

[1] 在 5.6 节给出了 4 个工作区的完整定义。

[2] 有时候用 β_I 来表示反向共发射极电流增益。

$$i_C = -\frac{I_S}{\alpha_R}\left[\exp\left(\frac{v_{BC}}{V_T}\right)-1\right] \tag{5.11}$$

其中，α_R 称为反向共基电流增益(Reverse or inverse common-base current gain)[①]。

$$\alpha_R = \frac{\beta_R}{\beta_R+1} \quad \text{或} \quad \beta_R = \frac{\alpha_R}{1-\alpha_R} \tag{5.12}$$

一般 α_R 的取值范围为 $0 < \alpha_R \leqslant 0.95$。

表 5.1 对共基电流增益 α 和共发电流增益 β 进行了比较。由于 α_F 一般大于 0.95，因此 β_F 很大。虽然可以制造出 β_F 高达 5000，用于特殊用途的晶体管，但是一般 β_F 的取值范围为 $10 \sim 500$[②]，而 α_R 一般小于 0.5，因此 β_R 取值小于 1。

表 5.1　共发射极和共基极的电流增益比较

α_F 或 α_R	$\beta_F = \dfrac{\alpha_F}{1-\alpha_F}$ 或 $\beta_R = \dfrac{\alpha_R}{1-\alpha_R}$	α_F 或 α_R	$\beta_F = \dfrac{\alpha_F}{1-\alpha_F}$ 或 $\beta_R = \dfrac{\alpha_R}{1-\alpha_R}$
0.1	0.11	0.95	19
0.5	1	0.99	99
0.9	9	0.998	499

练习：(a) 求 $\alpha = 0.970$、0.993 和 0.250 时相应的 β 值；
(b) 求 $\beta = 40$、200 和 3 时相应的 α 的值。
答案：(a)32.3，142，0.333；(b)0.976，0.995，0.750。

5.2.3　任意偏置条件下晶体管传输模型方程

将晶体管正向特性和反向特性下两种公式合并，即分别将式(5.1)和式(5.11)、式(5.4)和式(5.9)、式(5.2)和式(5.10)合并，可以得到图 5.2 所示的 npn 晶体管在完全电压偏置条件下总的集电极、发射极和基极电流的公式为

$$\begin{aligned}
i_C &= I_S\left[\exp\left(\frac{v_{BE}}{V_T}\right)-\exp\left(\frac{v_{BC}}{V_T}\right)\right]-\frac{I_S}{\beta_R}\left[\exp\left(\frac{v_{BC}}{V_T}\right)-1\right]\\
i_E &= I_S\left[\exp\left(\frac{v_{BE}}{V_T}\right)-\exp\left(\frac{v_{BC}}{V_T}\right)\right]-\frac{I_S}{\beta_F}\left[\exp\left(\frac{v_{BE}}{V_T}\right)-1\right]\\
i_B &= \frac{I_S}{\beta_F}\left[\exp\left(\frac{v_{BE}}{V_T}\right)-1\right]+\frac{I_S}{\beta_R}\left[\exp\left(\frac{v_{BC}}{V_T}\right)-1\right]
\end{aligned} \tag{5.13}$$

该方程组表明，可以用 3 个参数对 BJT 晶体管进行描述：I_S、β_F 和 β_R。除此之外，大家也要记住，温度始终是一个很重要的参数，$V_T = kT/q$。

在式(5.13)中，发射极电流和集电极电流表达式的第一项为

$$i_T = I_S\left[\exp\left(\frac{v_{BE}}{V_T}\right)-\exp\left(\frac{v_{BC}}{V_T}\right)\right] \tag{5.14}$$

i_T 用于表示完全穿过晶体管基区的电流。式(5.14)说明了双极型晶体管在形成主导电流时基极-发射极和基极-集电极之间存在的对称性。

---

① 有时候用 α_R 表示反向共基电流增益。
② 这类器件常被称为超 β 晶体管。

式(5.13)实际上是 Gummel-Poon 模型的简化形式,参见文献[3,4],是用于 SPICE 仿真模型中 BJT 模型的核心。完整的 Gummel-Poon 模型可以精确描述 BJT 在很大工作范围内的特性,因此,Gummel-Poon 模型如今已经基本取代了以前的 Ebers-Moll 模型(参见习题 5.23)。

例 5.1 传输模型计算

传输模型的优势在于能够计算双极型晶体管在任意给定偏置电压下的电流。

问题:在图 5.5 中,npn 晶体管由两个直流电压源提供偏置电压,利用传输模型方程求电路的端电压和电流。

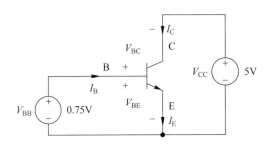

图 5.5 npn 晶体管举例:$I_S = 10^{-16}$ A,$\beta_F = 50$,$\beta_R = 1$

解:

已知量:图 5.5 给出了 npn 晶体管的两个直流偏置电压 $V_{BB} = 0.75$V,$V_{CC} = 5.0$V。晶体管参数:$I_S = 10^{-16}$ A,$\beta_F = 50$,$\beta_R = 1$。

未知量:结偏置电压 V_{BE} 和 V_{BC};发射极电流 I_E,集电极电流 I_C,基极电流 I_B。

求解方法:根据电路确定 V_{BE} 和 V_{BC}。根据计算得到的电压和晶体管参数,利用式(5.13)计算电流。

假设:晶体管由传输方程建模,工作条件为室温,$V_T = 25.0$mV。

电路分析:电路中 V_{BE} 受 V_{BB} 控制,V_{BC} 为 V_{BB} 和 V_{CC} 之差:

$$V_{BE} = V_{BB} = 0.75V$$

$$V_{BC} = V_{BB} - V_{CC} = 0.75V - 5.00V = -4.25V$$

将上述电压值及晶体管参数代入式(5.13)得

$$I_C = 10^{-16} A\left[\exp\left(\frac{0.75V}{0.025V}\right) - \exp\left(\frac{-4.75V}{0.025V}\right)^{\nearrow 0}\right] - \frac{10^{-16}}{1} A\left[\exp\left(\frac{-4.75V}{0.025V}\right)^{\nearrow 0} - 1\right]$$

$$I_E = 10^{-16} A\left[\exp\left(\frac{0.75V}{0.025V}\right) - \exp\left(\frac{-4.75V}{0.025V}\right)^{\nearrow 0}\right] + \frac{10^{-16}}{50} A\left[\exp\left(\frac{0.75V}{0.025V}\right) - 1\right]$$

$$I_B = \frac{10^{-16}}{50} A\left[\exp\left(\frac{0.75V}{0.025V}\right) - 1\right] + \frac{10^{-16}}{1} A\left[\exp\left(\frac{-4.75V}{0.025V}\right)^{\nearrow 0} - 1\right]$$

计算方程可得

$$I_C = 1.07mA \quad I_E = 1.09mA \quad I_B = 21.4\mu A$$

结果检查:根据 KCL 定律,将晶体管看作广义节点,可知集电极和基极电流之和等于发射极电流。晶体管端电流的范围从几微安到几毫安,这对大部分晶体管来说是合理的。

讨论：需要注意的是，在图 5.5 中的集电结反偏，因此包含 V_{BC} 的项很小，可以忽略不计。本例中，晶体管工作在正向有源区，因此：

$$\beta_F = \frac{I_C}{I_B} = \frac{1.07\text{mA}}{0.0214\text{mA}} = 50 \quad 和 \quad \alpha_F = \frac{I_C}{I_E} = \frac{1.07\text{mA}}{1.09\text{mA}} = 0.982$$

练习：若 $I_S = 10^{-15}\text{A}$，$\beta_F = 100$，$\beta_R = 0.50$，$V_{BE} = 0.70\text{V}$ 和 $V_{CC} = 10\text{V}$，求例 5.1 中的相关电流值。

答案：$I_C = 1.45\text{mA}$，$I_E = 1.46\text{mA}$，$I_B = 14.5\mu A$。

在 5.5～5.11 节中，我们将给出晶体管 4 种不同的工作区的完整定义及每个工作区的简化模型。下面研究 pnp 晶体管的传输模型，方法与 npn 晶体管类似。

5.3 pnp 晶体管

第 4 章中讲到，在 MOS 结构中只需简单交换 n 型区和 p 型区便可以实现 NMOS 和 PMOS 的转换。对于双极型晶体管来说也具有这样的特性，与 npn 晶体管类似，也可以方便地制作出 pnp 晶体管。

如图 5.6 所示，将 npn 晶体管的各区掺杂类型取反，就得到 pnp 晶体管。图 5.6 中发射极在上，本书中多数电路图采用这种形式，图中箭头表示 pnp 晶体管中正电流的方向。两个 pn 结上施加的电压分别为发射极-基极电压 V_{EB} 和集电极-基极电压 V_{CB}，当相应的 pn 结正偏时，这两个电压为正。集电极电流 i_C 和基极电流 i_B 流出晶体管，发射极电流 i_E 流入晶体管。pnp 晶体管的电路符号如图 5.6(b) 所示，箭头用于标识 pnp 晶体管的发射极，指向发射极电流的方向。

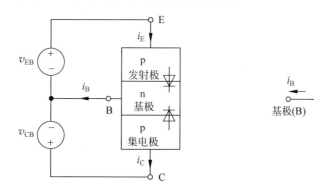

(a) 常规偏置条件下的理想pnp晶体管结构　　　　(b) pnp晶体管的电路符号

图 5.6 pnp 晶体管模型结构

与 npn 晶体管一样，将晶体管内部各电流相加，可以得到描述 pnp 晶体管静态 I-V 特性的方程。如图 5.7(a) 所示，在发射极-基极施加电压 V_{EB}，集电极-基极电压为零。发射极-基极电压形成正向传输电流 i_F，穿过窄基区，基极电流 i_B 穿过晶体管的发射结。

$$i_C = i_F = I_S \left[\exp\left(\frac{v_{EB}}{V_T}\right) - 1 \right] \quad i_B = \frac{i_F}{\beta_F} = \frac{I_S}{\beta_F} \left[\exp\left(\frac{v_{EB}}{V_T}\right) - 1 \right]$$

$$i_E = i_C + i_B = I_S \left(1 + \frac{1}{\beta_F} \right) \left[\exp\left(\frac{v_{EB}}{V_T}\right) - 1 \right] \tag{5.15}$$

在图 5.7(b) 中，在集电结施加电压 v_{CB}，发射结电压为零。集电极-基极电压形成反向传输电流 i_R 和基极电流 i_B。

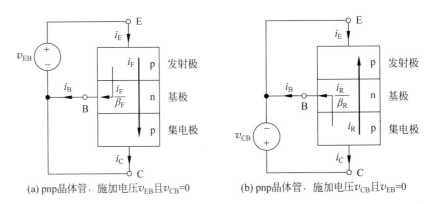

(a) pnp晶体管，施加电压v_{EB}且$v_{CB}=0$ (b) pnp晶体管，施加电压v_{CB}且$v_{EB}=0$

图5.7   pnp 晶体管施电电压分析

$$-i_E = i_R = I_S\left[\exp\left(\frac{v_{CB}}{V_T}\right)-1\right] \qquad i_B = \frac{i_R}{\beta_R} = \frac{I_S}{\beta_R}\left[\exp\left(\frac{v_{CB}}{V_T}\right)-1\right]$$

$$i_C = -I_S\left(1+\frac{1}{\beta_R}\right)\left[\exp\left(\frac{v_{CB}}{V_T}\right)-1\right] \tag{5.16}$$

其中，集电极电流为 $i_C = i_E - i_B$。

对于图 5.6 所示的通常偏置情况，由式(5.15)和式(5.16)可得晶体管总的集电极电流、发射极电流和基极电流为

$$i_C = I_S\left[\exp\left(\frac{v_{EB}}{V_T}\right)-\exp\left(\frac{v_{CB}}{V_T}\right)\right]-\frac{I_S}{\beta_R}\left[\exp\left(\frac{v_{CB}}{V_T}\right)-1\right]$$

$$i_E = I_S\left[\exp\left(\frac{v_{EB}}{V_T}\right)-\exp\left(\frac{v_{CB}}{V_T}\right)\right]+\frac{I_S}{\beta_F}\left[\exp\left(\frac{v_{EB}}{V_T}\right)-1\right] \tag{5.17}$$

$$i_B = \frac{I_S}{\beta_F}\left[\exp\left(\frac{v_{EB}}{V_T}\right)-1\right]+\frac{I_S}{\beta_R}\left[\exp\left(\frac{v_{CB}}{V_T}\right)-1\right]$$

这 3 个方程是 pnp 晶体管的简化 Gummel-Poon 方程，也用作 pnp 晶体管的传输方程，可以将 pnp 晶体管任意偏置条件下的端电压与电流联系起来。这些方程与 npn 的方程相同，只是用 v_{EB} 和 v_{CB} 分别代替了 v_{BE} 和 v_{BC}。为了说明效果，我们对图 5.2 和图 5.6 正电流方向进行了选择。

练习：已知 pnp 晶体管中，若 $I_S = 10^{-16}$A，$\beta_F = 75$，$\beta_R = 0.40$，$V_{EB} = 0.75$V 和 $V_{CB} = +0.70$V，求 I_C、I_E 和 I_B 的值。

答案：$I_C = 0.563$mA，$I_E = 0.938$mA，$I_B = 0.376$mA。

5.4   晶体管传输模型的等效电路

在电路模拟及手工分析中，npn 和 pnp 晶体管的传输模型方程可分别用图 5.8(a)和(b)所示的等效电路表示。在图 5.8(a)的 npn 模型中，穿过基区的总传输电流 i_T 由 I_S、v_{BE} 和 v_{BC} 决定，电流 i_T 的方程为

$$i_T = i_F - i_R = I_S\left[\exp\left(\frac{v_{BE}}{V_T}\right)-\exp\left(\frac{v_{BC}}{V_T}\right)\right] \tag{5.18}$$

二极管基极电流具有两个分量：

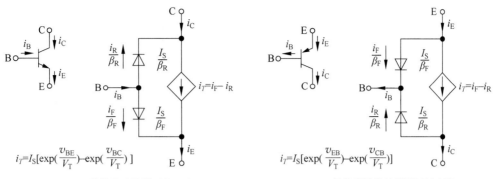

(a) npn晶体管的传输模型等效电路   (b) pnp晶体管的传输模型等效电路

图 5.8 晶体管传输模型等效电路

$$i_{\mathrm{B}} = \frac{I_{\mathrm{S}}}{\beta_{\mathrm{F}}}\left[\exp\left(\frac{v_{\mathrm{BE}}}{V_{\mathrm{T}}}\right)-1\right] + \frac{I_{\mathrm{S}}}{\beta_{\mathrm{R}}}\left[\exp\left(\frac{v_{\mathrm{BC}}}{V_{\mathrm{T}}}\right)-1\right] \tag{5.19}$$

这里的分析过程也适用于图 5.8(b)pnp 电路模型中的电路器件。

练习：已知 pnp 晶体管的 $I_{\mathrm{S}} = 10^{-15}\mathrm{A}$，$V_{\mathrm{BE}} = 0.75\mathrm{V}$ 和 $V_{\mathrm{BC}} = -2.0\mathrm{V}$，计算 i_{T}。

答案：10.7mA。

练习：求例 5.1 中晶体管的直流传输电流 I_{T}。

答案：$I_{\mathrm{T}} = 1.07\mathrm{mA}$。

5.5 双极型晶体管的 *I-V* 特性

输出特性和传递特性是 BJT 晶体管 *I-V* 特性的两种描述方式,两者具有互补性(在第 4 章中介绍了 FET 的类似特性)。输出特性表示集电极电流与集电极-发射极电压或者集电极-基极电压之间的关系,而传输特性描述的是集电极电流与基极-发射极电压之间的关系。理解这两个 *I-V* 特性是理解晶体管行为的基础。

5.5.1 输出特性

共发射极输出特性(Common-emitter output characteristics)的测量或模拟电路如图 5.9 所示。在该电路中,晶体管的基极由恒流源驱动。对于 npn 晶体管来说,基极电流 i_{B} 作为参数,输出特性表示的是 npn 晶体管的 i_{C} 与 v_{CE} 的关系曲线(对于 pnp 晶体管来说,是 i_{C} 与 v_{EC} 的关系),请注意,通过 Q 点 $(I_{\mathrm{C}}, V_{\mathrm{CE}})$ 或 $(I_{\mathrm{C}}, V_{\mathrm{EC}})$ 可以在输出特性上确定 BJT 工作点。

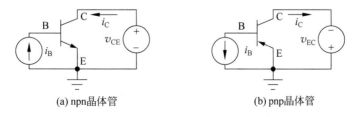

(a) npn晶体管   (b) pnp晶体管

图 5.9 确定共发射极输出特性的电路

首先,考虑 npn 晶体管工作在 $V_{CE} \geqslant 0$ 时,如图 5.10 中第一象限所示。当 $i_B = 0$ 时,晶体管不导通或者截止。当 i_B 增大到大于 0 时,i_C 也随之增大。当 $V_{CE} \geqslant V_{BE}$ 时,npn 晶体管工作在正向有源区,集电极电流与 V_{CE} 无关,等于 $\beta_F i_B$,验证了前面讲到在正向有源区 $i_C \approx \beta_F i_B$。当 $v_{CE} \leqslant v_{BE}$ 时,npn 晶体管工作在饱和区(Saturation region),集电极和发射极之间的总电压很小。

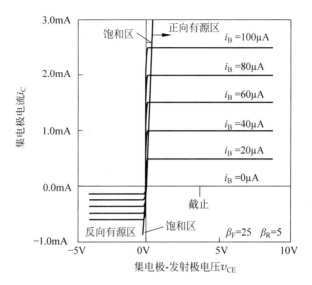

图 5.10 双极型晶体管的共发射极输出特性(对 npn 晶体管而言是 i_C 与 V_{CE} 关系曲线,对 pnp 晶体管而言是 i_C 与 V_{EC} 的关系曲线)

重要的是要注意,BJT 的饱和区与 FET 的饱和区不同。BJT 的正向有源区(或者只是有源区)对应于 FET 的饱和区。晶体管用作放大器时用得最多的就是有源区。

在第三象限,$V_{CE} \leqslant 0$,集电极和发射极的作用相反。当 $V_{BE} \leqslant V_{CE} \leqslant 0$ 时,晶体管仍然处于饱和状态。当 $V_{CE} \leqslant V_{BE}$ 时,晶体管进入反向有源区(Reverse-active region),I-V 特性与 V_{CE} 无关,此时 $i_C \approx -(\beta_R + 1) i_B$。针对相对较大的反向共发射极电流增益值($\beta_R = 5$)绘制了反向有源区曲线,以增强其可见性。如前所述,反向电流增益 β_R 通常小于 1。

图 5.9(b)给出了 pnp 晶体管的极性,由此得出的输出特性与图 5.10 所示相同,只是水平坐标电压变为 V_{BC}。需要注意的是,$i_B > 0$ 和 $i_C > 0$ 分别对应于流出基极和集电极的电流。

5.5.2 传输特性

BJT 的共发射极传输特性表示的是发射极电流和基极-发射极电压之间的关系。图 5.11 所示的是 npn 晶体管的传输特性,图中 $V_{BC} = 0$,坐标轴分别为线性和半对数坐标轴。实际上,传输特性与 pn 结二极管相同,在发射极电流表达式(5.13)中令 $V_{BC} = 0$ 得到

$$i_C = I_S \left[\exp\left(\frac{v_{BE}}{V_T}\right) - 1 \right] \tag{5.20}$$

由于式(5.20)描述的是指数关系,所以半对数曲线与 pn 结二极管曲线斜率相同。V_{BC} 只需要变化 60mV 就可以将集电极电流增大 10 倍。与硅二极管类似,集电极电流一定时,硅 BJT 的基极-发射极电压具有 -1.8mV/℃ 的温度系数(参见 3.5 节)。

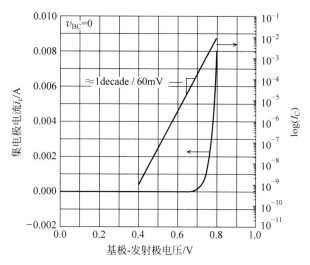

图 5.11 npn 晶体管正向有源区传输特性

练习：室温时 npn 晶体管 $I_S = 10^{-16}$ A，分别求 $I_C = 100\mu$A 和 $I_C = 1$mA 时的基极-发射极电压。

答案：0.691V；0.748V。

5.6 双极型晶体管的工作区

双极型晶体管中，由于每个 pn 结都有正偏和反偏两种状态，因此一共有 4 种可能的工作区，如表 5.2 所示。工作点确定晶体管的工作区域，工作点由任意两个极电压或极电流决定。晶体管 4 个工作区的特性各不相同，为了简化电路分析过程，需要合理假设晶体管所处的工作区。

当两个结都反向偏置时，晶体管截止（处于截止区），可以看作断开的开关。如果两个结都正向偏置，晶体管工作在饱和区，可以看作闭合的开关。截止和饱和（参见表 5.2）常用于表示二进制逻辑电路的两种状态。

表 5.2 双极型晶体管的工作区

基极-发射极结	基极-集电极结	
	反向偏置	正向偏置
正向偏置	正向有源区 好放大器	饱和区 开关闭合
反向偏置	截止区 开关断开	反向有源区 差放大器

＊需要指出的是，双极型晶体管的饱和区并不同于 FET 的饱和区，采用这一术语是出于历史原因，所以必须要接受这一现象。

BJT 晶体管工作在正向有源区（Forward-active region，在英文中有时也称作 Normal-active region 或 Active region）时，发射结正偏，集电结反偏，可以提供大的电流、电压和功率增益。正向有源区一般用来提供高质量放大能力。另外，发射极耦合逻辑是最快的双极型逻辑形式，晶体管可以在截止区和正向有源区之间快速转换。

晶体管工作在反向有源区(Reverse-active region,在英文中有时也称作 Inverse-active region)时,发射结反偏,集电结正偏,电流增益小,使用较少。在模拟开关应用中有时会用到双极型晶体管工作在反向工作区的情况。

传输方程用于描述双极型晶体管的行为,对于端电压和电流可以做任意的组合。然而,式(5.13)和式(5.17)中的完整方程组的设置非常复杂。在接下来的几节中,将利用每个工作区的偏置条件获得各工作区简化的关系式。对于 BJT 而言,npn 的 Q 点为(i_C, V_{CE}),pnp 的 Q 点为(i_C, V_{EC})。

练习:求晶体管处于下列条件时所在的工作区。(a)对于 pnp 晶体管,$V_{BE} = 0.75V$,$V_{BC} = -0.7V$;(b)对于 pnp 晶体管,$V_{CB} = 0.70V$,$V_{EB} = 0.75V$。

答案:正向有源区;饱和区。

5.7 传输模型的化简

5.2 节和 5.3 节中给出了晶体管的完整传输模型,描述了端电压和端电流任意组合情况下 npn 和 pnp 晶体管的行为,是 SPICE 电路仿真所用模型的基础,但是这些方程看起来十分烦琐。本节将研究传输模型的简化形式,对表 5.2 中的每个工作区化简传输模型的表达式。

5.7.1 截止区的简化模型

最容易理解的区域是截止区域,晶体管处于截止区时,两个结都是反向偏置的。对于 npn 晶体管来说,当晶体管处于截止区时,$v_{BE} \leq 0$,$v_{BC} \leq 0$,进一步假设:

$$v_{BE} < -4\frac{kT}{q} \quad 和 \quad v_{BC} < -4\frac{kT}{a} \quad 其中 \quad -4\frac{kT}{q} = -0.1V$$

因此式(5.13)中的指数项可以忽略不计,得到截止区 npn 端电流的简化形式,如下面的方程所示:

$$i_C = I_S\left[\exp\left(\frac{v_{BE}}{V_T}\right) - \exp\left(\frac{v_{BC}}{V_T}\right)\right] - \frac{I_S}{\beta_R}\left[\exp\left(\frac{v_{BC}}{V_T}\right) - 1\right]$$

$$i_E = I_S\left[\exp\left(\frac{v_{BE}}{V_T}\right) - \exp\left(\frac{v_{BC}}{V_T}\right)\right] + \frac{I_S}{\beta_F}\left[\exp\left(\frac{v_{BE}}{V_T}\right) - 1\right] \qquad (5.21)$$

$$i_B = \frac{I_S}{\beta_F}\left[\exp\left(\frac{v_{BE}}{V_T}\right) - 1\right] + \frac{I_S}{\beta_R}\left[\exp\left(\frac{v_{BC}}{V_T}\right) - 1\right]$$

或

$$i_C = +\frac{I_S}{\beta_R} \quad i_E = -\frac{I_S}{\beta_F} \quad i_B = -\frac{I_S}{\beta_F} - \frac{I_S}{\beta_R}$$

当晶体管工作在截止区时,i_C、i_E 和 i_B 3 个端电流都为常数,且都小于晶体管的饱和电流 I_S。截止区的简化模型如图 5.12(b)所示。晶体管工作在截止区时,3 个端口的反向漏电流很小,一般可以忽略不计,认为电流为零。

晶体管工作在截止区时,一般认为晶体管是处于截止状态的,端电流为零,开路模型如图 5.12(c)所示。截止区表示为一个断开的开关,用作双极型二进制逻辑电路中的一个状态。

例 5.2 晶体管在截止区的偏置

截止区在开关中表示断开的状态,因此有必要理解电流的大小。本例中我们将研究截止状态的电流如何趋近于零。

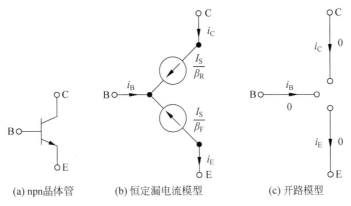

(a) npn晶体管　　(b) 恒定漏电流模型　　(c) 开路模型

图 5.12　工作在截止区的 npn 晶体管建模

问题：利用图 5.13 所示的电路,其中的晶体管处于截止区。利用图 5.12 所示的电流简化模型估算电流值,并与完整传输模型的计算结果进行比较。

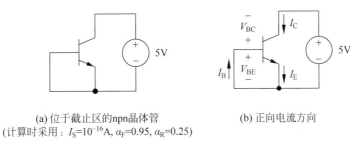

(a) 位于截止区的npn晶体管　　　(b) 正向电流方向
(计算时采用：$I_S = 10^{-16}$A, $\alpha_F = 0.95$, $\alpha_R = 0.25$)

图 5.13　处于截止区的 npn 晶体管示例

解：

已知量：$I_S = 10^{-16}$ A, $\alpha_F = 0.95$, $\alpha_R = 0.25$, $V_{BE} = 0$, $V_{BC} = -5$V

未知量：I_C, I_B, I_E

求解方法：首先利用图 5.12 中的简化模型分析电路,然后利用电压比较计算结果,简化传输方程。

假设：$V_{BE} = 0$V,则包含 V_{BE} 的"二极管"项也为零。$V_{BC} = -5$V,该值远小于 $-4kT/q = -100$mV,因此,可以对晶体管传输模型方程进行化简。

分析：$V_{BE} = 0$ 和 $V_{BC} = -5$V,符合截止区的定义。根据图 5.12(c) 所示的开路模型,则电流 I_C、I_B 和 I_E 都为零。

为了得到更为精确的电流估值,可以利用晶体管传输模型方程。对于图 5.13 所示的电路,基极-发射极电压为零,并且 $V_{BC} \ll 0$。因此,式(5.13)可以化简为

$$I_C = I_S \left(1 + \frac{1}{\beta_R}\right) = \frac{I_S}{\alpha_R} = \frac{10^{-16}\,\text{A}}{0.25} = 4 \times 10^{-16}\,\text{A}$$

$$I_E = I_S = 10^{-16}\,\text{A}$$

$$I_B = -\frac{I_S}{\beta_R} = -\frac{10^{-16}\,\text{A}}{\frac{1}{3}} = -3 \times 10^{-16}\,\text{A}$$

所得电流很小,但不为零。需要注意的是,基极电流不为零,晶体管的发射极和基极都有很小的电流存在。

结果检查: 晶体管作为广义节点时,也满足基尔霍夫电流定律: $i_C + i_B = i_E$。

讨论: $V_{BE} = 0$ 和 $V_{BC} = -5V$ 符合截止区定义。因此,可以预计电流很小从而忽略不计。本例中,我们使用不同的模型,得到精确度不同的电流值[$(i_C, i_E, i_B) = (0, 0, 0)$ 或 $(4 \times 10^{-16} A, 10^{-16} A, -3 \times 10^{-16} A)$]。

练习: 计算图 5.13(a)所示电路的电流值。(a)电压源电压为 10V;(b)使用另外一个电压源将基极发射电压设置为 −3V。

答案: (a)不变; (b)0.300fA, 5.26aA, −0.305fA。

5.7.2 正向有源区的模型简化

毫无疑问,正向有源区是晶体管最重要的工作区,此时发射结正偏,集电结反偏。在正向有源区,晶体管表现出较大的电压增益和电流增益,适用于模拟放大应用。由表 5.2 可见,npn 晶体管工作在正向有源区时,$V_{BE} \geq 0$ 并且 $V_{BC} \leq 0$。在大多数情况下,正向有源区有

$$V_{BE} > 4 \frac{kT}{q} = 0.1V \quad 及 \quad V_{BC} < -4 \frac{kT}{q} = -0.1V$$

我们可以假设 $\exp(-v_{BC}/V_T) \ll 1$,就像在化简式(5.21)中所做的那样。在此依然可以假设 $\exp(v_{BE}/V_T) \gg 1$,则传输方程可以化简为

$$\begin{cases} i_C = I_S \exp\left(\dfrac{v_{BE}}{V_T}\right) + \dfrac{I_S}{\beta_R} \\[2mm] i_E = \dfrac{I_S}{\alpha_F} \exp\left(\dfrac{v_{BE}}{V_T}\right) + \dfrac{I_S}{\beta_F} \\[2mm] i_B = \dfrac{I_S}{\beta_F} \exp\left(\dfrac{v_{BE}}{V_T}\right) - \dfrac{I_S}{\beta_F} - \dfrac{I_S}{\beta_R} \end{cases} \tag{5.22}$$

上式中的指数项一般远大于其他项,忽略其他项,可得正向有源区的 BJT 模型简化形式为

$$i_C = I_S \exp\left(\frac{v_{BE}}{V_T}\right) \quad i_E = \frac{I_S}{\alpha_F} \exp\left(\frac{v_{BE}}{V_T}\right) \quad i_B = \frac{I_S}{\beta_F} \exp\left(\frac{v_{BE}}{V_T}\right) \tag{5.23}$$

显然,在上述等式中,端电流与基极-发射极电压之间呈指数关系。在正向有源区,端电流形式与二极管电流表达式相似,控制电压为基极-发射极电压。电流均与基极-集电极电压 V_{BC} 无关。集电极电流 i_C 可以看作受基极-发射极电压控制的电压控制电流源,而与集电极电压无关。

取式(5.23)中的电流的比值,可得正向有源区的两个重要的关系式。另外,根据 $i_E = i_C + i_B$,可以得到第三个关系式:

$$i_C = \alpha_F I_E, \quad i_C = \beta_F I_B \quad 和 \quad i_E = (\beta_F + 1) I_B \tag{5.24}$$

例 5.3 和例 5.4 中,我们会用到式(5.24)的结果。

设计提示:正向有源区

正向有源区工作点通常用于线性放大器。正向有源区的直流模型非常简单:

$$I_C = \beta_F I_B \quad 和 \quad I_E = (\beta_F + 1) I_B \quad 其中 \quad V_{BE} \approx 0.7V$$

正向有源区要求: $V_{BE} > 0$,并且 $V_{CE} \geq V_{BE}$。

例 5.3 发射极电流偏置的正向有源区

在电路设计中,电流源广泛应用于偏置电路。在图 5.14(a)中,电流源用于设置晶体管中的 Q 点电流。

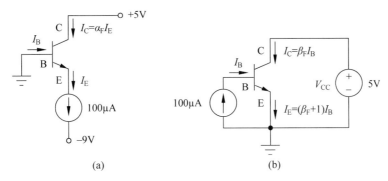

图 5.14　两个工作在正向有源区的 npn 晶体管，假设 $I_S = 10^{-16}$ A，$\alpha_F = 0.95$

问题：图 5.14(a) 中，晶体管由电流源偏置。求晶体管的发射极、基极和集电极电流，以及基极-发射极电压。

解：

已知量：在图 5.14(a) 所示的 npn 晶体管的偏置电路中，$I_S = 10^{-16}$ A，$\alpha_F = 0.95$。由电路可知：$V_{BC} = V_B - V_C = -5$ V，$I_E = +100 \mu$A。

未知量：i_C、I_B、V_{BE}。

求解方法：晶体管工作在正向有源区，利用式(5.23)～式(5.25)可以求得未知电流和电压。

假设：电路工作在室温下，$V_T = 25.0$ mV。

分析：对于给定的电路，可以看到发射极电流受电流源控制，其中 $I_E = +100 \mu$A，电流源使发射结正偏。由式(5.13)中的数学模型也可以看出，发射极电流为正时，基极-发射极电压也必须为正。因此，对于 npn 晶体管工作在正向有源区来说，存在 $V_{BE} > 0$ 和 $V_{BC} < 0$。

由式(5.24)，将 $I_E = +100 \mu$A 代入，可得基极和集电极电流：

$$I_C = \alpha_F I_E = 0.95 \times 100 \mu A = 95 \mu A$$

求解 β_F：

$$\beta_F = \frac{\alpha_F}{1 - \alpha_F} = \frac{0.95}{1 - 0.95} = 19, \quad \beta_F + 1 = 20$$

进而可以求得基极电流：

$$I_B = \frac{I_E}{\beta_F + 1} = \frac{100 \mu A}{20} = 5 \mu A$$

由式(5.23)中的发射极电流表达式可得基极-发射极电压：

$$V_{BE} = V_T \ln \frac{\alpha_F I_E}{I_S} = (0.025 V) \ln \frac{0.95(10^{-4} A)}{10^{-16} A} = 0.690 V$$

结果检查：将晶体管看作广义节点时，满足基尔霍夫电流定律：$i_C + i_B = i_E$。也可以用式(5.23)所示集电极和基极电流方程来检验 V_{BE}。

讨论：晶体管工作在共基极模式，即当 $i_C = \alpha_F i_E$，$\alpha_F \approx 1$ 时，电流源从发射极抽取的大部分电流直接来自集电极。

练习：计算图 5.14(a) 所示电路在下列情况下的电流和基极-发射极电压。(a)电源电压为 10V；(b)晶体管的共发射极电流增益为 50。

答案：(a)与之前计算相同；(b)100μA，1.96μA，98.0μA，0.690V。

例 5.4　基极电流偏置的正向有源区

在图 5.14(b)中,用电流源将晶体管偏置在正向有源区。

问题:图 5.14(b)中,晶体管由基极电流源偏置。计算晶体管的基极和集电极电流,以及基极-发射极和基极-集电极电压。

解:

已知量:图 5.14(b)所示的 npn 晶体管的偏置电路,其中 $I_S = 10^{-16}A$,$\alpha_F = 0.95$。并且由电路可知:$V_C = +5V$,$I_B = +100\mu A$。

未知量:I_C、I_B、V_{BE}、V_{BC}。

求解方法:晶体管工作在正向有源区,利用式(5.23)和式(5.24)可以求得未知电流和电压。

假设:电路工作在室温下,$V_T = 25.0mV$。

分析:由图 5.14(b)可知,基极电流 I_B 受理想电流源控制,$I_B = 100\mu A$。电流从基区流入,从发射区流出,发射结正偏。由式(5.13)中的数学模型也可看出,V_{BE} 和 V_{BC} 为正时,基极电流也为正,但是 $V_{BC} = V_B - V_C = V_{BE} - V_C$。由于基极-发射极二极管电压约为 0.7V,并且 $V_C = 5V$,所以 V_{BC} 为负值(例如,$V_{BC} \approx 0.7 - 5.0 = -4.3V$)。由此可知,$V_{BE} > 0$,$V_{BC} < 0$,这与 npn 晶体管工作在正向有源区一致。将 $I_B = 100\mu A$ 代入式(5.24),可以求得集电极电流和发射极电流:

$$I_C = \beta_F I_B = 19 \times 100\mu A = 1.90mA$$

$$I_E = (\beta_F + 1)I_B = 20 \times 100\mu A = 2.00mA$$

由式(5.23)中的集电极电流表达式,可得基极-发射极电压为

$$V_{BE} = V_T \ln \frac{I_C}{I_S} = (0.025V)\ln \frac{1.9 \times 10^{-3}A}{10^{-16}A} = 0.764V$$

$$V_{BC} = V_B - V_C = V_{BE} - V_C = 0.764 - 5 = -4.24V$$

结果检查:晶体管用作广义节点时,满足基尔霍夫电流定律:$i_C + i_B = i_E$。也可以用式(5.23)所示的集电极和基极电流方程来检验 V_{BE}。计算得到的 V_{BE} 和 V_{BC} 的数值与晶体管工作在正向有源区一致。

讨论:电流源注入基极时,电流得到巨大的放大,如图 5.14(b)所示。这个情况与图 5.14(a)正好相反。

练习:计算图 5.14(b)中电路在下列情况下的电流和基极-发射极电压。(a)电压源为 10V;(b)晶体管共发射极电流增益为 50。

答案:(a)与之前计算相同;(b)5.00mA,100μA,5.10mA,0.789V,-4.21V。

练习:计算图 5.14(b)中晶体管工作在正向有源区时 V_{CC} 的最小值。

答案:$V_{BE} = 0.764V$。

正如例 5.3 和例 5.4 说明的一样,当晶体管工作在正向有源区时,常用式(5.24)简化电路分析,但是值得注意的是,式(5.24)只适用于正向有源区。

BJT 晶体管常被看作电流控制器件,但是从式(5.23)可见,BJT 工作在正向有源区的基本物理行为是压控电流源,是非线性的。晶体管实际上并不需要基极电流,基极电流的作用仅仅是使晶体管工作。理想 BJT 的 β_F 无限大,基极电流为零,集电极和发射极电流相同,就像 FET 一样(但是很遗憾,无法制作出这样的 BJT 晶体管)。

由式(5.23)可得正向有源区简化电路模型,如图 5.15 所示。基极-发射极二极管中的电流由共发射极电流增益 β_F 倍后,由集电极流出。基极和集电极电流与基极-发射极电压成指数关系。由于基极-

发射极二极管在正向有源区正向偏置,因此图 5.15(b)所示的晶体管模型可以进一步简化为图 5.15(c)所示的晶体管模型,其中二极管由其 CVD 恒压降模型代替,此时 $V_{BE}=0.7V$。基极和发射极直流电压相差 0.7V,这也是在正向有源区的二极管压降值。

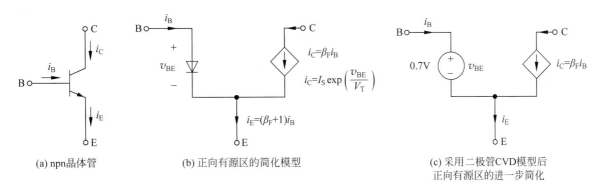

(a) npn晶体管   (b) 正向有源区的简化模型   (c) 采用二极管CVD模型后
                                              正向有源区的进一步简化

图 5.15　晶体管模型的化简

例 5.5　采用双电源的正向有源区偏置

模拟电路通常由一对正负电源供电,以便采用双极性输入和输出信号。图 5.16 所示的电路提供了一种可能的电路配置,其中用电阻 R 和 $-9V$ 电源代替了图 5.14(a)中使用的电流源,增加了集电极电阻 R_C 以降低集电极-发射极电压。

问题:求图 5.16 所示电路中晶体管的 Q 点。

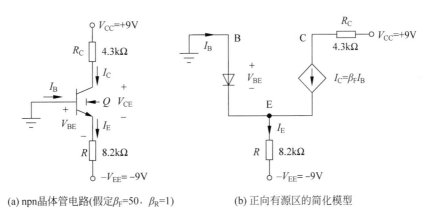

(a) npn晶体管电路(假定$\beta_F=50$,$\beta_R=1$)   (b) 正向有源区的简化模型

图 5.16　采用双电源的正向有源区偏置示例电路

解:
已知量:图 5.16 所示的 npn 晶体管,其中 $\beta_F=50$,$\beta_R=1$。
未知量:Q 点(i_C,V_{CE})。
求解方法:电路中,基极-集电极结在 9V 电源下反偏,在电阻和 $-9V$ 电源的作用下,电流从发射极流出,并且使基极-发射极结正偏,因此工作在正向有源区,晶体管应该为正偏。
假设:晶体管工作在正向有源区,因为饱和电流未知,设 $V_{BE}=0.7V$,使用正向有源区简化模型分析图 5.16(b)所示电路。
分析:对基极-发射极环路使用基尔霍夫电压定律,有

$$V_{BE} + 8200I_E - V_{EE} = 0$$

其中，$V_{BE} = 0.7V$，$0.7 + 8200I_E - 9 = 0$，即 $I_E = \dfrac{8.3V}{8200\Omega} = 1.01mA$

在发射极节点，$I_E = (\beta_E + 1)I_B$，因此有

$$I_B = \frac{1.02mA}{50 + 1} = 19.8\mu A$$

$$I_C = \beta_F I_B = 0.990mA$$

则，集电极-发射极电压等于：

$$V_{CE} = V_{CC} - I_C R_C - (-V_{BE}) = 9 - 0.990mA(4.3k\Omega) + 0.7 = 5.44V$$

计算的 Q 点为：$(0.990mA, 5.44V)$

结果检查：包含集电极-发射极电压的输出回路满足 KVL 定律：

$$+9 - V_{BC} - V_{CE} - V_R - (-9) = 9 - 4 - 5.4 - 8.3 + 9 = 0$$

再检查正向有源区假设，$V_{CE} = 5.4V$，大于 $V_{BE} = 0.7V$。同时，$i_C + i_B = i_E$，且电流都为正值。

讨论：在本例所示电路中，使用电阻和 $-9V$ 电源代替图 5.16(a)所示的电流源偏置电路。

计算机辅助分析：SPICE 内建有双极型晶体管的模型，这将在 5.10 节中具体讨论。SPICE 对 npn 晶体管模型的仿真得到 Q 点为$(0.993mA, 5.50V)$，与手工计算结果相符。

练习：(a)例 5.5 中，如果电阻变为 $5.6k\Omega$，重新计算 Q 点；(b)为了使原电路电流近似为 $100\mu A$，电阻值为多少？

答案：(a)$(1.45mA, 3.5V)$；(b) $82k\Omega$。

图 5.17 为图 5.16 所示的晶体管集电极电流与电源电压 V_{CC} 关系的仿真结果。当 $V_{CC} > 0$ 时，集电极-基极结反偏、晶体管处于正向有源区。此时，电路相当于 1mA 理想电流源，其输出电流与电源 V_{CC} 无关，即使 V_{CC} 降至 $-0.5V$ 电路依然近似于电流源。根据表 5.2 的定义，当 $V_{CC} < 0$ 时晶体管饱和，但是除非 $V_{BC} \geq +0.5V$，基极-集电极结导通，晶体管才会进入深度饱和。

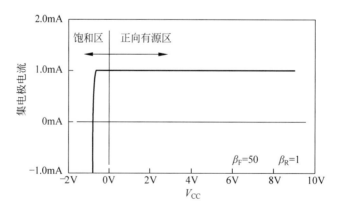

图 5.17　图 5.16(a)电路输出特性的仿真结果

练习：如果图 5.16 所示的 $8.2k\Omega$ 电阻的阻值变为 $5.6k\Omega$，求晶体管三端电流。

答案：$1.48mA, 29.1\mu A, 1.45mA$。

练习：如果图 5.16(a)所示的 $I_S = 5 \times 10^{-16}A$，求 V_{BE} 和 V_{CE}（提示：可以使用迭代方法）。

答案：$0.708V, 5.44V$。

5.7.3　双极型集成电路中的二极管

集成电路中,通常希望二极管与 BJT 的特性尽可能匹配。而且,在集成电路中用于制作二极管的面积与制作完整晶体管的面积几乎相同。因此,通常将双极型晶体管的基极和集电极连接起来构成二极管,如图 5.18 所示。此时 $V_{BC}=0$。

在 BJT 传输模型方程中使用该边界条件,则该"二极管"的终端电流方程为

$$i_D = (i_C + i_B) = \left(I_S + \frac{I_S}{\beta_F}\right)\left[\exp\left(\frac{V_{BE}}{V_T}\right) - 1\right]$$

$$= \frac{I_S}{\alpha_F}\left[\exp\left(\frac{V_D}{V_T}\right) - 1\right]$$

(5.25)

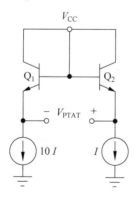

图 5.18　二极管接法晶体管

该终端电流的 I-V 特性与二极管相同,反向饱和电流由 BJT 参数控制。这种方法通常用于模拟和数字电路设计。

练习:在图 5.18 中,如果晶体管的 $I_S = 2 \times 10^{-14}$ A,$\alpha_F = 0.95$,求二极管等效饱和电流。

答案:21fA。

电 子 应 用

双极型晶体管 PTAT 单元

在第 3 章中讲到过 PTAT 单元的二极管输出电压正比于热力学温度。用两个双极型晶体管方便地实现 PTAT 单元,如下图所示。用两个电流源将两个相同的双极型晶体管在正向有源区偏置,其中电流源的电流比为 10 : 1。

Logo © AuburnUniversity

PTAT 电压为

$$V_{PTAT} = V_{E2} - V_{E1} = (V_{CC} - V_{BE2}) - (V_{CC} - V_{BE1}) = V_{BE1} - V_{BE2}$$

$$V_{PTAT} = V_T \ln\left(\frac{10I}{I_S}\right) - V_T \ln\left(\frac{I}{I_S}\right) = \frac{kT}{q}\ln(10)$$

$$\frac{\mathrm{d}V_{PTAT}}{\mathrm{d}T} = \frac{198\mu V}{K}$$

双极型 PTAT 单元电路是电子温度计设计中常用的电路。

5.7.4 反向有源区的简化模型

在反向有源区,发射极和基极的作用与正向有源区相反。基极-集电极二极管正偏,发射结反偏,当 $V_{BE} < -0.1V$ 时,$\exp(V_{BE}/V_T) \ll 1$,就像对式(5.21)进行简化一样。将该近似应用于式(5.13),并忽略相对于指数项的 -1 项,得到反向活动区域的简化方程:将式(5.13)中与指数项相关的 -1 项忽略,得到反向有源区的简化方程:

$$i_C = \frac{I_S}{\alpha_R}\exp\left(\frac{v_{BC}}{V_T}\right) \quad i_E = -I_S\exp\left(\frac{v_{BC}}{V_T}\right) \quad i_B = \frac{I_S}{\beta_R}\exp\left(\frac{v_{BC}}{V_T}\right) \tag{5.26}$$

由上述公式可得电流关系为:$i_E = -\beta_R i_B$ 和 $i_E = \alpha_R i_C$。

由式(5.26)可得反向有源区的简化电路模型,如图 5.19 所示。基极-集电极二极管的基极电流放大 β_R 后流入发射极,放大倍数为反向共射极电流增益。

晶体管工作在反向有源区时,基极-集电极二极管正偏。如果将二极管用 0.7V 的 CVD 模型代替,图 5.19(b)所示的晶体管可以进一步简化为图 5.19(c)所示的模型。在反向有源区,基极和集电极电压仅相差一个二极管 0.7V 的电压降。

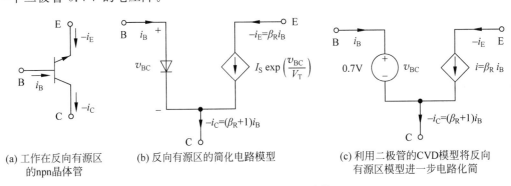

(a) 工作在反向有源区
的npn晶体管　　　　(b) 反向有源区的简化电路模型　　　(c) 利用二极管的CVD模型将反向
　　　　　　　　　　　　　　　　　　　　　　　　　　　　　有源区模型进一步电路化简

图 5.19　反向有源区简化电路模型

例 5.6　反向有源区分析

虽然我们不经常使用反向有源区,但是在实验中还是会经常遇到反向有源区的问题。例如,如果晶体管无意中反向插入,则晶体管将在反向有源区域中工作。从表面上看电路似乎工作正常,但工作得不好,因此有必要学会如何识别这种错误。

问题:将图 5.16 所示的 npn 晶体管的集电极和发射极交换位置(类似于不小心插错了引脚),得到图 5.20 所示的电路,求新电路中晶体管的 Q 点。

解:

已知量:图 5.20 所示的 npn 晶体管,其中 $\beta_F = 50$,$\beta_R = 1$。

未知量:Q 点(I_C, V_{CE})。

求解方法:电路中,电源为 9V($V_{BE} = V_B - V_E = -9V$),发射结反偏。$-9V$ 电压源通过 8.2kΩ 的电阻从集电极获取电流,使基极-集电极结反偏。因此,晶体管工作在反向有源区。

假设:晶体管工作在反向有源区;由于不知道饱和电流值,所以假设 $V_{BC} = 0.7V$;利用反向有源区的简化模型分析图 5.20(b)所示电路。

分析:流出集电极的电流$(-I_C)$等于:

$$(-I_C) = \frac{-0.7V - (-9V)}{8200\Omega} = 1.01\text{mA}$$

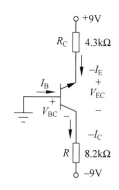
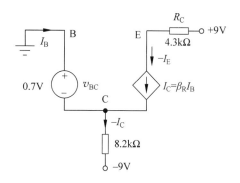

(a) 图5.16电路所示的npn晶体管颠倒之后的电路

(b) 利用反向有源区模型简化后的电路
(电路分析时采用 $\beta_F=50$，$\beta_R=1$)

图 5.20　反向有源区分析示例电路

流过 8.2kΩ 电阻的电流与图 5.16 的电流相同。然而，主要的不同在于基极电流和 +9V 电源。在集电极节点上 $(-I_C)=(\beta_R+1)I_B$，而在发射极节点上 $(-I_E)=\beta_R I_B$，因此：

$$I_B = \frac{1.01\,\mathrm{mA}}{2} = 0.505\,\mathrm{mA}$$

$$-I_E = (1)I_B = 0.505\,\mathrm{mA}$$

$$V_{EC} = 9 - 4300 \times (0.505\,\mathrm{mA}) - (-0.7\mathrm{V}) = 7.5\mathrm{V}$$

结果检查：可以看出，KVL 适用于包含集电极-发射极电压的输出回路：$+9-V_{CE}-V_R-(-9)=9-9.7-8.3+9=0$。另外，$I_C+I_B=I_E$，计算所得电流方向均符合反向有源区假设。最后，$V_{EB}=9-43\mathrm{k}\Omega\times(0.505\mathrm{mA})=6.8\mathrm{V}$，所得到的 $V_{EB}>0$，因此所做的反向有源区假设正确。

讨论：注意，基极电流比预期结果大得多，而如果采用图 5.16 所示的晶体管，流入器件上端的电流则小得多。在复杂电路中，这些电流的显著变化常常会导致晶体管基极和集电极电压的变化。

计算机辅助分析：在晶体管分析中，内建 SPICE 模型适用于任何工作区，利用默认模型得到的模拟结果与手工计算结果类似。

设计提示：反向有源区特性

需要注意的是，在图 5.16 中，反向有源区电流与正向有源区电流差别很大。利用这些差别，在实验室调试电路时，可以发现未正确插入面包板的晶体管。

练习：在图 5.20 中，电阻值变为 5.6kΩ，求晶体管的三端电流。

答案：1.48mA，0.741mA，0.741mA。

5.7.5　饱和区模型

饱和区是分析晶体管工作区的最后一个，晶体管工作在饱和区时，两个结都是正向偏置的，晶体管的集电极和发射极之间电压很小。在饱和区，直流电压 v_{CE} 称为晶体管的饱和电压：对 npn 晶体管记为 v_{CESAT}，对 pnp 晶体管则记为 v_{ECSAT}。

为了确定 v_{CESAT} 的表达式，我们假设两个结构均正偏，则式(5.13)中的 I_B 和 I_C 近似为

$$i_C = I_S \exp\left(\frac{v_{BE}}{V_T}\right) - \frac{I_S}{\alpha_R}\exp\left(\frac{v_{BC}}{V_T}\right)$$

$$i_B = \frac{I_S}{\beta_F}\exp\left(\frac{v_{BE}}{V_T}\right) + \frac{I_S}{\beta_R}\exp\left(\frac{v_{BC}}{V_T}\right) \tag{5.27}$$

使用 $\beta_R = \alpha_R/(1-\alpha_R)$ 同时求解这些方程,可得基极-发射极和基极-集电极电压的表达式为

$$v_{BE} = V_T\ln\frac{i_B + (1-\alpha_R)i_C}{I_S\left[\frac{1}{\beta_F} + (1-\alpha_R)\right]}, \quad v_{BC} = V_T\ln\frac{i_B - \frac{i_C}{\beta_F}}{I_S\left[\frac{1}{\alpha_R}\right]\left[\frac{1}{\beta_F} + (1-\alpha_R)\right]} \tag{5.28}$$

对图 5.21 所示的晶体管应用 KVL 定律,可得晶体管集电极-发射电压为 $v_{CE} = v_{BE} - v_{BC}$,将式(5.28)的结果代入该方程,可得 npn 晶体管的饱和区电压方程为

$$v_{CESAT} = V_T\ln\left[\left(\frac{1}{\alpha_R}\right)\frac{1 + \frac{i_C}{(\beta_R + 1)i_B}}{1 - \frac{i_C}{\beta_F i_B}}\right], \quad 当\ i_B > \frac{i_C}{\beta_F}\ 时 \tag{5.29}$$

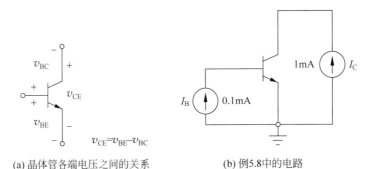

(a) 晶体管各端电压之间的关系　　　　(b) 例5.8中的电路

图 5.21　晶体管应用 KVL 定律

该式在数字开关电路设计中十分有用。对于给定的集电极电流,可以利用式(5.29)确定得到 v_{CESAT} 所需的基极电流。

注意,式(5.29)只适用于 $i_B > i_C/\beta_F$ 的情况,可用于定义晶体管工作在饱和区。比值 i_C/β_F 表示晶体管工作在正向有源区所需的基极电流。如果基极电流超过正向有源区所需电流值,晶体管将进入饱和区。实际的 i_C/i_B 值通常称为晶体管的 forced-beta 值,即 β_{FOR},并且有 $\beta_{FOR} \le \beta_F$。

例 5.7　饱和电压计算

BJT 的饱和电压在很多开关电路中很重要,包括逻辑电路及供电电路等。本例中确定 $\beta_{FOR} = 10$ 时的饱和电压值。

问题: npn 晶体管的 $i_C = 1\text{mA}, i_B = 0.1\text{mA}, \beta_F = 50, \beta_R = 1$。计算晶体管的饱和电压。

解:

已知量: npn 晶体管的 $i_C = 1\text{mA}, i_B = 0.1\text{mA}, \beta_F = 50, \beta_R = 1$。

未知量: 晶体管的集电极-发射极电压。

求解方法: 由于 $I_C/I_B = 10 < \beta_F$,晶体管确实工作在饱和区。因此利用式(5.29)求出饱和电压。

假设: 在室温下,$V_T = 0.025\text{mV}$。

分析: 利用 $\alpha_R = \frac{\beta_R}{\beta_R + 1} = 0.5$ 和 $I_C/I_B = 10$,得

$$v_{\mathrm{CESAT}} = (0.025\mathrm{V})\ln\left[\left(\frac{1}{0.5}\right)\frac{1+\dfrac{1\mathrm{mA}}{2(0.1)\mathrm{mA}}}{1-\dfrac{1\mathrm{mA}}{50(0.1\mathrm{mA})}}\right] = 0.068\mathrm{V}$$

结果检查：饱和电压几乎为零，计算结果合理。

讨论：本例中可以看出 v_{CE} 的值确实很小。但即使 $I_{\mathrm{C}}=0$ 时，v_{CE} 的值也不为零（参见习题 5.56）。由于正向电流增益和反向电流增益存在不对称性，所以两个 pn 结上的正向电压不可能达到完全相等。BJT 存在很小的电压差异，这是其与 MOSFET 的重要区别。而对于 MOSFET 来说，当 MOSFET 的漏电流为零时，其漏极和源极之间电压为零。

计算机辅助分析：为了模拟本例的工作情况，可以用一个电流源驱动 BJT 的基极，用第二个电流源驱动集电极，但在实际应用中，很少用这种方式向集电极注入电流。用 SPICE 仿真电路可得 $v_{\mathrm{CESAT}}=0.070\mathrm{V}$。SPICE 的默认温度为 27℃，$V_{\mathrm{T}}$ 的微小差异使得 SPICE 仿真结果与手算结果之间存在差异。

练习：例 5.7 中，如果基极电流减小为 $40\mu\mathrm{A}$，求饱和电压。

答案：99.7mV。

练习：在例 5.7 中，如果 $I_{\mathrm{S}}=10^{-15}\mathrm{A}$，利用式(5.28)，求晶体管的 v_{BESAT} 和 v_{BCSAT}。

答案：0.694V，0.627V。

图 5.22 是饱和区晶体管的简化模型，假设两个二极管都是正向偏置并用其导通电压代替。两个二极管处于饱和区时的正向电压一般大于工作在正向有源区时的电压。根据图 5.22 可知，$v_{\mathrm{BESAT}}=0.75\mathrm{V}$，$v_{\mathrm{BCSAT}}=0.7\mathrm{V}$，$v_{\mathrm{CESAT}}=50\mathrm{mV}$。工作在饱和区时，终端电流由外部电路元器件决定，除了 $I_{\mathrm{C}}+I_{\mathrm{B}}=I_{\mathrm{E}}$ 之外，I_{C}、I_{B} 和 I_{E} 之间不再有简单的关系存在。

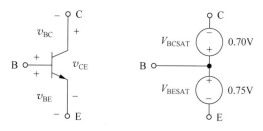

图 5.22 饱和区 npn 晶体管的简化模型

电 子 应 用

光隔离器

下图给出的光隔离器的原理图展示了一个非常有用的电路，其工作原理近似于单个晶体管，但在其输入和输出端之间提供了非常高的击穿电压，而电容很小。输入电流 i_{IN} 驱动发光二极管（LED），其输出光照作用于 npn 晶体管的基区。注入的光子能量使晶体管基极产生空穴电子对。空穴的运动形成基极电流，被晶体管以 β_{F} 的电流增益放大，而电子流最终将成为集电极电流的一部分。

光隔离器的输出特性曲线与图 5.10 所示的工作在有源区的 BJT 的输出特性曲线非常相似。然而，在硅中，光子向空穴电子对的转化效率不是很高，因此光隔离器的电流传输比 $\beta_{\mathrm{F}}=i_{\mathrm{O}}/i_{\mathrm{IN}}$ 通常仅

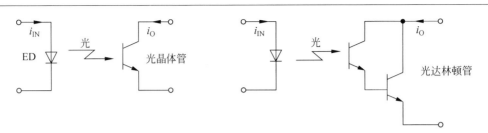

为 1 左右。通常用两个晶体管构成"达林顿连接"结构来提高光隔离器的整体增益。在这种情况下，第二级晶体管的电流增益将增大输出电流。

这种器件可以提供超过 1000V 的隔离直流电压，该电压隔离能力只受引脚之间的距离及器件所在电路板的限制。另外，交流隔离性能主要受输入和输出引脚之间寄生电容的限制，寄生电容通常在皮法的范围。

5.8 双极型晶体管的非理想特性

与其他器件相似，BJT 的特性在许多方面与理想数学模型存在偏差。双极型晶体管的发射极-基极二极管和集电极-基极二极管的反向击穿电压有限(参见 3.6.2 节)，因此在选择晶体管或电路的电源时必须仔细考虑。二极管也存在电容，限制了晶体管的高频响应。另外，半导体材料中的空穴和电子速率有限，因此，载流子从发射极移动到集电极需要时间，并且该时间延迟限制了双极型晶体管的最高工作频率。最后，BJT 的输出特性表现出与集电极-发射极电压的相关性，类似于 MOS 晶体管的沟道长度调制效应(参见 4.2.7 节)。本节将详细讲解每个限制条件。

5.8.1 结击穿电压

双极型晶体管由两个背靠背的二极管构成，每个二极管都具有自身的齐纳击穿电压。如果 pn 结两端的反向电压很大，二极管将发生击穿。在图 5.1 所示的晶体管结构中，发射区掺杂最重，集电区掺杂最轻。掺杂差异使得两个结的击穿电压大小不同，基极-发射极二极管的击穿电压较低，一般为 3～10V，而集电极-基极二极管的击穿电压则大得多，可以高达几百伏[1]。

在选择晶体管时，所选择的晶体管的击穿电压应该与电路可能出现的反向电压相当。例如，在正向有源区中，集电结反偏，因此晶体管不会被击穿。而在截止区，两个结均反偏，发射结击穿电压较低，因此电路反偏电压不能超过发射结击穿电压。

5.8.2 基区的少数载流子传输

BJT 的电流主要由穿过基区的少数载流子的传输决定。图 5.25 所示的 npn 晶体管，传输电流 i_T 由穿过基极的少数载流子扩散产生。npn 晶体管中为电子，pnp 晶体管中为空穴。基区电流 i_B 包括三部分，除了注入发射极和集电极的空穴外，还有一小部分 i_{REC} 是用来补充与基区电子复合的空穴。这三部分基区电流分量如图 5.23(a)所示。

---

[1] 特殊设计的功率管可以具有 1000V 的击穿电压。

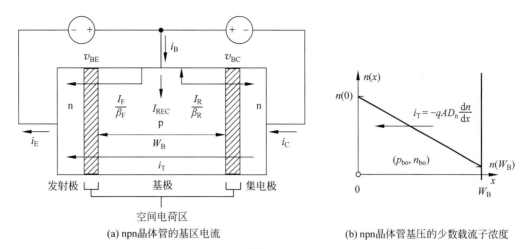

(a) npn晶体管的基区电流　　　　　　　　(b) npn晶体管基压的少数载流子浓度

图 5.23　npn 晶体管基区电流示意图

应用载流子扩散和基极-发射极电压，以及基极-集电极电压的相关知识，可以求得传输电流 i_T 的表达式。由器件物理学的相关知识（超出本书的范围）可以看出，施加到发射结和集电极结的电压通过以下关系定义了基区两端的少数载流子浓度：

$$n(0) = n_{bo} \exp\left(\frac{V_{BE}}{V_T}\right) \quad 和 \quad n(W_B) = n_{bo} \exp\left(\frac{V_{BC}}{V_T}\right) \tag{5.30}$$

其中，n_{bo} 为 p 型基区的平衡电子浓度。

结电压使得基区两侧存在少数载流子浓度梯度，如图 5.23(b)所示。由于基区很窄，少数载流子浓度在基区两侧急剧下降，由式(2.14)的扩散电流表示式可以求得基区的扩散电流：

$$i_T = -qAD_n \frac{dn}{dx} = +qAD_n \frac{n_{bo}}{W_B}\left[\exp\left(\frac{v_{BE}}{V_T}\right) - \exp\left(\frac{v_{BC}}{V_T}\right)\right] \tag{5.31}$$

其中，A 为基区横截面面积，W_B 为基区宽度(Base width)。由于载流子梯度为负值，因此电子电流沿 x 负方向流出发射极（与正的 i_T 方向相同）。

比较式(5.31)和式(5.18)，可得双极型晶体管饱和电流为

$$I_S = qAD_n \frac{n_{bo}}{W_B} = \frac{qAD_n n_i^2}{N_{AB} W_B} \tag{5.32a}$$

其中，N_{AB} 为晶体管基区掺杂浓度；n_i 为本征载流子浓度($10^{10}/cm^3$)，$n_{bo} = n_i^2 / N_{AB}$，参见式(2.12)。

类似地，对于 pnp 晶体管来说，其饱和电流表达式为

$$I_S = qAD_P \frac{p_{bo}}{W_B} = \frac{qAD_p n_i^2}{N_{DB} W_B} \tag{5.32b}$$

第 2 章中讲到，电子的迁移率大于空穴的迁移率($\mu_n > \mu_p$)，而扩散系数为 $D = (kT/q)/\mu$。由式(5.33)可见，外加电压一定时，npn 晶体管的导通电流大于 pnp 晶体管的导通电流。

练习：(a)已知 $\mu_n = 500 cm^2/V \cdot s$，求室温时的 D_n；(b)已知晶体管的参数 $A \approx 50 \mu m^2$，$W = 1 \mu m$，$D_n = 12.5 cm^2/s$，$N_{AB} = 10^{18}/cm^3$。求饱和电流。

答案：$12.5 cm^2/s$；$10^{-18} A$。

5.8.3　基区传输时间

少数载流子电荷进入基区，形成图 5.23(b)所示的载流子浓度梯度，晶体管才能导通。正向传输时

间(Forward transit time)τ_F 是与基区存储电荷 Q 有关的时间常数,表达式为

$$\tau_F = \frac{Q}{I_T} \tag{5.33}$$

npn 晶体管工作在正向有源区时,$V_{BE} > 0$,$V_{BC} = 0$,其中基区如图 5.24 所示。三角形下的面积表示存在扩散电流时,基区存储的过剩少数载流子电荷。将图 5.24 所示的数据代入式(5.30),得

$$Q = qA\left[n(0) - n_{bo}\right]\frac{W_B}{2} = qAn_{bo}\left[\exp\left(\frac{v_{BE}}{V_T}\right) - 1\right]\frac{W_B}{2} \tag{5.34}$$

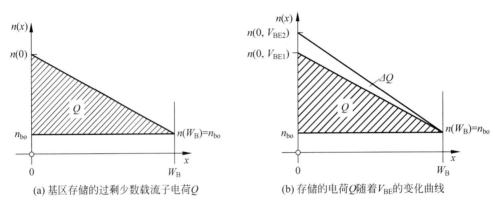

(a) 基区存储的过剩少数载流子电荷Q (b) 存储的电荷Q随着V_{BE}的变化曲线

图 5.24   npn 晶体管工作在正向有源区时基区存储电荷情况

对于图 5.24(a)所示的情况,有

$$i_T = \frac{qAD_n}{W_B}n_{bo}\left[\exp\left(\frac{v_{BE}}{V_T}\right) - 1\right] \tag{5.35}$$

将式(5.34)和式(5.35)代入式(5.33),可得 npn 晶体管正向传输时间为

$$\tau_F = \frac{W_B^2}{2D_n} = \frac{W_B^2}{2V_T\mu_n} \tag{5.36a}$$

类似地,pnp 晶体管的正向传输时间为

$$\tau_F = \frac{W_B^2}{2D_p} = \frac{W_B^2}{2V_T\mu_p} \tag{5.36b}$$

基区传输时间可以看作从发射极出发的载流子到达集电极的平均时间。因此,晶体管的周期不可能小于传输时间。基区传输时间决定了晶体管工作频率的上限:

$$f \leqslant \frac{1}{2\pi\tau_F} \tag{5.37}$$

由式(5.37)可见,传输时间与基区少数载流子迁移率成反比。由于电子和空穴的迁移率不同,因此 npn 晶体管相比于 pnp 晶体管,有更好的响应频率和速度。几何尺寸和掺杂浓度一定时,npn 晶体管的速度是 pnp 晶体管的 2～2.5 倍。由式(5.36)还可以看到,缩小基区宽度 W_B 对于提高工作频率十分重要,早期晶体管的基区宽度为 $10\mu m$ 或者更宽,而如今在实验室用于研究的晶体管基区的宽度已经达到 $0.1\mu m$(100nm)或更低。

例 5.8   饱和电流和传输时间

已知物理常数和器件结构,我们可以由器件的物理知识估算晶体管的饱和电流和传输时间。在这里,将求出双极型晶体管的 I_S 和 τ_F 的典型值。

问题：已知 npn 晶体管的发射区面积为 $100\mu m \times 100\mu m$，基区掺杂为 $10^{17}/cm^3$，基区宽度为 $1\mu m$，假设 $\mu_n = 500 cm^2/V \cdot s$，求饱和电流和基区传输时间。

解：

已知量：发射区面积 $= 100\mu m \times 100\mu m$，$N_{AB} = 10^{17}/cm^3$，$W_B = 1\mu m$，$\mu_n = 500 cm^2/V \cdot s$。

未知量：饱和电流 I_S，传输时间 τ_F。

求解方法：由已给数据计算式(5.33)和式(5.37)。

假设：工作在室温条件下，$V_T = 0.025V$，$n_i = 10^{10}/cm^3$。

分析：将所给数据代入式(5.32)得饱和电流 I_S 为

$$I_S = \frac{qAD_n n_i^2}{N_{AB}W_B} = \frac{(1.6 \times 10^{-19}C)(10^{-2}cm)^2 \left(0.025V \times 500 \frac{cm^2}{V \cdot s}\right)\left(\frac{10^{20}}{cm^6}\right)}{\left(\frac{10^{17}}{cm^3}\right)(10^{-4}cm)} = 2 \times 10^{-15}A$$

其中，$D_n = (kT/q)\mu_n$，参见式(2.15)。

将所得数据代入式(5.36)，可得

$$\tau_F = \frac{W_B^2}{2V_T\mu_n} = \frac{(10^{-4}cm)^2}{2(0.025V)\left(500 \frac{cm^2}{V \cdot s}\right)} = 4 \times 10^{-10}s$$

结果检查：计算结果看起来是正确的，饱和电流 I_S 在 5.2 节所给值范围内。

讨论：该种情况下，双极型晶体管工作频率要低于 $f = 1/(2\pi\tau_F) = 400MHz$。

5.8.4　扩散电容

MOS 和双极器件的高频性能受到电容的限制。基区存储电荷发生变化时，基极-发射极电压和集电极电流才会发生变化，如图 5.24(b)所示。这种由 V_{BE} 引起的变化可以用电容 C_D 来表示，该电容称为扩散电容。扩散电容与正向偏置的基极-发射极二极管并联，如下所示

$$C_D = \frac{dQ}{dv_{BE}}\bigg|_{Q\text{-point}} = \frac{1}{V_T}\frac{qAn_{bo}W_B}{2}\exp\left(\frac{V_{BE}}{V_T}\right) \tag{5.38}$$

该式可以重新写为

$$C_D = \frac{1}{V_T}\left[\frac{qAD_n n_{bo}}{W_B}\exp\left(\frac{V_{BE}}{V_T}\right)\right]\left(\frac{W_B^2}{2D_n}\right) \approx \frac{I_T}{V_T}\tau_F \tag{5.39}$$

由于传输电流实际上代表了正向有源区的集电极电流，因此扩散电容的一般形式可写为

$$C_D = \frac{I_C}{V_T}\tau_F \tag{5.40}$$

由式(5.40)可见，扩散电容 C_D 与电流成正比，与温度 T 成反比。例如，双极型晶体管工作电流为 $1mA$，$\tau_F = 4 \times 10^{-10}s$，则其扩散电容为

$$C_D = \frac{I_C}{V_T}\tau_F = \frac{10^{-3}A}{0.025V}(4 \times 10^{-10}s) = 16 \times 10^{-12}F = 16pF$$

求得的电容值很大，当晶体管工作电流继续增大时，电容值会更大。

练习：已知功率管工作电流为 10A，工作温度为 $100℃$，$\tau_F = 4ns$，计算其扩散电容值。

答案：$1.24\mu F$(实际上是一很大的电容)。

5.8.5 共发电流增益对频率的依赖性

由于双极型晶体管存在正偏扩散电容和反偏pn结电容,晶体管的电流增益依赖于频率,如图5.25所示。在低频时,电流增益为常数β_F。频率增大时,电流增益减小。将电流增益为1时的频率称为单位增益频率f_T。图5.25中曲线可以表示为

$$\beta(f) = \frac{\beta_F}{\sqrt{1 + \left(\dfrac{f}{f_\beta}\right)^2}} \tag{5.41}$$

其中$f_\beta = f_T/\beta_F$为β截止频率。对于图5.25所示的晶体管,$\beta_F = 125$,$f_T = 300\text{MHz}$。

练习:求图5.25中晶体管的β截止频率。

答案:2.4MHz。

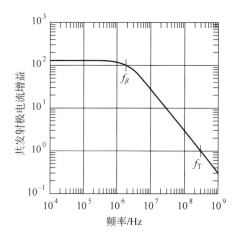

图5.25　共发射极电流增益幅值β与频率的关系

5.8.6 Early 效应和 Early 电压

在图5.10所示的晶体管输出特性中,在正向有源区的饱和电流大小恒定。但是在实际晶体管中,输出特性曲线是一条斜率为正的线,如图5.26所示。集电极电流与v_{CE}也存在关系。需要注意的是,

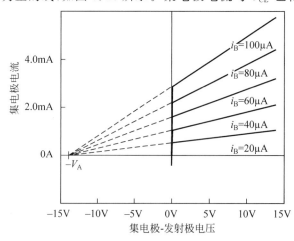

图5.26　确定 Early 电压 V_A 的晶体管输出特性

与 MOSFET 饱和区情况类似,输出特性的斜率大于零。

通过实验我们可以看到,当输出特性曲线外推到零集电极电流点时,可以发现曲线全部在一公共点处相交,即 $V_{CE} = -V_A$ 处的点,这种现象被称为 Early 效应,参照文献[7],而电压 V_A 被称为 Early 电压。贝尔实验室的 James Early 首先发现了这种现象,因此以他的名字命名。图 5.26 中使用了较小的 Early 电压值(14V)值。Early 电压的典型取值范围为

$$10\text{V} \leqslant V_A \leqslant 200\text{V}$$

5.8.7　Early 效应的建模

将式(5.23)变形,可得 BJT 在正向有源区的简化数学模型。由此可以看出集电极电流对集电极-发射极电压的依赖关系:

$$
\begin{cases}
i_C = I_S \left[\exp\left(\dfrac{v_{BE}}{V_T}\right) \right] \left[1 + \dfrac{v_{CE}}{V_A} \right] \\[2mm]
\beta_F = \beta_{FO} \left[1 + \dfrac{v_{CE}}{V_A} \right] \\[2mm]
i_B = \dfrac{I_S}{\beta_{FO}} \left[\exp\left(\dfrac{v_{BE}}{V_T}\right) \right]
\end{cases}
\tag{5.42}
$$

其中,β_{FO} 表示 $v_{CE} = 0$ 时 β_F 的值。在上述表达式中,集电极电流和电流增益对 v_{CE} 有相同的依赖关系,而基极电流则与 v_{CE} 无关。该结果假设电流增益由反向注入发射极电流来确定,参照文献[9]。这与图 5.26 所示一致,基极电流一定时,正向有源区的曲线随 v_{CE} 增大而增大,电流增益 β_F 也随 v_{CE} 增大而增大,表明电流增益 β_F 也随着 v_{CE} 而增加。

练习:已知晶体管 $I_S = 10^{-15}$ A,$\beta_{FO} = 75$,$V_A = 50$V,$V_{BE} = 0.7$V,$V_{CE} = 10$V,计算 I_B,β_F,I_C。如果 $V_A = \infty$,求 β_F 和 I_C。

答案:19.3μA,90,1.74mA;75,1.45mA。

5.8.8　Early 效应的产生原因

Early 效应产生原因是晶体管的基区宽度 W_B 受到集电极-基极电压的调制。集电结反偏电压增大时,集电极-基极耗尽层宽度也随之增大,因此基区宽度减小。这种效应称为基区宽度调制(Base-width modulation),如图 5.27 所示,集电极基极电压不同,对应的有效基区宽度分别为 W_B 和 W_B',相应的集电极-基极空间电荷区宽度如图 5.27 所示。式(5.31)表明集电极电流与基区宽度 W_B 成正比,因此 W_B 减小时,传输电流 i_T 增大。W_B 随 V_{CB} 减小是 Early 效应产生的原因。

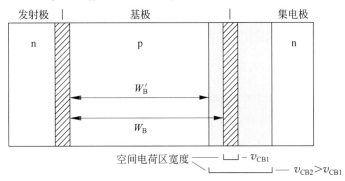

图 5.27　基区宽度调制产生 Early 效应

Early 效应减小了双极型晶体管的输出电阻,限制了 BJT 的放大系数。需要注意的是,双极型晶体管的 Early 效应和 MOSFET 的沟道长度调制效应类似,都是当晶体管输出端电压变化时,内部特征长度发生变化,使得输出特性斜率不为零。

5.9 跨导

跨导 g_m 是晶体管的一个重要参数,在第 4 章学习 MOSFET 时介绍过。对于双极型晶体管来说, g_m 表示 i_C 的变化随 v_{BE} 的变化而变化,定义为

$$g_m = \frac{di_C}{dv_{BE}}\bigg|_{Q\text{点}} \tag{5.43}$$

对于正向有源区的 Q 点,式(5.43)可由式(5.23)集电极电流表达计算得到

$$g_m = \frac{d}{dv_{BE}}\left\{ I_S \exp\left(\frac{v_{BE}}{V_T}\right) \right\}\bigg|_{Q\text{点}} = \frac{1}{V_T} I_S \exp\left(\frac{v_{BE}}{V_T}\right) = \frac{I_C}{V_T} \tag{5.44}$$

上式是双极型晶体管跨导的基本关系式,可以看出 g_m 与集电极电流成正比。这个关系在双极型电路设计中非常重要。式(5.41)的传输时间可以重新写为

$$\tau_F = \frac{C_D}{g_m} \quad \text{或} \quad C_D = g_m \tau_F \tag{5.45}$$

设计提示:双极型晶体管跨导

$$g_m = \frac{I_C}{V_T}$$

电流一定时,BJT 的跨导远大于 FET 的跨导。

设计提示:传输时间

$$\tau_F = \frac{C_D}{g_m}$$

传输时间 τ_F 是双极型器件频率响应的上限。

练习:已知 BJT 的基区传输时间为 2ps。分别求当 $I_C = 100\mu A$ 和 $I_C = 1mA$ 时的跨导,以及每种电流下的扩散电容。

答案:4mS;40mS;0.1pF;1.0pF。

5.10 双极工艺与 SPICE 模型

为了得到双极型晶体管的综合仿真模型,除了运用晶体管的物理结构相关知识外,还需要晶体管传输模型表达式并进行实验观察。首先建立电路图,表示描述晶体管的本征行为的数学模型,然后添加其他的元器件模型模拟由实际物理结构引起的寄生效应。总之,SPICE 模型是实际分布结构的集总元器件等效电路。

虽然我们手工计算时很少使用这些方程,但是当元器件工作方式不同以往时,或者模拟器产生的结果与我们预期的结果不同时,就有必要理解这些方程,来处理 SPICE 产生的意想不到的结果。理解

SPICE 内部模型,有助于判断究竟是自己掌握的知识有误,还是模拟结果的假设与元器件的特定应用不一致。

5.10.1 定量描述

图 5.28(a)是经典 npn 结构的截面图(参见图 5.1),图 5.28(b)是相应的 SPICE 电路模型。i_C、i_B、C_{BE} 和 C_{BC} 描述了本征晶体管的行为,这些参数已经进行了深入的讨论。电流源 i_C 表示从集电极穿过基极到达发射极的电流,电流源 i_B 表示晶体管的总基极电流。基极-发射极电容 C_{BE} 和基极集电极电容 C_{BC} 包括扩散电容和与基极-发射极和基极-集电极二极管有关的结电容。

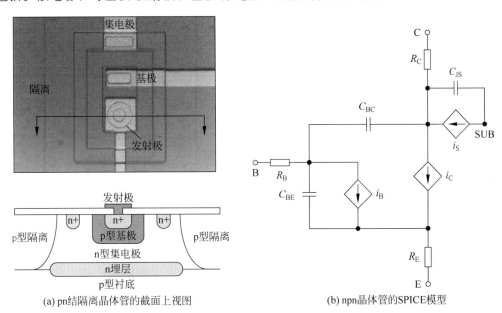

(a) pn结隔离晶体管的截面上视图　　　(b) npn晶体管的SPICE模型

图 5.28　npn 晶体管结构及 SPICE 模型

考虑到实际晶体管的非理想特征,还需要增加一些电路元器件。pn 结面积很大,将集电极与衬底隔离,同时使晶体管间彼此隔离。我们可以用二极管电流 i_S 和电容 C_{JS} 描述这一 pn 结。用基极电阻 R_B 描述外部基极接触和内部基区。类似地,集电极电流穿过电阻 R_C 进入集电结有源区,R_E 表征元器件内部发射极电阻。

5.10.2 SPICE 模型方程

SPICE 模型内容很全面但很复杂。下面的方程是实际模型的简化。表 5.3 给出了 SPICE 表达式中常用的参数,在参考文献[7]中给出了更完整的描述。

表 5.3　双极器件的电路模拟参数(npn/pnp)

参　　数	符　号　名	缺　省　值	典　型　值
饱和电流	IS	10^{-16} A	3×10^{-17} A
正向电流增益	BF	100	100
正向发射系数	NF	1	1.03
正向 Early 电压	VAF	∞	75V

续表

参　　数	符　号　名	缺　省　值	典　型　值
正向拐点电流	IKF	∞	0.05A
反向拐点电流	IKR	∞	0.01A
反向电流增益	BR	1	0.5
反向发射系数	NR	1	1.05
基极电阻	RB	0	250Ω
集电极电阻	RC	0	50Ω
发射极电阻	RE	0	1Ω
正向传输时间	TF	0	0.15ns
反向传输时间	TR	0	15ns
基极-发射极漏饱和电流	ISE	0	1pA
基极-发射极漏发射系数	NE	1.5	1.4
基极-发射极结电容	CJE	0	0.5pF
基极-发射极结电势	PHIE	0.8V	0.8V
基极-发射极梯度系数	ME	0.5	0.5
基极-集电极漏饱和电流	ISC	0	1pA
基极-集电极漏发射系数	NC	1.5	1.4
基极-集电极结电容	CJC	0	1pF
基极-集电极结电势	PHIC	0.75V	0.7V
基极-集电极梯度系数	MC	0.33	0.33
衬底饱和电流	ISS	0	1fA
衬底发射极系数	NS	1	1
集电极-衬底结电容	CJS	0	3pF
集电极-衬底结电势	VJS	0.75V	0.75V
集电极-衬底梯度系数	MJS	0	0.5

集电极电流和基极电流为

$$i_C = \frac{(i_F - i_R)}{KBQ} - \frac{i_R}{BR} - i_{RG} \quad \text{和} \quad i_B = \frac{i_F}{BF} + \frac{i_R}{BR} + i_{FG} + i_{RG}$$

其中,传输电流的正向和反向分别为

$$i_C = \frac{(i_F - i_R)}{KBQ} - \frac{i_R}{BR} - i_{RG} \quad \text{和} \quad i_B = \frac{i_F}{BF} + \frac{i_R}{BR} + i_{FG} + i_{RG} \tag{5.46}$$

为了描述与集电结和发射结电流有关的空间电荷区电流,基极电流 i_B 还需要增加两部分:

$$i_{FG} = ISE \cdot \left[\exp\left(\frac{v_{BE}}{NE \cdot V_T} \right) - 1 \right] \quad \text{和} \quad i_{RG} = ISC \cdot \left[\exp\left(\frac{v_{BC}}{NC \cdot V_T} \right) - 1 \right]$$

此外还需要增加 KBQ 项,其中使用 VAF 和 VAR 电压对 Early 效应进行正向和反向建模。"拐点电流"IKF 和 IKR 对大电流时的电流增益减小现象进行建模。

$$KBQ = \left(\frac{1}{2} \right) \frac{1 + \left[1 + 4\left(\frac{i_F}{1KF} + \frac{i_R}{1KR} \right) \right]^{NK}}{1 + \frac{v_{CB}}{VAF} + \frac{v_{EB}}{VAR}}$$

注意,Early 效应采用 v_{BC} 来描述,而不是用式(5.42)中使用的 v_{CE} 来描述。

衬底结电流为

$$i_S = \text{ISS} \cdot \left[\exp\left(\frac{v_{\text{SUB-C}}}{\text{NS} \cdot V_T} \right) - 1 \right]$$

图 5.28(b)中的 3 个元器件电容的表达式为

$$C_{BE} = \frac{i_F}{\text{NE} \cdot V_T} \text{TF} + \frac{\text{CJE}}{\left(1 - \dfrac{v_{BE}}{\text{PHIE}}\right)^{\text{MJE}}} \quad \text{和} \quad C_{BC} = \frac{i_R}{\text{NC} \cdot V_T} \text{TR} + \frac{\text{CJC}}{\left(1 - \dfrac{v_{BC}}{\text{PHIC}}\right)^{\text{MJC}}}$$

$$C_{JS} = \frac{\text{CJS}}{\left(1 + \dfrac{v_{\text{SUB-C}}}{\text{VJS}}\right)^{\text{MJS}}} \tag{5.47}$$

C_{BE} 和 C_{BC} 中有两项分别表示扩散电容(由 TF 和 NE 或者 TR 和 NC 建模)和耗尽区电容(由 CJE、PHIE 和 MJE 或者 CJC、PHIC 和 MJC 建模)。衬底结一般为反偏,用耗尽层电容表示(CJS、VJS 和 MJS)。衬底二极管通常是反向偏置的,因此仅通过耗尽层电容(CJS、VJS 和 MJS)对其进行建模。基极、集电极、发射极串联电阻分别为 RB、RC 和 RE。

pnp 晶体管的 SPICE 模型与图 5.28(b)类似,只有电流源、晶体管电流和电压的正极型均变为相反方向。

5.10.3　高性能双极型晶体管

高速开关和模拟射频中所使用的现代晶体管综合运用了浅沟道隔离和深沟道隔离工艺,以减小器件电容和传输时间。这类器件一般使用多晶硅发射极,基区很窄,有些还可能具有硅锗复合基区。图 5.29 展示的是高频沟道隔离 SiGe 双极型晶体管的俯视图和截面图。目前,在实验室研究中所用的 SiGe 晶体管,其截止频率已经超过 300GHz。

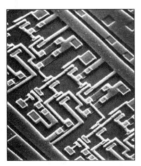
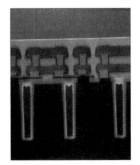

(a) 高性能沟道隔离集成电路的俯视图　　　(b) 高性能沟道隔离双极型晶体管的截面图

图 5.29　高频沟道隔离 SiGe 双极型晶体管的俯视图和截面图

练习:双极型晶体管电流增益为 80,当 $V_{BE} = 0.68\text{V}$ 时,集电极电流为 $350\mu\text{A}$,Early 电压为 70V。求 SPICE 参数 BF、IS 和 VAF 的值。假设温度为 $T = 27℃$。

答案:80,1.39fA,70V。

5.11 BJT 的实际偏置电路

偏置的目标是建立已知的静态工作点或 Q 点,表示晶体管最初所处的工作区。对于双极型晶体管而言,npn 晶体管的 Q 点由集电极电流的直流量和集电极-发射极电压表示,即(I_C, V_{CE});pnp 晶体管的 Q 点则由集电极电流的直流量和发射极-集电极电压表示,即(I_C, V_{EC})。

逻辑门和线性放大器的工作点差异很大。例如,图 5.30(a)所示的电路既可以作为逻辑反相器,也可以作为线性放大器,取决于所选择的工作点。电路的电压传输特性(VTC)如图 5.31(a)所示,图 5.31(b)给出了相对应的输出特性和负载线。v_{BE} 较小时,晶体管几乎截止,输出电压为 5V,对应于逻辑"1"输出。当 v_{BE} 增大到 0.6V 以上时,输出电压迅速下降。当 v_{BE} 增大到 0.8V 以上时,输出达到开启电压 0.18V。BJT 工作在饱和区,导通电压很小,对应于二进制逻辑"0"状态。图 5.31(b)所示的晶体管输出特性中给出了这两个逻辑状态。晶体管导通时,电流很大,v_{CE} 减小到 0.18V。晶体管截止时,v_{CE} 等于 5V。

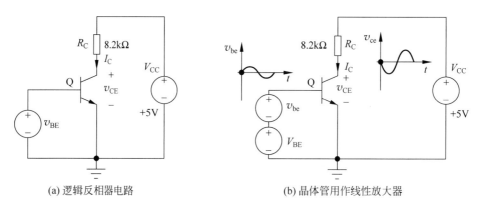

(a) 逻辑反相器电路   (b) 晶体管用作线性放大器

图 5.30 逻辑门和线性放大器示例

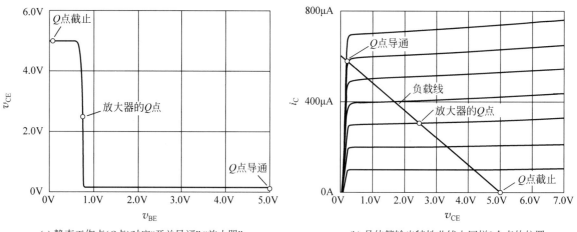

(a) 静态工作点(Q点)对应"开关导通""放大器"   (b) 晶体管输出特性曲线上同样3个点的位置
    "开关截止"时的电压传输特性

图 5.31 晶体管电路电压传输特性示例

由图 5.31(a)可以看出,放大器 Q 点位于电压传输特性的高斜率区(高增益)。此时晶体管工作在正向有源区,在该区域电压、电流和/或功率增益均可获得。为了建立这一 Q 点,在基极上施加直流偏置(dc bias)V_{BE},如图 5.30(b)所示,然后施加一个小的交流信号 v_{be},使基极电压在偏置电压周围摆动[①]。由于总的基极-发射极电压 v_{BE} 发生变化,导致集电极电流变化,交流输入电压的放大体现集电极的输出。

在前面的 5.6 节和 5.10 节中,重点讲解了 BJT 晶体管 4 种工作区的简化模型。在今后的使用中,一般不会在电路中直接使用晶体管的简化电路模型,而是借助于推导出的每个工作区的数学关系式。例如在正向有源区,将会直接使用 $V_{BE}=0.7V$ 和 $I_C=\beta_F I_B$ 来简化分析电路。

在下面直流偏置的示例中,假设 Early 电压无穷大。如果考虑 Early 电压的影响将会令电路分析极其复杂,但是对计算结果的影响不超过 10%。大多数情况下,电阻和独立源的容差为 $5\%\sim10\%$,晶体管电流值增益 β_F 可能变化 $4\sim10$ 倍。例如,某个晶体管的最小电流增益为 50,典型值为 100,没有最大值。由于器件容差的存在,由 Early 电压产生的误差变得可以忽略不计。因此,在进行设计电路时,可以忽略 Early 效应的影响,如果需要更精确的结果,可以用 SPICE 进行分析优化计算。

5.11.1 四电阻偏置

由于 BJT 的电压和电流呈指数关系,并且 BJT 对温度 T 具有较强的依赖性,图 5.30 所示的 V_{BE} 偏置方法在实际应用中并不适用。四电阻偏置电路是能够保持晶体管 Q 点稳定的最好的电路之一,如图 5.32 所示,R_1 和 R_2 构成分压电路(电源电压为 $0\sim12V$),使晶体管 Q_1 的基极电压保持稳定,晶体管集电极电流和集电极-发射极电压则由 R_E 和 R_C 决定。

我们的目标是找到晶体管的 Q 点(I_C,V_{CE})。首先将图 5.32(a)所示电路的电源分为两个相等的电压,如图 5.32(b)所示,然后将基极偏置电路用戴维南等效电路代替,得到图 5.32(c)所示的简化电路。V_{EQ} 和 R_{EQ} 分别为

$$V_{EQ}=V_{CC}\frac{R_1}{R_1+R_2}, \quad R_{EQ}=\frac{R_1 R_2}{R_1+R_2} \tag{5.48}$$

将图 5.32(c)的参数值代入,可得 $V_{EQ}=4V$,$R_{EQ}=12k\Omega$。

由于偏置电路一般工作在正向有源区,为了简化 BJT 模型方程,可以首先假定电路工作在该区。对回路①应用基尔霍夫电压定律,可得

$$V_{EQ}=I_B R_{EQ}+V_{BE}+I_E R_E=I_B R_{EQ}+V_{BE}+(\beta_F+1)I_B R_E \tag{5.49}$$

求解 I_B,可得

$$I_B=\frac{V_{EQ}-V_{BE}}{R_{EQ}+(\beta_F+1)R_E} \quad 其中 \quad V_{BE}=V_T\ln\left(\frac{I_B}{I_S/\beta_F}+1\right) \tag{5.50}$$

可惜的是,联立上述表达式只能得到一个超越方程。但是,如果先假定 V_{BE} 的近似值,使用关系式 $I_C=\beta_F I_B$ 和 $I_E=(\beta_F+1)I_B$,那么便能计算得到集电极和发射极电流:

$$I_C=\frac{V_{EQ}-V_{BE}}{\dfrac{R_{EQ}}{\beta_F}+\dfrac{(\beta_F+1)}{\beta_F}R_E} \quad 和 \quad I_E=\frac{V_{EQ}-V_{BE}}{\dfrac{R_{EQ}}{(\beta_F+1)}+R_E} \tag{5.51}$$

对于大的电流增益$(\beta_F\gg1)$,式(5.51)和式(5.52)可以简化为

---

① 需要记住,$v_{BE}=V_{BE}+v_{be}$。

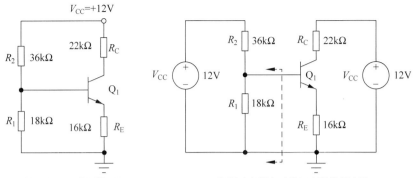

(a) 四电阻偏置电路(分析时假设β_F=75)　　　　(b) 复制了电源之后的四电阻偏置电路

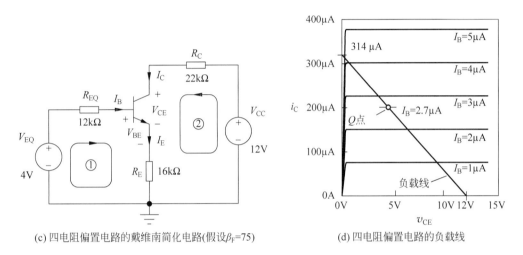

(c) 四电阻偏置电路的戴维南简化电路(假设β_F=75)　　(d) 四电阻偏置电路的负载线

图 5.32　四电阻偏置电路

$$I_E \approx I_C \approx \frac{V_{EQ} - V_{BE}}{\dfrac{R_{EQ}}{\beta_F} + R_E} \quad \text{且} \quad I_B \approx \frac{V_{EQ} - V_{BE}}{R_{EQ} + \beta_F R_E} \tag{5.52}$$

现在 I_C 已知,可以利用回路②来计算集电极-发射极电压 V_{CE}:

$$V_{CE} = V_{CC} - I_C R_C - I_E R_E = V_{CC} - I_C \left(R_C + \frac{R_E}{\alpha_F} \right) \tag{5.53}$$

由于 $I_E = I_C / \alpha_F$。通常 $\alpha_F \approx 1$,则式(5.53)可以化简为

$$V_{CE} \approx V_{CC} - I_C (R_C + R_E) \tag{5.54}$$

对于图 5.32 所示电路,假定工作在正向有源区,且 $V_{BE} = 0.7V$,则 Q 点(I_C, V_{CE})为

$$I_C \approx \frac{V_{EQ} - V_{BE}}{\dfrac{R_{EQ}}{\beta_F} + R_E} = \frac{(4 - 0.7V)}{\dfrac{12k\Omega}{75} + 16k\Omega} = 204\mu A$$

$$I_B = \frac{204\mu A}{75} = 2.72\mu A$$

$$V_{CE} \approx V_{CC} - I_C (R_C + R_E) = 12 - 2.04\mu A(22k\Omega + 16k\Omega) = 4.25V$$

采用式(5.51)和式(5.53)求得了更加精确的 Q 点数值(202μA,4.30V)。因为不知道 V_{BE} 的实际

值,也没有考虑有关容差的问题,可以说上述近似表达式给出的结果还是十分精确的。

所有计算得到的电流都不为零,利用式(5.53)可得 $V_{BC}=V_{BE}-V_{CE}=0.7-4.32=-3.62V$。因此,该电路集电结反偏,之前所做的正向有源区的假设正确。经过分析可知,Q 点为(204μA,4.25V)。

最后画出电路的负载线,并在输出特性曲线上找出 Q 点。根据式(5.51)可得电路的负载线方程为

$$V_{CE}=V_{CC}-\left(R_C+\frac{R_E}{\alpha_F}\right)I_C=12-38\,200I_C \tag{5.55}$$

确定两个点,便可以画出负载线。第一个点选择 $I_C=0$,$V_{CE}=12V$,第二个点可以选择 $V_{CE}=0$,则 $I_C=314\mu$A,这样就可以在晶体管特性曲线上将负载线画出,如图 5.32(d)所示。当基极电流为 2.7μA,$I_B=2.7\mu$A 时的输出曲线与负载线的交点即为 Q 点。因此本例中我们还需要确定 $I_B=2.7\mu$A 时的输出曲线的位置。

练习:使用式(5.50)、式(5.51)和式(5.53),计算 I_B、I_C、I_E 和 V_{CE} 的值。

答案:2.69μA,202μA,204μA,4.28V。

练习:在图 5.34(d)中,已知 $R_1=180k\Omega$,$R_2=360k\Omega$,求电路的 Q 点。

答案:(185μA,4.93V)。

设计提示:

在工程上,双极型晶体管的四电阻偏置电路比较好的 Q 点近似为

$$I_C\approx\frac{V_{EQ}-V_{BE}}{\dfrac{R_{EQ}}{\beta_F}+R_E}\approx\frac{V_{EQ}-V_{BE}}{R_E} \quad \text{和} \quad V_{CE}\approx V_{CC}-I_C(R_C+R_E)$$

5.11.2 四电阻偏置电路的设计目标

现在我们已经分析过包含四电阻偏置电路的电路。为了分析该偏置技术的设计目标,下面通过假设 $R_{EQ}/\beta_F\ll R_G$ 进一步简化式(5.52)所示的集电极和发射极电流的表达式。可知:

$$I_E\approx I_C\approx\frac{V_{EQ}-V_{BE}}{R_E} \tag{5.56}$$

为了忽略流经 R_{EQ} 的基极电流造成的电压降,戴维南等效电阻 R_{EQ} 一般都设计得很小。此时,I_C 和 I_E 由 V_{EQ}、V_{BE} 和 R_g 决定。此外,一般将 V_{EQ} 设计得很大,这样 V_{BE} 的微小变化就不会从根本上影响 I_E 的值。

在图 5.33 所示的原始偏置电路中,假设电压降 $I_BR_{EQ}\ll(V_{EQ}-V_{BE})$,相当于假设 $I_B\ll I_2$,因此 $I_1\approx I_2$。此时,Q_1 的基极电流不影响 R_1 和 R_2 组成的分压电路。由式(5.54)中的近似关系式来估算如图 5.32 所示的发射极电流为

$$I_C\approx I_E\approx\frac{4V-0.7V}{16\,000\Omega}=206\mu A$$

这与使用更精确表达式的计算结果基本相同,主要是选择了恰当的偏置电路设计得到的结果。如果 Q 点与 I_B 无关,那么它同样也与电流增益 β 无关(晶体管参数很难控制)。所以晶体管电流增益无论是 50 还是 500,发射极电流都大致相同。

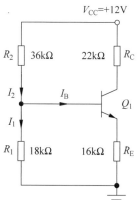

图 5.33 基极偏置网络中的电流

通常 R_1 和 R_2 可以有多种组合用以产生所需的 V_{EQ} 值。此外,还需要增加一些额外的约束,如通过选择 $I_2 \leqslant I_C/5$ 来限制基极分压电路的电流,这样可以确保偏置电阻 R_1 和 R_2 的功耗小于电路总静态消耗功耗的 20%,同时对于 $\beta \geqslant 50$ 时能确保 $I_2 \gg I_B$。

练习:证明当 $\beta_F = 50$ 时,选择 $I_2 \leqslant I_C/5$ 相当于设置 $I_2 = 10 I_B$。

练习:求当 $\beta_F = 500$ 时,图 5.32(a)所示电路的 Q 点。

答案:$(206\mu A, 4.18V)$。

例 5.9 四电阻偏置设计

下面通过例题讲解最常用的 BJT 偏置电路——四电阻偏置电路。

问题:设置一个四电阻偏置电路使得 Q 点为 $(750\mu A, 5V)$,已知电源电压为 15V,npn 晶体管的最小电流增益为 100。

解:

已知量:如图 5.35 所示的偏置电路,电源电压 $V_{CC} = 15V$,npn 晶体管的 $\beta_F = 100$,$I_C = 750\mu A$,$V_{CE} = 5V$。

未知量:基极电压 V_B,电阻 R_E、R_C 两端的电压;R_1、R_2、R_C 和 R_E 的阻值。

求解方法:首先,求出晶体管集电极和发射极两端的 V_{CC} 分压及 R_C 和 R_E 的压降。然后,选择偏置电路的电流 I_1 和 I_2。最后,根据分配的电压和电流计算未知电阻值。

假设:晶体管工作在正向有源区。基极-发射极电压为 0.7V。Early 电压无限大。

分析:为了计算电阻值,需要知道发射极和集电极电阻两端的电压降及基极电压 V_B。V_{CE} 设计为 5V,通常可以将 $(V_{CC} - V_{CE}) = 10V$ 电压在 R_E 和 R_C 之间均分,则可以求得 R_E 和 R_C 的值。因此,$V_E = 5V$,$V_C = 5 + V_{CE} = 10V$。则 R_C 和 R_E 的阻值可以由下式给出

$$R_C = \frac{V_{CC} - V_C}{I_C} = \frac{5V}{750\mu A} = 6.67k\Omega \quad 和 \quad R_E = \frac{V_E}{I_E} = \frac{5V}{758\mu A} = 6.60k\Omega$$

基极电压为 $V_B = V_E + V_{BE} = 5.7V$。在正向有源区,$I_B = \dfrac{I_C}{\beta_F} = \dfrac{750\mu A}{100} = 7.5\mu A$。令 $I_2 = 10 I_B$,可以求得 $I_2 = 75\mu A$,$I_2 = 9 I_B = 67.5\mu A$,则 R_1 和 R_2 可以求取为

$$R_1 = \frac{V_B}{9 I_B} = \frac{5.7V}{67.5\mu A} = 84.4k\Omega \quad R_2 = \frac{V_{CC} - V_B}{10 I_B} = \frac{15 - 5.7V}{75\mu A} = 124k\Omega \tag{5.57}$$

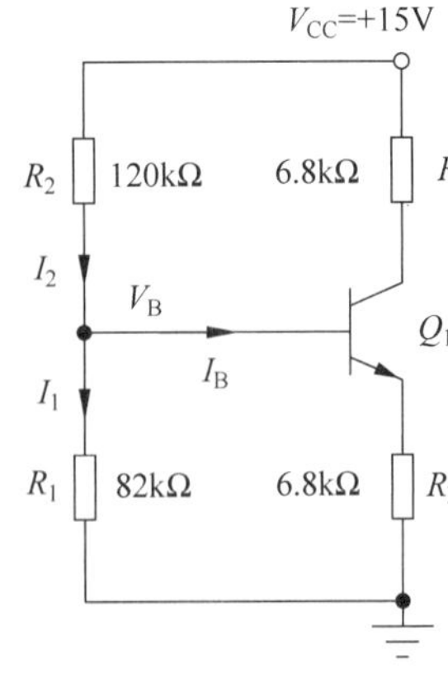

结果检查:根据计算结果可知 $V_{BE} = 0.7V$,$V_{BC} = 5.7V - 10V = -4.3V$。符合正向有源区假设。

讨论:上述计算求得的 Q 点值应当与设计目标十分接近。但是在实验中搭建电路时,需要使用标准电阻值,具体可以参见附录 A 中的电阻值表。从表中可以找到最接近的电阻值为 $R_1 = 82k\Omega$,$R_2 = 120k\Omega$,$R_E = 6.8k\Omega$ 和 $R_C = 6.8k\Omega$。

计算机辅助分析:可以借助于 SPICE 检验设计结果。图 5.34 是最终的设计电路图,SPICE 软件中 $IS = 2 \times 10^{-15} A$,可以得到 Q 点为 $(734\mu A, 4.97V)$,$V_{BE} = 0.65V$。虽然手工计算时忽略了 Early 效应,但是利用 SPICE 可以很容易地检验这一假设。在 SPICE 中令 $VAF = 75V$,其他参数不变,可得新的 Q 点为 $(737\mu A, 4.93V)$。显然,由 Early 效应引起的变化非常小,可以忽略不计。

图 5.34 Q 点为 $(750\mu A, 5V)$ 的最终偏置电路设计

练习：重新设计四电阻偏置电路，使得 $I_C = 75\mu A$，$V_{CE} = 5V$。

答案：$(66.7k\Omega, 66.0 k\Omega, 844k\Omega, 1.24M\Omega) \rightarrow (68k\Omega, 68k\Omega, 820k\Omega, 1.20M\Omega)$。

设计提示：

(1) 选择戴维南等效基极电压 V_{EQ}：$\dfrac{V_{CC}}{4} \leqslant V_{EQ} \leqslant \dfrac{V_{CC}}{2}$。

(2) 选择 R_1，使得 $I_1 = 9I_B$：$R_1 = \dfrac{V_{EQ}}{9I_B}$。

(3) 选择 R_2，使得 $I_2 = 10I_B$：$R_2 = \dfrac{V_{CC} - V_{EQ}}{10I_B}$。

(4) 根据 V_{EQ} 和集电极电流确定 R_E：$R_E \approx \dfrac{V_{EQ} - V_{BE}}{I_C}$。

(5) 根据集电极-发射极电压确定 R_C：$R_C \approx \dfrac{V_{CC} - V_{CE}}{I_C} - R_E$。

例 5.10　二电阻偏置

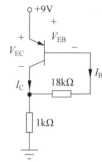

图 5.35　pnp 晶体管的二
　　　　电阻偏置电路

在这个例子中，我们分析了利用两个电阻为 pnp 晶体管提供偏置的情况（对 npn 晶体管，情况类似）。

问题：如图 5.35 所示，在二电阻偏置电路中，假设 $\beta_F = 50$，求 pnp 晶体管的 Q 点。

解：

已知量：图 5.35 所示的二电阻偏置电路中，pnp 晶体管的 $\beta_F = 50$。

未知量：I_C，V_{CE}。

求解方法：假定晶体管在工作区，分析电路，计算 Q 点；检验结果是否与假设一致。

假设：晶体管工作在正向有源区，其中 $V_{EB} = 0.7V$，$V_A = \infty$。

分析：首先，在图 5.35 中仔细标注电压和电流值。为了计算 Q 点，需要写出包含 V_{EB}、I_B 和 I_C 的方程：

$$9 = V_{EB} + 18\,000 I_B + 1000(I_C + I_B) \tag{5.58}$$

应用工作在正向有源区的条件，即 $\beta_F = 50$ 及 $V_{EB} = 0.7V$，可得

$$9 = 0.7 + 18\,000 I_B + 1000(51)I_B \tag{5.59}$$

且有

$$I_B = \frac{9V - 0.7V}{69\,000\Omega} = 120\mu A \quad I_C = 50 I_B = 6.01 mA \tag{5.60}$$

可以求得发射结电压为

$$V_{EC} = 9 - 1000(I_C + I_B) = 2.88V \quad 和 \quad V_{BC} = 2.18V \tag{5.61}$$

Q 点为 $(I_C, V_{EC}) = (6.01 mA, 2.88V)$。

结果检查：由于 I_B、I_C 和 V_{BC} 均为正值，因此正向有源区的假设正确，Q 点计算结果正确。

计算机辅助分析：对于本电路来说，用 SPICE 仿真得到的 Q 点为 $(6.04 mA, 2.95V)$，与前面手工计算的结果基本一致。

练习：如果将 $18k\Omega$ 的电阻变为 $36k\Omega$，求此时的 Q 点。

答案:(4.77mA,4.13V)。

练习:画出为 npn 晶体管提供偏置的二电阻偏置电路(图 5.35 的"镜像"),电源为 +9V,电阻阻值与图 5.35 相同。

答案:参见习题中图 P5.27 所示的电路结构。

为 npn 和 pnp 晶体管提供偏置的方法很多,本节例题中讲到的方法仅仅是入门知识,较为浅显,但是掌握其中所用到的分析方法很重要,这是确定任何偏置电路 Q 点都需要遵循的基本方法。

5.11.3 四电阻偏置电路的迭代分析

为了求得图 5.32 所示电路的电流 I_C,需要求解下列方程组

$$I_C = \frac{V_{EQ} - V_{BE}}{\dfrac{R_{EQ}}{\beta_F} + \dfrac{(\beta_F + 1)}{\beta_F}R_E} \quad \text{其中} \quad V_{BE} = V_T \ln\left(\frac{I_C}{I_S} + 1\right) \tag{5.62}$$

在 5.11 节的分析中,假设 V_{BE} 与估计的值一致,从而避免了求解超越方程。下面,我们可以用简单的迭代过程求解以上方程组的数值解:

① 假定 V_{BE} 的初始值。

② 利用公式 $I_C = \dfrac{V_{EQ} - V_{BE}}{\dfrac{R_{EQ}}{\beta_F} + \dfrac{(\beta_F + 1)}{\beta_F}R_E}$,计算对应的 I_C 值。

③ 重新估算 V_{BE},$V'_{BE} = V_T \ln\left(\dfrac{I_C}{I_S} + 1\right)$。

④ 重复步骤②和步骤③直到结果收敛。

表 5.4 为迭代结果。由于 $I_C - V_{BE}$ 曲线非常陡峭,因此仅需 3 次迭代结果就收敛了。

表 5.4 双极型晶体管迭代偏置求解($I_S = 10^{-15}$A,$V_T = 25$mV)

V_{BE}/V	I_C/A	V'_{BE}/V
0.7000	2.015E−04	0.6507
0.6507	2.046E−04	0.6511
0.6511	2.045E−04	0.6511

人们也许会问,用这种方法求得的结果是否比 5.11.1 节得到的结果更准确。大多数情况下,这种方法所得结果与输入数据的好坏有关。此处为了计算 V_{BE},需要知道饱和电流 I_S 和温度 T 的准确值。而在以前的求解中,我们只是简单地对 V_{BE} 进行了估算。实际上,我们根本不知道 I_S 和 T 的准确值,因此大多数时候只需要知道 V_{BE} 的估算值就可以了。

练习:如果 $V_T = 25.8$mV,重复上述迭代分析计算 I_C 和 V_{BE} 的值。

答案:203.3μA,0.6718V。

5.12 偏置电路的容差

无论电路是在实验室制作还是批量的集成电路制造,元件和器件都存在参数取值的容差。分立电阻容差可以为 10%、5% 或 1%,而集成电路中电阻的容差会更大(±30%)。电源电压的容差一般为

$5\%\sim 10\%$。

对于给定的双极型晶体管类型,电流增益参数的范围为 $5:1\sim 10:1$,或者可以仅以标称值和下限值来指定。BJT(或二极管)饱和电流的变化范围可以在 $10:1\sim 100:1$,其 Early 电压可以变化 20%。在 FET 电路中,阈值电压和跨导参数值的变化范围很大,在运算放大器电路中,所有参数均表现出较大的取值范围,比如开环增益、输入电阻、输出电阻、输入偏置电流和单位增益频率等。

除了这些初始值存在不确定性之外,电路元器件和参数取值还随温度变化及电路老化而变化。更为重要的是,我们要知道这些变化对电路的影响,以便能够设计出当元器件取值发生变化时还能正常工作的电路。第 1 章介绍的最坏情况分析和蒙特卡洛分析是常用的两种分析方法,可以用来定量描述容差对电路性能的影响。

5.12.1 最坏情况分析

为了保证电路设计能够在一系列可以预知的元器件数值变化时,电路仍然能正常工作,通常使用最坏情况分析。例如分析 Q 点时,为了确定 Q 点最坏的可能取值范围,我们将元器件同时取极限值。然而,基于最坏情况分析的设计通常是不必要过度的,也是不经济的,但是理解这一方法的技巧及其局限性是很重要的。

例 5.11 四电阻偏置电路的最坏情况分析

下面对四电阻偏置电路进行最坏情况分析,其中元器件的容差已经给定。在例 5.12 中,我们将用最坏情况分析得到的电路与用蒙特卡洛分析得到的电路进行比较。

问题:图 5.36 所示电路是将图 5.32 中四电阻偏置电路简化得到的电路。求电路中晶体管的 I_C 和 V_{CE} 的最坏情况取值。假设电源电压为 12V,电源容差为 5%,电阻的容差为 10%,晶体管电流增益的标称值为 75,容差为 50%。

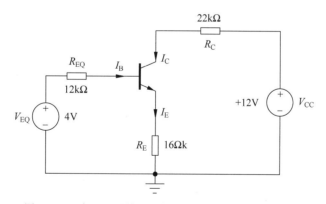

图 5.36 图 5.32(c)中四电阻偏置电路的简化电路,假设各元器件取标称值

解:

已知量:图 5.36 所示的四电阻偏置电路的简化电路,V_{CC} 容差为 5%,电阻容差均为 10%,晶体管电流增益 $\beta_{FO}=75$,容差为 50%。

未知量:I_C 和 V_{CE} 的最大值和最小值。

求解方法:首先求出 V_{EQ} 和 R_{EQ} 的最坏情况取值,然后用求取的 V_{EQ} 和 R_{EQ} 值求出基极电流和集电极电流的极限值,最后用集电极电流求出集电极-发射极电压最坏情况下的取值。

假设:为了简化分析,假设 R_{EQ} 的电压降可以忽略不计,并且 β_F 足够大,因此可以得到 I_C 为

$$I_C \approx I_E = \frac{V_{EQ} - V_{BE}}{R_E} \tag{5.63}$$

假设 V_{BE} 固定取值为 0.7V。

分析：为了使 I_C 尽可能大，需要将 V_{EQ} 取最大值，将 R_E 取最小值；为使 I_C 尽可能小，需要将 V_{EQ} 取最小值，将 R_E 取最大值。假设不考虑 V_{BE} 的变化，但如果需要也可以予以考虑。

R_E 的最小值、最大值分别为 $0.9 \times 16k\Omega = 14.4k\Omega$ 和 $1.1 \times 16k\Omega = 17.6k\Omega$。$V_{EQ}$ 的极限值求取稍微复杂，V_{EQ} 的表达式为

$$V_{EQ} = V_{CC} \frac{R_1}{R_1 + R_2} = \frac{V_{CC}}{1 + \frac{R_2}{R_1}} \tag{5.64}$$

将上式的分子取最大值，分母取最小值，可以得到 V_{EQ} 的最大值。因此，V_{CC} 和 R_1 取值应该尽可能大，而 R_2 取值应该尽可能小。相反，V_{EQ} 取最小值时，V_{CC} 和 R_1 取值应该尽可能小，而 R_2 取值应该尽可能大。所以 V_{EQ} 的最大值和最小值分别为

$$V_{EQ}^{MAX} = \frac{12V(1.05)}{1 + \frac{36k\Omega(0.9)}{18k\Omega(1.1)}} = 4.78V \quad \text{和} \quad V_{EQ}^{MIN} = \frac{12V(0.95)}{1 + \frac{36k\Omega(1.1)}{18k\Omega(0.9)}} = 3.31V$$

将这些值代入式(5.60)，可得 I_C 的最大值和最小值分别为

$$I_C^{MAX} = \frac{4.78V - 0.7V}{14\,400k\Omega} = 283\mu A \quad \text{和} \quad I_C^{MIN} = \frac{3.31V - 0.7V}{17\,600k\Omega} = 148\mu A$$

类似地，可以求得 V_{CE} 在最坏情况下的取值范围，但是需要注意可能消去的变量。

$$V_{CE} = V_{CC} - I_C R_C - I_E R_E \approx V_{CC} - I_C R_C - \frac{V_{EQ} - V_{BE}}{R_E} R_E \tag{5.65}$$

$$V_{CE} \approx V_{CC} - I_C R_C - V_{EQ} + V_{BE}$$

V_{CE} 的最大值可由 I_C 和 R_C 的最小值求得，反之，V_{CE} 的最小值可由 I_C 和 R_C 的最大值求得。由式(5.65)可知，V_{CE} 的最大值和最小值分别为

$$V_{CE}^{MAX} \approx 12V(1.05) - (148\mu A)(22k\Omega \times 0.9) - 3.31V + 0.7V = 7.06V \checkmark$$

$$V_{CE}^{MIN} \approx 12V(0.95) - (283\mu A)(22k\Omega \times 1.1) - 4.78V + 0.7V = 0.471V \quad \text{饱和！}$$

结果检查：V_{CE} 取最大值时，晶体管工作在正向有源区。而 V_{CE} 取最小值时，晶体管工作在饱和区。因此，对于 V_{CE} 取最小值的情况，由于与正向有源区假设不符，所以实际上在这种情况下求得的 V_{CE} 和 I_C 不正确。

讨论：I_C 在最坏情况下最大值和最小值几乎相差 2 倍！I_C 的最大值比 $210\mu A$ 的标称值大 38%，最小值比标称值小 37%。很明显，在最坏情况下，偏置电路不能使晶体管保持在指定的工作区。

5.12.2 蒙特卡洛分析

在实际电路中，根据元器件参数值的统计分布，不同元器件的参数值不可能同时达到极限。因此，最坏情况分析会高估电路行为的极端情况，更好的方法是使用蒙特卡洛分析法利用统计学方法来解决问题。

如第 1 章所述，蒙特卡洛分析使用随机选择的给定电路，从统计的角度预测其行为。而对于蒙特卡洛分析来说，从电路参数的可能分布中随机选择电路中每个参数的值，然后使用随机选择的元器件值分析电路。这样就产生了许多随机参数集，通过分析许多测试用例来建立电路的统计行为。

在例 5.13 中，使用 Excel 表格对四电阻偏置电路进行蒙特卡洛分析。如第 1 章所述，利用 Excel 中

的随机函数 RAND()，该函数可以产生在 0 和 1 之间均匀分布的随机数，但对于蒙特卡洛分析来说，随机数的均值必须以 R_{nom} 为中心，分布宽度为 $(2\varepsilon) \times R_{nom}$：

$$R = R_{nom}[1 + 2\varepsilon(\text{RAND}() - 0.5)] \tag{5.66}$$

例 5.12 四电阻偏置电路的蒙特卡洛分析

下面在四电阻偏置电路中随机生成 500 个晶体管的统计样本，并与例 5.11 中的最坏情况分析的结果进行比较。

问题：如图 5.32 和图 5.36 所示的四电阻偏置电路，电流增益 $\beta_{FO} = 75$，容差为 50%。V_{CC} 容差为 5%，所有电阻的容差均为 10%。对该电路进行蒙特卡洛分析，确定集电极电流和集电极-发射极电压的统计分布。

解：

已知量：将图 5.32(a) 所示的电路进行简化，得到图 5.36 所示电路；电源电压 V_{CC} 为 12V，容差为 5%；所有电阻的容差均为 10%；电流增益 $\beta_{FO} = 75$，容差为 50%。

未知量：I_C 和 V_{CE} 的统计分布。

求解方法：对图 5.32 所示的电路进行蒙特卡洛分析，随机选择 V_{CC}、R_1、R_2、R_C、R_E、R_F 的值，然后用这些值确定 I_C 和 V_{CE}。借助计算机中的表格程序来完成重复计算，分析中采用最为精确的公式。

假设：V_{BE} 固定为 0.7V。每个随机变量的取值与其他变量无关。

计算机辅助分析：采用最坏情况分析中的容差、电源电压、电阻和电流增益分别为

$$\begin{cases} 1. \ V_{CC} = 12(1 + 0.1(\text{RAND}() - 0.5)) \\ 2. \ R_1 = 18\,000(1 + 0.2(\text{RAND}() - 0.5)) \\ 3. \ R_2 = 36\,000(1 + 0.2(\text{RAND}() - 0.5)) \\ 4. \ R_E = 16\,000(1 + 0.2(\text{RAND}() - 0.5)) \\ 5. \ R_C = 22\,000(1 + 0.2(\text{RAND}() - 0.5)) \\ 6. \ \beta_F = 75(1 + (\text{RAND}() - 0.5)) \end{cases} \tag{5.67}$$

为了使每个随机变量的取值与其他变量无关，每个变量计算时都要调用 RAND() 函数。

在图 5.37 所示的电子表格结果中，式(5.67)中的随机元素用于评估表征偏置电路的方程：

$$\begin{cases} 7. \ V_{EQ} = V_{CC} \dfrac{R_1}{R_1 + R_2} \\[2mm] 8. \ R_{EQ} = \dfrac{R_1 R_2}{R_1 + R_2} \\[2mm] 9. \ I_B = \dfrac{V_{EQ} - V_{BE}}{R_{EQ} + (\beta_F + 1)R_E} \end{cases} \quad \begin{cases} 10. \ I_C = \beta_F I_B \\[2mm] 11. \ I_E = \dfrac{I_C}{\alpha_F} \\[2mm] 12. \ V_{CE} = V_{CC} - I_C R_C - I_E R_E \end{cases} \tag{5.68}$$

由于是借助计算机完成计算工作，所以式(5.68)[①] 使用的是各参数的完整表达式，而不是各种计算的近似关系。一旦将式(5.67)和式(5.68)插入电子表格中的一行，就可以将该行复制到与所需统计情况的数量一样多的附加行。计算机就可以自动分析以建立统计分布，每一行表示电路的一个分析结果。在每一列的末尾，可以用内置的电子表格函数计算平均偏差和标准偏差，最后可以使用所有电子表格数据建立电路性能的直方图。

图 5.37 给出了电子表格输出的图 5.36 所示电路的 25 个结果示例，而 500 个数值的四电阻偏置电

---

① 注：V_{BE} 也可以视为一个随机变量。

蒙特卡洛电子表格

示例#	$V_{CC}(1)$	$R_1(2)$	$R_2(3)$	$R_E(4)$	$R_C(5)$	$\beta_F(6)$	$V_{EQ}(7)$	$R_{EQ}(8)$	$I_B(9)$	$I_C(10)$	$V_{CE}(12)$
1	12.277	16827	38577	15780	23257	67.46	3.729	11716	2.87E-06	1.93E-04	4.687
2	12.202	18188	32588	15304	23586	46.60	4.371	11673	5.09E-06	2.37E-04	2.891
3	11.526	16648	35643	14627	20682	110.73	3.669	11348	1.87E-06	2.07E-04	4.206
4	11.658	17354	33589	14639	22243	44.24	3.971	11442	5.00E-06	2.21E-04	3.420
5	11.932	19035	32886	16295	20863	62.34	4.374	12056	3.61E-06	2.25E-04	3.500
6	11.857	18706	32615	15563	21064	60.63	4.322	11888	3.83E-06	2.32E-04	3.286
7	11.669	18984	39463	17566	21034	42.86	3.790	12818	4.07E-06	1.75E-04	4.859
8	12.222	19291	37736	15285	22938	63.76	4.135	12765	3.53E-06	2.25E-04	3.577
9	11.601	17589	34032	17334	23098	103.07	3.953	11596	1.85E-06	1.90E-04	3.873
10	11.533	17514	33895	17333	19869	71.28	3.929	11547	2.63E-06	1.88E-04	4.505
11	11.456	19333	34160	15107	22593	68.20	4.133	12346	3.34E-06	2.28E-04	2.797
12	11.962	18810	33999	15545	22035	53.69	4.261	12110	4.25E-06	2.28E-04	3.330
13	11.801	19610	37917	14559	21544	109.65	4.023	12925	2.11E-06	2.31E-04	3.426
14	12.401	17947	34286	15952	21086	107.84	4.261	11780	2.09E-06	2.26E-04	4.002
15	11.894	16209	35321	17321	23940	45.00	3.741	11111	3.89E-06	1.75E-04	4.607
16	12.329	16209	37873	16662	23658	112.01	3.695	11351	1.63E-06	1.83E-04	4.923
17	11.685	19070	35267	15966	21864	64.85	4.101	12377	3.29E-06	2.13E-04	3.559
18	11.456	18096	37476	15529	20141	91.14	3.730	12203	2.17E-06	1.98E-04	4.370
19	12.527	18752	38261	15186	21556	69.26	4.120	12584	3.26E-06	2.26E-04	4.180
20	12.489	17705	36467	17325	20587	83.95	4.082	11919	2.35E-06	1.97E-04	4.979
21	11.436	18773	34697	16949	21848	65.26	4.015	12182	3.01E-06	1.96E-04	3.768
22	11.549	16830	38578	16736	19942	109.22	3.508	11718	1.57E-06	1.71E-04	5.247
23	11.733	16959	39116	15944	21413	62.82	3.548	11830	2.86E-06	1.80E-04	4.965
24	11.738	18486	35520	17526	20455	70.65	4.018	12158	2.70E-06	1.90E-04	4.457
25	11.679	18908	38236	15160	21191	103.12	3.864	12652	2.05E-06	2.12E-04	3.958
平均值	11.848	18014	35102	15973	21863	67.30	4.024	11885	3.44E-06	2.09E-04	3.880
标准偏差	0.296	958	2596	1108	1309	23.14	0.264	520	1.14E-06	2.18E-05	0.657

(X)=文本中等式编号

图 5.37 蒙特卡洛分析法电子表格示例

路分析的完整结果在图 5.38 的 I_C 和 V_{CE} 的直方图 I_C 和 V_{CE} 的平均值分别为 $207\mu A$ 和 $4.06V$，接近于最初从标称电路元器件估计的值。标准偏差分别为 $19.6\mu A$ 和 $0.64V$。

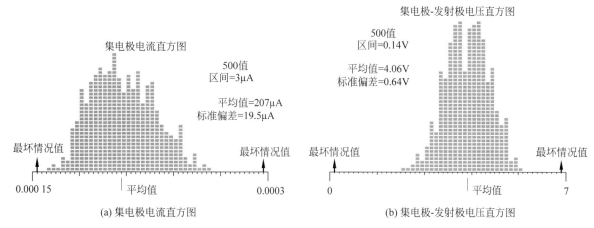

(a) 集电极电流直方图　　(b) 集电极-发射极电压直方图

图 5.38　500 个数值的四电阻偏置电路分析

结果检查和讨论：5.12.1 节中的最坏情况计算如图 5.38 所示的箭头表示。从图中可以看出，V_{CE} 的最坏情况远远超出统计分布的边缘，对于最差统计情况电路达不到饱和。如果 Q 点分布导致图 5.38 中的直方图不足以满足设计规则，那么就需要改变参数容差，重新进行蒙特卡洛分析。例如，如果电路中很大一部分超出规定的范围，就需要使用精确度更高的电阻来减小容差，当然这样的电阻造价也会更高。

SPICE 电路分析程序的一些实现，实际上包含一个蒙特卡洛分析工具，其中针对任意数量随机选择的测试用例自动执行全电路仿真。这些程序是一个强大的工具，可以执行比手工分析复杂得多的统计分析。利用这些程序，可以对含有大量晶体管的电路的延迟、频率响应等进行统计估计。

小结

- 双极型晶体管（BJT）于 20 世纪 40 年代末在贝尔电话实验室由 Bardeen、Brattain 和 Shockley 发明，并成为第一个商业上成功应用的三端固态器件。
- 虽然场效应管已经成为现代集成电路的主导器件技术，但双极型晶体管仍然广泛应用于离散和集成电路设计中。特别是 BJT 仍然是许多需要高速和/或高精度的应用程序的首选器件，如运算放大器、A/D 和 D/A 转换器及无线通信产品。
- BJT 的基本物理结构由 p 型和 n 型交替半导体材料组成的 3 层夹层构成，可以制作成 npn 或 pnp 两种形式。
- 制成晶体管的发射极将载流子注入基极。大多数载流子横穿基区，并由集电极收集。没有完全穿过基极区域的载流子在基极端子中产生小电流。
- 一种叫作传输模型的数学表达（简化的 Gummel-Poon 模型）描述了一般终端电压和电流条件下双极型晶体管的 I-V 特性。传输模型需要 3 个独立参数来表征特定的 BJT，即饱和电流 I_S、正向和反向共发射极电流增益 β_F 和 β_R。
- β_F 非常大，范围是 $20\sim500$，它表征了 BJT 强大的电流放大能力。实际制造中的限制导致双极型晶体管结构具有固有的不对称性,且 β_R 比 β_F 小得多,典型值在 $0 \sim 10$。

- SPICE 电路分析程序包含全面的内置晶体管模型,可以说是晶体管传输模型的扩展。

- 根据施加到基极-发射极和基极-集电极的偏置电压,决定了晶体管具有的 4 个工作区,即截止区、正向有源区、反向有源区和饱和区。每个工作区都有各自的简化传输模型。

- 截止区和饱和区经常用于开关和逻辑电路中。晶体管截止时,等效为断开的开关,当处于饱和区时等效为闭合的开关。然而,与"导通"MOSFET 相比,饱和双极型晶体管在集电极和发射极端子之间具有小电压,即集电极-发射极饱和电压 V_{CESAT},即使在零集电极电流下工作时也是如此。

- 正向有源区的双极型晶体管能够提供很高的电压和电流增益,可用于模拟信号的放大。反向有源区在一些模拟和数字开关的应用中具有许多限制。

- 双极型晶体管的 $I\text{-}V$ 特性通常以输出特性及传输特性以图示的形式来表示。输出特性主要表示 I_C 与 V_{CE} 的关系,传输特性主要表示 I_C 与 V_{BE} 或 V_{EB} 的关系。

- 当处于正向有源区时,集电极电流会随集电极-发射极电压的变化而微小变化。这是由于基区宽度调制效应,即 Early 效应导致。在正向有源区增加 Early 电压 V_A 可以对这一效应进行模拟。

- 双极型晶体管的集电极电流由扩散渡过基区的少数载流子决定,建立了饱和电流和基区渡越时间与物理器件参数的表达式。基区宽度决定了基区渡越时间和晶体管的最高工作频率。

- 晶体管工作时少数载流子储存在基区,由于电压变化引起的储存电荷变化会导致存在与正偏结相关的扩散电容。扩散电容大小与集电极电流成正比。

- 双极型晶体管电容的存在使其电流增益与频率相关。在特征截止频率 f_β 处,电流增益降至低频时增益的 71%,在单位增益频率 f_T 处,增益仅为 1。

- 双极型晶体管在正向有源区的跨导 g_m 与集电极电流和基极-发射极电压的关系不同,其与集电极直流电流 I_C 成正比。

- 对四电阻电路的设计做了深入研究。四电阻偏置电路可以很好地控制 Q 点。对于分立元器件设计来说是很正常的偏置电路。

- 分析元器件容差对电路影响的方法包括最差情况分析和蒙特卡洛分析。在最差情况分析中,将元器件的参数值取极限值,得到的结果往往很差。蒙特卡洛方法分析了大量随机选择的电路,以建立电路性能统计分布的实际估计。高级计算机语言、电子表格或者 MATLAB 中的随机数据发生器可以为蒙特卡洛分析提供随机的元器件数值。SPICE 中的一些电路分析软件包还提供蒙特卡洛分析选项。

关键词

Base	基极
Base current	基极电流
Base width	基区宽度
Base-collector capacitance	基极-集电区电容
Base-emitter capacitance	基极-发射区电容
Base-width modulation	基区宽度调制

β-cutoff frequency f_β	截止频率 f_β
Bipolar Junction Transistor(BJT)	双极型晶体管
Collector	集电极
Collector current	集电极电流
Common-base output characteristic	共基极输出特性
Common-emitter output characteristic	共发射极输出特性
Common-emitter transfer characteristic	共发射极转移特性
Cutoff region	截止区
Diffusion capacitance	扩散电容
Early effect	Early 效应
Early voltage V_A	Early 电压 V_A
Ebers-Moll model	EM 模型
Emitter current	发射极电流
Equilibrium electron density	平衡电子密度
Forward-active region	正向有源区
Forward common-emitter current gain β_F	正向共发射极电流增益 β_F
Forward common-base current gain α_F	正向共基射极电流增益 α_F
Forward transit time τ_F	正向传输时间 τ_F
Forward transport current	正向传输电流
Gummel-Poon model	GP 模型
Inverse-active region	反向有源区
Inverse common-emitter current gain	反向共发射极电流增益
Inverse common-base current gain	反向共基极电流增益
Monte Carlo analysis	蒙特卡洛分析
Normal-active region	正向有源区
Normal common-emitter current gain	共发射极电流增益
Normal common-base current gain	共基极电流增益
npn transistor	npn 晶体管
Output characteristic	输出特性
pnp transistor	pnp 晶体管
Quiescent operating point	静态工作点
Q-point	Q 点
Reverse-active region	反向有源区
Reverse common-base current gain α_R	反向共基极电流增益 α_R
Reverse common-emitter current gain β_R	反向共发射极电流增益 β_R
Saturation region	饱和区
Saturation voltage	饱和电压

SPICE model parameters BF、IS、VAF	SPICE 模型参数 BF、IS、VAF
Transconductance	跨导
Transfer characteristic	传输特性
Translstor saturation current	晶体管饱和电流
Transport model	传输模型
Unity-gain frequency f_T	单位增益频率 f_T
Worst-case analysis	最差情况分析

参考文献

1. William F. Brinkman, "The transistor: 50 glorious years and where we are going," *IEEE International Solid-State Circuits Conference Digest,* vol. 40, pp. 22–26, February 1997.

2. William F. Brinkman, Douglas E. Haggan, William W. Troutman, "A history of the invention of the transistor and where it will lead us," *IEEE Journal of Solid-State Circuits,* vol. 32, pp. 1858–1865, December 1997.

3. H. K. Gummel and H. C. Poon, "A compact bipolar transistor model," *ISSCC Digest of Technical Papers,* pp. 78, 79, 146, February 1970.

4. H. K. Gummel, "A charge control relation for bipolar transistors," *Bell System Technical Journal,* January 1970.

5. J. J. Ebers and J. L. Moll, "Large signal behavior of junction transistors," *Proc. IRE.,* pp. 1761–1772, December 1954.

6. R. C. Jaeger and A. J. Brodersen, "Self consistent bipolar transistor models for computer simulation," *Solid-State Electronics*, vol. 21, no. 10, pp. 1269–1272, October 1978.

7. J. M. Early, "Effects of space-charge layer widening in junction transistors," *Proc. IRE.,* pp. 1401–1406, November 1952.

8. B. M. Wilamowski and R. C. Jaeger, *Computerized Circuit Analysis Using SPICE Programs,* McGraw-Hill, New York: 1997.

9. J. D. Cressler, "Reengineering silicon: Si_Ge heterojunction bipolar technology," *IEEE Spectrum,* pp. 49–55, March 1995.

习题

如无特殊说明,下列参数的默认值为:$I_S = 10^{-16} A$,$V_A = 50V$,$\beta_F = 100$,$\beta_R = 1$,$V_{BE} = 0.70V$

§5.1 双极型晶体管的物理结构

5.1 图 P5.1 为 npn 双极型晶体管的截面图,与图 5.1 相似。指出字母 A～G 所表示的晶体管区域,即基极接触、集电极接触、发射极接触、n 型发射区、n 型集电区、有源区(本征晶体管区)。

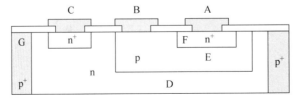

图 P5.1

§5.2 npn 型晶体管的传输模型

5.2 (a)在图 P5.2 所示的电路中标出晶体管的集电极、基极和发射极;(b)分别标出基极-发射极和基极-集电极电压 V_{BE}、V_{BC}。如果 $V = 0.650V$,$I_C = 275\mu A$,$I_B = 3\mu A$,$\alpha_R = 0.55$,求晶体管的 I_S、β_F 和 β_R。

5.3 在图 P5.3 所示的电路中标出晶体管的集电极、基极和发射极;(b)分别标出基极-发射极和基极-集电极电压 V_{BE}、V_{BC},以及集电极、基极、发射极电流的正方向;(c)如果 $V = 0.615V$,$I_C = -275\mu A$,$I_B = 125\mu A$,$\alpha_F = 0.975$,求晶体管的 I_S、β_F 和 β_R。

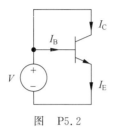 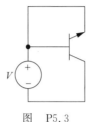

图 P5.2　　　　　　　　　　图 P5.3

5.4 将表 P5.1 中缺少的值写出。

表 P5.1

α	β	α	β
	0.200	0.980	
0.400			200
0.750			1000
	10.0	0.9998	

5.5 (a)求图 P5.4(a)所示的电流 I_{CBS}(参考习题开始给出的参数值);(b)求图 P5.4(b)所示的电流 I_{CBO} 和电压 V_{BE}。

5.6 对于图 P5.5 所示的晶体管,已知 $I_S = 5 \times 10^{-16}A$,$\beta_F = 100$,$\beta_R = 0.25$。(a)标出晶体管的集电极、基极、发射极;(b)写出晶体管的类型;(c)分别标出基极-发射极和基极-集电极电压 V_{BE}、V_{BC},以及集电极、基极、发射极电流的正方向;(d)写出 V_{BE} 和 V_{BC} 之间存在何种关系;(e)写出适用于此电路的传输模型方程的简化形式,写出 I_E/I_B 的表达式,写出 I_E/I_C 的表达式;(f)求 I_E、I_C、I_B、V_{BC} 和 V_{BE} 的值。

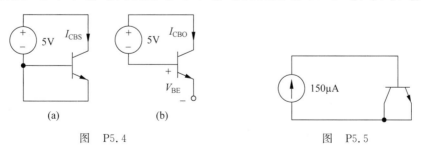

(a)　　　(b)

图 P5.4　　　　　　　　　　图 P5.5

5.7 对于图 P5.6 所示的晶体管,已知 $I_S = 4 \times 10^{-16}A$,$\beta_F = 100$,$\beta_R = 0.25$。(a)标出晶体管的集电极、基极和发射极;(b)写出晶体管的类型;(c)分别标出基极-发射极和基极-集电极电压 V_{BE}、V_{BC},以及 I_E、I_C、I_B 的正方向;(d)如果 $I = 175\mu A$,求 I_E、I_C、I_B、V_{BC} 和 V_{BE} 的值。

5.8 对于图 P5.7 所示的晶体管,已知 $I_S = 4 \times 10^{-16} A$, $\beta_F = 100$, $\beta_R = 0.25$。(a)标出晶体管的集电极、基极和发射极;(b)写出晶体管的类型;(c)分别标出基极-发射极和基极-集电极电压 V_{BE}、V_{BC},以及 I_E、I_C、I_B 的正方向;(d)如果 $I = 175\mu A$,求 I_E、I_C、I_B、V_{BC} 和 V_{BE} 的值。

5.9 将图 P5.8(a)所示的 npn 晶体管连接成"二极管"形式。用传输模型方程证明这种连接方式的 $I\text{-}V$ 特性与式(3.11)定义的二极管类似。如果 $I_S = 4 \times 10^{-16} A$, $\beta_F = 100$, $\beta_R = 0.25$,求该"二极管"的反向饱和电流。

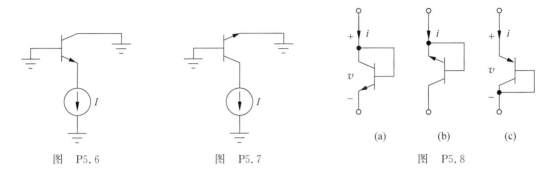

图 P5.6   图 P5.7   图 P5.8

5.10 将图 P5.8(b)所示的 npn 晶体管连接成交互"二极管"的形式。用传输模型方程证明这种连接方式的 $I\text{-}V$ 特性与式(3.11)定义的二极管类似。如果 $I_S = 5 \times 10^{-16} A$, $\beta_F = 60$, $\beta_R = 3$,求该"二极管"的反向饱和电流。

5.11 已知 npn 晶体管 $I_S = 10^{-15} A$,计算下列情况下的 i_T:(a)$V_{BE} = 0.75V$, $V_{BC} = -3V$;(b)$V_{BC} = 0.70V$, $V_{BE} = -3V$。

5.12 已知 npn 晶体管 $I_S = 10^{-16} A$,计算下列情况下的 i_T:(a)$V_{BE} = 0.75V$, $V_{BC} = -3V$;(b)$V_{BC} = 0.70V$, $V_{BE} = -3V$。

§5.3 pnp 型晶体管

5.13 图 P5.9 所示为 pnp 双极型晶体管的截面图,指出字母 A~G 所表示的晶体管区域,即基极接触、集电极接触、发射极接触、p 型发射区、p 型集电区和有源区(本征晶体管区)。

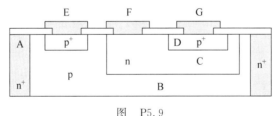

图 P5.9

5.14 对于图 P5.10(a)所示的晶体管,已知 $I_S = 4 \times 10^{-16} A$, $\alpha_F = 0.985$, $\alpha_R = 0.25$。(a)写出晶体管的类型;(b)标出晶体管的集电极、基极和发射极;(c)分别标出基极-发射极和基极-集电极电压,以及 I_E、I_C、I_B 的正方向;(d)写出适用于此电路的传输模型方程的简化形式;(e)写出 I_E/I_B 的表达式,写出 I_E/I_C 的表达式;(f) 求 I_E、I_C、I_B、β_F、β_R、V_{BC}、V_{BE} 的值。

5.15 (a)标出图 P5.10(b)所示电路中晶体管的集电极、基极和发射极;(b)分别标出基极-发射极和基极-集电极电压 V_{BE}、V_{BC},以及 I_E、I_C、I_B 的正方向;(c)如果 $V = 0.640V$, $I_C = 300\mu A$, $I_B = 4\mu A$, $\alpha_R = 0.2$,计算晶体管的 I_S、β_F、β_R。

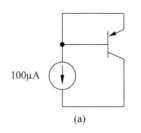 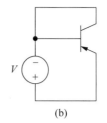

图　P5.10

5.16　将图 P5.8(c)所示的 pnp 晶体管连接成"二极管"形式,重新计算习题 5.9。

5.17　对于图 P5.11 所示的晶体管,已知:$I_S = 5 \times 10^{-16}$A,$\beta_F = 75$,$\beta_R = 4$。(a)标出晶体管的集电极、基极、发射极;(b)写出晶体管的类型;(c)分别标出基极-发射极和基极-集电极电压,以及 I_E,I_C,I_B 的正方向;(d)写出适用于此电路的传输模型方程的简化形式;(e)写出 I_E/I_B 的表达式,写出 I_E/I_C 的表达式;(f)求 I_E,I_C,I_B,V_{BC},V_{BE} 的值。

5.18　对于图 P5.12(a)所示的晶体管,已知 $I_S = 5 \times 10^{-16}$A,$\beta_F = 100$,$\beta_R = 5$。(a)标出晶体管的集电极、基极和发射极;(b)写出晶体管的类型;(c)分别标出基极-发射极和基极-集电极电压 V_{BE},V_{BC},以及 I_E,I_C,I_B 的正方向;(d)如果 $I = 300\mu$A,计算 I_E,I_C,I_B,V_{BC},V_{BE} 的值。

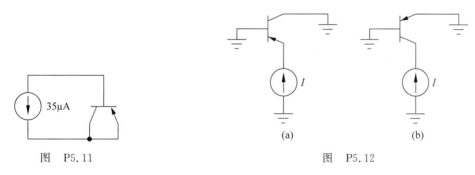

图　P5.11　　　　　　　　　　　　图　P5.12

5.19　对于图 P5.12(b)所示的晶体管,已知 $I_S = 5 \times 10^{-16}$A,$\beta_F = 75$,$\beta_R = 1$。(a)标出晶体管的集电极、基极和发射极;(b)写出晶体管的类型;(c)分别标出基极-发射极和基极-集电极电压 V_{BE},V_{BC},以及 I_E,I_C,I_B 的正方向;(d)如果 $I = 300\mu$A,求 I_E,I_C,I_B,V_{BC},V_{BE}的值。

§5.4　晶体管传输模型的等效电路

5.20　已知 pnp 晶体管 $I_S = 5 \times 10^{-16}$A,计算下列情况下的 i_T。(a)$V_{EB} = 0.70$V,$V_{CB} = -3$V;(b)$V_{BC} = 0.70$V,$V_{BE} = -3$V。

5.21　对于图 5.8(a)所示的 pnp 晶体管的等效电路,已知 $I_S = 2.5 \times 10^{-16}$A,$\beta_F = 80$,$\beta_R = 2$。计算下列情况下的电流 i_T 和两个二极管电流:(a)$V_{BE} = 0.73$V,$V_{BC} = -3$V;(b)$V_{BC} = 0.73$V,$V_{BE} = -3$V。

5.22　对于图 5.8(b)所示的 pnp 晶体管的等效电路,已知 $I_S = 3 \times 10^{-15}$A,$\beta_F = 60$,$\beta_R = 3$。计算下列情况下的电流 i_T 和两个二极管电流:(a)$V_{BE} = 0.68$V,$V_{BC} = -3$V;(b)$V_{CB} = 0.68$V,$V_{EB} = -3$V。

5.23　Ebers-Moll 模型是最早描述双极型晶体管特性的数学模型之一,证明 npn 晶体管模型方程可以转换为下列 Ebers-Moll 方程(提示:在式(5.13)中的集电极和发射极电流表达式中加减 1)。

$$i_E = I_{ES}\left[\exp\left(\frac{v_{BE}}{V_T}\right) - 1\right] - \alpha_R I_{CS}\left[\exp\left(\frac{v_{BC}}{V_T}\right) - 1\right]$$

$$i_C = \alpha_F I_{ES}\left[\exp\left(\frac{v_{BE}}{V_T}\right) - 1\right] - I_{CS}\left[\exp\left(\frac{v_{BC}}{V_T}\right) - 1\right]$$

$$i_B = (1 - \alpha_F) I_{ES}\left[\exp\left(\frac{v_{BE}}{V_T}\right) - 1\right] - (1 - \alpha_R) I_{CS}\left[\exp\left(\frac{v_{BC}}{V_T}\right) - 1\right]$$

$$\alpha_F I_{ES} = \alpha_R I_{CS}$$

5.24 对于 npn 晶体管,已知 $I_S = 2 \times 10^{-15}$ A,$\beta_F = 100$,$\beta_R = 0.5$,计算 α_F、α_R、I_{ES}、I_{CS} 的值,证明 $\alpha_F I_{ES} = \alpha_R I_{CS}$。

5.25 Ebers-Moll 模型是最早描述双极型晶体管特性的数学模型之一,证明 pnp 晶体管模型方程可以转换为下列 Ebers-Moll 方程(提示:在式(5.17)中的集电极和发射极电流表达式中加减 1)。

$$i_E = I_{ES}\left[\exp\left(\frac{v_{EB}}{V_T}\right) - 1\right] - \alpha_R I_{CS}\left[\exp\left(\frac{v_{CB}}{V_T}\right) - 1\right]$$

$$i_C = \alpha_F I_{ES}\left[\exp\left(\frac{v_{EB}}{V_T}\right) - 1\right] - I_{CS}\left[\exp\left(\frac{v_{CB}}{V_T}\right) - 1\right]$$

$$i_B = (1 - \alpha_F) I_{ES}\left[\exp\left(\frac{v_{EB}}{V_T}\right) - 1\right] + (1 - \alpha_R) I_{CS}\left[\exp\left(\frac{v_{CB}}{V_T}\right) - 1\right]$$

$$\alpha_F I_{ES} = \alpha_R I_{CS}$$

§5.5 双极型晶体管的 *I-V* 特性

5.26 图 P5.13 所示为 npn 晶体管的共发射极输出特性曲线,求下列情况时 β_F 的值:(a)$I_C = 5\text{mA}$,$V_{CE} = 5\text{V}$;(b)$I_C = 7\text{mA}$,$V_{CE} = 7.5\text{V}$;(c)$I_C = 10\text{mA}$,$V_{CE} = 14\text{V}$。

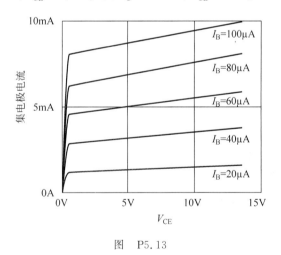

图 P5.13

5.27 已知 npn 晶体管 $I_S = 1\text{fA}$,$\beta_{FO} = 75$,$V_A = 50\text{V}$。基极电流取从 $0 \sim 200\mu\text{A}$ 等距变化的 6 个值,V_{CE} 从 0 变化到 10V,画出共发射极输出特性曲线。

5.28 利用 SPICE 绘制习题 5.27 中 npn 晶体管的共发射极输出的特性曲线。

5.29 已知 npn 晶体管 $I_S = 1\text{fA}$,$\beta_{FO} = 75$,$V_A = 50\text{V}$,基极电流取从 $0 \sim 2\text{mA}$ 等距变化的 6 个值,V_{CB} 从 0 变化到 10V,用 SPICE 绘制出共发射极输出的特性曲线。

5.30 用 SPICE 画出习题 5.29 中 pnp 晶体管的共发射极输出的特性曲线。

5.31 求下列温度下共发射极 npn 晶体管对数传输特性曲线斜率(mV/十倍程)的倒数:(a)200K;(b)250K;(c)300K;(d)350K。

5.32 在图 P5.8 所示的电路中,晶体管发射极-基极结和发射极-集电极结的齐纳击穿电压分别为 40V 和 5V,则对于每个二极管连接形式的晶体管,其齐纳击穿电压分别为多少?

5.33 在图 P5.14 所示的电路中,npn 晶体管的集电极-基极结和发射极-基极结的齐纳击穿电压分别为 40V 和 6.3V。每个电路中电阻的电流是多少?(提示:传输模型方程的等效电路有助于电路的理解)

5.34 如图 5.9(a)所示,npn 晶体管存在偏置。如果 npn 晶体管的集电极-基极结和发射极-基极结的击穿电压分别为 60V 和 5V,那么在不击穿结的情况下,V_{CE} 的最大值是多少?

5.35 (a)对于图 P5.15 所示的电路,根据传输模型方程,已知 $I_S = 1 \times 10^{-16}$ A,$\beta_F = 50$,$\beta_R = 0.5$,电流 I 的最大值是多少?(b)假设 $I = 1$mA,晶体管会怎么样?(提示:传输模型方程的等效电路有助于可视化电路)

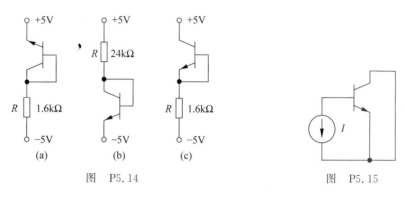

图 P5.14   图 P5.15

§5.6 双极型晶体管的工作区

5.36 在表 P5.2 中标出带有所示偏置的 npn 晶体管的工作区域。

表 P5.2

基极-发射极电压	基极-集电极电压	
	0.7V	−5.0V
−5.0V		
0.7V		

5.37 (a)图 P5.8 所示晶体管处于哪个工作区?(b)图 P5.16(a)所示的呢?(c)图 P5.18 所示的呢?(d)图 P5.22 所示的呢?

5.38 (a)图 P5.4(a)所示晶体管处于哪个工作区?(b)图 P5.4(b)所示的呢?

5.39 (a)图 P5.5(a)所示晶体管处于哪个工作区?(b)图 P5.6 所示的呢?(c)图 P5.7 所示的呢?

5.40 在表 P5.3 中标出带有所示偏置的 pnp 晶体管的工作区域。

表 P5.3

基极-发射极电压	基极-集电极电压	
	0.7V	−5.0V
−5.0V		
0.7V		

5.41 (a)图 P5.2 所示晶体管处于哪个工作区? (b)图 P5.3 所示的呢?

5.42 (a)图 P5.10(a)所示晶体管处于哪个工作区? (b)图 P5.10(b)所示的呢?

5.43 (a)图 P5.11 所示晶体管处于哪个工作区? (b)图 P5.12(a)所示的呢? (c)图 P5.12(b)所示的呢?

§5.7 传输模型的化简

· 截止区

5.44 (a)如果 $I_S=2\times10^{-16}$ A, $\beta_F=75$, $\beta_R=4$,求图 P5.16(a)所示中晶体管的端电流 I_E, I_B, I_C; (b)对图 P5.16(b)所示晶体管,重复上述计算。

5.45 对于 npn 晶体管,已知 $I_S=5\times10^{-16}$ A, $\alpha_F=0.95$, $\alpha_R=0.5$, $V_{BE}=0.3$V, $V_{BC}=-5$V。按照截止区的定义,晶体管不是工作在截止区,但是为什么仍然可以这样说? 用传输模型证明。根据定义,晶体管实际处于哪个工作区?

· 正向有源区

5.46 如图 P5.17 所示电路,求晶体管 β_F 和 I_S 的值。

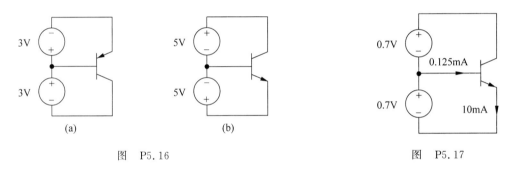

(a)   (b)

图 P5.16   图 P5.17

5.47 如图 P5.18 所示电路,求晶体管 β_F 和 I_S 的值。

5.48 如图 5.18 所示电路,已知 $V_{EE}=3.3$V, $R=47$kΩ, $\beta_F=80$,求发射极、基极和集电极电流。

5.49 已知晶体管 $f_T=500$MHz, $\beta_F=75$。(a)求晶体管的 β 截止频率 f_β; (b)用式(5.42)求出 α_F 和频率的关系,即 $\alpha_F(f)$(提示:写出 $\beta(s)$ 的表达式),计算晶体管的 α 截止频率。

5.50 (a)从 pnp 晶体管的传输模型式(5.17)出发,构建适用于正向有源区的简化方程(参考式(5.23)); (b)参考图 5.19(c)所示的 pnp 简化模型,画出 pnp 晶体管的简化模型。

· 反向有源区

5.51 如图 P5.19 所示电路,计算晶体管 β_R 和 I_S 的值。

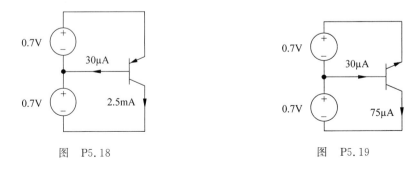

图 P5.18   图 P5.19

5.52 如图 P5.20 所示电路,计算晶体管 β_R 和 I_S 的值。

5.53 如图 5.20 所示,如果负电压为 -3.3V, $R = 56\text{k}\Omega$, $\beta_R = 0.75$,求发射极、基极和集电极电流。

• **饱和区**

5.54 已知 npn 晶体管,$I_C = 1\text{mA}$, $I_B = 1\text{mA}$, $\beta_F = 50$, $\beta_R = 2$,求晶体管的饱和电压、β 及 $I_S = 10^{-15}\text{A}$ 时 V_{BE} 的值。

5.55 参照式(5.29)的推导过程,推导 pnp 晶体管饱和电压 V_{ECSAT} 的表达式。

5.56 (a)如图 P5.21(a)所示,如果 $I_S = 7 \times 10^{-16}\text{A}$, $\alpha_F = 0.99$, $\alpha_R = 0.5$,求晶体管的集电极-发射极电压;(b)晶体管参数不变,求图 P5.21(b)所示晶体管的集电极-发射极电压。

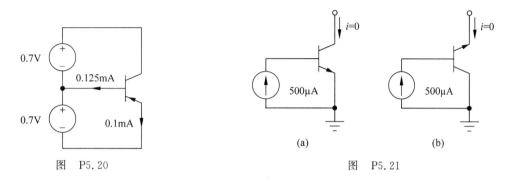

图 P5.20   图 P5.21

5.57 如果 $\alpha_F = 0.95$, $\alpha_R = 0.33$,重新计算习题 5.56。

5.58 (a)对于一个 npn 晶体管,已知 $\beta_F = 15$, $\beta_R = 0.9$,集电极电流为 20A,求饱和电压 $V_{CESAT} = 0.1\text{V}$ 时的基极电流。晶体管的 β 为多少?(b)如果 $V_{CESAT} = 0.04\text{V}$,重复上述计算。

5.59 npn 晶体管 $I_S = 1 \times 10^{-16}\text{A}$, $\alpha_F = 0.975$, $\alpha_R = 0.5$, $V_{BE} = 0.70\text{V}$, $V_{BC} = 0.50\text{V}$。按照定义,晶体管工作在饱和区,但是根据图 5.19 的讨论,尽管 $V_{BC} > 0$,晶体管的实际工作区类似正向有源区,用传输模型证明这种说法的正确性。

5.60 如图 P5.22 所示,两个电路的电流 I 均为 $175\mu\text{A}$。已知 $I_S = 4 \times 10^{-16}\text{A}$, $\beta_F = 50$, $\beta_R = 0.5$,求两个电路的 V_{BE} 和图 P5.22(b)的 V_{CESAT}。

• **双极型集成电路中的晶体管**

5.61 将电路条件应用于传输方程,推导式(5.25)的结果。

5.62 根据图 5.20 所示电路,对于晶体管,已知 $I_S = 10^{-15}\text{A}$, $\alpha_F = 0.98$, $\alpha_R = 0.20$,求二极管的反向饱和电流。

5.63 图 P5.23 所示的两个晶体管完全相同,如果 $I = 25\mu\text{A}$, $\beta_F = 60$,求晶体管 Q_2 的集电极电流。

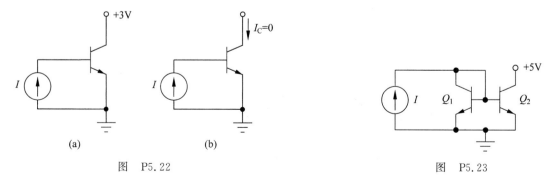

图 P5.22   图 P5.23

§5.8 双极型晶体管的非理想特性

5.64 已知双极型晶体管 $\tau_F = 50ps$,当集电极电流为下列值时计算晶体管的扩散电容:(a)$2\mu A$;(b)$200\mu A$;(c)$20mA$。

5.65 (a)已知 npn 晶体管,基极宽度 $W_B = 0.5\mu m$,基区掺杂浓度为 $10^{18}/cm^3$,计算晶体管的正向渡越时间 τ_F;(b)对于 pnp 晶体管,重复上述计算。

5.66 现有一个 $\tau_F = 10ps$ 的 npn 晶体管,已知工作在 300K 时集电极电流为 $1\mu A$,则其扩散电容是多少?集电极电流分别为 1mA 和 10mA 时的情况呢?

5.67 已知一个晶体管,$f_T = 90MHz$,$f_B = 5MHz$,则晶体管的直流电流增益是多少?晶体管在 50MHz 时的电流增益是多少?250MHz 时呢?

5.68 已知晶体管在 75MHz 时直流电流增益为 180,电流增益为 10,则该晶体管的单位增益和截止频率是多少?

5.69 已知一个 npn 晶体管工作频率至少为 5GHz,如果基区掺杂浓度为 $5 \times 10^{18}/cm^3$,则基区宽度到多少,才能满足其工作频率的要求?

5.70 已知一个晶体管,基区掺杂浓度为 $6 \times 10^{18}/cm^3$,基区宽度为 $0.4\mu m$,截面积为 $25\mu m^2$,求该晶体管的饱和电流。

- **Early 效应和 Early 电压**

5.71 npn 晶体管工作在正向有源区,基极电流为 $3\mu A$,已知当 $V_{CE} = 5V$ 时,$I_C = 240\mu A$;当 $V_{CE} = 10V$ 时,$I_C = 265\mu A$,计算晶体管的 β_{FO} 和 V_A。

5.72 某 npn 晶体管处于正向有源区,已知 $I_S = 4 \times 10^{-16}A$,$\beta_F = 100$,$V_A = 65V$,$V_{BE} = 0.72V$,$V_{CE} = 10V$。(a)求集电极电流 I_C;(b)如果 $V_A = \infty$,求集电极电流 I_C;(c)求(a)和(b)中电流的比值。

5.73 根据图 P5.13 所示 npn 晶体管的共发射极输出特性曲线,求晶体管的 β_{FO} 和 V_A。

5.74 (a)如果 $I_S = 5 \times 10^{-16}A$,$\beta_{FO} = 19$,$V_A = 50V$,重新计算图 5.16 中的晶体管电流并求 V_{BE};(b)如果 $V_A = \infty$,求 V_{BE}。

5.75 图 5.16 所示的晶体管,如果 $\beta_{FO} = 50$,$V_A = 50V$,重新计算晶体管中的电流。

5.76 如果,$V_A = 50V$,$V_{BE} = 0.7V$,重新计算习题 5.63。

§5.9 跨导

5.77 已知一个 npn 晶体管工作温度为 350K,求集电极电流取下列值时的跨导。(a)$10\mu A$;(b)$100\mu A$;(c)$1mA$;(d)$10mA$;(e)对 pnp 晶体管,重复上述计算。

5.78 (a)当温度为 320K 时,npn 晶体管的跨导为 25mS,需要的集电极电流为多少?(b)对于 pnp 晶体管,重复上述步骤;(c)如果跨导为 $40\mu S$,重复(a)和(b)的计算。

§5.10 双极工艺与 SPICE 模型

5.79 (a)对于本征 npn 晶体管,下列 SPICE 参数的默认值为多少:IS、BF、BR、VAF、VAR、TF、TR、NF、NE、RB、RCRE、ISE、ISC、ISS、IKF、IKR、CJE 和 CJC(提示:根据 SPICE 版本的不同,表 5.P1 中的值可能会有所差异);(b)对本征 pnp 晶体管,重复上述计算。

5.80 双极型晶体管的 SPICE 模型中,已知正向膝点电流 IKF = 10mA,NK = 0.5。当 i_F 分别取下列值时,在正向有源区 KBQ 因子使有源区集电极电流减小多少?(a)1mA;(b)10mA;(c)50mA。

5.81 假设 npn 晶体管工作在正向有源区,且有 VAF = ∞,已知 npn 晶体管 IKF = 40mA,NK = 0.5,试画出 KBQ 与 i_f 的关系图。

§5.11　BJT的实际偏置电路

· 四电阻偏置

5.82　(a)在图 P5.24(a)所示电路中，已知 $\beta_F=50$，$V_{BE}=0.70V$，求电路的 Q 点；(b)如果所有的电阻值减小为原来的 $1/5$，重新计算 Q 点；(c)如果所有电阻值增大为原来的 5 倍，重新计算 Q 点；(d)如果 $I_S=0.5fA$，$V_T=25.8mV$，用数值迭代方法求(a)中的 Q 点。

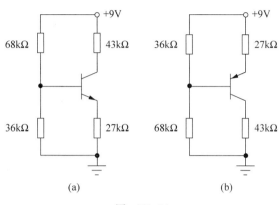

图　P5.24

5.83　在图 P5.24(a)所示电路中，将 $27k\Omega$ 电阻换为 $33k\Omega$ 电阻，假设 $\beta_F=75$，计算电路的 Q 点。

5.84　(a)假设 $\beta_F=75$，$V_{BE}=0.70V$，计算图 P5.24(b)所示电路的 Q 点；(b)如果所有的电阻值减小为原来的 $1/5$，重新计算 Q 点；(c)如果所有电阻值增大为原来的 5 倍，重新计算 Q 点；(d)如果 $I_S=0.4fA$，$V_T=25.8mA$，用数值迭代方法求(a)中的 Q 点。

5.85　(a)在图 P5.24(b)所示电路中，将 $27k\Omega$ 电阻换为 $33k\Omega$ 电阻，假设 $\beta_F=75$，$V_{BE}=0.70V$，求电路的 Q 点；(b)如果所有电阻值减小为原来的 $1/5$，重新计算 Q 点；(c)如果所有电阻值增大为原来的 5 倍，重新计算 Q 点；(d)如果 $I_S=1fA$，$V_T=25.8mA$，用数值迭代方法求(a)中的 Q 点。

5.86　(a)假设 $I_S=1\times10^{-16}A$，$\beta_F=50$，$\beta_R=0.25$，$V_A=\infty$，用 SPICE 仿真图 P5.24 所示的电路，并与计算所得的 Q 点进行比较；(b)如果 $V_A=60V$，重复上述计算；(c)对图 5.32(c)中的电路，重复(a)中的计算；(d)对图 5.32(c)中的电路，重复(b)中的计算。

5.87　如图 5.32 所示，如果 $R_1=120k\Omega$，$R_2=270k\Omega$，$R_E=100k\Omega$，$R_C=150k\Omega$，$\beta_F=100$，正向有源电压为 $10V$，计算电路的 Q 点。

5.88　如图 5.32 所示，如果 $R_1=6.2k\Omega$，$R_2=13k\Omega$，$R_C=5.1k\Omega$，$R_E=7.5k\Omega$，$\beta_F=100$，正向电源电压为 $15V$，求电路的 Q 点。

5.89　(a)如果 $V_{CC}=18V$，$\beta_F=75$，设计 npn 晶体管的四电阻偏置电路，使得 $I_C=10\mu A$，$V_{CE}=6V$；(b)将准确值换为附录 C 电阻表中的最近值，重新计算 Q 点。

5.90　(a)如果 $V_E=3V$，$V_{CC}=12V$，$\beta_F=100$，设计 npn 晶体管的四电阻偏置电路，使得 $I_C=11mA$，$V_{EC}=5V$；(b)将准确值换为附录 C 电阻表中的最近值，重新求 Q 点。

5.91　(a)如果 $V_{CC}=5V$，$\beta_F=60$，设计 npn 晶体管的四电阻偏置电路，使得 $I_C=850\mu A$，$V_{EC}=2V$，$V_E=1V$；(b)将准确值换为附录 C 电阻表中的最近值，重新求 Q 点。

5.92　(a)如果 $V_{RE}=1V$，$V_{CC}=-15V$，$\beta_F=50$，设计 npn 晶体管的四电阻偏置电路，使得 $I_C=11mA$，$V_{EC}=5V$；(b)将准确值换为附录 C 电阻表中的最近值，重新求 Q 点。

- **负载线分析**

5.93 用图示负载线方法求图 P5.25 电路的 Q 点。参考图 P5.13 的特性。

5.94 用图示负载线方法求图 P5.26 电路的 Q 点。参考图 P5.13 的特性,假设该图为 I_C 与 V_{EC} 的关系图,而不是 I_C 与 V_C 的关系图。

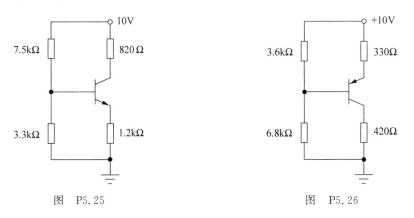

图 P5.25   图 P5.26

- **偏置电路及其应用**

5.95 计算下列条件下图 P5.27 所示电路的 Q 点。(a)$\beta_F = 40$;(b)$\beta_F = 120$;(c)$\beta_F = 250$;(d)$\beta_F = \infty$;(e)如果 $I_S = 0.5\text{fA}$,$V_T = 25.8\text{mV}$,用数值迭代方法求解(c)中的 Q 点。

5.96 设计图 P5.28 所示的偏置电路,使得晶体管电流增益为 $\beta_F = 60$ 时,Q 点为 $I_C = 10\text{mA}$,$V_{EC} = 3\text{V}$。如果晶体管的电流增益实际上为 40,求 Q 点。

5.97 设计图 P5.29 所示的偏置电路,其中,晶体管电流增益为 $\beta_F = 50$,$V_{BE} = 0.65\text{V}$,Q 点为 $I_C = 20\mu\text{A}$,$V_{CE} = 0.90\text{V}$。如果晶体管的电流增益实际上为 125,求 Q 点。

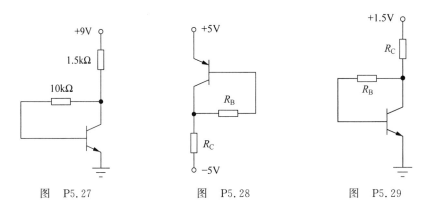

图 P5.27   图 P5.28   图 P5.29

5.98 如图 P5.30 所示,齐纳二极管 $V_Z = 6\text{V}$,$R_Z = 100\Omega$,计算 $I_L = 20\text{mA}$ 的输出电压。如果 $I_S = 1 \times 10^{-16}\text{A}$,$\beta_F = 50$,$\beta_R = 0.5$,求解精确结果。

5.99 给出齐纳二极管的模型并仿真习题 P5.30 所示电路。将 SPICE 仿真结果与计算结果比较,其中 $I_S = 1 \times 10^{-16}\text{A}$,$\beta_F = 50$,$\beta_R = 0.5$。

5.100 如图 P5.31 所示电路,其中,$V_{EQ} = 7\text{V}$,$R_{EQ} = 100\Omega$,如果 R_O 定义为 $R_O = -\text{d}v_o/\text{d}i_L$,并假设 $\beta_F = 50$,计算 $i_L = 20\text{mA}$ 时的输出电阻 R_O。

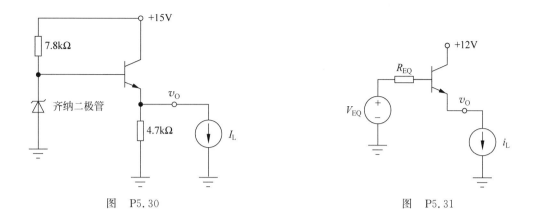

图 P5.30 | 图 P5.31

5.101 如图 P5.32 所示电路,如果运算放大器是理想运算放大器,求输出电压 v_O。计算三极管的基极电流、发射极电流及 15V 电源供给的总电流。假设 $\beta_F = 60$,求运算放大器的输出电压。

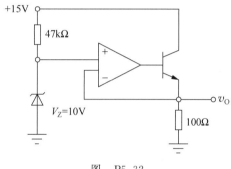

图 P5.32

5.102 如图 P5.33 所示电路,如果运算放大器是理想运算放大器,求输出电压 v_O。计算三极管的基极电流、发射极电流及 15V 电源供给的总电流。假设 $\beta_F = 40$,求运算放大器的输出电压。

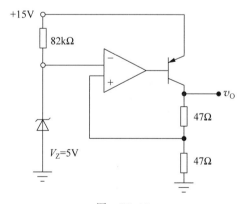

图 P5.33

标准离散组件值

A.1 电阻

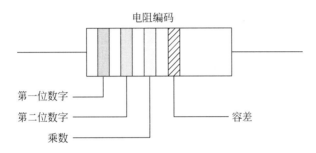

电阻编码

第一位数字

第二位数字

乘数

容差

图 A.1 电阻编码

表 A.1 电阻颜色编码

颜色	数字	乘数	容差
银色	⋯	0.01	10
金色	⋯	0.1	5
黑色	0	1	
褐色	1	10	
红色	2	10^2	
橙色	3	10^3	
黄色	4	10^4	
绿色	5	10^5	
蓝色	6	10^6	
紫色	7	10^7	
灰色	8	10^8	
白色	9	10^9	

表 A.2　标准电阻值（所有电阻值都具有 5%容差。加粗标示的值具有 10%的容差）

Ω								MΩ	
1.0	**5.6**	**33**	**180**	**1000**	**5600**	**33 000**	**180 000**	**1.0**	**5.6**
1.1	6.2	36	200	1100	6200	36 000	200 000	1.1	6.2
1.2	**6.8**	**39**	**220**	**1200**	**6800**	**39 000**	**220 000**	**1.2**	**6.8**
1.3	7.5	43	240	1300	7500	43 000	240 000	1.3	7.5
1.5	**8.2**	**47**	**270**	**1500**	**8200**	**47 000**	**270 000**	**1.5**	**8.2**
1.6	9.1	51	300	1600	9100	51 000	300 000	1.6	9.1
1.8	**10**	**56**	**330**	**1800**	**10 000**	**56 000**	**330 000**	**1.8**	**10**
2.0	11	62	360	2000	11 000	62 000	360 000	2.0	11
2.2	**12**	**68**	**390**	**2200**	**12 000**	**68 000**	**390 000**	**2.2**	**12**
2.4	13	75	430	2400	13 000	75 000	430 000	2.4	13
2.7	**15**	**82**	**470**	**2700**	**15 000**	**82 000**	**470 000**	**2.7**	**15**
3.0	16	91	510	3000	16 000	91 000	510 000	3.0	16
3.3	**18**	**100**	**560**	**3300**	**18 000**	**100 000**	**560 000**	**3.3**	**18**
3.6	20	110	620	3600	20 000	110 000	620 000	3.6	20
3.9	**22**	**120**	**680**	**3900**	**22 000**	**120 000**	**680 000**	**3.9**	**22**
4.3	24	130	750	4300	24 000	130 000	750 000	4.3	
4.7	**27**	**150**	**820**	**4700**	**27 000**	**150 000**	**820 000**	**4.7**	
5.1	30	160	910	5100	30 000	160 000	910 000	5.1	

表 A.3 高精度（1%）电阻值

Ω

10.0	19.1	36.5	69.8	133	255	487	931	1.78K	3.40K	6.49K	12.4K	23.7K	45.3K	84.5K	158K	294K	549K
10.2	19.6	37.4	71.5	137	261	499	953	1.82K	3.48K	6.65K	12.7K	24.3K	46.4K	86.6K	162K	301K	562K
10.5	20.0	38.3	73.2	140	267	511	976	1.87K	3.57K	6.81K	13.0K	24.9K	47.5K	88.7K	165K	309K	576K
10.7	20.5	39.2	75.0	143	274	523	1.00K	1.91K	3.65K	6.98K	13.3K	25.5K	48.7K	90.9K	169K	316K	590K
11.0	21.0	40.2	76.8	147	280	536	1.02K	1.96K	3.74K	7.15K	13.7K	26.1K	49.9K	93.1K	174K	324K	604K
11.3	21.5	41.2	78.7	150	287	549	1.05K	2.00K	3.83K	7.32K	14.0K	26.7K	51.1K	95.3K	178K	332K	619K
11.5	22.1	42.2	80.6	154	294	562	1.07K	2.05K	3.92K	7.50K	14.3K	27.4K	52.3K	97.6K	182K	340K	634K
11.8	22.6	43.2	82.5	158	301	576	1.10K	2.10K	4.02K	7.68K	14.7K	28.0K	53.6K	100K	187K	348K	649K
12.1	23.2	44.2	84.5	162	309	590	1.13K	2.15K	4.12K	7.87K	15.0K	28.7K	54.9K	102K	191K	357K	665K
12.4	23.7	45.3	86.6	165	316	604	1.15K	2.21K	4.22K	8.06K	15.4K	29.4K	56.2K	105K	196K	365K	681K
12.7	24.3	46.4	88.7	169	324	619	1.18K	2.26K	4.32K	8.25K	15.8K	30.1K	57.6K	107K	200K	374K	698K
13.0	24.9	47.5	90.9	174	332	634	1.21K	2.32K	4.42K	8.45K	16.2K	30.9K	59.0K	110K	205K	383K	715K
13.3	25.5	48.7	93.1	178	340	649	1.24K	2.37K	4.53K	8.66K	16.5K	31.6K	60.4K	113K	210K	392K	732K
13.7	26.1	49.9	95.3	182	348	665	1.27K	2.43K	4.64K	8.87K	16.9K	32.4K	61.9K	115K	215K	402K	750K
14.0	26.7	51.1	97.6	187	357	681	1.30K	2.49K	4.75K	9.09K	17.4K	33.2K	63.4K	118K	221K	412K	768K
14.3	27.4	52.3	100	191	365	698	1.33K	2.55K	4.87K	9.31K	17.8K	34.0K	64.9K	121K	226K	422K	787K
14.7	28.0	53.6	102	196	374	715	1.37K	2.61K	4.99K	9.53K	18.2K	34.8K	66.5K	124K	232K	432K	806K
15.0	28.8	54.9	105	200	383	732	1.40K	2.67K	5.11K	9.76K	18.7K	35.7K	68.1K	127K	237K	442K	825K
15.4	29.4	56.2	107	205	392	750	1.43K	2.74K	5.23K	10.0K	19.1K	36.5K	69.8K	130K	243K	453K	845K
15.8	30.1	57.6	110	210	402	768	1.47K	2.80K	5.36K	10.2K	19.6K	37.4K	71.5K	133K	249K	464K	866K
16.2	30.9	59.0	113	215	412	787	1.50K	2.87K	5.49K	10.5K	20.0K	38.3K	73.2K	137K	255K	475K	887K
16.5	31.6	60.4	115	221	422	806	1.54K	2.94K	5.62K	10.7K	20.5K	39.2K	75.0K	140K	261K	487K	909K
16.9	32.4	61.9	118	226	432	825	1.58K	3.01K	5.76K	11.0K	21.0K	40.2K	76.8K	143K	267K	499K	931K
17.4	33.2	63.4	121	232	443	845	1.62K	3.09K	5.90K	11.3K	21.5K	41.2K	78.7K	147K	274K	511K	953K
17.8	34.0	64.9	124	237	453	866	1.65K	3.16K	6.04K	11.5K	22.1K	42.2K	80.6K	150K	280K	523K	976K
18.2	34.8	66.5	127	243	464	887	1.69K	3.24K	6.19K	11.8K	22.6K	43.2K	82.5K	154K	287K	536K	1.00M
18.7	35.7	68.1	130	249	475	909	1.74K	3.32K	6.34K	12.1K	23.2K	44.2K					

A.2 电容

表 A.4 标准电容值(也有比较大的值)

pF	pF	pF	pF	μF	μF	μF	μF	μF	μF	μF
1	10	100	1000	0.01	0.1	1	10	100	1000	10 000
	12	120	1200	0.012	0.12	1.2	12	120	1200	12 000
1.5	15	150	1500	0.015	0.15	1.5	15	150	1500	15 000
	18	180	1800	0.018	0.18	1.8	18	180	1800	
	20	200	2000	0.020	0.20				2000	20 000
2.2	22	220	2200	0.022	0.22	2.2	22	220	2200	22 000
	27	270	2700	0.027	0.27	2.7	27	270	2700	
3.3	33	330	3300	0.033	0.33	3.3	33	330	3300	33 000
	39	390	3900	0.039	0.39	3.9	39	390	3900	
4.7	47	470	4700	0.047	0.47	4.7	47	470	4700	47 000
5.0	50	500	5000	0.050	0.50					50 000
5.6	56	560	5600	0.056	0.56	5.6	56	560	5600	
6.8	68	680	6800	0.068	0.68	6.8	68	680	6800	68 000
8.2	82	820	8200	0.082	0.82	8.2	82	820	8200	

A.3 电感

表 A.5 标准电感值

μH	μH	μH	μH	mH	mH	mH
0.10	1.0	10	100	1.0	10	100
	1.1	11	110			
	1.2	12	120	1.2	12	120
0.15	1.5	15	150	1.5	15	
0.18	1.8	18	180	1.8	18	
	2.0	20	200			
0.22	2.2	22	220	2.2	22	
	2.4	24	240			
0.27	2.7	27	270	2.7	27	
0.33	3.3	33	330	3.3	33	
0.39	3.9	39	390	3.9	39	
	4.3	43	430			
0.47	4.7	47	470	4.7	47	
0.56	5.6	56	560	5.6	56	
	6.2	62	620			
0.68	6.8	68	680	6.8	68	
	7.5	75	750			
0.82	8.2	82	820	8.2	82	
	9.1	91	910			

固态器件模型及 SPICE 仿真参数

B.1 pn 结二极管

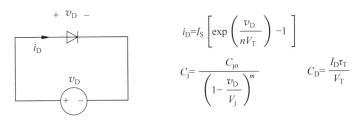

$$i_D = I_S \left[\exp\left(\frac{v_D}{nV_T} \right) - 1 \right]$$

$$C_j = \frac{C_{jo}}{\left(1 - \dfrac{v_D}{V_j} \right)^m} \qquad C_D = \frac{I_D \tau_T}{V_T}$$

图 B.1 施加电压 v_D 的二极管

表 B.1 用于电路仿真的二极管参数

参　　数	名　　称	默　认　值	典　型　值
饱和电流	IS	1×10^{-14} A	3×10^{-17} A
扩散系数(理想因子为 n)	N	1	1
渡越时间(τ_T)	TT	0	0.15nS
串联电阻	RS	0	10Ω
结电容	CJO	0	1.0pF
结电势(V_j)	VJ	1V	0.8V
等级系数(m)	M	0.5	0.5

B.2 MOS 场效应管

NMOS 和 PMOS 晶体管的数学模型总结如下。端电压和电流的定义详见表 B.2。

表 B.2 MOSFET 晶体管的类型

	NMOS 器件	PMOS 器件
增强型	$V_{TN} > 0$	$V_{TP} < 0$
耗尽型	$V_{TN} \leqslant 0$	$V_{TP} \geqslant 0$

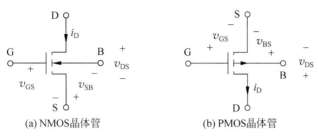

图 B.2

NMOS 晶体管模型小结

对所有区域 $\qquad K_n = K'_n \dfrac{W}{L} = \mu_n C''_{ox} \dfrac{W}{L} \qquad i_G = 0 \qquad i_B = 0$

阈值电压 $\qquad V_{TN} = V_{TO} + \gamma(\sqrt{v_{SB} + 2\,\phi_F} - \sqrt{2\,\phi_F})$

截止区 $\qquad$ 当 $v_{GS} \leqslant V_{TN}$ 时，$i_D = 0$

线性区 $\qquad$ 当 $v_{GS} - V_{TN} \geqslant v_{DS} \geqslant 0$ 时，$i_D = K_n\left(v_{GS} - V_{TN} - \dfrac{v_{DS}}{2}\right)v_{DS}$

饱和区 $\qquad$ 当 $v_{DS} \geqslant (v_{GS} - V_{TN}) \geqslant 0$ 时，$i_D = \dfrac{K_n}{2}(v_{GS} - V_{TN})^2(1 + \lambda v_{DS})$

统一模型 $\qquad$ 当 $v_{GS} > v_{TN}$ 时，$i_D = K_n\left(v_{GS} - V_{TN} - \dfrac{V_{MIN}}{2}\right)V_{MIN}(1 + \lambda V_{DS})$

$\qquad\qquad\qquad V_{MIN} = \min\{(V_{GS} - V_{TN}), V_{DS}, V_{SAT}\}$

PMOS 晶体管模型小结

对所有区域 $\qquad K_P = K'_P \dfrac{W}{L} = \mu_P C''_{ox} \dfrac{W}{L} \qquad i_G = 0 \qquad i_B = 0$

阈值电压 $\qquad V_{TP} = V_{TO} - \gamma(\sqrt{v_{BS} + 2\,\phi_F} - \sqrt{2\,\phi_F})$

截止区 $\qquad$ 当 $v_{GS} \geqslant V_{TP}$ 时，$i_D = 0$

线性区 $\qquad$ 当 $v_{GS} - V_{TP} \leqslant v_{DS} \leqslant 0$ 时，$i_D = K_p\left(v_{GS} - V_{TP} - \dfrac{v_{DS}}{2}\right)v_{DS}$

饱和区 $\qquad$ 当 $v_{DS} \leqslant (v_{GS} - V_{TP}) \leqslant 0$ 时，$i_D = \dfrac{K_P}{2}(v_{GS} - V_{TP})^2(1 + \lambda\,|v_{DS}|)$

统一模型 $\qquad$ 当 $V_{GS} < V_{TP}$ 时，$i_D = K_p\left(v_{GS} - V_{TP} - \dfrac{V_{MIN}}{2}\right)V_{MIN}(1 + \lambda V_{DS})$

$\qquad\qquad\qquad V_{MIN} = \max\{(V_{GS} - V_{TP}), V_{DS}, V_{SAT}\}$

电路仿真中的 MOS 晶体管参数

为进行仿真，在 SPICE 中采用 LEVEL＝1 的模型，对应 NMOS 和 PMOS 器件的 SPICE 参数如表 B.3 所示。

表 B.3   在 SPICE 仿真中所用的代表性 MOS 器件参数(MOSIS 0.5μm p 阱工艺)

参　　数	符　号	NMOS 管	PMOS 管
阀值电压	VTO	$0.91\mathrm{V}$	$-0.77\mathrm{V}$
	KP	$50\mu\mathrm{A/V^2}$	$20\mu\mathrm{A/V^2}$
	GAMMA	$0.99\sqrt{\mathrm{V}}$	$0.53\sqrt{\mathrm{V}}$
	PHI	$0.7\mathrm{V}$	$0.7\mathrm{V}$
沟道长度调制	LAMBDA	$0.02\mathrm{V^{-1}}$	$0.05\mathrm{V^{-1}}$
迁移率	UO	$615\mathrm{cm^2}$	$235\mathrm{cm^2/s}$
沟道长度	L	$0.5\mu\mathrm{m}$	$0.5\mu\mathrm{m}$
沟道宽度	W	$0.5\mu\mathrm{m}$	$0.5\mu\mathrm{m}$
漏极欧姆电阻	RD	0	0
源极欧姆电阻	RS	0	0
结饱和电流	IS	0	0
内建电势	PB	0	0
单位长度栅漏电容	CGDO	$330\mathrm{pF/m}$	$315\mathrm{pF/m}$
单位长度栅源电容	CGSO	$330\mathrm{pF/m}$	$315\mathrm{pF/m}$
单位长度栅体电容	CGBO	$395\mathrm{pF/m}$	$415\mathrm{pF/m}$
单位面积结底面积电容	CJ	$3.9\times10^{-4}\mathrm{F/m^2}$	$2\times10^{-4}\mathrm{F/m^2}$
等级系数	MJ	0.45	0.47
侧壁电容	CJSW	$510\mathrm{pF/m}$	$180\mathrm{pF/m}$
侧壁等级系数	MJSW	0.36	0.09
源漏方块电阻	RSH	$22\Omega/\mathrm{square}$	$70\Omega/\mathrm{square}$
氧化层厚度	TOX	$4.15\times10^{-6}\mathrm{cm}$	$4.15\times10^{-6}\mathrm{cm}$
结深	XJ	$0.23\mu\mathrm{m}$	$0.23\mu\mathrm{m}$
横向扩散	LD	$0.26\mu\mathrm{m}$	$0.25\mu\mathrm{m}$
衬底掺杂	NSUB	$2.1\times10^{16}/\mathrm{cm^3}$	$5.9\times10^{16}/\mathrm{cm^3}$
临界场	UCRIT	$9.6\times10^5\mathrm{V/cm}$	$6\times10^5\mathrm{V/cm}$
临界场指数	UEXP	0.18	0.28
饱和速度	VMAX	$7.6\times10^7\mathrm{cm/s}$	$6.5\times10^7\mathrm{cm/s}$
快表面态密度	NFS	$9\times10^{11}/\mathrm{cm^2}$	$3\times10^{11}/\mathrm{cm^2}$
表面态密度	NSS	$1\times10^{10}/\mathrm{cm^2}$	$1\times10^{10}/\mathrm{cm^2}$

B.3   结型场效应管

电路符号的结型场效应晶体管模型小结

图 B.3 给出了 n 沟道及 p 沟道结型场效应管的电路符号及端电压、端电流的定义。

n 沟道结型场效应管

当 $v_{GS}\leqslant0$；$V_P<0$ 时，$i_G\approx0$

截止区　　　　　当 $v_{GS}\leqslant V_P$ 时，$i_D=0$

线性区　　　　　当 $v_{GS}-V_P\geqslant v_{DS}\geqslant0$ 时，$i_D=\dfrac{2I_{DSS}}{V_P^2}\left(v_{GS}-V_P-\dfrac{v_{DS}}{2}\right)v_{DS}$

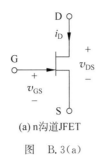

(a) n沟道JFET

图　B. 3(a)

饱和区　　　　　　当 $v_{DS} \geqslant v_{GS} - V_P \geqslant 0$ 时，$i_D = I_{DSS}\left(1 - \dfrac{v_{GS}}{V_P}\right)^2(1 + \lambda v_{DS})$

p 沟道结型效应管

(b) p沟道JFET

图　B. 3(b)

$$v_{GS} \geqslant 0 ; \ V_P > 0 \ \text{时}, i_G \approx 0$$

截止区　　　　　　当 $v_{GS} \geqslant V_P$ 时，$i_D = 0$

线性区　　　　　　当 $v_{GS} - V_P \leqslant v_{DS} \leqslant 0$ 时，$i_D = \dfrac{2I_{DSS}}{V_P^2}\left(v_{SG} - V_P - \dfrac{v_{DS}}{2}\right)v_{DS}$

饱和区　　　　　　当 $v_{DS} \leqslant v_{GS} - V_P \leqslant 0$ 时，$i_D = I_{DSS}\left(1 - \dfrac{v_{GS}}{V_P}\right)^2(1 + \lambda |v_{DS}|)$

表 B. 4　SPICE仿真中所用的结型场效应管器件参数（NJF/PJF）

参　数	符　号	NJF 默认值	NJF 举例
夹断电压(V_P)	VTO	$-2V$	$-2V$(PJF 为$+2V$)
跨导参数	BETA$=\left(\dfrac{2I_{OSS}}{V_P^2}\right)$	$100\mu A/V^2$	$250\mu A/V^2$
沟道长度调制	LAMBDA	$0V^{-1}$	$0.02V^{-1}$
漏极欧姆电阻	RD	0	100Ω
源极欧姆电阻	RS	0	100Ω
零偏置栅源电容	CGS	0	$10pF$
零偏置栅漏电容	CGD	0	$5pF$
栅内建电势	PB	$1V$	$0.75V$
栅饱和电流	IS	$10^{-14}A$	$10^{-14}A$

B.4 双极型晶体管

表 B.5　双极型晶体管的工作区域

基极-发射极结	基极-集电极结	
	正偏	反偏
正偏	饱和区(开关闭合)	正向有源区(放大器性能差)
反偏	反向有源区(放大器性能好)	截止区(开关断开)

npn 传输模型方程

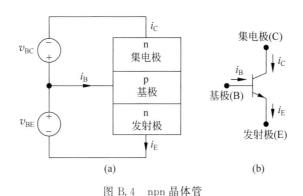

图 B.4　npn 晶体管

$$i_E = I_S \left[\exp\left(\frac{v_{BE}}{V_T}\right) - \exp\left(\frac{v_{BC}}{V_T}\right) \right] + \frac{I_S}{\beta_F} \left[\exp\left(\frac{v_{BE}}{V_T}\right) - 1 \right]$$

$$i_C = I_S \left[\exp\left(\frac{v_{BE}}{V_T}\right) - \exp\left(\frac{v_{BC}}{V_T}\right) \right] - \frac{I_S}{\beta_R} \left[\exp\left(\frac{v_{BC}}{V_T}\right) - 1 \right]$$

$$i_B = \frac{I_S}{\beta_F} \left[\exp\left(\frac{v_{BE}}{V_T}\right) - 1 \right] + \frac{I_S}{\beta_R} \left[\exp\left(\frac{v_{BC}}{V_T}\right) - 1 \right]$$

$$\beta_F = \frac{\alpha_F}{1 - \alpha_F} \quad 和 \quad \beta_R = \frac{\alpha_R}{1 - \alpha_R}$$

npn 正向有源区,包含 Early 效应

$$i_C = I_S \left[\exp\left(\frac{v_{BE}}{V_T}\right) \right] \left[1 + \frac{v_{CE}}{V_A} \right]$$

$$\beta_F = \beta_{FO} \left[1 + \frac{v_{CE}}{V_A} \right]$$

$$i_B = \frac{I_S}{\beta_{FO}} \left[\exp\left(\frac{v_{BE}}{V_T}\right) \right]$$

pnp 传输模型方程

$$i_E = I_S \left[\exp\left(\frac{v_{BE}}{V_T}\right) - \exp\left(\frac{v_{CB}}{V_T}\right) \right] + \frac{I_S}{\beta_F} \left[\exp\left(\frac{v_{EB}}{V_T}\right) - 1 \right]$$

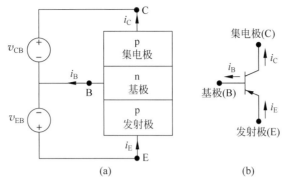

图 B.5 pnp 晶体管

$$i_C = I_S \left[\exp\left(\frac{v_{EB}}{V_T}\right) - \exp\left(\frac{v_{CB}}{V_T}\right) \right] - \frac{I_S}{\beta_R} \left[\exp\left(\frac{v_{CB}}{V_T}\right) - 1 \right]$$

$$i_B = \frac{I_S}{\beta_F} \left[\exp\left(\frac{v_{EB}}{V_T}\right) - 1 \right] + \frac{I_S}{\beta_R} \left[\exp\left(\frac{v_{CB}}{V_T}\right) - 1 \right]$$

$$\beta_F = \frac{\alpha_F}{1 - \alpha_F} \quad 和 \quad \beta_R = \frac{\alpha_R}{1 - \alpha_R}$$

pnp 正向有源区,包含 Early 效应

$$i_C = I_S \left[\exp\left(\frac{v_{EB}}{V_T}\right) \right] \left[1 + \frac{v_{EC}}{V_A} \right]$$

$$\beta_F = \beta_{FO} \left[1 + \frac{v_{EC}}{V_A} \right]$$

$$i_B = \frac{I_S}{\beta_{FO}} \left[\exp\left(\frac{v_{EB}}{V_T}\right) \right]$$

表 B.6 电路仿真中的双极型晶体管器件参数(npn/pnp)

参　　数	符　　号	NMOS 管	典型 npn 值
饱和电流	IS	10^{-16} A	3×10^{-17} A
正向电流增益	BF	100	100
正向扩散系数	NF	1	1.03
正向 Early 电压	VAF	∞	75V
反向电流增益	BR	1	0.5
基区电阻	RB	0	100Ω
集电极电阻	RC	0	10Ω
发射极电阻	RE	0	1Ω
正向渡越时间	TF	0	0.15ns
反向渡越时间	TR	0	15ns
基极-发射极结电容	CJE	0	0.5pF
基极-发射极结电势	PHIE	0.75V	0.8V
基极-发射极等级系数	ME	0.5	0.5
基极-集电极结电容	CJC	0	1pF
基极-集电极结电势	PHIC	0.75V	0.7V
基极-集电极等级系数	MC	0.33	0.33
集电极-衬底结电容	CJS	0	3pF

二端口回顾

图 C.1(a)中的二端口电路对复杂系统中放大器的行为进行建模是非常有用的。在建模过程中可以使用双端口来将比较复杂的电路进行简化表示。因此,二端口在建模时有助于隐藏或封装电路的复杂性,便于管理整体的分析和设计。然而必须牢记一个重要的限制,即二端口是线性电路模型,并且只有在小信号条件下才有效。

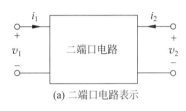

(a) 二端口电路表示

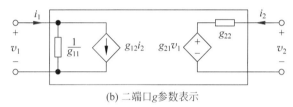

(b) 二端口g参数表示

图　C.1

根据电路理论可知,二端口电路可用二端口参数来表示,其中对于放大器模型有 4 组参数可用:g 参数、h 参数、y 参数和 z 参数;在此不要求 s 参数和 $abcd$ 参数。注意在这些二端口表示方法中,(v_1, i_1) 和 (v_2, i_2) 表示的是电路中两个端口晶体管的电压和电流信号部分。

C.1　g 参数

g 参数是描述电压放大器最常见的参数之一:

$$\begin{cases} i_1 = g_{11}v_1 + g_{12}i_2 \\ v_2 = g_{21}v_1 + g_{22}i_2 \end{cases} \tag{C.1}$$

图 C.1(b)即为上述等式的电路图。

对于一个给定的电路,其 g 参数是通过应用如下参数定义,然后结合开路($i=0$)和短路($v=0$)终端来确定的。

$$\begin{cases} g_{11} = \dfrac{i_1}{v_1}\bigg|_{i_2=0} = 开路输入电导 \\[2mm] g_{12} = \dfrac{i_1}{i_2}\bigg|_{v_1=0} = 反向短路电流增益 \\[2mm] g_{21} = \dfrac{v_2}{v_1}\bigg|_{i_2=0} = 正向开路电压增益 \\[2mm] g_{22} = \dfrac{v_2}{i_2}\bigg|_{v_1=0} = 短路输出电阻 \end{cases} \tag{C.2}$$

C.2 混合参数或 h 参数

在电子电路中,h 参数的应用也很广泛,它对电流放大器是一种较为简便的模型

$$\begin{cases} v_1 = h_{11} i_1 + h_{12} v_2 \\ i_2 = h_{21} i_1 + h_{22} v_2 \end{cases} \tag{C.3}$$

图 C.2 所示为上述等式的电路图。

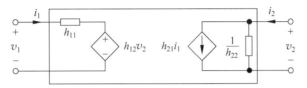

图 C.2 二端口的 h 参数表示

与 g 参数一样,对于一个给定的电路,其 h 参数是结合开路和短路测试条件来确定的。

$$\begin{cases} h_{11} = \dfrac{v_1}{i_1} \bigg|_{v_2=0} = \text{短路输入电阻} \\ h_{12} = \dfrac{v_1}{v_2} \bigg|_{i_1=0} = \text{反向开路电压增益} \\ h_{21} = \dfrac{i_2}{i_1} \bigg|_{v_2=0} = \text{正向短路电流增益} \\ h_{22} = \dfrac{i_2}{v_2} \bigg|_{i_1=0} = \text{开路输出电导} \end{cases} \tag{C.4}$$

C.3 导纳参数和 y 参数

在为跨导放大器建模时,可以采用导纳参数或 y 参数。

$$\begin{cases} i_1 = y_{11} v_1 + y_{12} v_2 \\ i_2 = y_{21} v_1 + y_{22} v_2 \end{cases} \tag{C.5}$$

图 C.3 所示为上述等式的电路图。

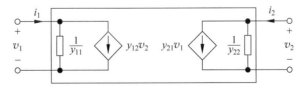

图 C.3 二端口的 y 参数标示

y 参数通常被称为短路参数,因为对于一个给定的电路,其 y 参数仅通过短路终端来确定,即

$$\begin{cases} y_{11} = \dfrac{i_1}{v_1} \bigg|_{v_2=0} = \text{短路输入电导} \\[2ex] y_{12} = \dfrac{i_1}{v_2} \bigg|_{v_1=0} = \text{反身短路跨导} \\[2ex] y_{21} = \dfrac{i_2}{v_1} \bigg|_{v_2=0} = \text{正向短路跨导} \\[2ex] y_{22} = \dfrac{i_2}{v_2} \bigg|_{v_1=0} = \text{短路输出电导} \end{cases} \tag{C.6}$$

C.4 阻抗参数或 z 参数

当对电压放大器建模时,还可以采用阻抗参数或 z 参数,即

$$\begin{cases} v_1 = z_{11}i_1 + z_{12}i_2 \\ v_2 = z_{21}i_1 + z_{22}i_2 \end{cases} \tag{C.7}$$

图 C.4 所示为式(C.7)的电路图。

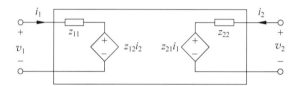

图 C.4 二端口的 z 参数表示

对于一个给定的电路,z 参数仅由开路测试条件确定即可,故此常被称为开路参数。

$$\begin{cases} z_{11} = \dfrac{v_1}{i_1} \bigg|_{i_2=0} = \text{开路输入电导} \\[2ex] z_{12} = \dfrac{v_1}{i_2} \bigg|_{i_1=0} = \text{反向短路电流增益} \\[2ex] z_{21} = \dfrac{v_2}{i_1} \bigg|_{i_2=0} = \text{正向开路电压增益} \\[2ex] z_{22} = \dfrac{v_2}{i_2} \bigg|_{i_1=0} = \text{短路输出电阻} \end{cases} \tag{C.8}$$

由于历史上使用各种二端口参数定义,因此通常难以从分立晶体管规格表确定器件参数。表 C.1 有各种 BJT 和 FET 参数的同义词。IC 中使用的器件通常具有更完整的特征。

表 C.1　器件参数描述

参　　数	描　　述	同　义　词
双极型晶体管		
V_{CEO}	集电极-发射极击穿电压,基极开路	
V_{CBO}	发射极开路时集电极-基极击穿电压	
V_{EBO}	集电极开路时发射极-基极击穿电压	
β_F	共-发射极(C-E)直流正向短路电流增益	h_{FE}
β_o	共-发射极正向短路电流增益	h_{fe}
$r_x + r_\pi$	C-E 短路输入电阻	h_{ie}
$g_o = 1/r_o$	C-E 开路输出电导	h_{oe}
$r_\pi/(r_\mu + r_\pi)$	C-E 反向开路电压增益(电压反馈比)	h_{re}
C_π	集电极开路时共-基极输入电容	C_{ibo}
C_μ	集电极开路时共-基极输出电容	C_{obo}
场效应管		
g_m	共-源极(C-S)正向互导纳或跨导	$|y_{fs}|$ 或 g_{fs}
g_o	C-S 输出导纳或电导	$|y_{os}|$ 或 g_{os}
$C_{GS} + G_{GD}$	C-S 短路输入电容	C_{iss}
G_{GD}	C-S 短路反相传输电容	C_{rss}
$G_{GD} + G_{DS}$	C-S 短路输出电容	C_{oss}

图书资源支持

感谢您一直以来对清华大学出版社图书的支持和爱护。为了配合本书的使用，本书提供配套的资源，有需求的读者请扫描下方的"书圈"微信公众号二维码，在图书专区下载，也可以拨打电话或发送电子邮件咨询。

如果您在使用本书的过程中遇到了什么问题，或者有相关图书出版计划，也请您发邮件告诉我们，以便我们更好地为您服务。

我们的联系方式：

地　　址：北京市海淀区双清路学研大厦 A 座 701

邮　　编：100084

电　　话：010-83470236　 010-83470237

资源下载：http://www.tup.com.cn

客服邮箱：tupjsj@vip.163.com

QQ：2301891038（请写明您的单位和姓名）

教学资源·教学样书·新书信息

人工智能科学与技术
人工智能|电子通信|自动控制

资料下载·样书申请

书圈

用微信扫一扫右边的二维码,即可关注清华大学出版社公众号。